家电维修手册

韩雪涛 主编　　吴瑛 韩广兴 副主编

化学工业出版社

·北京·

内 容 简 介

《家电维修手册》全面系统地讲解了家电维修基础、各种家电产品的维修技能以及常见故障分析与检修。

本手册介绍了不同家电产品的维修技术和数据，结合实际故障检修案例，详细分析了几十种家电产品结构特点、工作原理、检修调试及维修方法与技能，具体包括：液晶电视机、定频空调器、变频空调器、中央空调器、洗衣机、电冰箱、微波炉、电磁炉、电饭煲、电热水器、燃气热水器、空气净化器、扫地机器人、组合音响、净水器、吸尘器、电风扇、电吹风机、抽油烟机、燃气灶、消毒柜、洗碗机、电压力锅、豆浆机、破壁机、厨宝、电烤箱、电炖锅、咖啡机、电饼铛、榨汁机、电热水壶、面包机、饮水机、电取暖器、挂烫机和加湿器等的检修。

本手册采用彩色图解的方式，层次分明，重点突出，在重要知识点配以二维码视频讲解，帮助读者轻松领会复杂难懂的维修知识。

本手册可供家电维修技术人员学习使用，也可供职业院校、培训学校的师生学习参考使用。

图书在版编目（CIP）数据

家电维修手册 / 韩雪涛主编. —北京：化学工业出版
社，2020.8（2024.9重印）
ISBN 978-7-122-36831-7

Ⅰ.① 家… Ⅱ.① 韩… Ⅲ.① 日用电气器具 - 维修 -
技术手册 Ⅳ.①TM925.07-62

中国版本图书馆 CIP 数据核字（2020）第 080109 号

责任编辑：李军亮 万忻欣 装帧设计：李子姮
责任校对：刘曦阳

出版发行：化学工业出版社（北京市东城区青年湖南街13号 邮政编码100011）
印 装：北京建宏印刷有限公司
710mm×1000mm 1/16 印张32 字数674千字 2024年9月北京第1版第5次印刷

购书咨询：010-64518888 售后服务：010-64518899
网 址：http://www.cip.com.cn
凡购买本书，如有缺损质量问题，本社销售中心负责调换。

定 价：128.00元

前言

随着电子技术的快速发展，家用电子产品的种类日益丰富，带动了家电产品生产、销售、维修等行业的发展。其中家电维修领域的就业前景越来越广阔。家电产品的功能更加完善，产品结构与电路设计越来越复杂，这就要求从业人员具备更专业的电路知识和更全面的维修技能。为了让读者通过学习快速掌握家电维修基础以及不同家电的检修技能，我们编写了《家电维修手册》。

本手册以家电维修行业标准为依据，按照家电维修从业人员的培训特点以及产品种类来划分知识架构，从家电维修基础开始，由浅入深、循序渐进地介绍各种家电产品维修的知识和技能，本手册有以下特点。

● 全面覆盖常用的家电产品

本手册收集了几十种常用的家电产品的维修技术和数据，详细讲解了各种家电产品的结构、工作原理、检修技能、维修方法和故障案例，希望通过本书的学习能够让读者成长为一名合格的维修技术人员。

● 理论与实践相结合

本手册注重家电维修技能的实用性，在编写时融入大量维修实例，对各种电路和故障进行详细分析。

● 全彩色图解

本手册采用彩色图解的方式，层次分明，重点突出，上千张结构图、原理图、平面演示图以及实操照片，让读者轻松、直观地学习并掌握书中的重点难点。

● 扫二维码看视频讲解

本手册在关键知识点处配以相应的视频演示，读者可以通过手机扫描二维码观看视频讲解，帮助读者理解复杂难懂的专业知识。

本手册由韩雪涛担任主编，吴瑛、韩广兴任副主编。参加本书编写的还有张丽梅、吴玮、吴惠英、张湘萍、高瑞征、韩雪冬、周文静、吴鹏飞。如果读者在学习工作过程中有什么问题，可以与我们联系。

数码维修工程师鉴定指导中心

网址：http://www.chinadse.org

电话：022-83718162、83715667、13114807267

地址：天津市南开区榕苑路 4 号天发科技园 8-1-401

邮编：300384

由于时间和能力有限，书中存在的不足之处，诚请专家和读者批评指正。

编者

目录

第1章 家电维修基础

第2章 电路识图基础

第3章 液晶电视机维修

第4章　定频空调器维修

第5章　变频空调器维修

第 6 章　中央空调维修

第 7 章　洗衣机维修

第 8 章　电冰箱维修

第9章　微波炉维修

第10章　电磁炉维修

第11章　电饭煲维修

第12章 电热水器维修

第13章 燃气热水器维修

第14章 空气净化器维修

第 **15** 章 扫地机器人维修

第 **16** 章 组合音响维修

第 **17** 章 净水器维修

第18章 吸尘器维修

第19章 电风扇维修

第20章 电吹风机维修

第28章 厨宝维修

第29章 电烤箱维修

第30章 电炖锅维修

第31章 咖啡机维修

第32章 电饼铛维修

第33章 榨汁机维修

第34章 电热水壶维修

第35章 面包机维修

二维码视频目录

第1章 家电维修基础

1.1 家电维修的电路基础

1.1.1 直流电路

直流电路是指电流流向不变的电路，是由直流电源、控制器件及负载（电阻、灯泡、电动机等）构成的闭合导电回路。图1-1为简单的直流电路。

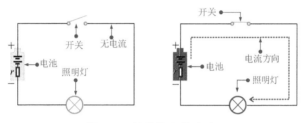

图1-1 简单的直流电路

可以看到，该电路是将一个控制器件（开关）、一个电池和一个灯泡（负载）通过导线进行首尾相连构成的简单直流电路。当开关闭合时，直流电流可以流通，灯泡点亮，此时灯泡处的电压与电池电压值相等；当开关断开时，电流被切断，灯泡熄灭。

在直流电路中，电流和电压是两个非常重要的基本参数，如图1-2所示。

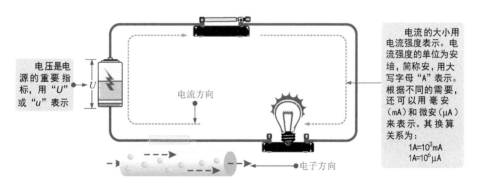

电压是电源的重要指标，用"U"或"u"表示

电流的大小用电流强度表示。电流强度的单位为安培，简称安，用大写字母"A"表示。根据不同的需要，还可以用毫安（mA）和微安（μA）来表示。其换算关系为：
1A=10^3mA
1A=10^6μA

图1-2 直流电路中的电流和电压

电流是指在一个导体的两端加上电压，导体中的电子在电场作用下做定向运动形成的电子流。

电压就是带正电体与带负电体之间的电势差。也就是说，由电引起的压力使原子内的电子移动形成电流，该电流流动的压力就是电压。

1

在生活和生产中用电池供电的电器都采用直流供电方式，如低压小功率照明、直流电动机等，还有许多电器是利用交流 - 直流变换器，将交流变成直流后再为电器供电。

直流电路的供电方式根据直流电源类型的不同，主要有电池直接供电、交流 - 直流变换电路供电两种方式。

（1）电池直接供电方式

干电池、蓄电池都是家庭最常见的直流电源，由这类电池供电是直流电路最直接的供电方式。一般采用直流电动机的小型电器产品、小灯泡、指示灯及大多数电工用仪表类设备（万用表、钳形表等）都采用这种供电方式。图 1-3 为一种典型的电池直接供电电路（直流电动机供电电路）。

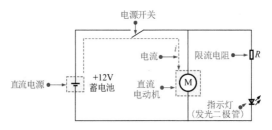

图 1-3 典型的电池直接供电电路

+12V 蓄电池经电源开关为直流电动机供电；当闭合电源开关时，由蓄电池正极输出电流，经电源开关、直流电动机到蓄电池负极构成回路。直流电动机线圈中有电流流过，启动运转。

（2）交流-直流变换电路供电方式

在家用电子产品中，一般都连接 220V 交流电源，而电路中的单元电路及功能部件多需要直流方式供电。因此，若想使家用电子产品各电路及功能部件正常工作，首先就需要通过交流 - 直流变换电路将输入的 220V 交流电压变换成直流电压，如图 1-4 所示。

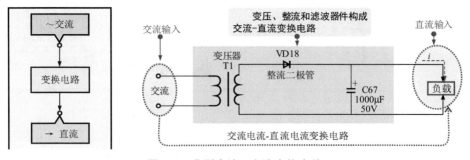

图 1-4 典型交流 - 直流变换电路

220V 交流电压经变压器 T1 降压后输出交流低压，该交流低压再经整流二极管 VD18 整流、滤波电容器 C67 滤波后变为直流电压为负载供电。

1.1.2　交流电路

交流电路是指电压和电流的大小和方向随时间做周期性变化的电路，是由交流电源、控制器件和负载（电阻、灯泡、电动机等）构成的。常见的交流电路主要有单相交流电路和三相交流电路两种，如图1-5所示。

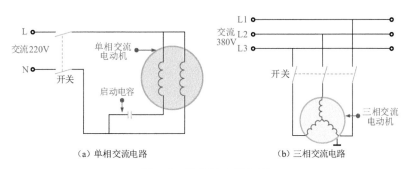

（a）单相交流电路　　　　　　　（b）三相交流电路

图1-5　常见的交流电路

（1）单相交流电路

单相交流电路是指交流220V/50Hz的供电电路。这是我国公共用电的统一标准，交流220V电压是指火线对零线的电压，一般的家庭用电都是单相交流电路。如图1-6所示，单相交流电路主要有单相两线式、单相三线式两种供电方式。

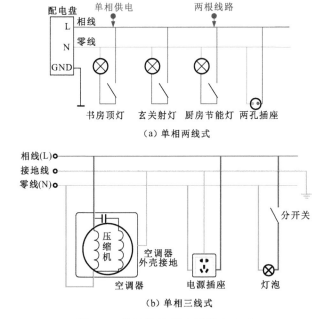

图1-6　常见的单相交流供电方式

（2）三相交流电路

三相交流电路是指电源由三条相线来传输的电路，三相线之间的电压大小相等，都为

380V，频率相同，都为 50Hz，每个相线与零线之间的电压均为 220V。如图 1-7 所示，三相交流电路主要有三相三线式、三相四线式和三相五线式三种供电方式。

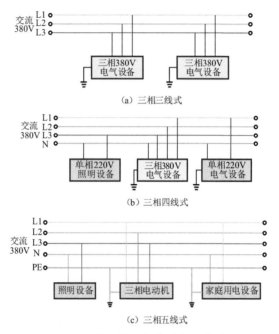

图 1-7　常见的三相交流供电方式

1.1.3 电路的基本连接关系

在实际应用电路中，只接一个负载的情况很少。由于在实际的电路中不可能为每个晶体管和电子器件都配备一个电源，因此，在实际应用中总是根据具体的情况把负载按适当的方式连接起来，达到合理利用电源或供电设备的目的。电路中常见的连接形式有串联、并联和混联三种。

（1）串联电路

把两个或两个以上的电子元器件（或负载）依次首尾连接起来的方式称为串联。图 1-8 为电阻器的串联电路。

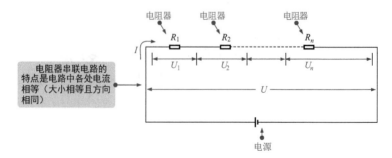

图 1-8　电阻器的串联电路

如果电阻器串联到电源两极，则电路中各处电流相等，有

$$U_1=IR_1, \quad U_1=IR_2, \quad \cdots, \quad U_n=IR_n$$

而 $U=U_1+U_2+\cdots+U_n$，所以有 $U=I(R_1+R_2+\cdots+R_n)$，因而串联后的总电阻 R 为 $R=U/I=R_1+R_2+\cdots+R_n$，即串联后的总电阻为各电阻之和。

（2）并联电路

把两个或两个以上的电子元器件（或负载）按首首连接和尾尾连接起来的方式称为并联。图 1-9 为电阻器的并联电路。在并联电路中，各并联电阻器两端的电压是相等的。

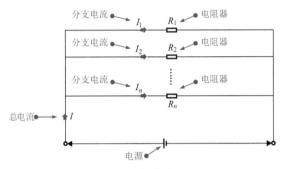

图 1-9 电阻器的并联电路

假定将并联电路接到电源上，由于并联电路各并联电阻器两端的电压相同，因而根据欧姆定律有 $I_1=U/R_1$，$I_2=U/R_2$，$\cdots I_n=U/R_n$，而 $I=I_1+I_2+\cdots+I_n$，所以有

$$I=U\left(\frac{1}{R_1}+\frac{1}{R_2}+\cdots+\frac{1}{R_n}\right)$$

电路的总电阻（R）与电压（U）和总电流（I）也应满足欧姆定律，即 $I=U/R$，因而可得

$$\frac{1}{R}=\frac{1}{R_1}+\frac{1}{R_2}+\cdots+\frac{1}{R_n}$$

说明并联电路总电阻的倒数等于各并联支路各电阻的倒数之和。

（3）混联电路

在一个电路中，把既有串联方式又有并联方式的电路称为混联电路。图 1-10 是简单的电阻器混联电路。

电路中，电阻器 R_2 和 R_3 并联连接，R_1 和 R_2、R_3 并联后的电路串联连接，该电路中总电阻值为三只电阻器混联计算后的电阻值。

R_2和R_3并联后的阻值为R_P，则

$$\frac{1}{R_P} = \frac{1}{R_2} + \frac{1}{R_3}$$

即

$$R_P = \frac{1}{\dfrac{1}{R_2} + \dfrac{1}{R_3}} = \frac{R_2 R_3}{R_2 + R_3}$$

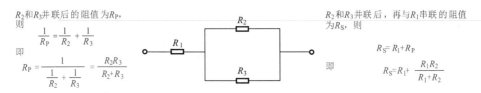

R_2和R_3并联后，再与R_1串联的阻值为R_S，则

$$R_S = R_1 + R_P$$

即

$$R_S = R_1 + \frac{R_1 R_2}{R_1 + R_2}$$

图 1-10　简单的电阻器混联电路

1.2　家电维修工具仪表的使用

1.2.1　万用表

万用表是家电产品维修过程中应用最多的检修仪表。维修人员在检修过程中能够正确使用万用表是一项必要的基本技能。

使用万用表可以判断电路是否存在短路或断路故障，电路中元器件的性能是否良好、供电条件是否满足等都可以使用万用表来检测。在维修中，常用的万用表主要有指针万用表和数字万用表。其结构如图 1-11 所示。由图可知，万用表主要是由指示／显示部分（刻度盘和指针、液晶显示屏）、功能旋钮、表笔插孔及表笔等构成的。

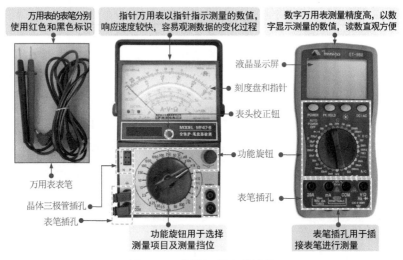

图 1-11　常用万用表的结构

当家电产品出现故障时，通常可以借助万用表检测各部位的电压、电阻及元器件的参数，通过对检测数值的比较和分析，便可以找出故障部位并确定故障元器件。

（1）万用表检测电阻

使用万用表检测家电产品电路中元器件的电阻值时，先确定待测元器件，然后将万用表的红、黑表笔分别搭接在待测元器件两端的引脚上，通过读数和测量单位获得测量结果。图 1-12 为用万用表检测电阻值。

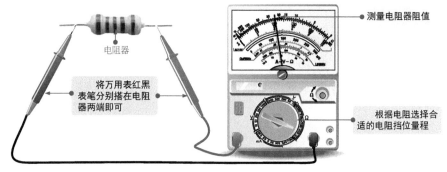

图 1-12　万用表检测电阻值

（2）万用表检测电压

使用万用表检测家电产品电路中的电压时，首先观察电路板，找到测量点和接地端，然后将万用表的黑表笔接地，用红表笔寻找待测点检测电压值。图 1-13 为使用万用表检测电压。

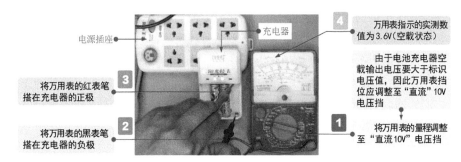

图 1-13　万用表检测电压

（3）万用表检测电流

使用万用表检测家电产品电路中的电流时，先确定待测电路，然后将万用表的红、黑表笔串接在待测供电电路中，本例接在摇头开关的两端，通过读数和测量单位获得测量结果。图 1-14 为使用万用表检测电流。

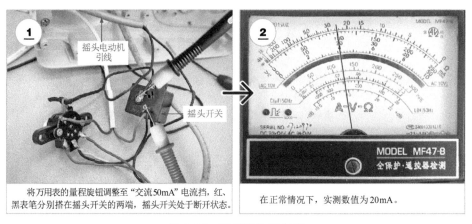

图 1-14　万用表检测电流

1.2.2 示波器

示波器是一种用于观测信号波形的电子仪器，可以直接观察和测量各功能部件的电压波形、幅度和周期，在家电产品的维修过程中起着很重要的作用。常用的示波器主要有模拟示波器和数字示波器，其外形如图 1-15 所示。

模拟示波器　　　　　　　　　　　　数字示波器

图 1-15　模拟示波器和数字示波器的外形

在维修家电产品的过程中，使用示波器可以方便、快捷、准确地检测出各关键测试点的相关信号，并以波形的形式显示在显示屏上，通过观测各种信号波形即可判断故障点或故障范围。这也是维修家电最便捷的方法之一，如检测电磁炉、液晶电视机等家电产品。

图 1-16 为使用示波器在检测电磁炉电路中的应用。正常情况下将示波器的探头靠近 IGBT 便可以感应到脉冲信号波形，若无法感应到脉冲信号，则说明前级电路中有损坏的元器件，或 IGBT 已经损坏。

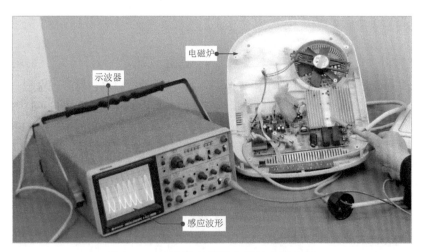

图 1-16　示波器在检测电磁炉中的应用

1.2.3 信号发生器

信号发生器是一种可以产生各种频率、波形等电信号的仪器，也称为信号源。信号发生器在电子产品的生产、调试以及维修中广泛应用，它可以使电子电器在特定的信号下呈现出其性能的好坏。

提示说明

从输出波形类型来分，信号发生器可分为正弦信号发生器、函数（波形）信号发生器、脉冲信号发生器和随机信号发生器四种，如图1-17所示。

将信号发生器作为信号源直接连入被测电路的输入端，即可为被测电路提供标准的测试信号，而且，输入的测试信号可根据需要进行选择、设定或调整，这种方式非常简便，是电子电路检测中常用的信号提供方法。

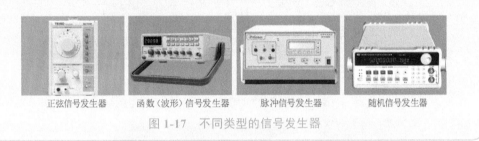

| 正弦信号发生器 | 函数（波形）信号发生器 | 脉冲信号发生器 | 随机信号发生器 |

图1-17　不同类型的信号发生器

图1-18为信号发生器在电路检修中的应用。检测电子电路时，在通电的前提下，通常会需要为其提供一定的信号，然后再使用相关的检测仪表进行实际的测量，根据结果判断该电路的性能是否正常。

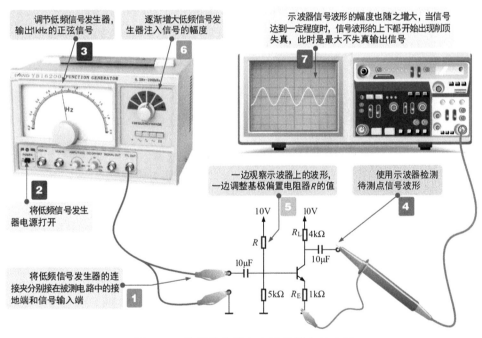

图1-18　信号发生器在电路检修中的应用

检测前，应先了解该电子电路需要进行检测的项目，然后根据信号类型选择正确的信号源，最后再将其接入电子电路中为其输入一定的信号，通过相关检测设备对电子电路进行检测。

1.2.4 焊接工具

（1）电烙铁及焊接辅料

图 1-19 为电烙铁、吸锡器及焊接辅料的实物外形。

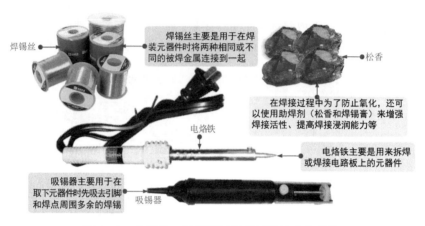

焊锡丝

焊锡丝主要是用于在焊装元器件时将两种相同或不同的被焊金属连接到一起

松香

在焊接过程中为了防止氧化，还可以使用助焊剂（松香和焊锡膏）来增强焊接活性、提高焊接浸润能力等

电烙铁

电烙铁主要是用来拆焊或焊接电路板上的元器件

吸锡器主要用于在取下元器件时先吸去引脚和焊点周围多余的焊锡

吸锡器

图 1-19　电烙铁、吸锡器及焊接辅料的实物外形

电烙铁、吸锡器及焊接辅料主要用于焊接或代换电路中的分立式元器件。图 1-20 为电烙铁及辅助工具在焊接中的实际应用。

电烙铁　吸锡器　电烙铁　焊锡丝

图 1-20　电烙铁及辅助工具在焊接中的实际应用

（2）热风焊机

如图 1-21 所示，热风焊机是专门用来拆焊、焊接贴片元器件和贴片集成电路的焊接工具。

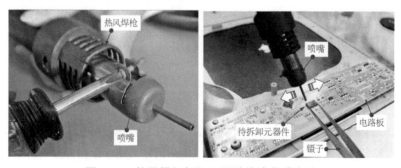

热风焊枪　喷嘴　喷嘴　待拆卸元器件　镊子　电路板

图 1-21　热风焊机拆卸四面贴片式集成电路

图 1-22 为典型热风焊机的实物外形，它主要由主机和热风焊枪等部分构成。热风焊机配有不同形状的喷嘴，在进行元器件的拆卸时根据焊接部位的大小选择适合的喷嘴即可。

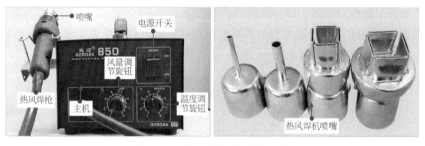

图 1-22　热风焊机的实物外形

1.3　家电产品电路的识读

1.3.1　家电产品中的电子元器件

（1）电阻器

电阻器简称电阻，是电子产品中最基本、最常用的电子元器件之一，用字母"R"表示。它的主要作用是限制电流。

电阻器的种类
及电路标识

图 1-23 为常见电阻器的电路图形符号。

R	RP	RP	R 或 MG	R 或 MZ、MF	R 或 MS
普通电阻器	可变电阻器或电位器		光敏电阻器	热敏电阻器	湿敏电阻器
R 或 MY					
压敏电阻器					

图 1-23　常见电阻器的电路图形符号

图 1-24 为常见电阻器的实物外形。电阻器根据功能、制作材料和外形的不同可以分为实心电阻器、碳膜电阻器、金属膜电阻器、线绕电阻器、压敏电阻器等，此外还有一些特殊的电阻器。

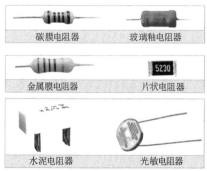
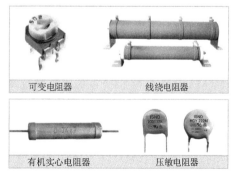

图 1-24　常见电阻器的实物外形

（2）电容器

电容器通常简称电容，也是电子产品中应用广泛的电子元器件之一，用字母"C"表示。电容器是由两个极板组成的，具有存储电荷的功能。

电容器在电路中用于滤波、与电感器组合构成谐振电路、作为交流信号的传输元器件等。电容器的电路图形符号如图 1-25 所示。

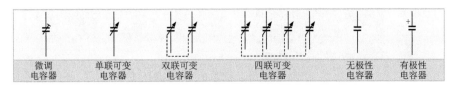

图 1-25　电容器的电路图形符号

电容器按功能和使用领域可分为固定电容器和可变电容器两大类。固定电容器又分为无极性电容器和有极性电容器。常见电容器的实物外形如图 1-26 所示。

电容器的种类及电路标识

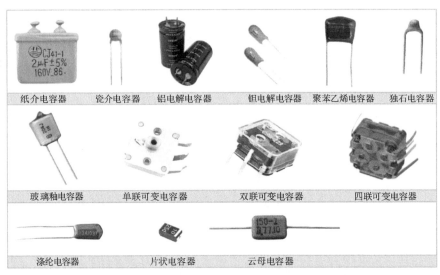

图 1-26　常见电容器的实物外形

（3）电感器

将导线绕成圈形就是一个电感元件，是储存磁能的元件，通常简称为电感，用字母"L"表示，也是电子产品中常用的基本电子元器件之一。

电感器的电路图形符号及实物外形如图 1-27 所示。电感器可分为固定电感器、可调电感器、空心电感器、磁（铁）芯电感器等。阻流圈、偏转线圈、振荡线圈等都是常见的电感器。

（4）二极管

二极管是一种常用的具有一个 PN 结的半导体器件，具有单向导电特性，通过二极管的电流只能沿一个方向流动。二极管只有在所加正向电压达到某一定值后才能导通。为了防止使用时极性接错，管壳上标有明显的符号或色点，符号箭头指示方向为正向，色点或色环表示该端为负极。其电路图形符号和实物外形如图 1-28 所示。在电路图中二极管常用字母"VD"或"D"表示。

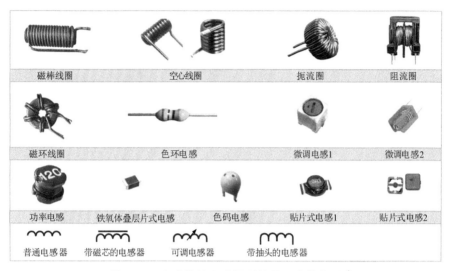

图 1-27　电感器的电路图形符号及实物外形

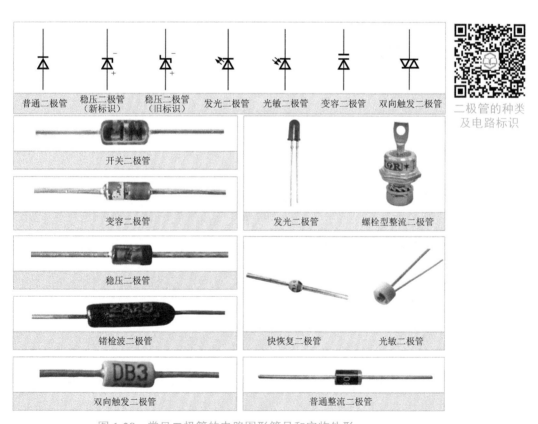

二极管的种类
及电路标识

图 1-28　常见二极管的电路图形符号和实物外形

（5）三极管

三极管通常简称晶体管或晶体三极管，这种元器件在电子电路中应用比较广泛，是电子电路的核心器件之一。根据构造的不同，三极管可分为 NPN 型和 PNP 型，电路中用字母"V"表示。常见的三极管实物外形如图 1-29 所示。

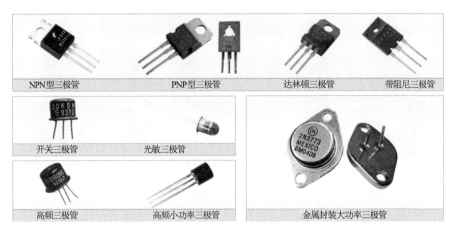

图 1-29 常见的三极管实物外形

（6）场效应晶体管

场效应晶体管（FET）是一种利用电场效应控制电流大小的半导体器件，也是一种具有 PN 结结构的半导体器件，用字母"VF"表示。与普通半导体三极管的不同之处在于，场效应晶体管是电压控制器件。场效应晶体管的电路图形符号及实物外形如图 1-30 所示。场效应晶体管主要分为两大类：结型场效应晶体管和绝缘栅型场效应晶体管。

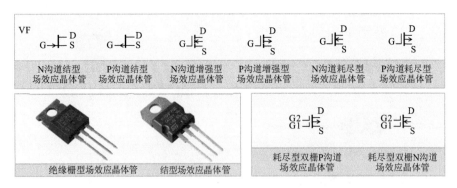

图 1-30 场效应晶体管的电路图形符号及实物外形

（7）晶闸管

晶闸管又称可控硅，也是一种半导体器件，除了具有单向导电特性外，还可作为整流管或可控开关。在电路中，晶闸管用符号"VT"表示。如图 1-31 所示，常见的晶闸管有单向晶闸管、双向晶闸管和可关断晶闸管等几种。

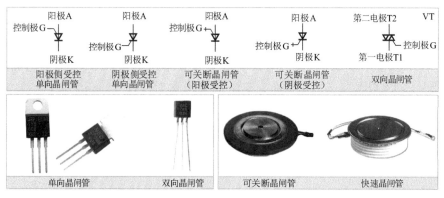

图 1-31　常见晶闸管的电路图形符号和实物外形

（8）变压器

变压器可以看作是由两个或多个电感线圈构成的，是变换交流电压的元器件。它利用电感线圈靠近时的互感原理，将电能或信号从一个电路传向另一个电路。变压器在电路中通常用字母"T"表示。图 1-32 为变压器的电路图形符号。

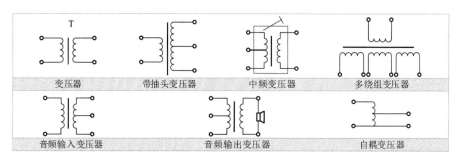

图 1-32　变压器的电路图形符号

1.3.2　家电产品中的单元电路

（1）电源电路

电源电路是为家电产品各单元电路提供工作电压的电路。该电路的电压以交流电源为主。交流电压在电源电路中被整流、滤波输出直流电压，为家电产品中的单元电路提供电压。

图 1-33 为典型电源电路模型。这是一种直流并联稳压电源电路，主要应用于收音机电路中，交流 220V 电压经变压器降压后输出 8V 交流低压，经桥式整流堆输出约为 11V 直流电压，再经 C_1 滤波、R、VDZ 稳压、C_2 滤波后，输出 6V 直流稳压。电路中使用两只电解电容进行平滑滤波。

（2）控制电路

控制电路是完成控制功能的电路。图 1-34 为典型遥控接收和控制电路，遥控信号的接收、放大和滤波整形电路采用 MC3373 集成电路。

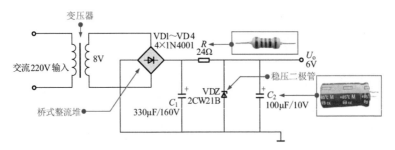

图 1-33　典型电源电路模型

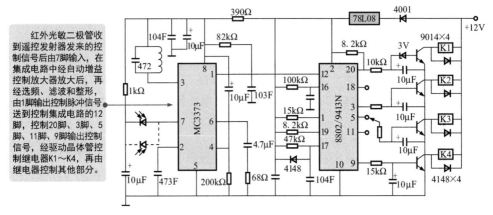

红外光敏二极管收到遥控发射器发来的控制信号后由7脚输入，在集成电路中经自动增益控制放大器放大后，再经选频、滤波和整形，由1脚输出控制脉冲信号送到控制集成电路的12脚，控制20脚、3脚、5脚、11脚、9脚输出控制信号，经驱动晶体管控制继电器K1～K4，再由继电器控制其他部分。

图 1-34　典型遥控接收和控制电路

（3）驱动电路

驱动电路通常位于主电路和控制电路之间，主要是用于放大控制电路的信号。图 1-35 为典型直流电动机驱动电路。该电路是采用速度反馈方式的电动机驱动电路，在电动机上设有测速信号发生器 TG，速度信号经整流滤波后变成直流电压反馈到 NE555 的 2 脚，经检测和比较后，由 3 脚输出可变控制信号，从而达到稳速的目的。

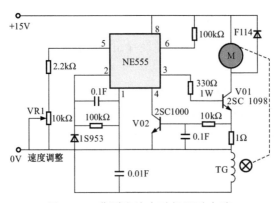

图 1-35　典型直流电动机驱动电路

（4）检测电路

检测电路的主要功能是对家电产品中的某一状态进行检测或监控，并根据检测结果进行相关的操作，实现对电路的保护、控制及显示等功能。图1-36为典型的温度检测电路，主要是由运算放大器构成的。MC1403为基准电压产生电路，2脚输出的基准电压（2.5V）经电阻（2.4kΩ）和电位器RP1等元件分压后加到运算放大器IC1的同相输入端，热敏电阻PT100接在运算放大器的负反馈环路中。环境温度发生变化时，热敏电阻的阻值也会随之变化。IC1的输出电压加到IC3的反相输入端，经IC3放大后作为温度传感信号输出，IC1相当于一个测量放大器，IC2是IC1的负反馈电路，RP2、RP3可以微调负反馈量，可提高测量的精度和稳定性。

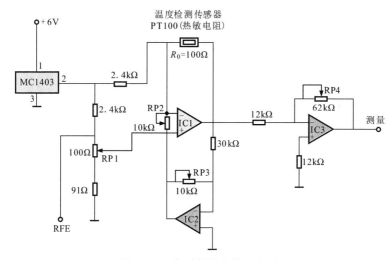

图1-36　典型的温度检测电路

（5）接口电路

接口电路是家电产品中数据输入、输出的重要部分，可以实现家电产品之间的数据传输与转换。图1-37为USB接口电路。USB接口电路主要应用于播放器中，由电源引脚、数据引脚和接地引脚构成。接口电路还包括电感L_1及电阻R_1、R_2等元器件，主要用于保护USB接口及滤除传输信号所受到的干扰。

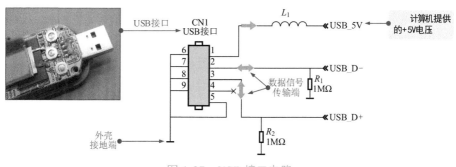

图1-37　USB接口电路

（6）信号处理电路

信号处理电路主要是将信号源发出的信号进行放大、检波等，得到家电产品所需的信号。图 1-38 为典型多声道音频信号处理电路，是 AV 功放设备中的立体声电路。音频信号经音源选择电路选择出 R、L 信号送到杜比定向逻辑解码电路 M69032P 中，经环绕声解码处理后有四路（多声道）输出：L、R 为立体声道信号，S 为环绕声道信号，C 为中置声道信号。S、C 声道信号经放大后驱动各自的扬声器。其中，S 声道信号再分成两路信号驱动两路扬声器。整体共有 5 个声道，可以形成临场感很强的环绕声效果。

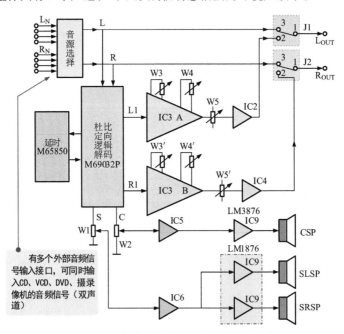

图 1-38　典型多声道音频信号处理电路

1.4　家电维修的基本方法和安全注意事项

1.4.1　家电维修的基本方法

检修家电产品的常用方法主要有直观检查法、对比代换法、电路检测法。

（1）直观检查法

直观检查法是检修判断过程的第一步，也是最基本、最直接、最重要的一种方法，主要是通过看、听、嗅、摸判断故障可能发生的原因和位置，记录发生时的故障现象，从而制订有效的解决办法。图 1-39 为采用直观检查法检查家电产品的明显故障。

（2）对比代换法

对比代换法是用好的部件去代替可能有故障的部件，以判断故障可能出现的位置和原因。例如，检修电磁炉等产品时，若怀疑 IGBT 故障，则可用已知良好的 IGBT 代换，如图 1-40 所示。若代换后故障被排除，则说明可疑元器件确实损坏；如果代换后故障依旧，则说明另有原因，需要进一步核实检查。

图 1-39　采用直观检查法检查家电产品的明显故障

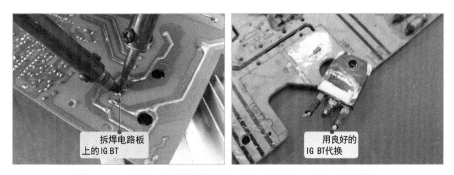

图 1-40　采用对比代换法检查家电产品中可能存在的故障

（3）电路检测法

电路检测法是家电维修主要的检测手段。通常采用万用表、示波器等检测仪表对待测电路中的信号波形或元器件进行检测。图 1-41 为彩色电视机检修中的基本操作。可以看到，通过信号源（或信号发生器）向电路注入标准信号，然后使用示波器对信号波形进行逐级检测。当锁定故障范围，在使用万用表对重点怀疑元器件进行测量即可快速找到故障原因。

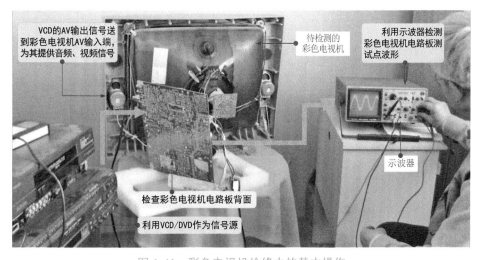

图 1-41　彩色电视机检修中的基本操作

1.4.2　家电维修的安全注意事项

　　家电产品在拆装过程中需要注意的安全事项主要有操作环境的安全和操作过程中的安全。在拆卸家电产品前，首先需要清理现场环境，拆装一些电路板集成度比较高、采用贴片式元器件较多的家电产品时，应采取相应的防静电措施，如操作台采用防静电桌面、佩戴防静电手套、手环等，如图 1-42 所示。

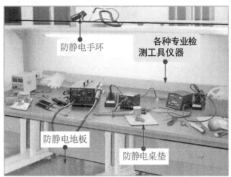
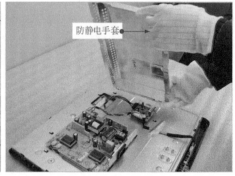

图 1-42　家电拆装中的防静电措施

　　在拆卸家电产品外壳或插拔电路板连接引线时，要注意观察，谨慎操作。不要盲目或暴力拆卸，以免造成电路板或电路接插件的损坏。

　　在进行电路及元器件检测时，要严格遵循操作规范，特别是在路通电检测时，要注意检测安全。图 1-43 为电视机的电源电路部分。检测前要了解电路板上哪一部分带有交流 220V 电压，通常与交流火线相连的部分被称为"热地"，不与交流 220V 电源相连的部分被称为"冷地"。如果不了解电路检测规范，盲目检测，极易造成触电或烧损电路的情况。

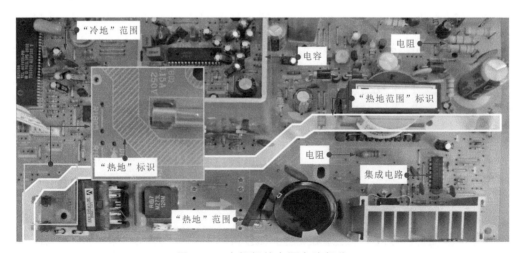

图 1-43　电视机的电源电路部分

提示说明

　　如图 1-44 所示，目前很多现代家电产品多采用开关电源，由于电路的特点和结构的差异，使电路板整体或局部带电。为确保安全，检修人员最好采用 1:1 隔离变压器，将故障家电产品与交流市电完全隔离，保证人身安全。另外，在更换元器件或电路板之前一定要先断电，以防触电。

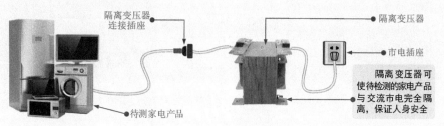

图 1-44　隔离变压器的应用

　　此外，在路检测元器件时（特别是贴片元器件或引脚排列紧密的集成电路），检测点要准确、稳固，避免手滑或手抖造成元器件的损坏。

1.5　家电维修中的信号检测

1.5.1　交流正弦信号的检测

　　测量交流正弦信号可使用信号源为某一电路提供信号后，再用示波器检测，也可以直接使用示波器检测某一电源电路。

　　使用函数信号发生器输出一个交流正弦信号为放大器提供输入信号，再使用示波器检测输出信号，如图 1-45 所示。

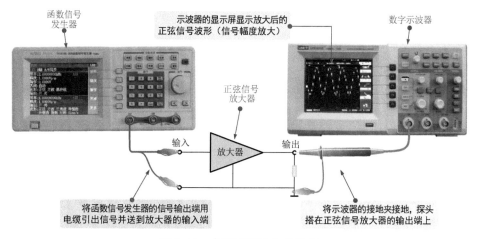

图 1-45　交流正弦信号的检测

1.5.2 音频信号的检测

音频信号是指语音、音乐之类的声音信号。它是影音产品电路中常见的一种信号。如图1-46所示，在电子产品中，音频信号分为两种，即模拟音频信号和数字音频信号。

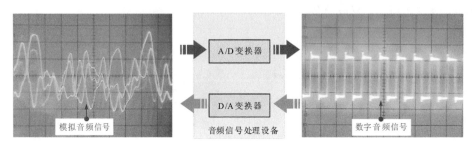

图1-46　电子产品中的音频信号

如图1-47所示，以电视机中的音频信号为例，音频信号送入扬声器等输出设备便能够发出声音，可以通过示波器在电子电路中测量。

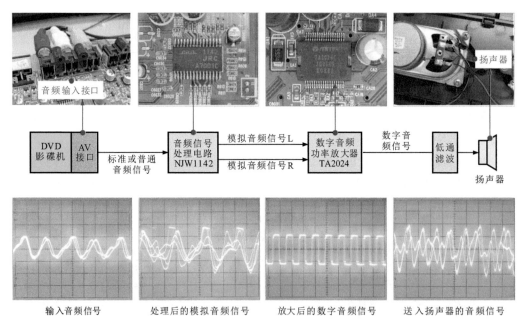

图1-47　检测电视机中的音频信号

1.5.3 视频信号的检测

视频信号是彩色电视机等具有显示设备的产品中最常见的一种信号，其检测方法与音频信号基本相同，一般也使用示波器进行检测。图1-48为检测影碟机输出视频信号的方法。

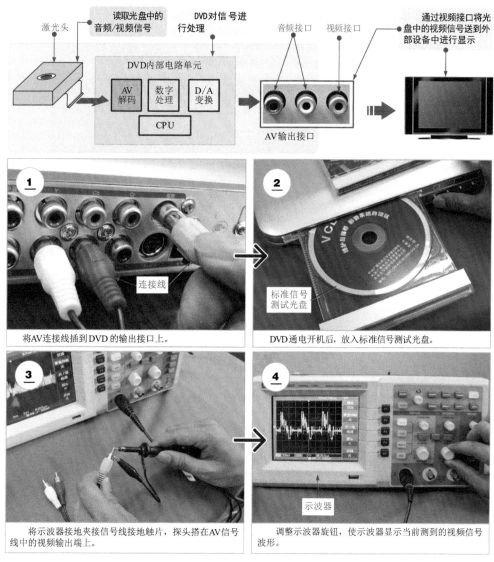

图1-48　检测影碟机输出视频信号的方法

1.5.4　脉冲信号的检测

脉冲信号是指一种持续时间极短的电压或电流波形，如彩色电视机中的行/场扫描信号、键控脉冲信号等。检测脉冲信号可使用信号源提供信号，再用示波器进行检测，也可以直接使用示波器在某一电路中检测脉冲信号。如图1-49所示，使用信号发生器输出一个矩形脉冲信号，再使用示波器检测信号发生器输出端的信号波形。

1.5.5　数字信号的检测

数字信号的幅度取值是离散的。幅值表示被限制在有限数值之内的信号，该信号可以实现长距离、高质量的传输。例如，二进制码就是一种数字信号，受噪声影响小，很容易在数字电路中进行处理。图 1-50 为在 D/A 变换器电路中检测到的数字信号波形。

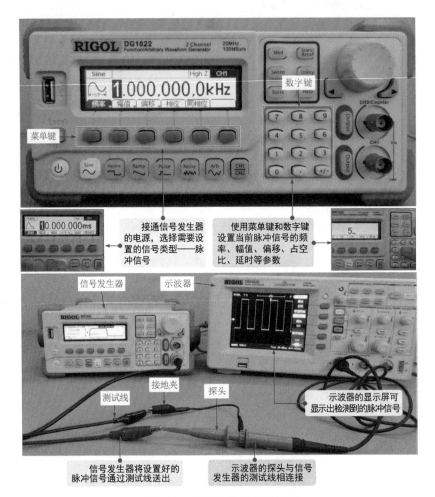

接通信号发生器的电源，选择需要设置的信号类型——脉冲信号

使用菜单键和数字键设置当前脉冲信号的频率、幅值、偏移、占空比、延时等参数

数字键

菜单键

信号发生器

示波器

测试线

接地夹

探头

示波器的显示屏可显示出检测到的脉冲信号

信号发生器将设置好的脉冲信号通过测试线送出

示波器的探头与信号发生器的测试线相连接

图 1-49　矩形脉冲信号的检测

数据时钟信号

D/A 变换电路

L、R（左、右）分离时钟信号

图 1-50　在 D/A 变换器电路中检测到的数字信号波形

第 2 章 电路识图基础

2.1 电路原理图

2.1.1 整机电路原理图

整机电路原理图是指通过一张电路图纸便可将整个电路产品的结构和原理进行体现的原理图。图 2-1 为典型小家电产品整机电路原理图（吸尘器）。

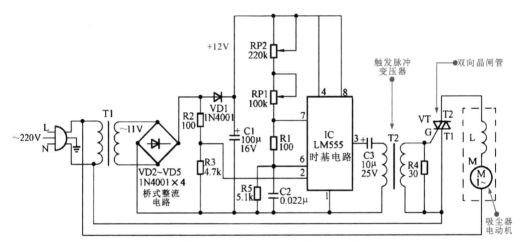

图 2-1　典型小家电产品整机电路原理图（吸尘器）

整机电路原理图包括整个电子产品所涉及的所有电路，因此可以根据该电路从整体上了解整个电子产品的信号流程和工作原理，为分析、检测和检修产品提供重要的依据。

该类电路图具有以下特点和功能。

① 电路图中包含元器件最多，是比较复杂的一张电路图。

② 表明整个产品的结构、各单元电路的分割范围和相互关系。

③ 电路中详细标出了各元器件的型号、标称值、额定电压、功率等重要参数，为检修和更换元器件提供重要的参考数据。

④ 复杂的整机电路原理图一般通过各种接插件建立关联，识别这些接插件的连接关系更容易理清电子产品各电路板与电路板模块之间的信号传输关系。

⑤ 同类电子产品的整机电路原理图具有一定的相似之处，可通过举一反三的方法练习识图；不同类型产品的整机电路原理图相差很大，若能够真正掌握识图方法，也能够做到"依此类推"。

2.1.2 单元电路原理图

为了更好地反映电子产品的工作原理和信号流程，整机电路原理图一般会根据功能划分成许多单元电路。

单元电路原理图的特点及功能如下。

① 单元电路原理图一般只画出与功能相关的部分，省去无关的元器件和连接线、符号等，相比整机电路原理图来说比较简单、清楚，有利于排除外围电路影响，实现有针对性的分析和理解。

图 2-2 为电磁炉电路中直流电源供电电路，为整个电磁炉电原理图中的一个功能电路单元，可实现将 200V 市电转化为多路直流电压，与其他电路部分的连接处用一个小圆圈代替，可排除其他部分的干扰，从而很容易对这一个小电路单元进行分析和识读。

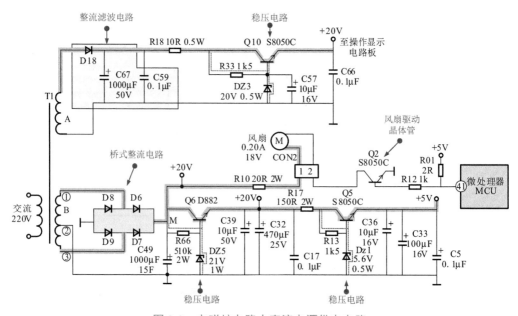

图 2-2 电磁炉电路中直流电源供电电路

提示说明

图 2-2 中，交流 220V 进入降压变压器 T1 的初级绕组，次级绕组 A 经半波整流滤波电路（整流二极管 D18、滤波电容 C67、C59）整流滤波，再经 Q10 稳压电路稳压后，为操作显示电路板输出 20V 供电电压。降压变压器的次级绕组 B 中有 3 个端子。其中，① 和 ③ 两个端子经桥式整流电路（D6 ～ D9）输出直流 20V 电压，在 M 点上分为两路输送：一路经插头 CON2 为散热风扇供电；另一路送给稳压电路，晶体管 Q6 的基极设有稳压二极管 ZD5，经 ZD5 稳压后，晶体管 Q6 的发射极输出 20V 电压，再经稳压电路后，输出 5V 直流电压。

② 单元电路原理图是由整机电路原理图分割出来相对独立的整体，一般都标出电路中各元器件的主要参数，如标称值、额定电压、额定功率或型号等。

③ 一个单元电路原理图主要是由一个集成电路及其外围元器件构成的，也称该类单元电路原理图为集成电路应用原理图，如图 2-3 所示。在电路原理图中通常用方形线框标识集成电路，并标注集成电路各引脚外电路的结构、元器件参数等，从而表示某一集成电路的连接关系。

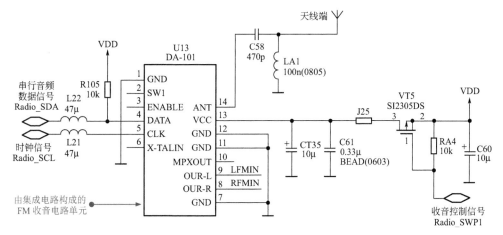

图 2-3　集成电路应用原理图

2.2　电路框图

2.2.1　整机电路框图

整机电路框图是指用简单的几个方框、文字说明及连接线来表示电子产品的整机电路构成和信号传输关系。图 2-4 为收音机的整机电路框图。

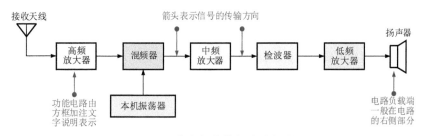

图 2-4　收音机的整机电路框图

整机电路框图与整机电路原理图相比，一般只包含方框和连线，几乎没有其他符号。框图只是简单地将电路按照功能划分为几个单元，将每个单元画成一个方框，在方框中加上简单的文字说明，并用连线（有时用带箭头的连线）连接说明各个方框之间的关系，表示电路的大致工作原理，可作为识读电路原理图前的索引，先简单了解整机由哪些部分构成，简单理清各部分电路关系，为分析和识读电路原理图理清思路。

提示说明

　　根据箭头指示可以知道，在收音机电路中，由天线接收的信号需先经过高频放大器、混频器、中频放大器后送入检波器，最后才经低频放大器后输出，由此可以简单地了解大致的信号处理过程。

2.2.2 功能框图

　　功能框图是体现电路中某一功能电路部分的框图，相当于将整机电路框图中一个方框的内容进行具体体现的电路，属于整机电路框图下一级的框图，如图2-5所示。

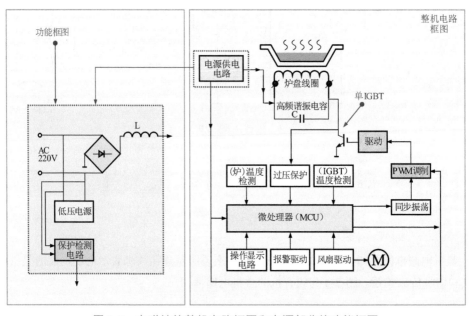

图 2-5　电磁炉的整机电路框图和电源部分的功能框图

　　功能框图比整机电路框图更加详细。通常，一个整机电路框图是由多个功能框图构成的，因此也称其为单元电路框图。

2.2.3 内部结构框图

　　内部结构框图多是指集成电路的内部结构框图，由于集成电路内部十分复杂，在识图、检修等过程中不需要详细了解内部是由多少种、多少个元器件构成的，只需大致了解信号经过内部进行怎样的处理即可，如图2-6所示。

　　集成电路的各种功能由方框加入文字说明表示，带箭头的线段表示信号的传输方向，能够直观地表示集成电路某引脚是输入引脚还是输出引脚，更有利于识图。

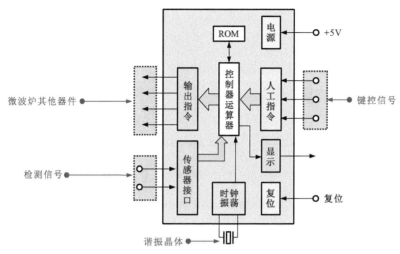

图 2-6　微波炉中微处理器集成电路的内部结构框图

2.3　元件分布图和印制线路板图

2.3.1　元件分布图

元器件分布图简称元件分布图，是一种直观表示实物电路中元器件实际分布情况的图样资料，如图 2-7 所示。

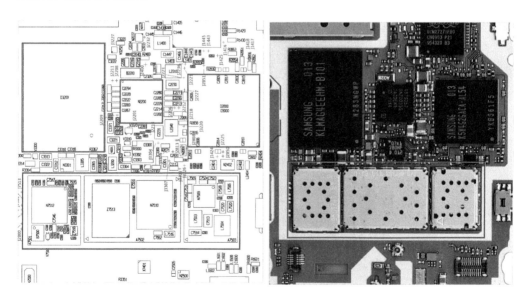

（a）某品牌手机的元件分布图　　　　　　　（b）某品牌手机的实物电路板照片

图 2-7　某品牌手机的元件分布图与实物电路板对照

由图 2-7 可知，元件分布图与实际电路板中的元器件分布情况是完全对应的，简洁、清晰地表达了电路板中构成的所有元器件的位置关系。

2.3.2 印制线路板图

印制线路板图是一种布线图，是制作印制电路板的图纸，一般图中只包含印制线路和接点，不绘出元器件的符号和代号，如图2-8所示。

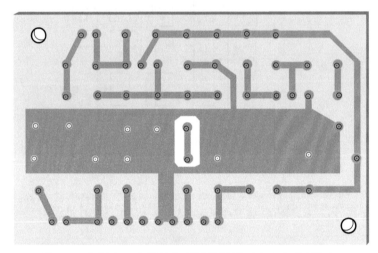

图2-8 典型电子产品的印制线路板图（小功率发射机）

印制线路板图表示各元器件之间连接关系时不用线条而用铜箔线路，因此看起来印制线路板图更像是"线"与"点"的集合，如图2-9所示。

在印制线路板中，由于铜箔线路排布、走向无固定规律，而且经常会遇到几条铜箔线路并行排列，因此给观察铜箔线路的走向造成不便，同时也给识读该类图纸造成一定困扰。然而，由于印制线路板图体现的是线路的真实连接情况，因此是电路原理图与实际电路板之间沟通的重要依据，也是维修中重要的图纸资料之一。

另外，印制线路板图也是印制板的制作、生产工艺中必不可少的资料。

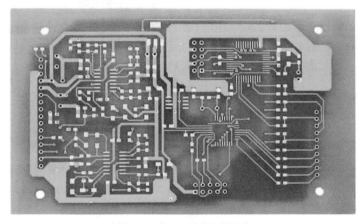

图2-9 典型印制线路板图

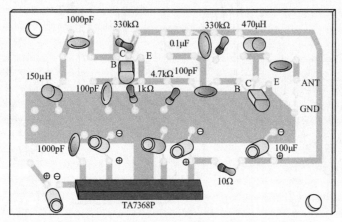

提示说明

在实际应用中，有时将元件分布图和印制线路板图制作在一起，称这种电路图为元器件安装图，如图 2-10 所示。

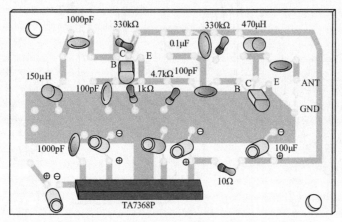

图 2-10　典型小功率发射机的元器件安装图

图中不仅包含了印制线路图，还形象地表示出了元器件的安装位置，对于初学者来说，元器件安装图直观性较强，且比较容易理解。

2.4　电器装配图

2.4.1　安装图

安装图是用于指导电子产品机械部件、整机组装的简图。整机安装图能够帮助组装技术人员按照图纸进行组装。安装图可以分为机械传动部件安装图和整机组合安装图。其中，机械传动部件安装图是用来分解电子产品机械传动部件之间关系的图纸，通过机械传动部件安装图，组装技术人员可以将机械传动部件之间进行关联，使其实现机械功能；整机组合安装图是用来分析电子产品各零部件之间的关系，组装技术人员通过整机组合安装图之间的联系，可以将零散的部件组合成用户能够使用的电子产品。图 2-11 为典型立体声放大器的安装图。

2.4.2　布线图

当组成电子产品的各个零部件都制作好后，电子产品装配人员就要根据要求将这些零散的部件组接到一起，完成整机的装配，这一过程主要遵循的电子电

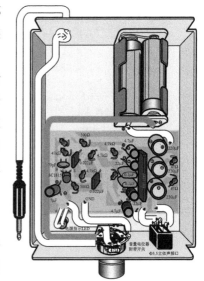

图 2-11　典型立体声放大器的安装图

31

路图就是整机布线图，如图 2-12 所示。

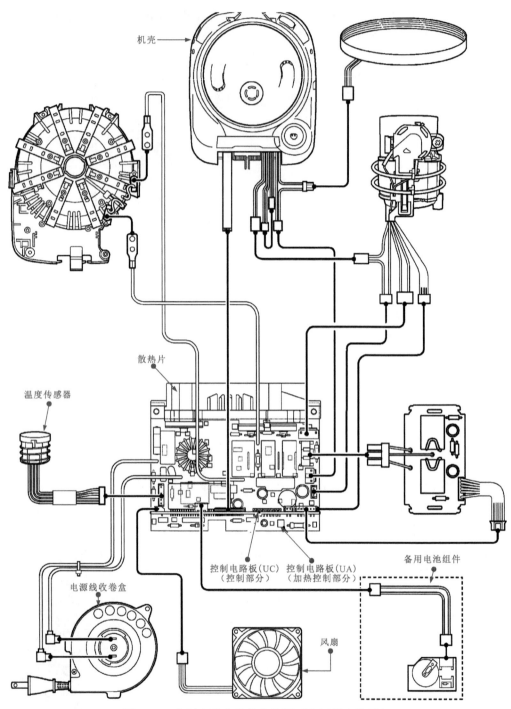

机壳

散热片

温度传感器

控制电路板(UC)　控制电路板(UA)
（控制部分）　　（加热控制部分）

备用电池组件

电源线收卷盒

风扇

图 2-12　典型电子产品的布线图（电饭煲布线图）

布线图上将实际零部件以立体示意图的形式体现，清晰地标注了各部件的安装位置和线路的走向及连接方式，是便于制作、安装及维修人员接线和检查的一种简图或表格，图中的装接元器件和接线装置以简化轮廓绘制，焊接元器件以图形符号表示，导线和电缆用曲线表示，与接线无关的固定件或元器件在布线图中不画出。

2.5　实用单元电路

2.5.1　电源电路

电源电路就是为设备供电的电路。该电路输入的电压往往是公用的交流220V市电，通过一系列变换，转换成设备所需要的工作电压为各单元电路供电，确保设备正常的工作条件。

（1）线性电源电路

线性电源电路俗称串联稳压电路，结构简单，可靠性高。线性电源电路通常是先将交流电通过变压器降压，经整流，得到脉动直流后，再经滤波得到微小波纹的直流电压，最后由稳压电路输出较为稳定的直流电压，如图2-13所示。

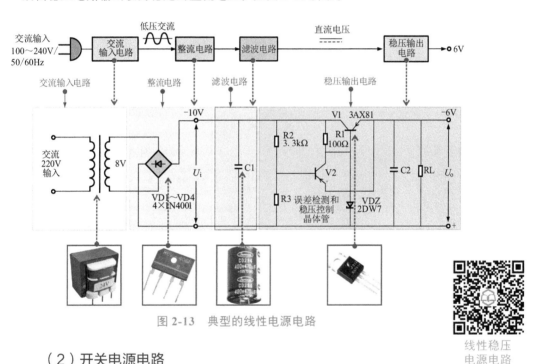

图2-13　典型的线性电源电路

线性稳压
电源电路

（2）开关电源电路

开关电源电路的应用十分广泛，图2-14为典型的开关电源电路。

开关电源电路主要可分为交流输入电路、整流滤波电路、次级输出电路、稳压控制电路及开关振荡电路。其中，次级输出电路是对开关变压器输出的脉冲信号进行整流滤波，然后输出各级直流电压；稳压控制电路将误差检测信号传送到开关振荡集成电路中，从而使次级输出电压保持稳定；开关振荡电路将直流电压变成高频脉冲电压，驱动开关变压器工作。

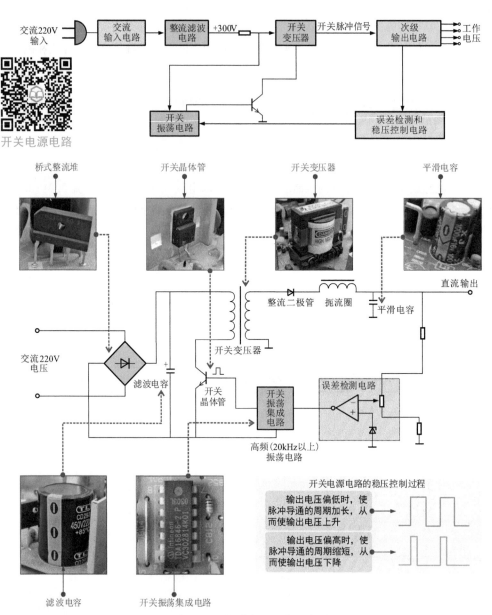

图 2-14 典型的开关电源电路

2.5.2 遥控电路

遥控电路是一种通过红外光波传输人工指令（控制信号）的电路，根据遥控电路的功能不同，可以将遥控电路分为遥控发射电路和遥控接收电路。

（1）遥控发射电路

遥控发射电路采用红外发光二极管发出经过调制的红外光波，其电路结构多种多样，工作频率也可根据具体的应用条件而定。图 2-15 为典型遥控发射电路。

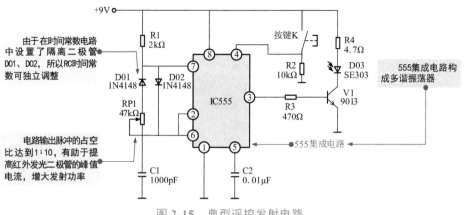

图 2-15　典型遥控发射电路

（2）遥控接收电路

遥控接收电路由红外接收二极管（光敏二极管）、运算放大器和集成电路等组成。图 2-16 为典型遥控接收电路。

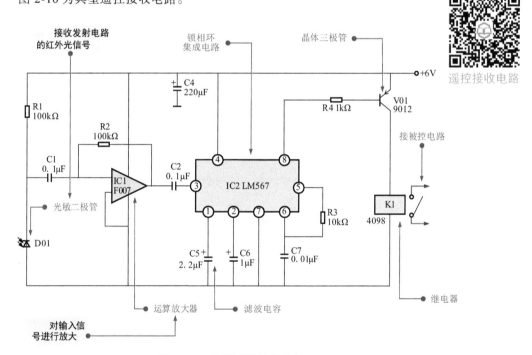

图 2-16　典型遥控接收电路

2.5.3　交流 - 直流变换电路

图 2-17 为典型交流 - 直流变换电路。在交流 - 直流变换电路中，交流电压经降压变压器的次级绕组变为交流低压，再经由 4 个二极管组成的桥式整流电路将交流变成直流输出，由滤波电容滤波后输出直流电压。

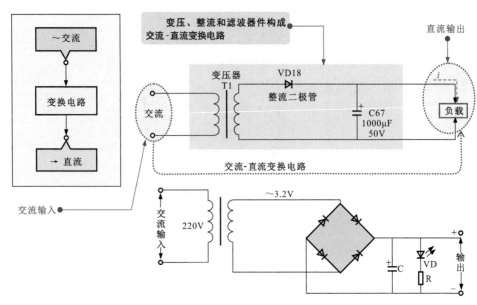

图 2-17　典型交流 - 直流变换电路

2.5.4　光 - 电变换电路

　　光 - 电变换电路主要是指利用光敏元件进行光电控制、变换和传输的电路。其实质就是将光信号的变化量变换为电量信号。图 2-18 为典型光 - 电变换电路。

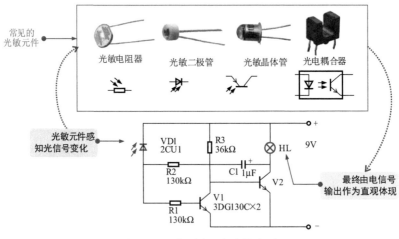

图 2-18　典型光 - 电变换电路

2.5.5　温度传感器电路

　　温度传感器电路是将温度传感器的温度变化量变成电压或电流等信号，根据需求可记录、比较、控制和显示。温度传感器电路的主要传感元器件为热敏电阻器。图 2-19 为典型温度传感器电路。

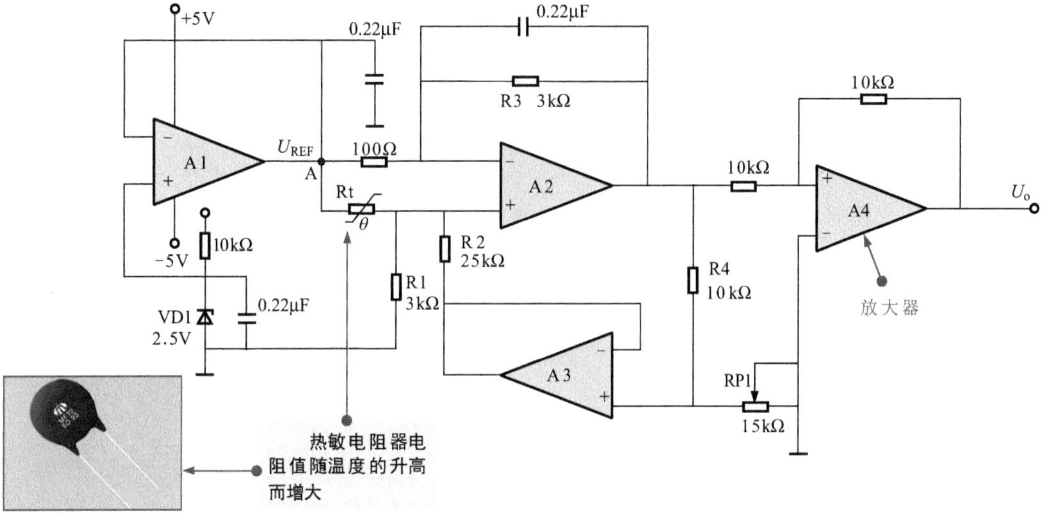

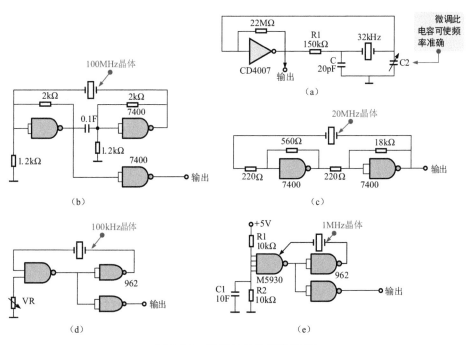

图 2-19　典型温度传感器电路

2.5.6 晶体振荡电路

晶体振荡电路是一种高精度和高稳定度的振荡器，多用于为数字信号处理电路产生时钟信号或基准信号。晶体振荡电路主要是由放大器、石英晶体和外围元器件构成的谐振电路。图 2-20 为常见的晶体振荡电路。

图 2-20　常见的晶体振荡电路

提示说明

晶体（石英晶体）是一种自然界中天然形成的结晶物质，具有一种称为压电效应的特性。晶体受到机械应力的作用会发生振动，由此产生电压信号的频率等于此机械振动的频率。当在石英晶体两端施加交流电压时，它会在该输入电压频率的作用下振动，在晶体的自然谐振频率下会产生最强烈的振动现象。晶体的自然谐振频率又称固有频率，由其实体尺寸及切割方式来决定。

第3章 液晶电视机维修

3.1 液晶电视机的结构和工作原理

3.1.1 液晶电视机的结构特点

液晶电视机的外部结构相对比较简单，从外观上看，液晶电视机的外部是由液晶显示屏、外壳和底座构成的，图 3-1 为典型液晶电视机的外部结构图。

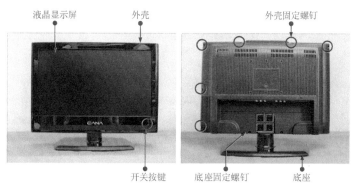

图 3-1　液晶电视机的外部结构图

打开液晶电视机外壳，即可看到其内部结构，如图 3-2 所示，液晶电视机内部是由主电路板、开关电源电路板、操作显示电路板、液晶显示屏组件和背光灯等部分构成。

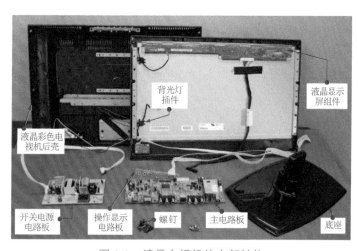

液晶电视机的内部结构

图 3-2　液晶电视机的内部结构

液晶电视机是由液晶显示屏和多个电路板组合而成的。液晶电视机的各单元电路不是独立存在的，在正常工作时，各电路因相互传输信号而存在一定的联系，如图3-3所示。

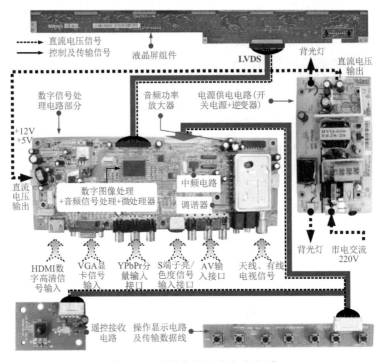

图 3-3　液晶电视机的电路关系

从图3-3中可以看出，液晶电视机各电路板之间的信号传输关系为：直流电压由开关电源电路板传输到主电路板及背光灯等部分，为其提供工作条件。操作显示电路和遥控接收电路向液晶电视机输入人工指令，经主电路板处理后，由微处理器输出各种控制信号，使液晶电视机进入工作状态。

（1）电视信号接收电路

液晶平板电视机的电视信号接收电路包括调谐器和中频电路两部分，如图3-4所示。调谐器用于接收外部天线信号或有线电视信号，进行处理后输出中频信号；中频电路则用

液晶电视机电
视信号接收电
路的结构组成

图 3-4　典型液晶电视机中的电视信号接收电路

于将调谐器输出的中频信号进行视频检波和伴音解调后输出视频图像信号和第二伴音中频信号，送往后级电路中。

（2）视频解码电路

液晶电视机中，视频解码电路的主要功能就是将电视信号接收电路或接口电路输入的模拟视频图像信号进行解码处理，变为亮度和色差信号或者是数字视频信号后再输出，如图 3-5 所示。

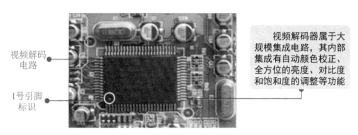

视频解码电路

1号引脚标识

视频解码器属于大规模集成电路，其内部集成有自动颜色校正、全方位的亮度、对比度和饱和度的调整等功能

图 3-5　典型液晶电视机中的视频解码电路

（3）数字图像信号处理电路

液晶电视机的数字图像信号处理电路用于进行数字图像处理、输出数字视频信号，并驱动液晶显示屏工作。除此之外，该电路具有多个输入信号接口，可接收外部视频设备的 AV 信号、S-视频信号和 YPbPr 分量视频信号等，图 3-6 为典型液晶电视机中数字图像信号处理电路的实物外形。

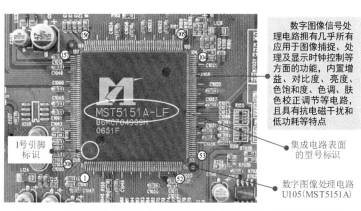

数字图像信号处理电路拥有几乎所有应用于图像捕捉、处理及显示时钟控制等方面的功能，内置增益、对比度、亮度、色饱和度、色调、肤色校正调节等电路，且具有抗电磁干扰和低功耗等特点

液晶电视机数字信号处理电路的结构组成

1号引脚标识

集成电路表面的型号标识

数字图像处理电路 U105（MST5151A）

图 3-6　典型液晶电视机中数字图像信号处理电路的实物外形

（4）音频信号处理电路

液晶电视机的音频信号处理电路一般由音频信号处理集成电路和音频功率放大器两大部分构成，该电路主要是用于完成第二伴音中频信号的解调、数字音频处理并输出多组音频信号去驱动扬声器发声，图 3-7 为典型液晶电视机中音频信号处理电路的实物外形。

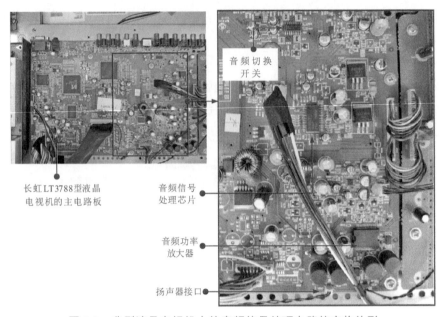

长虹LT3788型液晶
电视机的主电路板

音频切换
开关

音频信号
处理芯片

音频功率
放大器

扬声器接口

图 3-7　典型液晶电视机中的音频信号处理电路的实物外形

（5）系统控制电路

系统控制电路是整个液晶电视机的控制核心，整机的动作都是由该电路进行控制。系统控制电路中的核心是一只大规模集成电路，该电路通常称之为微处理器（CPU），该电路外围设置有晶体、存储器等特征元器件，如图 3-8 所示。

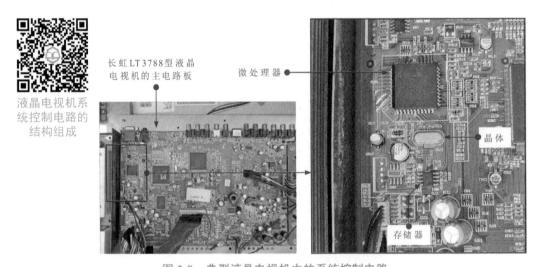

液晶电视机系
统控制电路的
结构组成

长虹LT3788型液晶
电视机的主电路板

微处理器

晶体

存储器

图 3-8　典型液晶电视机中的系统控制电路

（6）开关电源电路

开关电源电路是整机工作的动力源，它是将市电交流 200V 变成 +12V、+24V、+5V 等多路直流电压，为液晶电视机各电路板供电，如图 3-9 所示。

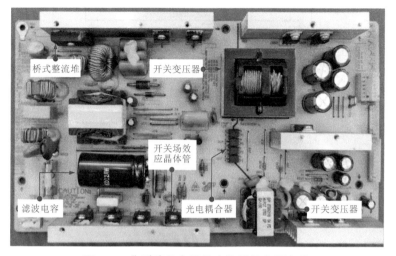

桥式整流堆　　　　开关变压器

开关场效
应晶体管

滤波电容　　　　光电耦合器　　　　开关变压器

图 3-9　典型液晶电视机中的开关电源电路

（7）逆变器电路

在液晶电视机中，逆变器电路专门用于为液晶电视机的背光灯管供电。该电路用于将开关电源电路输出的一路直流电压（12V 或 24V）逆变为交流电压后，为背光灯管提供工作条件，如图 3-10 所示。

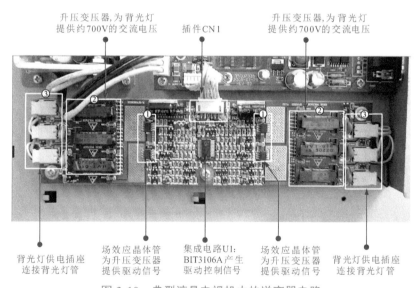

升压变压器,为背光灯
提供约700V的交流电压

插件CN1

升压变压器,为背光灯
提供约700V的交流电压

背光灯供电插座
连接背光灯管

场效应晶体管
为升压变压器
提供驱动信号

集成电路U1:
BIT3106A产生
驱动控制信号

场效应晶体管
为升压变压器
提供驱动信号

背光灯供电插座
连接背光灯管

图 3-10　典型液晶电视机中的逆变器电路

（8）液晶显示屏及驱动电路

液晶显示屏及驱动电路构成一个不可分割的组件，接收来自数字图像信号处理电路输出的图像数据信号及相关的同步信号，并将这些分配给液晶显示屏的驱动端，使液晶显示屏显示图像，如图 3-11 所示。

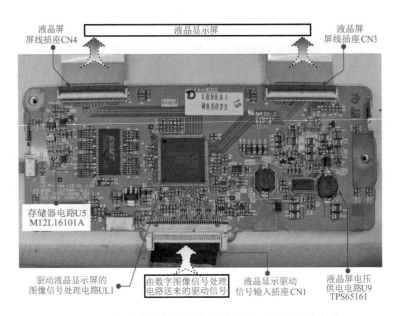

液晶屏屏线插座CN4

液晶显示屏

液晶屏屏线插座CN3

存储器电路U5
M12L16101A

驱动液晶显示屏的图像信号处理电路UL1

由数字图像信号处理电路送来的驱动信号

液晶显示驱动信号输入插座CN1

液晶屏电压供电电路U9 TPS65161

图3-11　典型液晶电视机中的液晶显示屏及驱动电路

（9）接口电路

液晶电视机的接口电路主要包括与各种外部设备或信号进行连接用的各种接口及接口的外围电路部分，是液晶电视机与外部设备之间进行联系的信号通道，图 3-12 为典型液晶电视机中各种接口的实物外形。

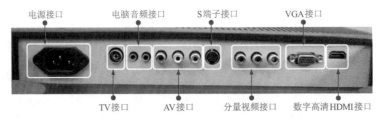

电源接口　　电脑音频接口　　S端子接口　　VGA接口

TV接口　　AV接口　　分量视频接口　　数字高清HDMI接口

图3-12　典型液晶电视机中各种接口的实物外形

3.1.2　液晶电视机的工作原理

（1）液晶电视机的整机工作原理

液晶电视机接收天线或有线电视接口送来的射频信号或外接接口等输送的音频、视频数字信号，经过内部功能电路处理后，形成用以控制液晶屏显示图像的数字信号和控制扬声器发声的音频信号，数字图像信号通过显示屏驱动电路在液晶屏上显示出动态图像，而音频信号则经音频信号处理电路后驱动扬声器发声。

液晶显示屏是液晶电视机上特有的显示部件，该部分主要由液晶显示板、显示屏驱动电路和背部光源组件构成，如图 3-13 所示。目前，常见的液晶显示屏驱动是采用有源开关的方式来对各个像素进行独立的精确控制，以实现更精细的显示效果。

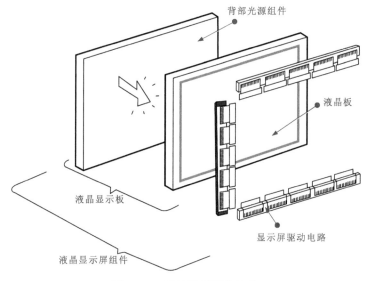

背部光源组件

液晶板

液晶显示板

显示屏驱动电路

液晶显示屏组件

图 3-13　液晶显示屏的结构

（2）液晶显示屏的显色原理

在液晶层的前面，设计有由 R、G、B 栅条组成的彩色滤光片，光穿过 R、G、B 栅条，就可以看到彩色光，如图 3-14 所示。在每个像素单元中，都是由 TFT（薄膜晶体管）对液晶分子的排列进行控制，从而改变透光性，使每个像素都显示不同的颜色。

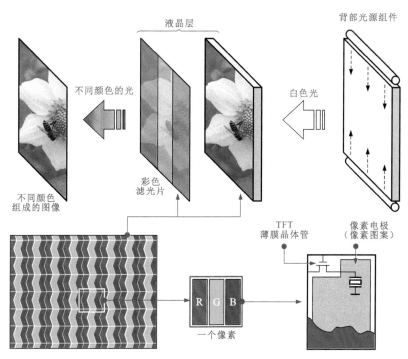

液晶层

背部光源组件

不同颜色的光

白色光

不同颜色组成的图像

彩色滤光片

TFT 薄膜晶体管

像素电极（像素图案）

R　G　B

一个像素

图 3-14　液晶屏的显色原理

由于每个像素单元的尺寸很小，从远处看就是由 R、G、B 合成的颜色，与显像管 R、G、B 栅条合成的彩色效果是相同的。这样液晶层设在光源和彩色滤光片之间，每秒液晶层的变化与图像画面同步。

（3）背部光源组件的工作原理

液晶屏的背部光源组件如图 3-15 所示，背光灯灯管所发的光是发散的，而反光板将光线全部反射到液晶屏一侧，光线经导光板后变成均匀的平行光线，再经过多层光扩散膜使光线更均匀更柔和，最后照射到液晶中。

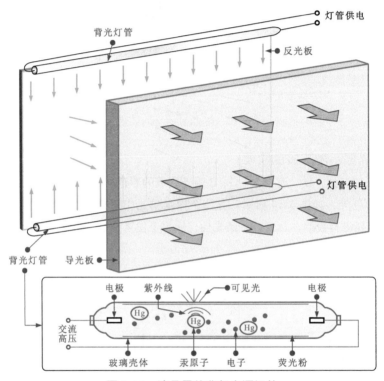

图 3-15　液晶屏的背部光源组件

当背光灯的两端加上 700～1000V 的交流电压后，灯管内部的电子将会高速撞击电极，产生二次电子，水银受到电子撞击后产生波长为 253.7nm 的紫外光，紫外光激发涂在内壁上的荧光粉产生可见光。

（4）液晶电视机的信号处理过程

液晶电视机中各种单元电路都不是独立存在的。在正常工作时，它们之间因相互传输各种信号而存在一定的联系，从而实现了信号的传递，使液晶电视机可以对相应的信号进行处理，显示出图像和发出声音。

图 3-16 为典型液晶电视机的整机电路信号流程图。由图可知，该电视机主要是由一体化调谐器 N100、微处理器 / 数字图像处理 / 音频信号处理集成电路 N500、音频功率放大器 N600、电源电路、逆变器电路和液晶显示屏组件等构成的。

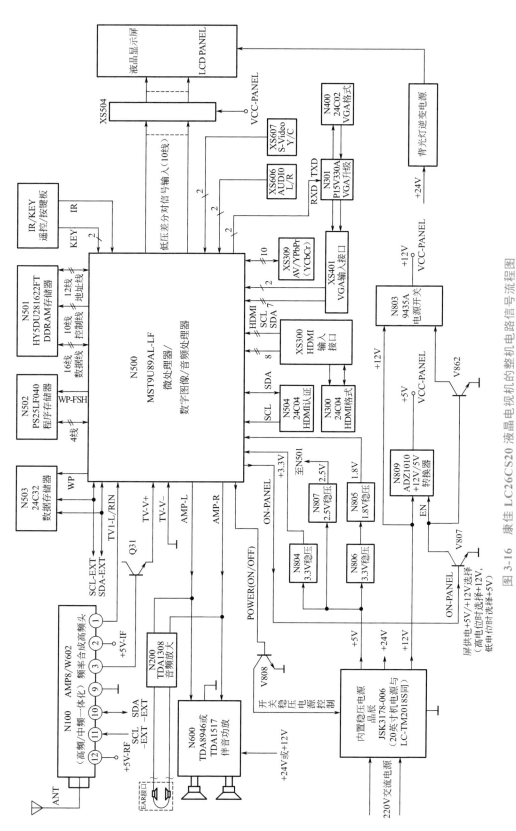

图 3-16 康佳 LC26CS20 液晶电视机的整机电路信号流程图

天线所接收的电视信号或有线电视信号经接口送入一体化调谐器中，由调谐器及外围元器件构成的电视信号接收电路完成射频信号的放大、变频以及音、视频信号的解调等处理，由 ① 脚输出音频信号，③ 脚输出视频图像信号送往微处理器 / 数字图像处理 / 音频信号处理集成电路 N500 中。由 VGA 接口以及视频分量接口输入的信号也送入 N500 中，在 N500 内部对两路视频信号进行切换和处理。

本机接收的视频信号与外部接口输入的视频信号，经 N500 内部切换、数字图像处理后，形成低压差分信号（LVDS），经屏线送往液晶屏驱动电路中，从而使液晶屏显示图像。

第二伴音信号经 N500 内部的音频处理部分处理后，输出 L、R 音频信号，该信号被分别送往音频功率放大器 N600 和音频放大电路 N200 中，经放大处理后，再分别送往本机左右声道扬声器以及耳机接口。

数字图像处理 / 音频信号处理电路 N500 内部集成的微处理器电路，通过 SDA（串行数据线）和 SCL（串行时钟线）传输控制信号。数据存储器 N503、程序存储器 N402 和 DDRAM 存储器 N501 作为图像存储器和程序存储器使用，配合 N500 芯片工作。

整机的待机、电源指示灯、静音、背光灯的亮度、背光灯电源供电等的调节控制都是由 N500 芯片中的微处理器进行控制的。

交流 200V 电压在开关电源电路中进行滤波、整流、开关振荡、稳压等处理后，输出多路直流电压，作为电路板上的各电路单元及元器件提供基本的工作条件。

3.2 液晶电视机的检修技能

液晶电视机出现故障后，经常会引起图像、声音异常的故障现象，对该类产品进行检修时，可依据液晶电视机整机的控制过程对可能产生故障的电路部分进行逐级排查，如图 3-17 所示，由图可知，若液晶电视机出现故障，应根据具体的故障现象对相应的电路部分进行检修，检修过程中可按供电、信号的流程进行逆向检修。

液晶电视机的维修方法主要是通过不同的故障现象来圈定故障点。这需要过硬的维修技能与丰富的维修经验才能实现，下面根据检修分析对液晶电视机的几个重点电路进行检测。

（1）电视信号接收电路的检修方法

液晶电视机电视信号接收电路长期处于工作状态，出现故障的频率很高，通常表现为无图像、图像异常或无伴音等现象。对该电路进行检修时，可依据故障现象分析出产生故障的原因，并根据电视信号接收电路的检修流程对可能产生故障的部件逐一进行排查。

对于液晶电视机电视信号接收电路的检测，可使用万用表或示波器测量待测液晶电视机的电视信号接收电路，然后将实测电压值或波形与正常的数值或波形进行比较，即可判断出电视信号接收电路的故障部位。

不同液晶电视机的电视信号接收电路的检修方法基本相同，下面我们以夏华 LC-32U25 型液晶电视机为例介绍电视信号接收电路的具体检修方法。

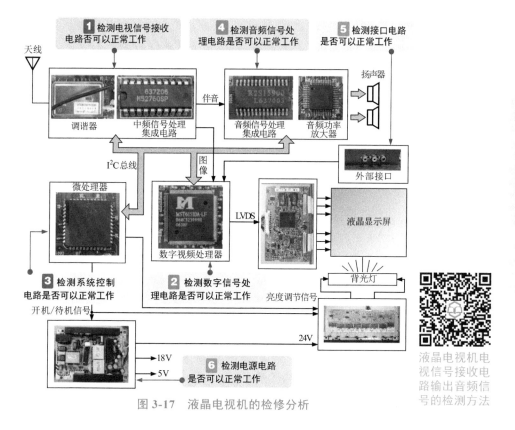

图 3-17　液晶电视机的检修分析

① 检测电视信号接收电路的输出信号　当电视信号接收电路出现故障时，应首先判断该电路部分有无输出，即在通电开机的状态下，对电视信号接收电路输出的音频信号和视频图像信号进行检测，如图 3-18 所示。

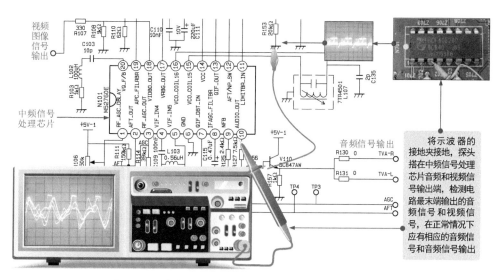

图 3-18　电视信号接收电路输出信号的检测方法

若检测电视信号接收电路输出的信号正常，则说明电视信号接收电路基本正常；若检测无信号输出，则说明该电路可能出现故障，需要进行下一步的检测。

② 检测中频信号处理电路的工作条件　若电视信号接收电路无音频信号和视频图像信号输出，即中频信号处理电路无输出，此时需要对中频信号处理电路的工作条件（供电电压）进行检测，如图 3-19 所示。

直流供电是中频信号处理电路的基本工作条件，若无直流供电电压，即使中频信号处理电路本身正常，也将无法工作，因此检修时应对该供电电压进行检测，若供电电压正常，而仍无输出，则需要进行下一步的检测。

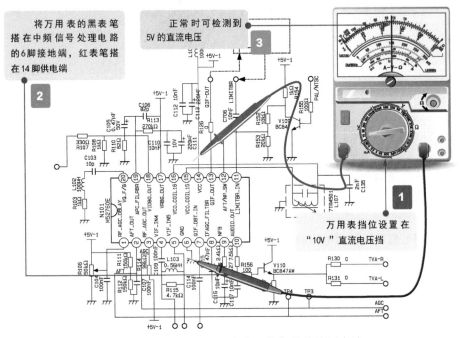

图 3-19　中频信号处理电路工作条件的检测方法

③ 检测声表面波滤波器的输出信号　若中频信号处理电路在供电电压正常，而仍无音频信号和视频图像信号输出，则应对声表面波滤波器（图像和伴音）送来的图像中频信号和伴音中频信号进行检测，如图 3-20 所示。

若声表面波滤波器输出的信号正常，即中频信号处理电路输入的信号正常，则表明中频信号处理电路本身可能损坏；若输入的信号波形不正常，则应继续对其前级电路进行检测。

④ 检测预中放的输出信号　若声表面波滤波器输出的图像和伴音中频信号不正常，则接下来应对前级预中放集电极输出的中频信号进行检测，如图 3-21 所示。

若预中放集电极输出的中频信号正常，则表明预中放本身及前级电路均正常；若预中放集电极无信号输出，则应检测其预中放的输入信号，即调谐器的输出信号是否正常。

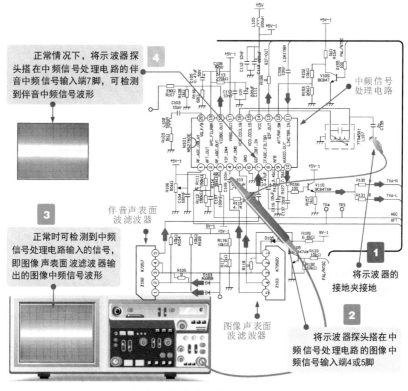

正常情况下，将示波器探头搭在中频信号处理电路的伴音中频信号输入端7脚，可检测到伴音中频信号波形 **4**

中频信号处理电路

3

正常时可检测到中频信号处理电路输入的信号，即图像声表面波滤波器输出的图像中频信号波形

伴音声表面波滤波器

图像声表面波滤波器

1 将示波器的接地夹接地

2 将示波器探头搭在中频信号处理电路的图像中频信号输入端4或5脚

图 3-20　声表面波滤波器输出信号的检测方法

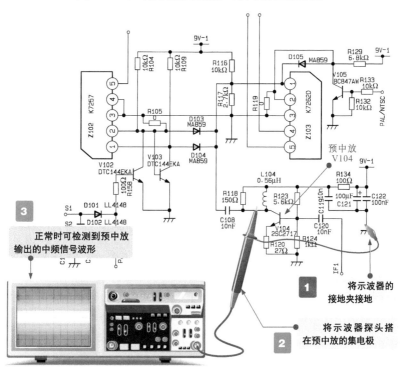

3

正常时可检测到预中放输出的中频信号波形

预中放 V104

1 将示波器的接地夹接地

2 将示波器探头搭在预中放的集电极

图 3-21　预中放输出信号的检测方法

⑤ 检测调谐器的输出信号 若预中放的集电极无信号输出，则应对其基极的输入信号，即调谐器输出的中频信号进行检测，如图 3-22 所示。

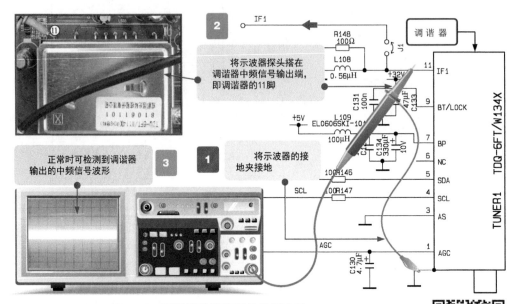

图 3-22 调谐器输出信号的检测方法

液晶电视机调谐器输出中频信号的检测方法

若调谐器输出的中频信号正常，则表明谐调器能正常工作；若该信号不正常，则说明调谐器可能出现故障，需要对调谐器相关工作条件以及调谐器本身等进行检测。

（2）数字信号处理电路的检修方法

对液晶电视机数字信号处理电路进行检测时，可使用万用表或示波器测量待测液晶电视机数字信号处理电路中的各关键点的参数，然后将实测电压值或波形与正常的数值或波形进行比较，即可判断出电视信号接收电路的故障部位。

不同液晶电视机的数字信号处理电路的检修方法基本相同，下面我们以厦华 LC-32U25 型液晶电视机为例介绍数字信号处理电路的具体检修方法。

① 检测数字信号处理电路的输出信号 当怀疑数字信号处理电路出现故障时，应首先判断该电路部分有无输出，即在通电开机的状态下，对数字信号处理电路输出到后级电路或组件的 LVDS 信号（低压差分信号）进行检测（即检测数字图像处理芯片输出的信号），该信号是数字信号处理电路终端的输出信号，如图 3-23 所示。

若检测数字信号处理电路输出的信号正常，则说明数字信号处理电路正常；若检测无信号输出，则需要进一步对供电电压进行检测，具体检测方法与中频信号处理电路供电电压的检测方法相同，这里就不再重复。

② 检测数字图像处理芯片输入信号 若数字图像处理芯片的工作条件正常，而仍无信号输出，则应对其前级电路或器件送来的信号进行检测，即检测数字图像处理芯片的输入信号，如图 3-24 所示。

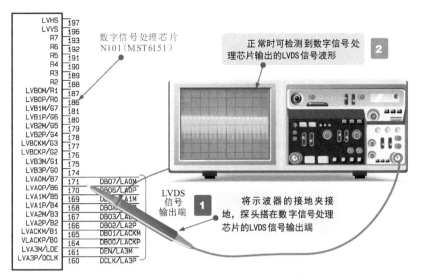

液晶电视机数字信号处理电路 LVDS 信号的检测方法

图 3-23 数字信号处理电路输出信号的检测方法

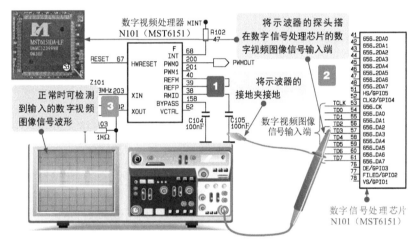

图 3-24 数字图像处理芯片输入信号的检测方法

若经检测数字图像处理芯片输入端信号正常，即前级送来信号正常，在其各工作条件也正常的前提下仍无输出，则多为数字图像处理芯片本身损坏，用同型号芯片更换即可。

（3）系统控制电路的检修方法

液晶电视机的系统控制电路若存在故障，通常会造成液晶电视机出现各种异常故障，比如不开机、操作控制失常、调节失灵、不能记忆频道等故障，在对其进行测试时，主要是对微处理器的输出信号、工作条件以及输入信号等进行检测。

① 检测微处理器的输出信号　微处理器正常工作时需要输出各种控制信号，例如 I^2C 总线信号、开机 / 待机控制信号以及逆变器开关控制信号等，若怀疑系统控制电路不能正常工作时，应先对这些信号进行检测，如图 3-25 所示。若该信号均正常，则表明系统控

制电路可以正常工作；若信号出现异常，则需要对微处理器的工作条件进行检测。

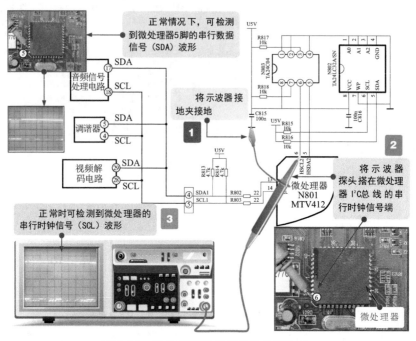

图 3-25　微处理器输出信号的检测方法

相/关/资/料

检测微处理器的输出信号时，除了检测以上介绍到的信号外，还需要对开机/待机控制信号、逆变器开关控制信号进行检测，图 3-26 为正常情况微处理器相关引脚处输出的信号。

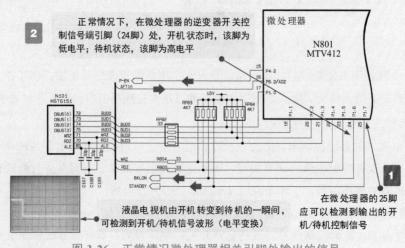

图 3-26　正常情况微处理器相关引脚处输出的信号

② 检测微处理器的工作条件　微处理器正常工作需要满足一定的工作条件，其中包括直流供电电压、复位信号和时钟信号等。当怀疑液晶电视机控制功能异常时，可对微处理器这些工作条件进行检测，判断微处理器的工作条件是否满足需求，如图 3-27 所示。

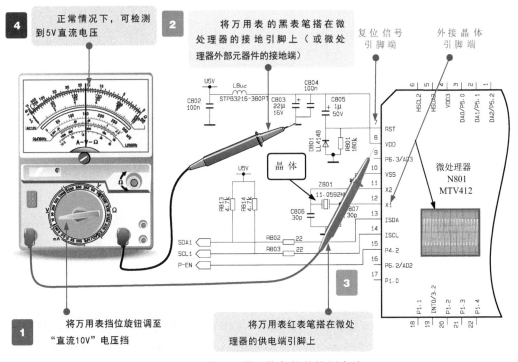

图 3-27　微处理器工作条件的检测方法

提示说明

　　微处理器的工作条件除了供电电压外，还需要有复位信号（7 脚）以及时钟信号（11 脚、12 脚）。正常情况下，在开机的一瞬间，复位信号应有 0 ～ 5V 的电压跳变；而在晶体的引脚处应能检测到相应的晶振信号波形。

③ 检测微处理器的输入信号　微处理器可接收的指令信号包括遥控信号和键控信号两种。当用户操作遥控器或液晶电视机面板上的操作按键无效时，可检测微处理器指令信号输入端信号是否正常，如图 3-28 所示。

提示说明

　　检测操作按键送入的信号时，需要在按键的一瞬间，在微处理器的 26 脚和 27 脚处检测到相应的电平变化，表明输入的信号正常。

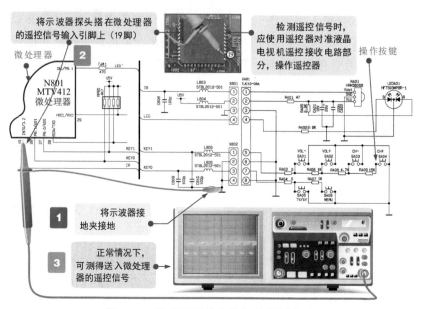

图 3-28　微处理器输入信号的检测方法

（4）音频信号处理电路的检修方法

检修音频信号处理电路时，可使用万用表或示波器测量待测液晶电视机音频信号处理电路的输出、输入信号等参数，然后将实测电压值或波形与正常的数值或波形进行比较，即可判断出音频信号处理电路的故障部位。

不同液晶电视机的音频信号处理电路的检修方法基本相同，下面我们以厦华 LC-32U25 型液晶电视机为例介绍音频信号处理电路的具体检修方法。

① 检测音频信号处理电路的输出信号　液晶电视机出现无伴音故障时，首先判断其音频信号处理电路部分有无输出，即在通电状态下，对音频信号处理电路的输出音频信号进行检测，如图 3-29 所示。

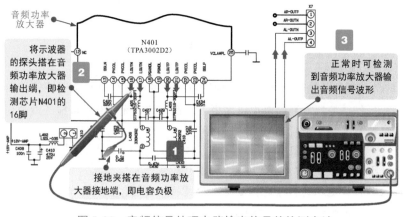

图 3-29　音频信号处理电路输出信号的检测方法

若检测无音频信号输出或某一路无输出，则说明该电路前级电路可能出现故障，需要进行下一步检测。

② 检测音频功率放大器的工作条件　若音频信号处理电路无音频信号输出，即音频功率放大器无输出，此时需要对音频功率放大器的工作条件（供电电压）进行检测，具体检测方法与中频信号处理电路工作电压的检测方法相同，这里我们不再重复。

若供电电压正常，而仍无输出，则需要进行下一步的检测。

③ 检测音频信号处理芯片的输出信号　若音频功率放大器的供电电压正常，而仍无音频信号输出，则应对音频信号处理芯片输出的音频信号进行检测，如图 3-30 所示。

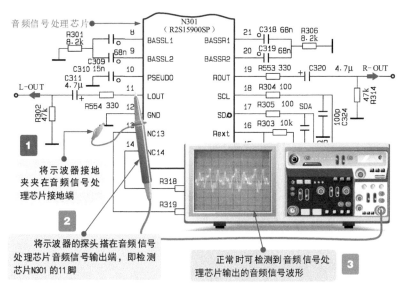

图 3-30　音频信号处理芯片输出信号的检测方法

若音频信号处理芯片输出的信号正常，即音频功率放大器输入的信号正常，则表明音频功率放大器本身可能损坏；若输入的信号波形不正常，则应继续对其前级电路进行检测。

④ 检测音频信号处理芯片的输出信号　若音频功率放大器无输入（或音频信号处理集成电路无输出）则接下来可首先判断该电路的工作条件（工作电压、I^2C 总线信号）是否满足要求，具体检测方法可参考前文检测工作条件的方法。

直流供电是音频信号处理芯片的基本工作条件之一。若无供电电压，即使音频信号处理芯片本身正常，也将无法工作，应对供电部分进行检修；若供电电压正常，而仍无输出，则应进行下一步检修。

⑤ 检测音频信号处理芯片的输入信号　当液晶电视机的音频信号处理芯片部分无输出或音频功率放大器部分无输入，但各工作均正常时，接下来就需要对音频信号处理芯片输入端的音频信号进行检测，如图 3-31 所示。

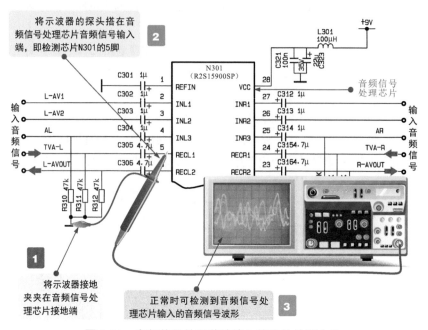

图 3-31　音频信号处理芯片输入信号的检测方法

　　若检测音频信号处理芯片的两路输入均正常，而无输出，则说明音频信号处理芯片部分功能失常；若检测无输入音频信号或某一路无输入，则说明前级电路可能出现故障，需要对前级电路进行下一步的检查。

（5）电源电路的检修方法

　　检修电源电路时，可对开关电源电路和逆变器电路分别进行检测：当开关电源电路出现故障时，可首先采用观察法检查电源电路的主要元器件有无明显损坏迹象，如观察熔断器有无断开、炸裂或烧焦的迹象，其他主要元器件有无脱焊或插口不良的现象，互感滤波器线圈有无脱焊，引脚有无松动，+300V 滤波电容有无爆裂、鼓包等现象。若从表面无法观测到故障点，按供电顺序逆向检测。

　　逆变器电路的检修与开关电源电路类似，一般可逆其信号流程从输出部分作为入手点逐级向前进行检测，信号消失的地方即可作为关键的故障点，再以此为基础对相关范围内的工作条件、关键信号进行检测，排除故障。

　　① 检测电源电路的输出电压（信号）　当电源电路出现故障时，可先判断该电路的输出部分是否正常，即在通电开机的状态下，使用万用表或示波器检测输出的电压值或信号波形，如图 3-32 所示。

　　若检测电源电路输出的电压（信号）正常，则说明电源电路基本正常；若检测无电压值、某一路电压值无输出、信号波形不正常等，均表明该电路可能出现故障，需要进行下一步的检测。

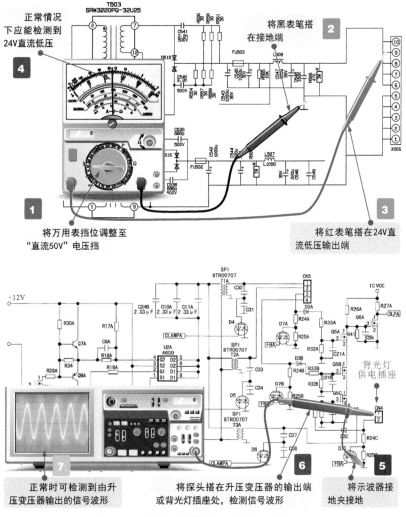

正常情况下应能检测到24V直流低压

4

将黑表笔搭在接地端

2

1

将万用表挡位调整至"直流50V"电压挡

3

将红表笔搭在24V直流低压输出端

7

正常时可检测到由升压变压器输出的信号波形

将探头搭在升压变压器的输出端或背光灯插座处，检测信号波形

6

背光灯供电插座

5

将示波器接地夹接地

图 3-32　电源电路的输出电压（信号）

②检查电源电路的输入电压　电源电路中开关电源电路的供电为交流200V，而逆变器电路的供电电压是由开关电源电路供给，因此检测电源电路的输入电压时，可先检测开关电源电路的工作条件，如图3-33所示。

若检测开关电源电路的供电电压正常，而输出电压不正常，则表明故障范围在开关电源电路部分；若检测开关电源电路的输入和输出电压均正常，而逆变器电路输出异常，则表明逆变器电路出现故障，此时可分别针对该电路中的主要元器件进行检测。

（6）接口电路的检修方法

接口电路是液晶电视机中主要的输入/输出电路部分也是与外部设备连接的主要通道，当怀疑接口电路出现故障时，可首先采用观察法检查接口及电路中的主要元器件或部件有无明显损坏迹象，如观察接口外观有无明显损坏现象，接口引脚有无腐蚀氧化、虚焊、脱焊现象，接口电路元器件有无明显烧焦、击穿现象。

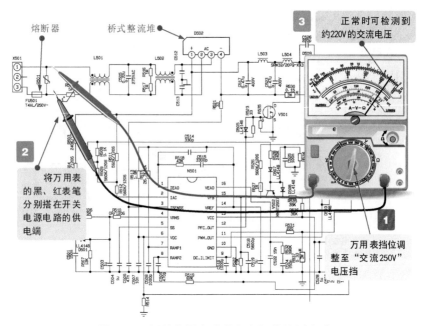

图 3-33　开关电源电路供电电压的检测方法

　　若从表面无法观测到故障部位,可借助万用表或示波器测量待测液晶电视机的接口电路,然后将实测电压值或波形与正常的数值或波形进行比较,即可判断出接口电路的故障部位。

　　① 检查接口本身　接口是液晶电视机接口电路中故障率较高的部件,特别是在插接操作频繁、操作不规范情况下,接口引脚锈蚀、断裂、松脱的情况较常见,因此对接口本身进行检查是接口电路测试中的重要环节,如图 3-34 所示。

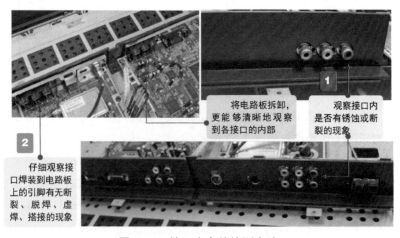

图 3-34　接口本身的检测方法

　　② 检测接口的供电电压　各种接口工作都需要满足其工作条件正常的前提,否则即使接口本身正常,也无法正常工作。因此,检测接口电路时,测量其工作条件是十分重要的环节,图 3-35 为检测 VGA 接口供电电压的方法。

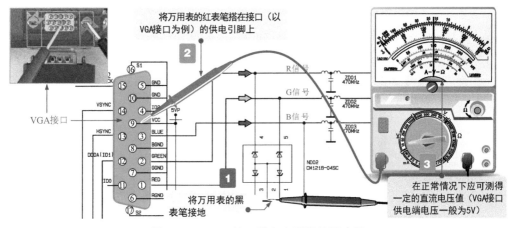

图 3-35　VGA 接口供电电压的检测方法

③ 检测接口处的信号波形　接口电路主要用于音、视频信号的传送，因此，接口本身以及供电均正常的情况下，还应对该接口电路中的信号波形进行检测，如图 3-36 所示。

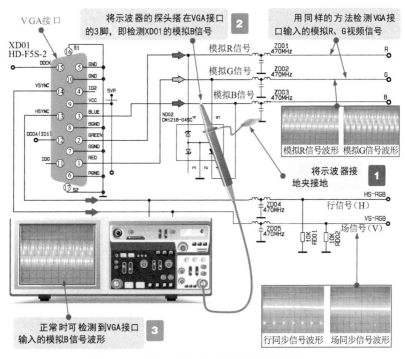

图 3-36　VGA 接口中各信号的检测方法

3.3　液晶电视机常见故障检修

3.3.1　电视节目图像、伴音不良的故障检修

液晶电视机通电开机后，电视节目图像、伴音不良。

通常，液晶电视机电视信号接收电路出现故障时，常会出现声音和图像均不正常的故障现象。此时可将故障机的电路图纸与故障机的实物对照，并结合故障表现，先建立起故障检修的流程，然后按电视信号接收电路的信号流程逐一对其进行检测。

根据故障表现，声音和图像均不正常，一般为处理声音和图像的公共通道部分异常。即应重点对电视信号接收电路进行检测。如图 3-37 所示。

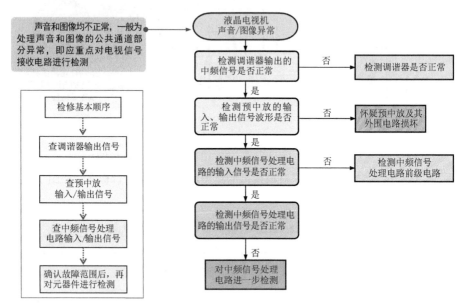

图 3-37　液晶电视机电视信号接收电路的检修流程

以康佳 LC-TM3008 型液晶电视机为例，结合故障表现和故障分析，按图 3-38 所示检测调谐器输出的中频信号波形。

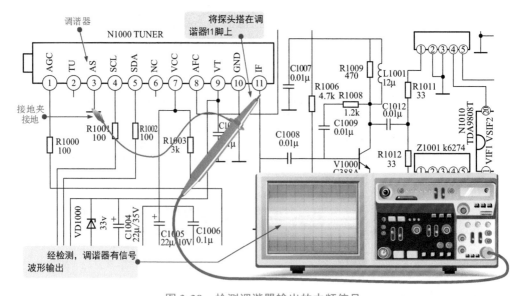

图 3-38　检测调谐器输出的中频信号

按图 3-39 所示检测预中放的输入 / 输出信号波形。

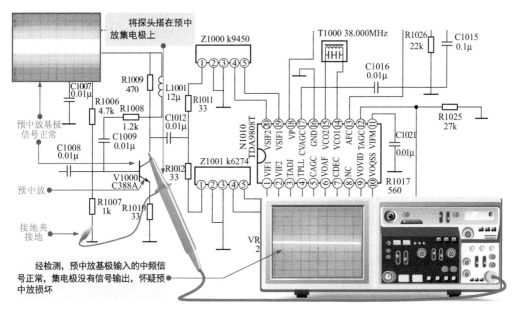

图 3-39 检测预中放的输入 / 输出信号波形

根据检测可了解到，调谐器输出的中频信号正常，预中放输入信号正常、输出信号不正常，怀疑预中放损坏，使用相同型号的预中放代换后，再次试机，故障被排除。

3.3.2 图像正常、左声道无声的故障检修

打开液晶电视机，图像正常，左声道扬声器无声，开大音量，可听到电流声。

根据故障表现，说明处理左声道音频信号的线路存在故障，重点检查左声道传输线路中的相关元器件。可逆信号流程检测音频功率放大器和音频信号处理集成电路进行检测，锁定故障范围。

如图 3-40 所示，以 LC-32U25 型液晶电视机为例，依次检测音频功率放大器左声道音频信号的输出端信号。

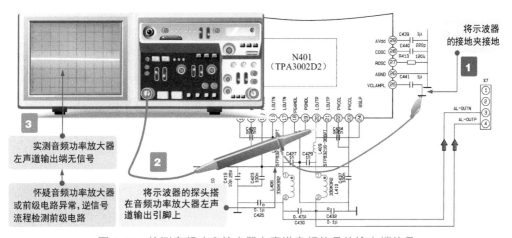

图 3-40 检测音频功率放大器左声道音频信号的输出端信号

发现功率放大器左声道输出端无信号输出。继续检测音频功率放大器左声道输入的音频信号。发现也没有任何信号输入。说明故障很可能在音频功率放大器的前级电路。如图 3-41 所示，继续对音频信号处理集成电路输出的左声道音频信号进行检测。

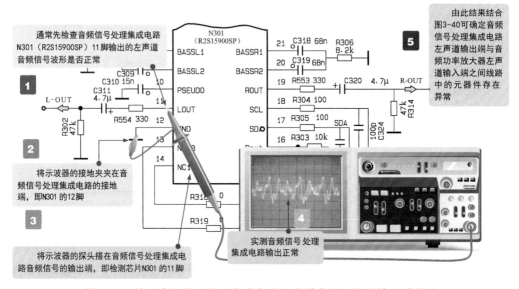

通常先检查音频信号处理集成电路 N301（R2S15900SP）11 脚输出的左声道音频信号波形是否正常

1

2

将示波器的接地夹夹在音频信号处理集成电路的接地端，即 N301 的 12 脚

3

将示波器的探头搭在音频信号处理集成电路音频信号的输出端，即检测芯片 N301 的 11 脚

实测音频信号处理集成电路输出正常

4

5

由此结果结合图 3-40 可确定音频信号处理集成电路左声道输出端与音频功率放大器左声道输入端之间线路中的元器件存在异常

图 3-41　检测音频信号处理集成电路左声道音频信号的输出端信号

检测发现，音频信号处理集成电路输出的左声道音频信号正常。这说明音频信号处理集成电路左声道输出端与音频功率放大器左声道输入端之间的线路中存在元器件损坏。结合电路，音频信号处理集成电路 N301 左声道输出端与音频功率放大器左声道输入端之间有元器件 R554、C311，经检测发现，电阻器 R554 的阻值为无穷大，说明 R554 已断路，更换后，故障被排除。

3.3.3　显示黑屏（有图像无背光）的故障检修

打开电视机，液晶屏能够看到很暗的图像，但没有背光。

根据故障表现，应重点检测逆变器电路的供电、背光灯、升压变压器及驱动场效应晶体管。

首先，检测逆变器电路的 12V 供电电压和开关控制信号。测得 12V 供电和开关控制信号正常。继续检测背光灯接口的信号波形。如图 3-42 所示。

检测发现无信号波形，说明前级电路存在故障。对升压变压器进行检测，依然未检测到放大后的 PWM 驱动信号。继续逆信号流程，对驱动场效应晶体管进行检测。如图 3-43 所示。检测发现，驱动场效应晶体管的输入端能够检测到输入的 PWM 驱动信号，而输出端无信号输出。怀疑驱动场效应晶体管损坏，使用相同型号的驱动场效应晶体管代换后，再次试机，故障被排除。

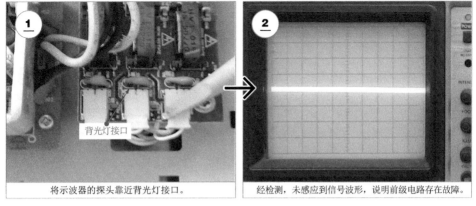

将示波器的探头靠近背光灯接口。

经检测，未感应到信号波形，说明前级电路存在故障。

图 3-42　检测背光灯接口的信号波形

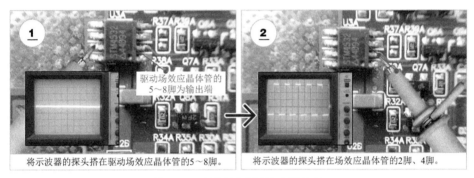

驱动场效应晶体管的
5～8脚为输出端

将示波器的探头搭在驱动场效应晶体管的5～8脚。

将示波器的探头搭在场效应晶体管的2脚、4脚。

图 3-43　检测驱动场效应晶体管

第4章 定频空调器维修

4.1 定频空调器的结构和工作原理

4.1.1 定频空调器的结构特点

定频空调器的压缩机只能输入固定频率和大小的电压，转速和输出功率固定不变。目前，常见的定频空调器多为分体式定频空调器。其结构可以分为室内机部分和室外机部分。

（1）定频空调器的室内机结构

以分体壁挂式定频空调器为例，图4-1为典型定频空调器室内机的结构。

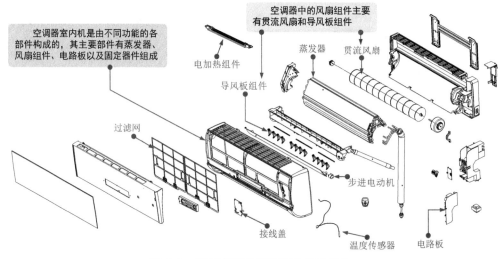

空调器室内机是由不同功能的各部件构成的，其主要部件有蒸发器、风扇组件、电路板以及固定器件组成

空调器中的风扇组件主要有贯流风扇和导风板组件

电加热组件 蒸发器 贯流风扇

导风板组件

过滤网

步进电动机

接线盖 温度传感器 电路板

图4-1 典型定频空调器室内机的结构

① 蒸发器 蒸发器安装在空调器室内机中，它是空调器制冷/制热系统中的重要组成部分。蒸发器是在弯成S形的铜管上胀接翅片制成的。目前，分体壁挂式空调器中的蒸发器多采用这种强制通风对流的方式，以加快空气与蒸发器之间的热交换，如图4-2所示。由图可知，蒸发器主要是由翅片、铜管等构成。

② 风扇组件 定频空调器室内机的风扇组件主要可以分为贯流风扇组件和导内板组件。

贯流风扇组件安装在蒸发器下方，横卧在室内机中，用来实现室内空气的强制循环对流，使室内空气进行热交换。

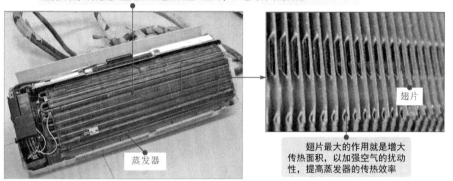

空调器在制冷过程中，制冷剂在蒸发器中吸热汽化，使蒸发器周围的空气温度降低，再通过风扇组件加速室内空气循环，来达到制冷的目的

翅片

蒸发器

翅片最大的作用就是增大传热面积，以加强空气的扰动性，提高蒸发器的传热效率

图 4-2　定频空调器室内机蒸发器的实物外形

图 4-3 为定频空调器室内机的贯流风扇组件。该组件包含有两大部分：贯流风扇扇叶和贯流风扇驱动电动机。

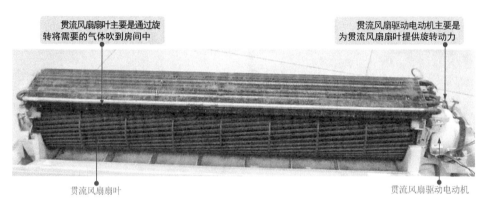

贯流风扇扇叶主要是通过旋转将需要的气体吹到房间中

贯流风扇驱动电动机主要是为贯流风扇扇叶提供旋转动力

贯流风扇扇叶

贯流风扇驱动电动机

图 4-3　定频空调器室内机的贯流风扇组件

图 4-4 为导风板组件的实物外形。导风板组件主要是由导风板、导风板驱动电动机以及排水沟构成的。导风板包括垂直导风板和水平导风板，其中垂直导风板安装在外壳上，而水平导风板则安装在内部机架上，位于蒸发器的侧面，由驱动电动机驱动。主要用来改变空调器吹出的风向，扩大送风面积，增强房间内空气的流动性，使温度均匀。

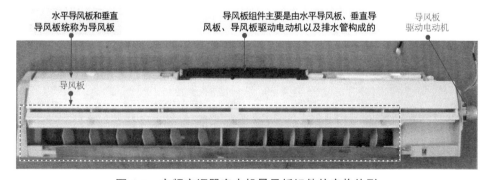

水平导风板和垂直导风板统称为导风板

导风板组件主要是由水平导风板、垂直导风板、导风板驱动电动机以及排水管构成的

导风板驱动电动机

导风板

图 4-4　定频空调器室内机导风板组件的实物外形

水平导风板又可称为水平导风叶片，通常是由两组或三组叶片构成，专门用来控制垂直方向的气流；垂直导风板也可称为垂直导风叶片，用来控制水平方向的气流；导风板驱动电动机位于导风板侧面，通过主轴直接与导风板连接。

③ 电路板　空调器室内机的电路板是空调器中非常重要的部件，它主要包括主电路板、显示和遥控电路板，如图4-5所示，通常主电路板位于空调器室内机一侧的电控盒内；显示和遥控电路板位于空调器室内机前面板处，通过连接引线与主电路板相连。

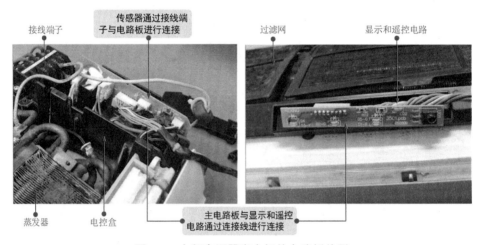

图 4-5　定频空调器室内机的电路板外形

提示说明

如图4-6所示，定频空调器内设置有两个传感器，分别是室温传感器和管温传感器。这两个传感器的主要作用就是检测当前室温及管路的工作温度，并将检测到的温度信息直接传给微处理器。

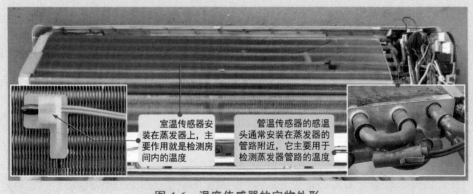

图 4-6　温度传感器的实物外形

④ 清洁部件　在空调器中通常安装有清洁部件，如空气过滤网、清洁滤尘网，主要是用来对空调器室内机送出的空气进行清洁过滤，通常安装在蒸发器的上方，如图4-7所示。

图 4-7　定频空调器中清洁部件的实物外形

（2）定频空调器的室外机结构

图4-8为定频空调器室外机的结构。定频空调器的室外机主要是由外壳、轴流风扇组件、冷凝器、压缩机、电磁四通阀、干燥过滤器和截止阀等部分构成的。

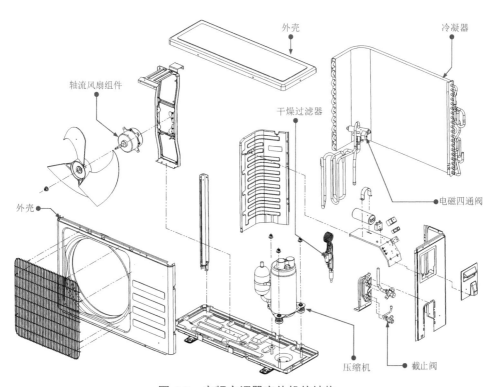

图 4-8　定频空调器室外机的结构

提示说明

只有冷暖型空调器的室外机才会安装有电磁四通阀，用于切换空调器的制冷／制热状态，而对于单冷型空调器，则没有该器件。

① 压缩机　空调器中压缩机是实现空调器制冷剂循环的主要动力器件，压缩机通过对制冷剂施加压力，可以改变管路系统中制冷剂的温度和压力，从而使其物理状态发生变化，然后再通过热交换过程实现制热或制冷，图 4-9 为压缩机的实物外形。

压缩机

图 4-9　压缩机的实物外形

相/关/资/料

定频空调器的压缩机正常工作还需要启动电容器和过热保护继电器的辅助，其中启动电容器是压缩机电动机的启动器件，启动电容器与电动机的启动绕组相连产生启动转矩，使电动机启动；而过热保护继电器则是对压缩机提供过热、过载保护。图 4-10 为压缩机的启动电容器和过热保护继电器。

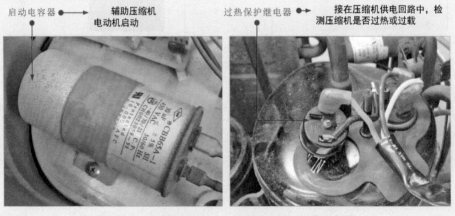

启动电容器 ● ➔ 辅助压缩机电动机启动　　　　过热保护继电器 ● ➔ 接在压缩机供电回路中，检测压缩机是否过热或过载

图 4-10　压缩机的启动电容器和过热保护继电器

② 冷凝器　空调器中冷凝器与室内机蒸发器的结构相似，也是由一组一组的S形铜管胀接铝合金散热翅片而制成的。其中S形铜管用于传输制冷剂，使制冷剂不断地循环流动，翅片用来增大散热面积，提高冷凝器的散热效率，图4-11为冷凝器的实物外形。

图 4-11　冷凝器的实物外形

⊛ 相/关/资/料

　　事实上，空调器的蒸发器和冷凝器都是用于空气调节的热交换部件，现在所说的名称都是以制冷状态为前提的。严格地说，室内机的热交换器被用于制冷时就作为蒸发器，同时室外机组中的热交换器主要被用作冷凝器。而当空调器处于制热状态时，室内机中的热交换器就相当于冷凝器，而室外机中的热交换器则起蒸发器的作用。

③ 轴流风扇组件　空调器的轴流风扇组件安装在室外机内，位于冷凝器的内侧，轴流风扇组件主要由轴流风扇驱动电动机、轴流风扇扇叶和轴流风扇启动电容器组成，如图4-12所示，其主要作用是确保室外机内部热交换部件（冷凝器）良好的散热。

空调器的轴流
风扇组件

图 4-12　室外机轴流风扇组件的实物外形

④ 电磁四通阀　空调器室外机中电磁四通阀是一种由电流来进行控制的电磁阀门，

该器件主要用来控制制冷剂的流向，从而改变空调器的工作状态，实现制冷或制热。图 4-13 为电磁四通阀的实物外形。由图可知电磁四通阀主要是由导向阀、换向阀、线圈以及管路等构成的。

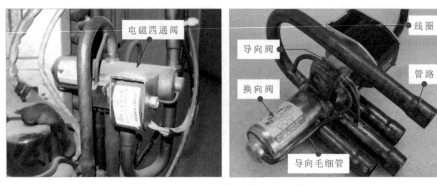

图 4-13　室外机电磁四通阀的实物外形

⑤ 毛细管　毛细管是制冷系统中的部件之一，实际上毛细管是一段又细又长的铜管，通常盘在室外机的箱体中，起到节流降压的作用。图 4-14 为毛细管的实物外形，在毛细管的外面通常包裹有隔热层。

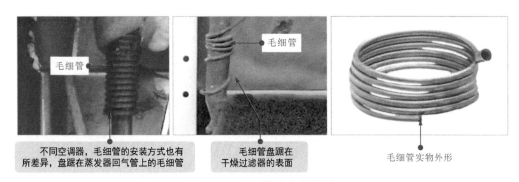

图 4-14　毛细管的实物外形

⑥ 干燥过滤器　干燥过滤器是空调器制冷系统中的辅助部件之一，通常情况下，干燥过滤器位于冷凝器和毛细管之间，主要过滤和干燥制冷剂，防止制冷系统出现堵塞现象。图 4-15 为空调器室外机干燥过滤器的实物外形。常见的干燥过滤器主要有单入口单出口和单入口双出口两种。

图 4-15　空调器室外机干燥过滤器的实物外形

⑦ 单向阀　单向阀与毛细管相连，用来防止制冷剂回流。通常在单向阀的壳体上标注有制冷剂的流动方向，方便维修人员在安装和维修过程中识别其连接方向，如图4-16所示。

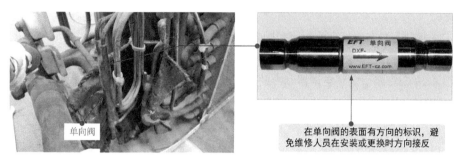

单向阀

在单向阀的表面有方向的标识，避免维修人员在安装或更换时方向接反

图4-16　空调器室外机单向阀的实物外形

单向阀两端的管口有两种形式：一种为单接口式，常用于单冷型空调器中；另一种为双接口式，常用于冷暖型空调器中，如图4-17所示。这两种单向阀按内部结构又分为锥形单向阀和由阀珠构成的球形单向阀。

单接口式
单向阀

双接口式
单向阀

图4-17　单向阀的种类

⑧ 电路板　定频空调器室外机的电路部分较为简单，主要由多个启动电容器、变压器以及相关插件构成，如图4-18所示。

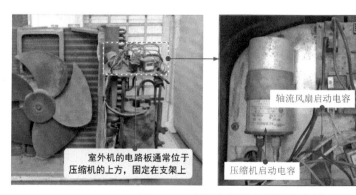

各连接插件

轴流风扇启动电容

变压器

室外机的电路板通常位于压缩机的上方，固定在支架上

压缩机启动电容

图4-18　定频空调器室外机电路板

4.1.2 定频空调器的工作原理

（1）定频空调器的制冷、制热原理

空调器制冷、制热的工作主要是依靠制冷管路中的制冷剂与外界空气的热交换作用而实现的。

① 冷暖型定频空调器的制冷、制热原理　在冷暖型定频空调器的制冷系统中，有一个非常重要的部件是电磁四通阀，冷暖型空调器制冷、制热双重功能的切换就是通过四通阀实现的。

图 4-19 为冷暖型定频空调器制冷的工作原理。

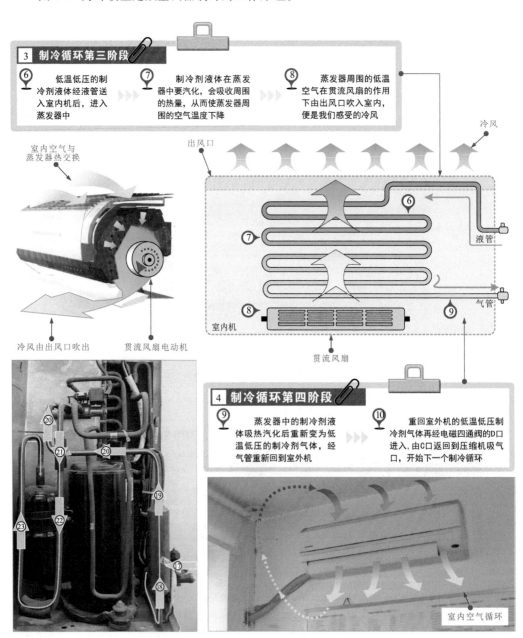

3 制冷循环第三阶段

⑥ 低温低压的制冷剂液体经液管送入室内机后，进入蒸发器中

⑦ 制冷剂液体在蒸发器中要汽化，会吸收周围的热量，从而使蒸发器周围的空气温度下降

⑧ 蒸发器周围的低温空气在贯流风扇的作用下由出风口吹入室内，便是我们感受的冷风

冷风

室内空气与蒸发器热交换

出风口

液管

气管

室内机

冷风由出风口吹出　贯流风扇电动机

贯流风扇

4 制冷循环第四阶段

⑨ 蒸发器中的制冷剂液体吸热汽化后重新变为低温低压的制冷剂气体，经气管重新回到室外机

⑩ 重回室外机的低温低压制冷剂气体再经电磁四通阀的D口进入，由C口返回到压缩机吸气口，开始下一个制冷循环

室内空气循环

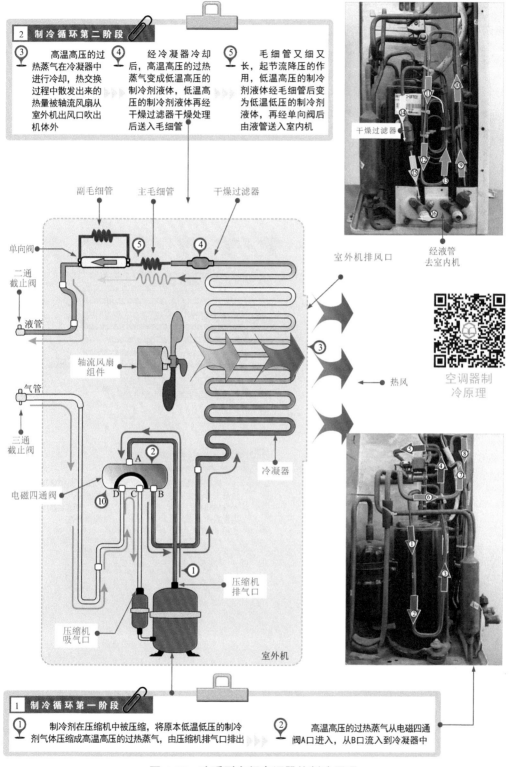

2 制冷循环第二阶段

③ 高温高压的过热蒸气在冷凝器中进行冷却，热交换过程中散发出来的热量被轴流风扇从室外机出风口吹出机体外

④ 经冷凝器冷却后，高温高压的过热蒸气变成低温高压的制冷剂液体，低温高压的制冷剂液体再经干燥过滤器干燥处理后送入毛细管

⑤ 毛细管又细又长，起节流降压的作用，低温高压的制冷剂液体经毛细管后变为低温低压的制冷剂液体，再经单向阀后由液管送入室内机

干燥过滤器

室外机排风口

经液管去室内机

空调器制冷原理

副毛细管　主毛细管　干燥过滤器

单向阀

二通截止阀

液管

轴流风扇组件

气管

三通截止阀

电磁四通阀

A

D C B

热风

冷凝器

压缩机排气口

压缩机吸气口

室外机

1 制冷循环第一阶段

① 制冷剂在压缩机中被压缩，将原本低温低压的制冷剂气体压缩成高温高压的过热蒸气，由压缩机排气口排出

② 高温高压的过热蒸气从电磁四通阀A口进入，从B口流入到冷凝器中

图 4-19　冷暖型定频空调器的制冷原理

图 4-20 为冷暖型定频空调器制热的工作原理。该过程与制冷过程正好相反，通过电磁四通阀改变制冷剂的整体流向，实现制热效果。

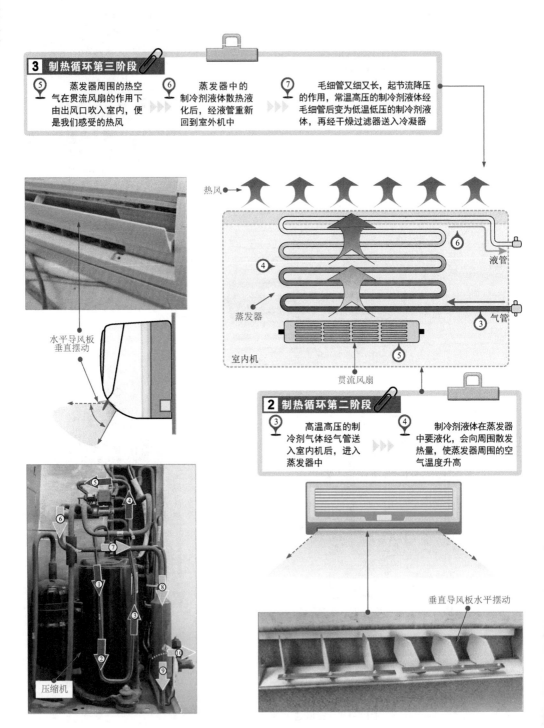

3 制热循环第三阶段

⑤ 蒸发器周围的热空气在贯流风扇的作用下由出风口吹入室内，便是我们感受的热风

⑥ 蒸发器中的制冷剂液体散热液化后，经液管重新回到室外机中

⑦ 毛细管又细又长，起节流降压的作用，常温高压的制冷剂液体经毛细管后变为低温低压的制冷剂液体，再经干燥过滤器送入冷凝器

热风

液管

⑥

④

⑦

③

气管

蒸发器

⑤

室内机

贯流风扇

水平导风板垂直摆动

2 制热循环第二阶段

③ 高温高压的制冷剂气体经气管送入室内机后，进入蒸发器中

④ 制冷剂液体在蒸发器中要液化，会向周围散发热量，使蒸发器周围的空气温度升高

垂直导风板水平摆动

⑤

④

⑥

⑦

①

③

②

⑧

⑪

⑨

压缩机

4 制热循环第四阶段

⑧ 低温低压的制冷剂液体在冷凝器中从外界吸收热量，使冷凝器周围的空气冷却

⑨ 热交换过程中产生的低温气体被轴流风扇从室外机出风口吹出机体外

⑩ 由冷凝器送出的制冷剂重回电磁四通阀中，由B口进入，再由C口返回到压缩机吸气口，开始下一个制热循环

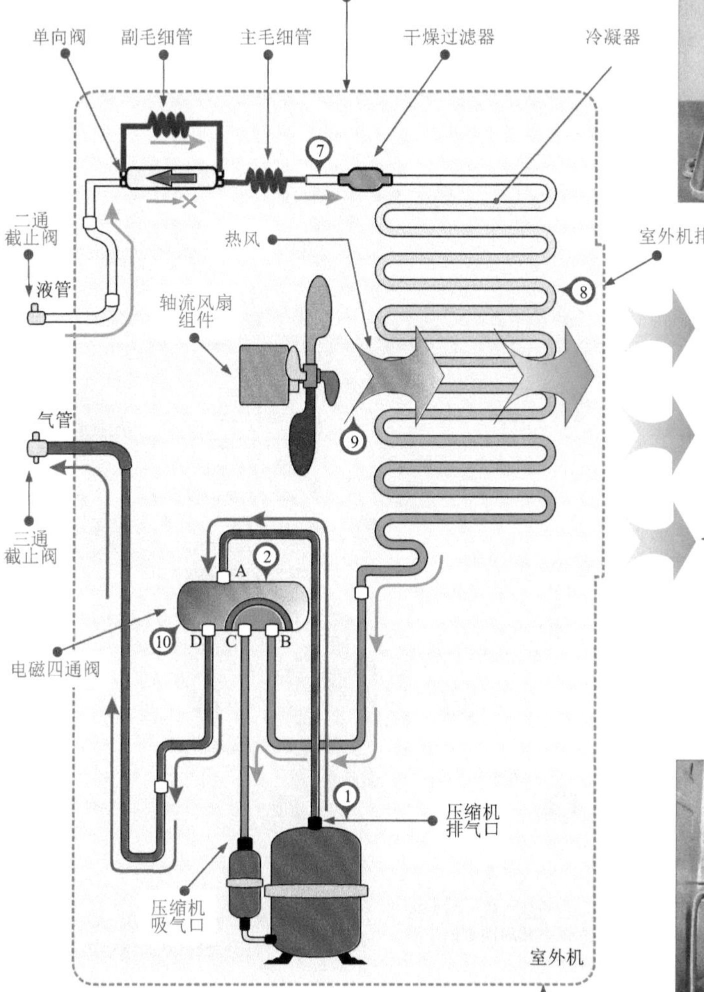

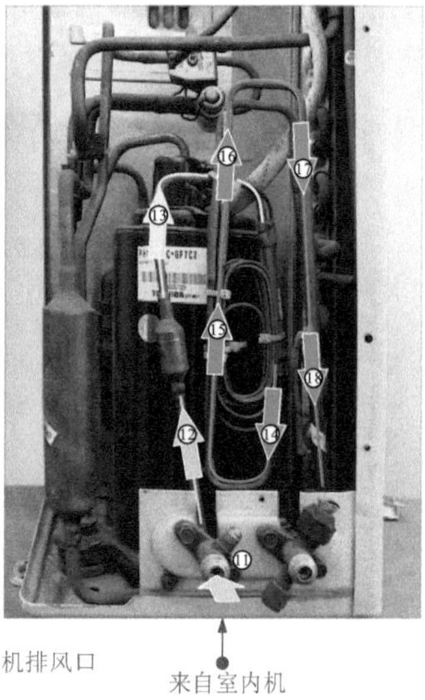

单向阀　副毛细管　主毛细管　干燥过滤器　冷凝器

二通截止阀

液管

热风

轴流风扇组件

室外机排风口

来自室内机

气管

三通截止阀

冷风

空调器制热原理

电磁四通阀

压缩机排气口

压缩机吸气口

室外机

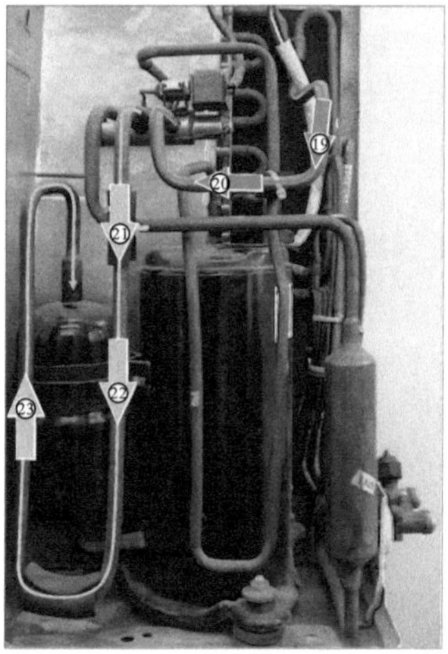

1 制热循环第一阶段

① 制冷剂在压缩机中被压缩，将原本低温低压的制冷剂气体压缩成高温高压的过热气体，由压缩机排气口排出

② 高温高压的过热气体从电磁四通阀D口进入，从D口流入到蒸发器中

图 4-20　冷暖型定频空调器的制热原理

② 单冷型定频空调器的制冷原理　图 4-21 为单冷型定频空调器的制冷原理。单冷型定频空调器依靠制冷剂在空调器管路中的状态变化（汽化、液化），进而将热交换所获得的冷气由室内机贯流风扇吹入室内，实现制冷效果。

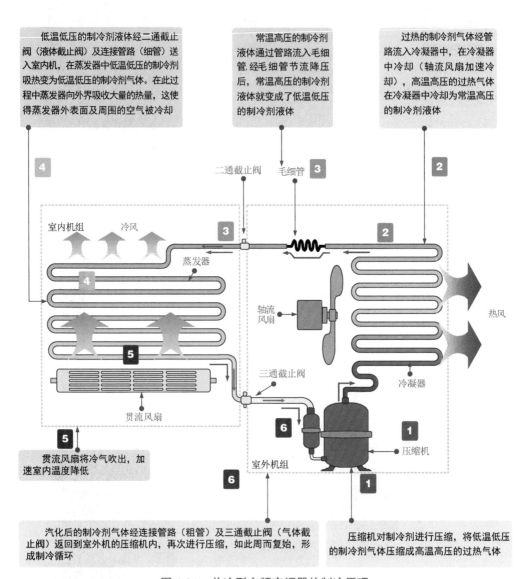

低温低压的制冷剂液体经二通截止阀（液体截止阀）及连接管路（细管）送入室内机，在蒸发器中低温低压的制冷剂吸热变为低温低压的制冷剂气体。在此过程中蒸发器向外界吸收大量的热量，这使得蒸发器外表面及周围的空气被冷却

常温高压的制冷剂液体通过管路流入毛细管，经毛细管节流降压后，常温高压的制冷剂液体就变成了低温低压的制冷剂液体

过热的制冷剂气体经管路流入冷凝器中，在冷凝器中冷却（轴流风扇加速冷却），高温高压的过热气体在冷凝器中冷却为常温高压的制冷剂液体

汽化后的制冷剂气体经连接管路（粗管）及三通截止阀（气体截止阀）返回到室外机的压缩机内，再次进行压缩，如此周而复始，形成制冷循环

贯流风扇将冷气吹出，加速室内温度降低

压缩机对制冷剂进行压缩，将低温低压的制冷剂气体压缩成高温高压的过热气体

图 4-21　单冷型定频空调器的制冷原理

（2）定频空调器的电路原理

图4-22为定频空调器各电路之间的工作关系图。定频空调器是由各单元电路协同工作，完成信号的接收、处理和输出，并控制相关的部件工作，从而完成制冷/制热的目的，这是一个非常复杂的过程。

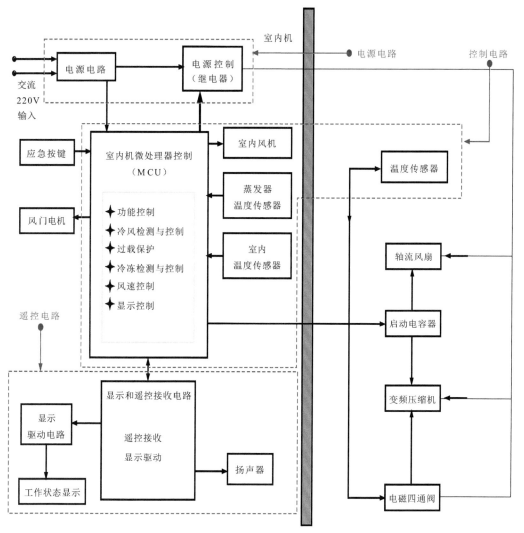

图 4-22　定频空调器各电路之间的工作关系图

4.2　定频空调器的检修技能

4.2.1　安装移机技能

（1）定频空调器的安装

空调器根据产品型号、规格以及功能的不同，对安装的要求也有所不同，因此，在安装空调之前，必须仔细阅读随机附带的安装使用说明书，说明书中都详细记载了空调器随机附带的零部件、安装操作规程。实际操作时，遵循一定的安装顺序和规范，对于快速、准确地完成安装工作十分有帮助。

提示说明

在安装空调器之前，首先根据房间的大小选用制冷量相当的空调器是非常关键的环节。

一般，房间所需制冷量的大小可通过每平方米所需制冷量的大小进行估算。例如，房间面积在 15 平方米以下，则选择 1 匹（2500W）的空调器即可；如果房间面积为 20 平方米左右，则最好选择 1.5 匹（3600W）的空调器；如果房间面积为 30 平方米左右，则空调器的制冷量应为 2 匹（5000W）。也就是说每增加 1 平方米，空调器的制冷量就要增加 160 ～ 240W。

以典型分体壁挂式空调器为例，图 4-23 为分体壁挂式空调器的安装流程。

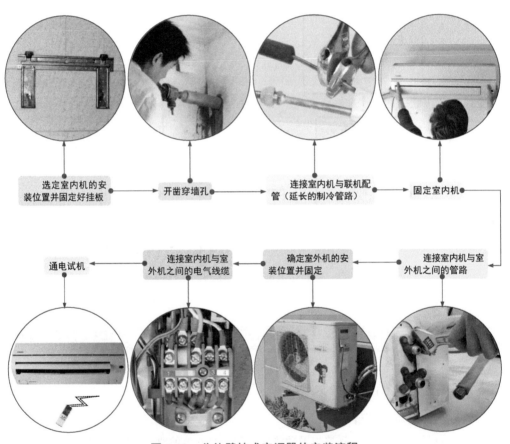

图 4-23　分体壁挂式空调器的安装流程

空调器在安装位置、安装环境和安装连接方式等方面有严格的要求。图 4-24 为分体壁挂式空调器的安装要求。

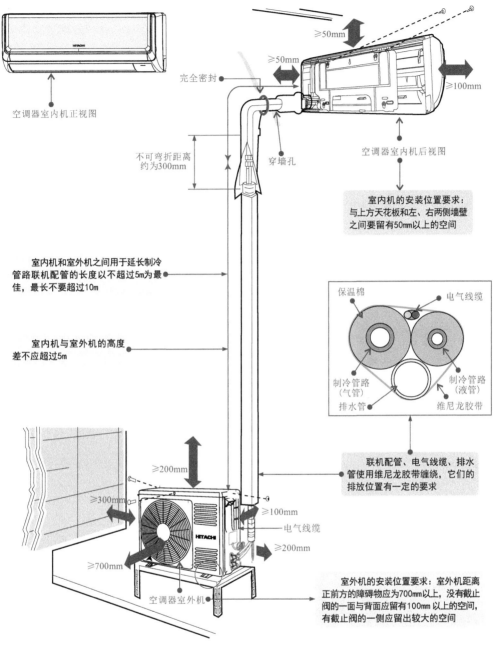

空调器室内机正视图

完全密封

≥50mm

≥50mm

≥100mm

不可弯折距离约为300mm

穿墙孔

空调器室内机后视图

室内机的安装位置要求：与上方天花板和左、右两侧墙壁之间要留有50mm以上的空间

室内机和室外机之间用于延长制冷管路联机配管的长度以不超过5m为最佳，最长不要超过10m

室内机与室外机的高度差不应超过5m

保温棉

电气线缆

制冷管路（气管）

排水管

制冷管路（液管）

维尼龙胶带

≥200mm

≥300mm

≥100mm

电气线缆

≥200mm

≥700mm

空调器室外机

联机配管、电气线缆、排水管使用维尼龙胶带缠绕，它们的排放位置有一定的要求

室外机的安装位置要求：室外机距离正前方的障碍物应为700mm以上，没有截止阀的一面与背面应留有100mm以上的空间，有截止阀的一侧应留出较大的空间

图 4-24　分体壁挂式空调器的安装要求

提示说明

分体壁挂式空调器室内机安装时应注意：

① 室内机进风口和送风口处不能有障碍物，否则会影响变频空调器的制冷效果。

② 室内机安装的高度要高于目视距离，距地面障碍物0.6m以上。

③ 安装的位置要尽可能缩短与室外机之间的连接距离，并减少管路弯折次数，确

保排水系统的畅通。

④ 确保安装墙体的牢固性，避免机器运行产生振动。

分体壁挂式空调器室外机安装时应注意：

① 室外机的周围要留有一定空间，以利于排风、散热及安装和维修。如果有条件，在确保与室内机保持最短距离的同时，尽可能避免阳光的照射和风吹雨淋（可选择背阴处并加盖遮挡物）。

② 安装的高度最好不要接近地面（与地面保持1m以上的距离为宜）。

③ 安装位置应不影响他人，如空调器排出的风、冷凝水和发出的噪声不要给他人带来不便；接近地面安装时，需要增加必要的防护罩，确保设备及人身安全。

④ 若室外机安装在墙面上，墙面必须是实心砖、混凝土或强度等效墙面，承重能力大于 $300kg/m^2$。

⑤ 高层建筑物墙面安装施工时，操作人员应注意人身安全，需要正确佩戴安全带和护带，并确保安全带的金属自锁钩一端固定在坚固可靠的固定端。

确定好安装位置，明确相应的安装要求后，按照操作步骤进行安装即可。

根据规范要求，按图 4-25 所示，在室内选定好室内机的安装位置，并对室内机的挂板进行固定。

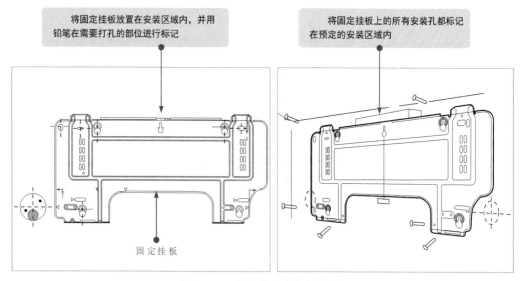

图 4-25　安装固定室内机挂板

① 开凿穿墙孔　固定好室内机挂板后，按图 4-26 所示，根据事先确定的安装方案，配合室内机的安装位置，开凿穿墙孔。

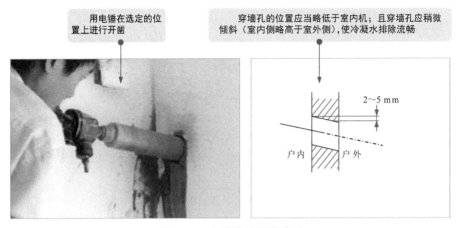

用电锤在选定的位置上进行开凿

穿墙孔的位置应当略低于室内机；且穿墙孔应稍微倾斜（室内侧略高于室外侧），使冷凝水排除流畅

2～5 mm

户内　户外

图 4-26　穿墙孔的开凿方法

提示说明

　　用电锤钻穿墙孔，为便于排水，应使穿墙孔本身向室外倾斜，而且要确保空调器室内机的安装位置略高于穿墙孔，使得冷凝水由空调器排水口流出时有一个高度落差，从而使水顺利排出室外。

　　② 室内机与联机配管（制冷管路）的连接　壁挂式空调器室内机的固定挂板安装完成，并穿凿好穿墙孔后，在固定室内机之前，需要先将室内机与联机配管（延长制冷管路）进行连接。

　　通常，空调器室内机预留的制冷管路很短，若要与室外机连接，必须通过联机配管将制冷管路延长。图 4-27 为联机配管的连接。

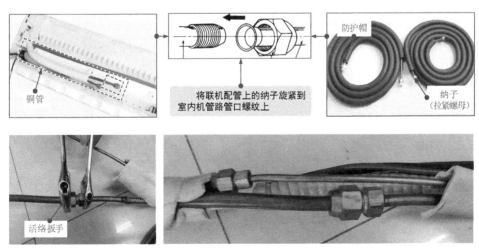

防护帽

铜管

将联机配管上的纳子旋紧到室内机管路管口螺纹上

纳子（拉紧螺母）

活络扳手

图 4-27　联机配管的连接

由于空调器使用的制冷剂有所不同，因此其配管的喇叭口尺寸也有所不同，表4-1所列为不同制冷剂配管喇叭口的扩管尺寸以及拉紧螺母的尺寸。

表4-1　喇叭口的扩管尺寸以及拉紧螺母的尺寸

制冷剂型号	公称尺寸 /in	外径 /mm	喇叭口尺寸 /mm	拉紧螺母尺寸 /mm
R22	1/4	6.35	9.0	17
	3/8	9.52	13.0	22
	1/2	12.70	16.2	24
	5/8	15.88	19.4	27
R410a	1/4	6.35	9.1	17
	3/8	9.52	13.2	22
	1/2	12.70	16.6	27
	5/8	15.88	19.7	29

注：1in=25.4mm。

空调器室内机安装时，若原厂附带的制冷管路长度不足时，可以配置延长的制冷管路，但应注意不同制冷剂循环的制冷管路压力不同，所使用的延长制冷管路的厚度以及耐压力也有所不同。选择时应根据所需管路承载压力、制冷剂以及铜管尺寸进行选择，制冷剂铜管的选择见表4-2所列。配管折弯的尺寸，见表4-3所列。

表4-2　制冷剂铜管选择

制冷剂型号	公称尺寸 /in	外径 /mm	壁厚 /mm	设计压力 /MPa	耐压压力 /MPa
R22	1/4	6.35（±0.04）	0.6（±0.05）	3.15	9.45
	3/8	9.52（±0.05）	0.7（±0.06）		
	1/2	12.70（±0.05）	0.8（±0.06）		
	5/8	15.88（±0.06）	10（±0.08）		
R410a	1/4	6.35（±0.04）	0.8（±0.05）	4.15	12.45
	3/8	9.52（±0.05）	0.8（±0.06）		
	1/2	12.70（±0.05）	0.8（±0.06）		
	5/8	15.88（±0.06）	10（±0.08）		

表 4-3　配管折弯的尺寸

公称尺寸 /in	外径 /mm	正常半径 /mm	最小半径 /mm
1/4	6.35	大于 100	小于 30
3/8	9.52	大于 100	小于 30
1/2	12.70	大于 100	小于 30

若制冷管路延长后的长度超过标准长度 5m 时，必须追加制冷剂，制冷剂的追加量见表 4-4 所列。

表 4-4　制冷剂追加量

制冷剂管路长度	5m	7m	15m
制冷剂追加量	不需要	40g	100g

室内机的制冷管路与联机配管连接完成后，接下来需要对连接接口部分进行防潮、防水处理。空调器排水管的长度通常也不足以连接到室外，因此，对制冷管路进行延长连接后还要对排水管进行加长连接。

室内机的制冷管路与联机配管连接接口的防潮、防水处理和排水管的加长处理方法如图 4-28 所示。

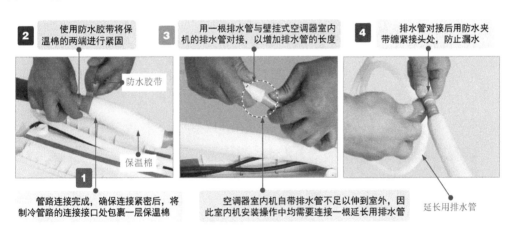

2　使用防水胶带将保温棉的两端进行紧固

防水胶带

保温棉

1　管路连接完成，确保连接紧密后，将制冷管路的连接接口处包裹一层保温棉

3　用一根排水管与壁挂式空调器室内机的排水管对接，以增加排水管的长度

空调器室内机自带排水管不足以伸到室外，因此室内机安装操作中均需要连接一根延长用排水管

4　排水管对接后用防水夹带缠紧接头处，防止漏水

延长用排水管

图 4-28　室内机的制冷管路与联机配管连接接口的防潮、防水处理和排水管加长处理方法

接着，对室内机延长后的制冷管路、排水管路以及室内机标配的电气线缆进行处理。制冷管路、排水管路、电气线缆的处理方法如图 4-29 所示。

③ 固定室内机

准备工作就绪，按图 4-30 所示，将连接好的联机管路从空调器室内的配管口中引出，并将缠绕包裹好的管路由穿墙孔传出墙外，然后将室内机进行固定。

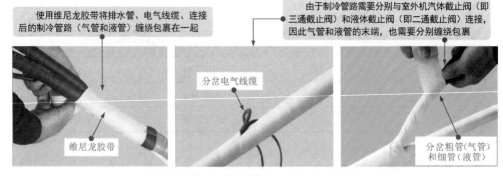

使用维尼龙胶带将排水管、电气线缆、连接后的制冷管路（气管和液管）缠绕包裹在一起

由于制冷管路需要分别与室外机汽体截止阀（即三通截止阀）和液体截止阀（即二通截止阀）连接，因此气管和液管的末端，也需要分别缠绕包裹

分岔电气线缆

维尼龙胶带

分岔粗管（气管）和细管（液管）

图 4-29　制冷管路、排水管路、电气线缆的处理方法

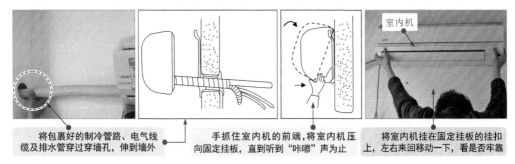

室内机

将包裹好的制冷管路、电气线缆及排水管穿过穿墙孔，伸到墙外

手抓住室内机的前端，将室内机压向固定挂板，直到听到"咔嚓"声为止

将室内机挂在固定挂板的挂扣上，左右来回移动一下，看是否牢靠

图 4-30　穿出联机管路并固定室内机

④ 确定室外机的安装位置并固定　空调器室外机固定在建筑外，对其牢固性和合理性有明确的要求，空调器安装或维修人员在对空调器安装前，首先要根据用户建筑物的实际情况，选择最佳的室外机固定方式。

分体式空调器室外机的固定方式主要有平台固定和角钢支撑架固定两种，如图 4-31 所示。

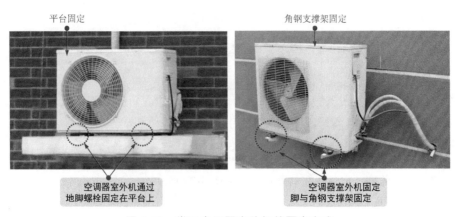

平台固定

角钢支撑架固定

空调器室外机通过地脚螺栓固定在平台上

空调器室外机固定脚与角钢支撑架固定

图 4-31　常见空调器室外机的固定方式

将室外机采用平台固定方式时，应对室外机地脚进行固定，固定件应根据要求选择，如用于在混凝土等安装面上安装固定的膨胀螺栓（一种特殊的螺纹连接件，由沉头螺栓、胀管、垫圈、螺母等组成），应根据安装面材质坚硬程度确定安装孔直径和深度，并选择适用的膨胀螺栓规格。

另外，空调器室外机在平台上固定时，如果安装在接近地面且较容易碰触到的位置时，当将室外机固定好后，还需要安装防护栏，加强设备防护，并有效避免因儿童靠近造成意外伤害。

⑤ 连接室内机与室外机之间的管路　空调器室外机固定完成后，接下来应将室内机送出的联机管路与空调器室外机上的管路接口（三通截止阀和二通截止阀）进行连接。

室内机与室外机之间的管路的连接方法如图 4-32 所示。

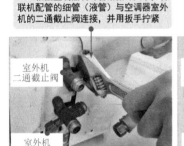

图 4-32　室内机与室外机之间的管路的连接方法

⑥ 连接室内机与室外机之间的电气线缆　空调器室外机管路部分连接完成后，就需要对其电气线缆进行连接了。空调器室外机与室内机之间的信号连接是有极性和顺序的。连接时，应参照空调器室外机外壳上电气接线图的标注顺序，将室内机送出的线缆进行连接，如图 4-33 所示。

提示说明

室内机、室外机接线完毕后，一定要再次仔细检查室内机、室外机接线板上的编号和颜色是否与导线对应，两个机组中编号与颜色相同的端子一定要用同一根导线连接。如果接线错误，将使空调器不能正常运行，甚至会损坏空调器。

另外，室内机和室外机的连接电缆要有一定的余量，且室内机和室外机的地线端子一定要可靠接地。

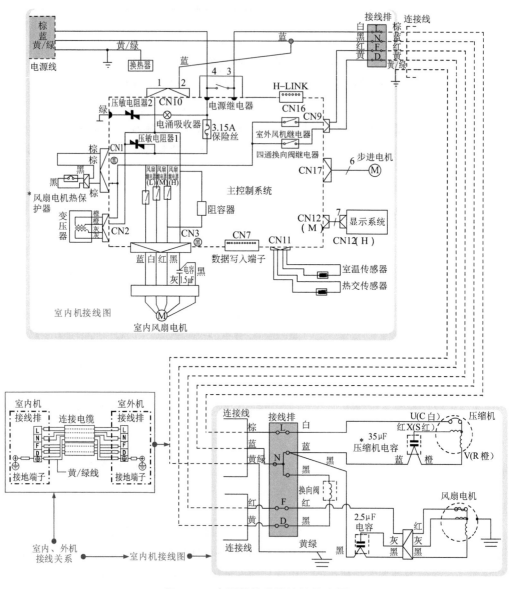

图 4-33　空调器的线路连接示意图

⑦ 试机　室内机和室外机安装连接完成后，接下来应开始进行试机操作。一般试机操作包括室内机及管路的排气、检漏和排水试验、通电试机 3 个步骤。

排出室内机中的空气是安装过程中非常重要的一个环节，因为连接管及蒸发器内留存大量空气，空气中含有水分和杂质，这些水分和杂质留在空调器系统内会造成压力增高、电流增大、噪声增大、耗电量增多等现象，使制冷（热）量下降，同时还可能造成冰堵和脏堵等故障。

目前，室内机及管路中的空气多采用由室外机制冷剂顶出的方法。操作如图4-34所示。

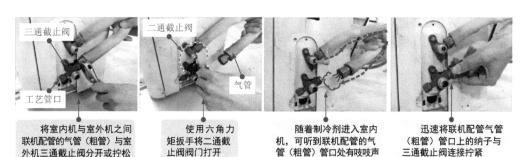

将室内机与室外机之间联机配管的气管（粗管）与室外机三通截止阀分开或拧松

使用六角力矩扳手将二通截止阀阀门打开

随着制冷剂进入室内机，可听到联机配管的气管（粗管）管口处有吱吱声

迅速将联机配管气管（粗管）管口上的纳子与三通截止阀连接拧紧

图4-34　室内机及管路中空气的排出方法

提示说明

实际操作时，需要用手感觉喷出的气体是否变凉，并以气体变凉作为排气停止的判断依据。掌握好排气时间对空调器的使用来说非常重要，因为排气时间过长，制冷系统内的制冷剂就会过量流失，从而影响空调器的制冷效果；而排气时间过短，室内机及管路中的空气没有排净，也会影响空调器的制冷效果。

相/关/资/料

将室内机及管路中空气排出时，也可从三通截止阀的工艺管口处排出，如图4-35所示。

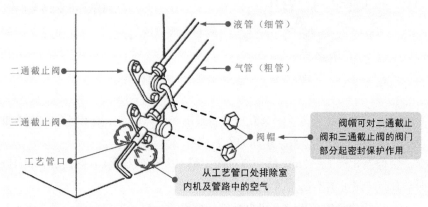

液管（细管）

气管（粗管）

二通截止阀

三通截止阀

阀帽

工艺管口

阀帽可对二通截止阀和三通截止阀的阀门部分起密封保护作用

从工艺管口处排除室内机及管路中的空气

图4-35　从三通截止阀的工艺管口处排气方法示意图

该方法中，排出空气时应先将二通截止阀的阀帽拧下，再用内六角力矩扳手沿逆时针方向将其旋转约90°，保持15s左右后关上，这时用较细内六角力矩扳手顶开工艺管口内部阀芯，这时工艺管口处应有空气排出。当排出的空气逐渐减少时，再打开三通截止阀，保持5s左右后关上，再次排气，重复上述操作2～3次，即可将室内机和管路部分内的空气排净。

　　将管路中的空气排净后，应立即拧紧三通截止阀的工艺管口，再用内六角扳手把二通截止阀截止阀(即液体截止阀)和三通截止阀(气体截止阀)按逆时针方向全部打开，并拧上外端密封保护帽。

　　值得注意的是，这里所说的排气时间 15s 也是一个参考值，实际操作时还要用手去感觉喷出的气体是否变得稍凉，以掌握适当的排气时间。

　　图 4-36 为空调器安装后的排水试验。向室内机排水槽中倒水，检查水是否能够通过排水管排除室外。

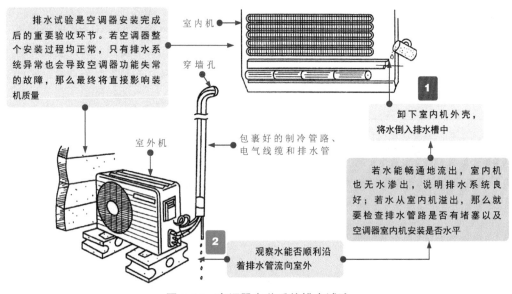

排水试验是空调器安装完成后的重要验收环节。若空调器整个安装过程均正常，只有排水系统异常也会导致空调器功能失常的故障，那么最终将直接影响装机质量

室内机

穿墙孔

室外机

包裹好的制冷管路、电气线缆和排水管

1 卸下室内机外壳，将水倒入排水槽中

若水能畅通地流出，室内机也无水渗出，说明排水系统良好；若水从室内机溢出，那么就要检查排水管路是否有堵塞以及空调器室内机安装是否水平

2 观察水能否顺利沿着排水管流向室外

图 4-36　空调器安装后的排水试验

　　在确认管路无泄漏，排水系统良好后，就可以通电试机了。通电试机是指接通空调器的电源，通过试操作运行来检查空调器的安装成功与否。

　　通常，空调器开机 1～2min 后，应有冷(暖)应有冷(暖)风吹出；开机 10min 后，室内应明显有凉(暖)的感觉。

　　开机 15min 后检测室内机进、出口处空气的温差。对于冷气方式，温差应大于 8℃；对于暖气方式，温差应大于 14℃。

提示说明

　　空调器冷凝水排出是否顺利与排水管的引出方法有直接关系，因此当排水不良时，需要检查排水管的引出情况，图 4-37 为排水管的几种良好与不良引出方式。

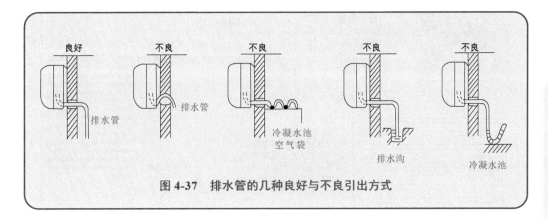

图 4-37 排水管的几种良好与不良引出方式

该操作空调器安装操作中的最后步骤，也是正式投入使用前的重要步骤。

（2）空调器的移机

空调器的移机是指将原本正常工作的空调器从原始位置移动到另一个指定位置的操作过程。由于该过程中涉及对封闭循环的制冷管路的打开、连接、制冷剂回收等专业性操作，要求维修人员必须按照规范要求和顺序进行操作。

不同品牌、类型和结构的空调器移机的操作方法和要求基本相同，下面仍以典型分体壁挂式空调器为例，按照正常的操作顺序，空调器的移机技能分为 4 个方面的内容，即回收制冷剂、拆机、移机、重新装机并试机四个步骤，如图 4-38 所示。

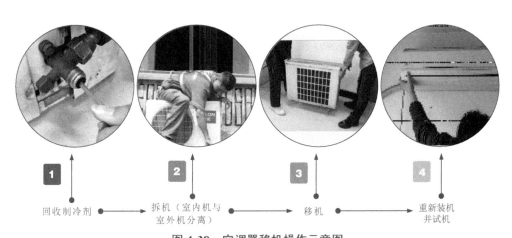

1 回收制冷剂 ⟶ **2** 拆机（室内机与室外机分离）⟶ **3** 移机 ⟶ **4** 重新装机并试机

图 4-38 空调器移机操作示意图

空调器在移机之前，需要确保空调器工作正常，没有任何故障，避免移机后带来麻烦。

① 回收制冷剂 进行移机之前，需要将制冷管路中的制冷剂进行回收。目前，最常采用的方法是将制冷剂回收到室外机管路中。

图 4-39 为回收制冷剂操作过程示意图。

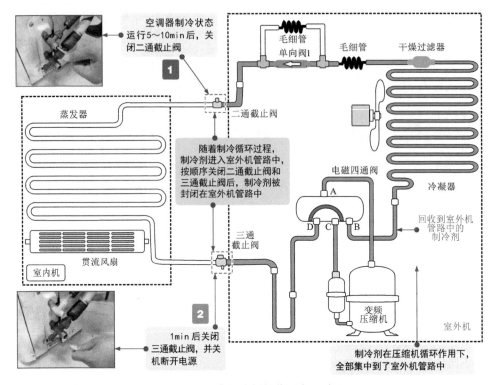

图 4-39　回收制冷剂操作过程示意图

制冷剂回收对二通截止阀和三通截止阀进行上述操作的原因：当空调器在制冷状态下运行 5 ～ 10min 后，制冷剂在室内外机管路中形成循环，此时关闭二通截止阀，室外机的制冷剂将不能进入室内机；空调器继续运行 1min 后，制冷剂在循环压力作用下，因无法进入室内机而集中在室外机管路中，此时关闭三通截止阀，即可将制冷剂全部封闭在室外机管路中。

提示说明

一般 5m 的制冷管路回收 48s 即可收净，收制冷剂时间过长，压缩机负荷增大，用耳听声音变得沉闷，空气容易从低压气体截止阀连接处进入。另外要注意的是，某些变频空调器截止阀质量较差，只有当阀门完全打开或完全关闭时才不会漏气。回收制冷剂时，关闭低压气体截止阀动作要迅速，阀门不可停留在半开半闭状态，否则会有空气进入制冷系统。

相/关/资/料

在上述制冷剂回收过程中，制冷剂回收的时间是根据维修人员积累的经验而定的，也可借助复合修理阀来准确判断制冷剂回收的情况，如图 4-40 所示。

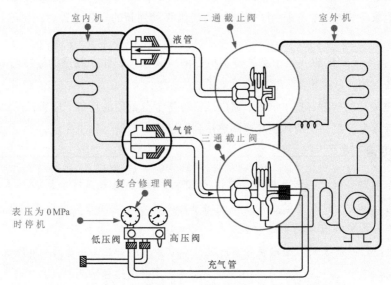

图 4-40　借助复合修理阀来准确判断制冷剂回收的情况

　　首先卸下三通截止阀和二通液体截止阀的阀帽，确认阀门处于开放位置，启动空调器 10 ~ 15min，然后使空调器停止运转并等待 3min，然后将复合修理阀接至三通截止阀的工艺管口，打开复合修理阀的低压阀，将充气管中的空气排出。

　　将二通截止阀调至关闭的位置（用六角扳手将阀杆沿顺时针方向旋转到底），使空调器在冷气循环方式下运转，当表压为 0MPa 时，使空调器停止运转，迅速将三通截止阀调至关闭位置（用六角扳手将阀杆沿顺时针方向旋转到底），安装好二通截止阀和三通截止阀的阀帽和工艺管口帽，制冷剂回收完成。

　　② 拆机　制冷剂回收完成，确认二通截止阀和三通截止阀关闭密封良好后，便可将空调器机组进行拆卸。即将室外机与室内机之间的连接管路和通信电缆拆开，使室内机与室外机分离。

　　图 4-41 为空调器的拆机操作。

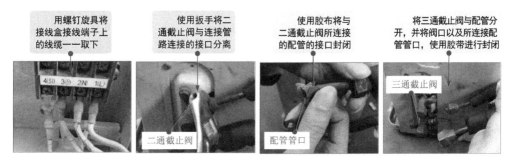

图 4-41　空调器的拆机操作

③ 移机　空调器机组完全分离后，接下来分别将室内机从固定挂板上取下；将室外机从外墙上取下。然后，根据用户要求，将机组移动到新的安装位置后，便可开始进行重新安装了。

④ 重新安装和试机　由于空调器移机后的重装以及管路、线路的连接与新空调器的安装过程基本相同，这里就不再过多重复了。

移机重装后的检漏、排水试验、通电试机也是十分重要的环节。最后，在试机过程中，空调器运行压力正常、空调器制冷或制热达到要求后，空调器移机完成。

提示说明

在空调器移机中，只要是按照操作规范要求去做，开机运行后制冷良好，不需添加制冷剂，但对于使用中的已经出现制冷剂细微泄漏，或在移机中由于排气动作迟缓或操作不当，制冷剂会微量减少，或由于移机后将管道在要求范围内延长等因素，都将导致空调器因制冷剂不足出现异常情况，如空调器运行压力低于 $4.9kg/(mm)^2$、管道结霜、电流减少、内机出风温度不符合设定温度等，出现这种情况要求必须补充制冷剂。

4.2.2　检漏技能

空调器检漏的方法主要分为肥皂水检漏和充氮保压检漏两种。

（1）肥皂水检漏

如图 4-42 所示，肥皂水检漏就是在空调器容易出现泄漏的管路接口或焊点处涂抹肥皂水，以检验是否存在泄漏的情况。

用海绵（或毛刷）蘸取泡沫，涂抹在压缩机吸气口、排气口焊接口处。　　用海绵（或毛刷）蘸取泡沫，涂抹在电磁四通阀各焊接口处。　　用海绵（或毛刷）蘸取泡沫，涂抹在干燥过滤器、单向阀各焊接口处。

图 4-42　肥皂水检漏

提示说明

根据维修经验，将常见的泄漏部位汇总如下。

① 制冷系统中有油迹的位置（空调器制冷剂 R22 能够与压缩机润滑油互溶，如果制冷剂泄漏，则通常会将润滑油带出，因此，制冷系统中有油迹的部位就很有可能有泄漏点，应作为重点进行检查）；

② 联机管路与室外机的连接处；

③ 联机管路与室内机的连接处；

④ 压缩机吸气管、排气管焊接口、四通阀根部及连接管道焊接口、毛细管与干燥过滤器焊接口、毛细管与单向阀焊接口(冷暖型空调)、干燥过滤器与系统管路焊接口等。

（2）充氮保压检漏

如图 4-43 所示，充氮保压检漏就是通过充氮设备向空调器管路系统中冲入氮气，使管路系统具有一定压力后，保持压力表与管路构成密封的回路。通过观察压力变化，判断管路是否存在泄漏。

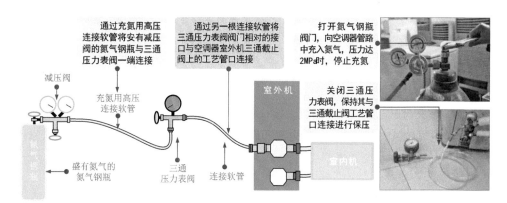

图 4-43 充氮保压检漏

提示说明

根据维修经验，充氮后管路内压力较大，一些较小的漏点也能够检出。保持三通压力表阀连接关系一段时间后（一般不小于20min），观察压力表压力值有无变化。

若压力表数值减小，说明空调器室内机有漏点，应重点检查蒸发器和连接管路。

若压力表数值不变，说明空调器室内机管路正常，此时分别打开三通截止阀和二通截止阀的阀门，使室内、外机管路形成通路，此时若压力表数值减小，则说明空调器室外机管路存在漏点，应重点检查冷凝器和室外机管路。

若压力表数值一直保持不变，打开三通截止阀和二通截止阀的阀门后，压力表数值仍不变，则说明空调器室内机与室外机管路均无泄漏。

4.2.3 定频空调器室内机电路检测

对于空调器的电路检测，首先要根据故障现象进行判断，然后按信号流程逐一进行检测。这里对空调器维修中常见的检修流程进行一下介绍。在检查控制电路供电是否正常之前，可以先检测电源电压。在制冷状态下控制遥控器的时候，接线盒的 ①、② 脚之间应该有 220V 电压。具体检测方法如图 4-44 所示。

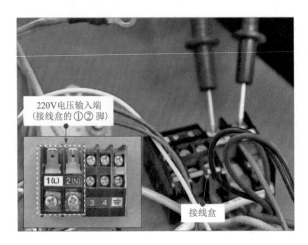

图 4-44　电源电压的检测

检测室外机风扇电压。只要开机，接线盒的 ② 脚和 ④ 脚之间就应该有 220V 电压，这是为室外机风扇供电的电压。一般电源开启的时候会将风扇启动，这是为了便于室外机散热。图 4-45 为具体检测方法。

图 4-45　室外机风扇电压的检测

检测 ② 脚与 ③ 脚之间的电压。该电压用于控制电磁阀，在电磁阀启动的时候，这两个引脚之间应有 220V 的电压，具体检测方法如图 4-46 所示。

如果供电正常，而电路仍无法正常工作，应检测变压器是否正常，检测时只需分别检测各绕组的阻值即可。如图 4-47 所示，用万用表测得红色绕组引线的阻值为 1.01kΩ，蓝色绕组引线的阻值为 3.1Ω，初步判断变压器正常。

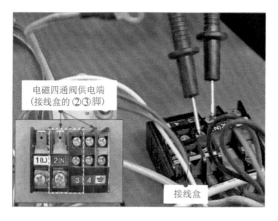

图 4-46　电磁阀电压的检测

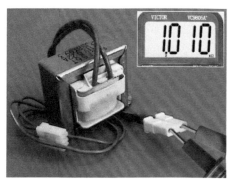

图 4-47　变压器的检测

检测遥控接收电路。如图 4-48 所示，遥控接收电路中的红外接收组件有三个引脚，分别是接地端、电源供电端和信号输出端。

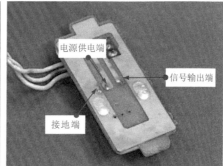

图 4-48　遥控接收电路

在检测遥控接收电路的时候，先将示波器的接地夹夹在电路板的接地端上，然后用示波器的探头进行检测，如图 4-49 所示。先检测信号输出端，在检测的时候需要操作一下遥控器，在示波器上就会有一串脉冲波形出现。出现该脉冲序列，说明遥控发射器与空调器接收器都是正常的。如果没有信号，就应检测一下遥控接收电路的电源端，如图 4-50 所示。该引脚应该有 +5V 的供电电压。如果没有 +5V 电压，就应该顺着引线检查电源供电的引线是否有短路现象。

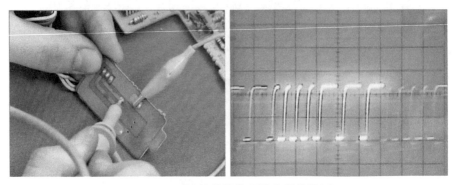

图 4-49　遥控接收器信号输出端的检测

图 4-50　遥控接收电路供电电压的检测

接下来检测微处理器的时钟振荡信号，这是微处理器工作所必需的信号。在印制电路板上找到接地端，并用示波器的接地夹将其夹好，再将控制电路板翻过来，使用探头进行检测，如图 4-51 所示。

图 4-51　微处理器是振荡信号的检测

4.2.4 定频空调器室外机电路检测

图 4-52 为典型定频空调器室外机的电路结构。定频空调器的主控电路和电源电路多安装在室内机中，通过 5 条引线接到室外机，并对室外机的压缩机、风扇电动机和四通阀进行控制。其中蓝色（B）引线为交流零线，黄绿色引线（Y/G）为地线（接机壳）。当启动空调器进入制冷状态时，室内机的微处理器控制继电器为室外机的压缩机供电，交流火线经白色（W）引线送到室外机的压缩机电动机运行绕组的供电端，同时经电容器将交流 200V 火线加到启动绕组，压缩机工作开始制冷。与此同时，室内机微处理器控制继电器将交流 200V（火线）经黑色引线（BR）送到风扇电动机的供电端，同时经启动电容器为启动绕组供电，风扇旋转。在制冷状态时，四通阀不动作。当空调器转换为制冷状态时，室内机微处理器控制继电器经红色引线（R）为室外机的四通阀供电。

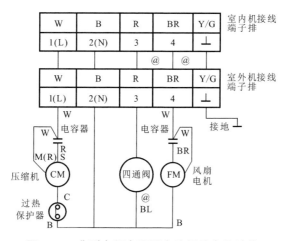

图 4-52　典型定频空调器室外机的电路结构

图 4-53 为定频空调器室外机组的电气系统。空调器室外机组中的电气系统主要就是启动电容器和接线盒。其中启动电容器有压缩机启动电容器和（室外）风扇电动机启动电容器。这是因为空调器室外机组中压缩机中的电动机以及风扇电动机通常都是采用单相电容启动式交流感应电动机，因此需要启动电容器。

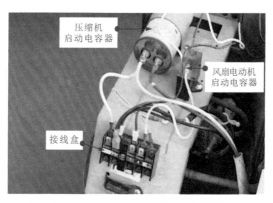

图 4-53　定频空调器室外机组的电气系统

因此，对空调器室外机的电路应重点检测压缩机启动电容器、风扇电动机启动电容器及风扇电动机等主要部件。

（1）压缩机启动电容器的检测

电容器是空调器不可缺少的辅助元器件。空调器的压缩机启动时，只有"嗡嗡"声而不能启动，或是一启动便使室内供电开关跳闸。这种情况启动电容器损坏的可能性较大，就需要对其进行检测。

如图 4-54 所示，定频空调器的压缩机需要耐压较大的启动电容器（通常在 400V 以上），因此在检测之前，需使用电阻器（阻值为几百欧姆）对启动电容器进行放电操作。

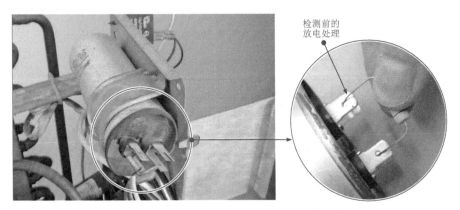

图 4-54　空调器中压缩机启动电容器的放电操作

放电之后，使用万用表进行检测，可将万用表置于 R×100Ω 挡或 R×1kΩ 挡，并将两支表笔分别放到电解电容器的两个端子上。这时表针向右摆动后又会逐渐向左摆动，然后停止在一个固定位置，如图 4-55 所示。交换表笔再次进行测量，万用表表针的摆动情况与之前的一样，则说明该启动电容器性能良好。

压缩机启动电容
器的拆卸检测

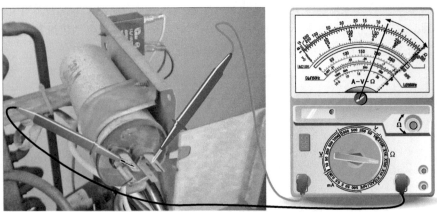

图 4-55　压缩机启动电容器检测

若检测时指针式万用表的表针并没有按上述的方式摆动，阻抗较小（例如只有 2kΩ）

则说明电容器已损坏，需要对其进行更换。

（2）室外风扇电动机启动电容器的检测

如果空调器启动时，风扇电动机不转，而且有"嗡嗡"声，则风扇的启动电容器或电动机可能损坏，应分别进行检查。室外风扇电动机的启动电容器通常是一个黑色的方形电容器，表面上有容量标识，如图 4-56 所示。同样，在检测之前对电容进行放电处理。

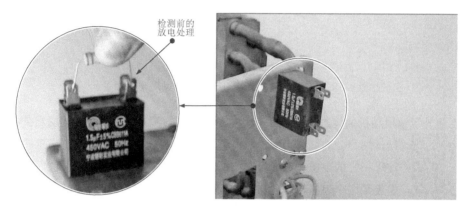

图 4-56　室外风扇电动机启动电容器的放电

在使用一般指针万用表测量电容器时，可将万用表的两支表笔分别接触电容器的两个电极（万用表置于 R×100 挡或 R×1k 挡），这时表针向右摆动后，接着又会逐渐向左摆回，然后停止在一个固定位置，如图 4-57 所示。这说明电容器具有充放电的功能。调换表笔后检测的结果一样，仍然有充放电的过程。

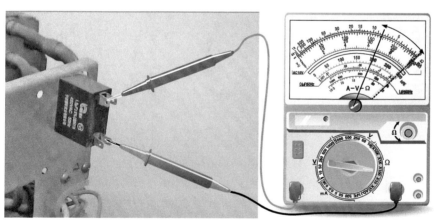

风扇电动机启动
电容器的检测

图 4-57　检测室外风扇电动机的启动电容器

在检测电器的过程中，如果万用表表针没有出现电容器充放电的摆动情况，而是显示趋于无穷大或阻值较小，则说明电容器已发生短路或断路故障，需要对其进行更换。

（3）室外风扇电动机的检测

定频空调器室外风扇电动机通常采用的是轴流风扇电动机。如图 4-58 所示，检测前识别轴流风扇的引出线功能，为检测做好准备。

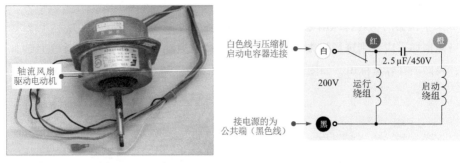

图 4-58　待测室外风扇电动机（轴流风扇电动机）

对室外风扇电动机的检测如图 4-59 所示。分别检测轴流风扇电动机启动端与公共端、运行端与公共端、启动端与运行端的阻值。在正常情况下，任意两引线端均有一定的阻值，且满足其中两组阻值之和等于另外一组数值。若检测时发现某两个引线端的阻值趋于无穷大，则说明绕组中有断路情况；三组数值间不满足等式关系，则说明轴流风扇电动机绕组可能存在绕组间短路情况。出现上述两种情况均应更换轴流风扇电动机。

空调器轴流风扇
电动机的检测

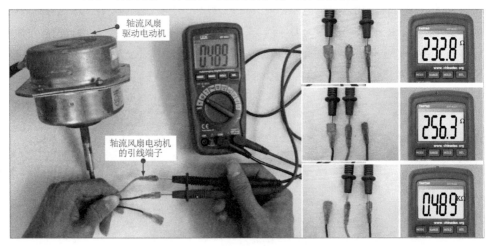

图 4-59　室外风扇电动机的检测方法

相/关/资/料

如图 4-60 所示，空调器室外机轴流风扇驱动电动机绕组的连接方式较为简单，通常有 3 个线路输出端。其中，一条引线为公共端，另外两条分别为运行绕组端和启动绕组端。

根据接线关系不难理解，其引线端两两间阻值的关系应为：轴流风扇驱动电动机运行绕组与启动绕组之间的电阻值 ＝ 运行绕组与公共端之间的电阻值 ＋ 启动绕组与公共端之间的电阻值。

　　注意，测量轴流风扇驱动电动机绕组间的阻值时，应防止轴流风扇驱动电动机转轴转动（如未拆卸进行检测时，由于刮风等原因，扇叶带动电动机转轴转动），否则可能因轴流风扇驱动电动机转动时产生感应电动势，干扰万用表的检测数据。

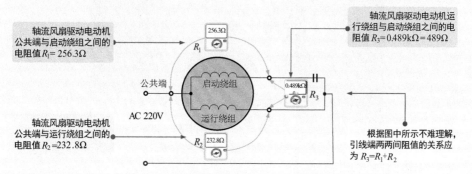

图4-60　室外机轴流风扇绕组阻值的数值关系

　　根据维修经验，室外机轴流风扇驱动电动机的常见故障原因主要有：

　　① 开机后轴流风扇驱动电动机不运行，多为轴流风扇驱动电动机线圈开路，应更换轴流风扇驱动电动机；

　　② 轴流风扇驱动电动机转速慢或运行时烧保险，排除启动电容器故障后，多为电动机线圈存在短路故障，此时用万用表测其运行电流时超过额定电流值许多，应及时更换轴流风扇驱动电动机；

　　③ 轴流风扇驱动电动机运转时有异常声响，多为电动机内部轴承缺油，应加油润滑或更换电动机。

4.3　定频空调器常见故障检修

4.3.1　定频空调器室外风机不运行的故障检修

　　定频空调器开机工作正常，但室内机制冷或制热效果不佳，均不能达到设定要求。检查发现，定频空调器室外风机不运行。怀疑轴流风扇电动机或启动电容器损坏。

　　首先对室外风扇电动机进行检测。图4-61为待测室外风扇电动机。三根引线分别为黑色、白色和红色。

　　按图4-62所示，使用万用表分别检测黑色与白色引线、黑色与红色引线、红色与白色引线之间的阻值。实测阻值分别为：黑色与白色引线之间的阻值约为320Ω；黑色与红色引线之间的阻值约为150Ω；红色与白色引线之间的阻值约为500Ω。表明室外风扇电动机正常。

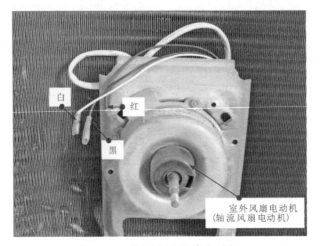

图 4-61　待测室外风扇电动机

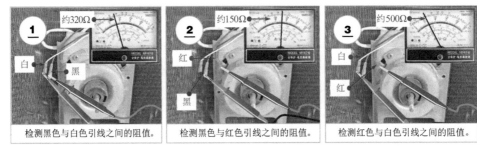

图 4-62　室外风扇电动机的检测方法

继续使用万用表检测轴流风扇电动机启动电容器的电容量，如图 4-63 所示，实测电容量为 0.906nF，与标称电容量 2.5μF 相差很大，说明电容器损坏，使用同型号电容器更换后，通电开机，故障排除。

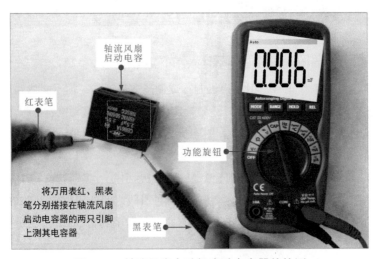

图 4-63　轴流风扇电动机启动电容器的检测

4.3.2　定频空调器不制冷的故障检修

定频空调器开机运行正常，但运行很长一段时间后，室内机组依旧没有冷气吹出。这种情况应首先对空调器整机运行电流进行检测。如图 4-64 所示，使用钳形表检测运行电流。

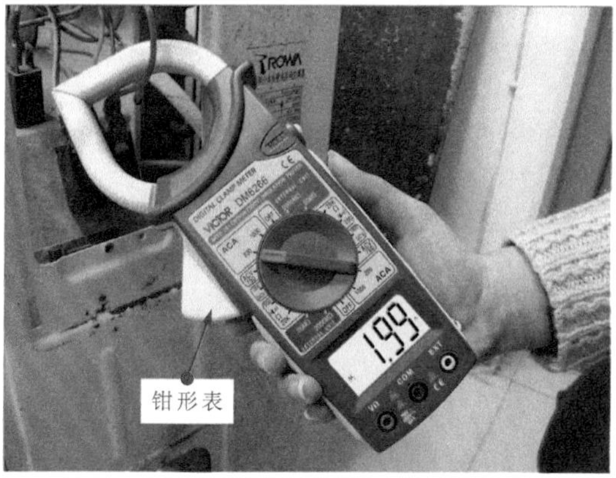

实测发现整机运行电流较小，说明空调器压缩机的负荷很轻。初步判断可能是由于管路系统缺少制冷剂或四通阀串气引起的。这时，将空调器停机，对管路系统的均衡压力进行测量。发现均衡压力偏低（远低于 0.4MPa）。说明管路系统缺少制冷剂。

对管路系统充注制冷剂，并进行检

钳形表

图 4-64　钳形表检测空调器整机运行电流

漏操作。发现室外机与联机管路接头处有微微的渗漏。拆卸检查，原因是管路喇叭口有破损。重新扩管后，再次充氟检漏，管路正常。开机运行，故障排除。

4.3.3　定频空调器制热功能失常的故障检修

定频空调器在制热工作时，室内风机运行正常，但室内机却一直送出冷风。检查室外机工作状态，发现室外机正常运转。此时拆卸室内机外壳，发现蒸发器上有较为严重的结霜现象。这说明四通阀很有可能没有换向，使得空调器依然处于制冷的状态。

使用万用表检测室外机接线盒上四通阀接线端的电压。发现供电正常。接着，断开电源，对四通阀线圈的阻值进行检测，如图 4-65 所示。经测量发现四通阀线圈开路，重新更换同型号四通阀线圈。开机工作，四通阀换向正常，空调器制热工作正常。故障排除。

电磁四通阀线圈连接线

图 4-65　查四通阀线圈的阻值

4.3.4 定频空调器压缩机不工作的故障检修

柜式定频空调器开机正常，但制冷时发现没有冷风送出。如图4-66所示，对室外机组运行电流进行检测，实测运行电流为0.4A，说明压缩机没有启动工作。测量压缩机接线端，没有220V电压。

| 将钳形表表头套住压缩机的一根电源线，检测空调器启动后的运行电流。 | 待钳形表显示数值稳定后，按下锁定按钮，读出钳形表显示屏数值为0.4A。 |

图4-66 室外机组运行电流的检测方法

切断电源，进一步对压缩机保护继电器进行检测，可分别在室内温度下和人为对保护继电器感温面升温的条件下，借助万用表对保护继电器两引线端子间的阻值进行检测。

保护继电器的检测方法如图4-67所示。

| 将万用表的量程调至"欧姆挡"，红、黑表笔分别搭在保护继电器的两引脚上，常温状态下，万用表测得的阻值应接近于零。 | 保持万用表的红黑表笔搭在保护继电器的两引脚上不动，将电烙铁靠近保护继电器的底部，对其进行适当加热，高温状态下，万用表测得的阻值应为无穷大。 |

图4-67 保护继电器的检测方法

室温状态下，保护继电器金属片触点处于接通状态，用万用表检测接线端子的阻值应接近于零。高温状态下，保护继电器金属片变形断开，用万用表检测接线端子的阻值应为无穷大。实测阻值不正常，说明保护继电器已损坏，应更换。

第 5 章 变频空调器维修

5.1 变频空调器的结构和工作原理

5.1.1 变频空调器的结构特点

图 5-1 为典型变频空调器的室内机部分。变频空调器室内机正面可以看到进风口、前盖、吸气栅（空气过滤部分）、显示和遥控电路板、导风板及出风口等。背部是其制冷管路、排水管和电源及连接引线。

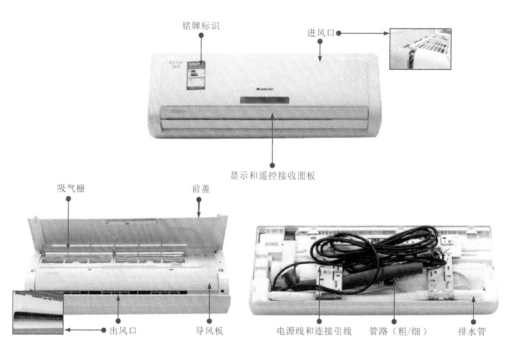

铭牌标识　　进风口

显示和遥控接收面板

吸气栅　　前盖

出风口　　导风板　　电源线和连接引线　管路（粗/细）　排水管

图 5-1　典型变频空调器的室内机部分

图 5-2 为典型变频空调器室内机的内部结构。变频空调器室内机内部设有空气过滤部分、蒸发器、电路部分、贯流风扇组件、导风板组件等。

变频空调器的室外机主要用来控制压缩机为制冷剂提供循环动力，与室内机配合，将室内的能量转移到室外，达到对室内制冷或制热的目的。

图 5-3 为典型变频空调器的室外机部分。在变频空调器室外机的外面通常可以找到排风口、上盖、前盖、底座、截止阀、接线护盖等部分。

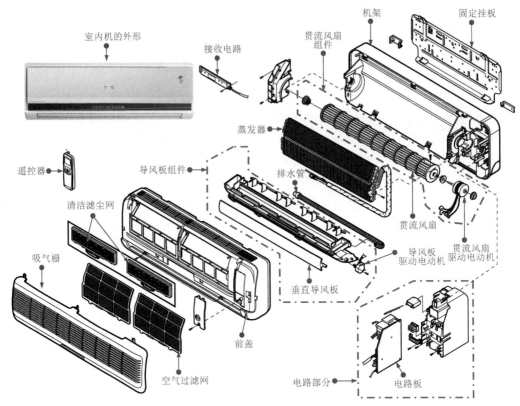

图 5-2　典型变频空调器室内机的内部结构

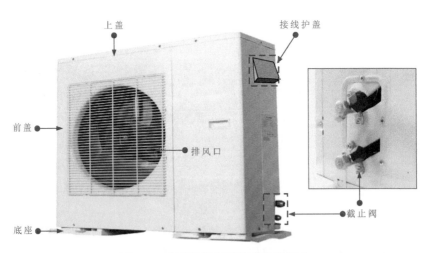

图 5-3　典型变频空调器室外机部分

　　图5-4为典型变频空调器室外机的内部结构。变频空调器室外机主要由变频压缩机、冷凝器、闸阀和节流组件（电磁四通阀、截止阀、毛细管、干燥过滤器）、电路部分（控制电路板、电源电路板和变频电路板）、轴流风扇组件等组成。

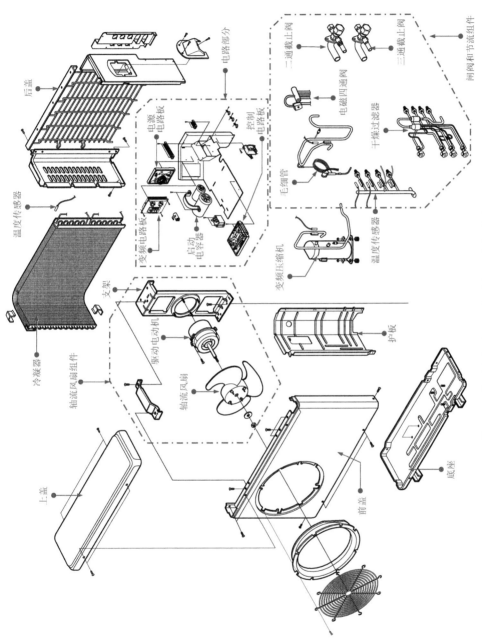

电路部分

闸阀和节流组件

二通截止阀

三通截止阀

电源电路板

控制电路板

电磁四通阀

干燥过滤器

毛细管

温度传感器

变频电路板

启动电容器

变频压缩机

后盖

温度传感器

冷凝器

轴流风扇组件

支架

驱动电动机

轴流风扇

护板

上盖

前盖

底座

图5-4　典型变频空调室外机的内部结构

5.1.2 变频空调器的电路原理

（1）变频空调器的电路关系

图5-5为变频空调器的控制关系。在室内机中，由遥控信号接收电路接收遥控信号，控制电路根据遥控信号对室内风扇电动机、导风板电动机进行控制，并对室内温度、管路温度进行检测，同时通过通信电路将控制信号传输到室外机中，控制室外机工作。

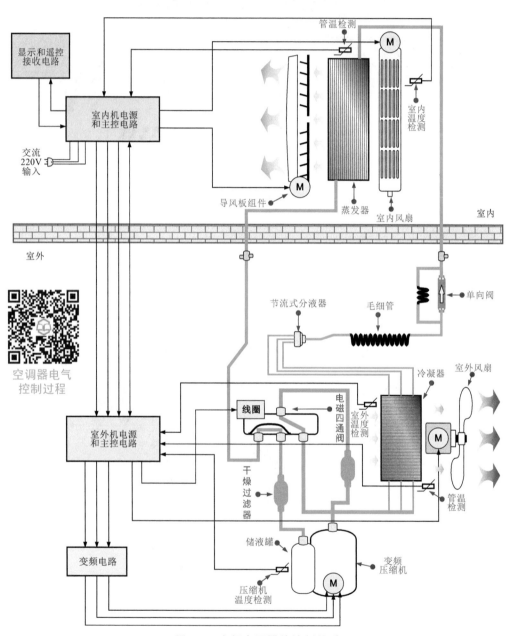

图 5-5 变频空调器的控制关系

在室外机中，控制电路板根据室内机送来的信号，对室外风扇电动机、电磁四通阀等进行控制，并对室外温度、管路温度、压缩机温度进行检测；同时，在控制电路的控制下变频电路输出驱动信号驱动变频压缩机工作。另外，室外机控制电路也将检测信号、故障诊断信息以及工作状态等信息通过通信接口传送到室内机中。

变频空调器的制冷、制热循环都是在控制电路的监控下完成的，其中室内机、室外机中的控制电路分别对不同的部件进行控制，两个控制电路之间通过通信电路传递数据信号，保证空调器能够正常稳定地工作。

（2）电源电路的工作原理

空调器的电源电路主要是将交流200V电压经各功能部件后，变换处理成不同电压值的交流、直流电，分别为室内机和室外机提供所需要的工作电压。图5-6为空调器电源电路的工作过程框图。

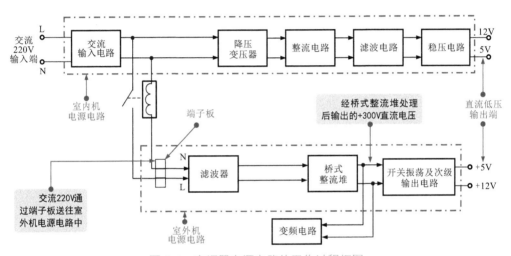

图5-6　空调器电源电路的工作过程框图

由图可知，空调器接通电源后，交流220V电源通过连接插件为室内机电源电路供电，同时经继电器触点后，为室外机的电源电路部分供电。

交流200V电源在室内机中经降压变压器、整流电路、滤波电路、稳压电路等处理后，输出+12V、+5V的低压电，为空调器的室内机的控制电路提供工作电压。

交流200V电源在室外机中经滤波器、桥式整流堆整流后输出300V直流电压分别送往变频模块和室外机的开关振荡及次级输出电路，经开关振荡及次级输出电路后输出+12V和+5V直流低压，为室外机的控制电路以及其他元器件进行供电。

① 室内机电源电路　图5-7为典型变频空调器（海信KFR-35GW/06ABP型）室内机电源电路图。由图可知空调器开机后，交流220V电源为室内机供电，先经滤波电容C07和互感滤波器L05滤波处理后，经熔断器F01分别送入室外机电源电路和室内电源电路板中的降压变压器。

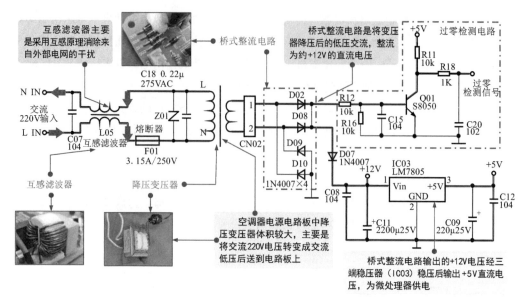

图 5-7　典型变频空调器（海信 KFR-35GW/06ABP 型）室内机电源电路图

室内机电源电路中的降压变压器将输入的交流 200V 电压进行降压处理后输出交流低压电，再经桥式整流电路以及滤波电容后，输出 +12V 的直流电压，为其他元器件以及电路板提供工作电压。

+12V 直流电压经三端稳压器内部稳压后输出 +5V 电压，为变频空调器室内机各个电路提供工作电压。

桥式整流电路的输出为过零检测电路提供 100Hz 的脉冲电压，经 Q01 形成 100Hz 脉冲信号，作为电源同步信号送给微处理器。

② 室外机电源电路　图 5-8 为典型变频空调器（海信 KFR-35GW/06ABP 型）室外机电源电路原理图，室外机的电源是由室内机通过导线供给的，交流 200V 电压送入室外机后，分成两路，一路经整流滤波后为变频模块供电，另一路经开关振荡及次级输出电路后形成直流低压为控制电路供电。

（3）控制电路

控制电路主要用于控制整机的协调运行，进而实现整机产品功能。在变频空调器中，室内机与室外机中都设有独立的控制电路，两个电路之间由电源线和信号线连接，完成供电和信息交换（室内机、室外机的通信），控制室内机和室外机各部件协调工作。

图 5-9 为海信 KFR-35GW/06ABP 型变频空调器的室内机控制电路原理图。该电路是以微处理器 IC08（TMP87CH46N）为核心的自动控制电路。

图 5-10 为海信 KFR-35GW/06ABP 型变频空调器室外机的控制电路原理图。该电路是以微处理器 U02（TMP88PS49N）为核心的自动控制电路。

变频空调器开机后，由室外机电源电路送来的 +5V 直流电压，为变频空调器室外机控制电路部分的微处理器 U02 以及存储器 U05 提供工作电压，其中微处理器 U02 的 55 脚和 64 脚为 +5V 供电端，存储器 U05 的 8 脚为 +5V 供电端。

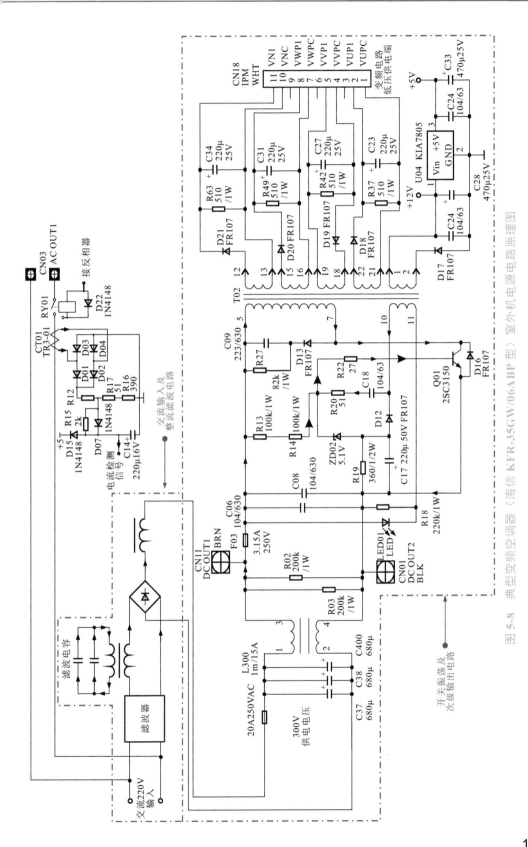

图5-8 典型变频空调器（海信 KFR-35GW/06ABP 型）室外机电源电路原理图

113

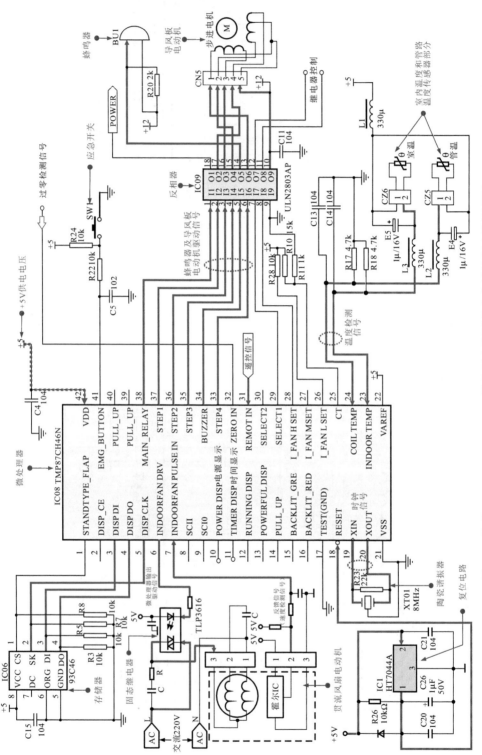

图5-9 海信 KFR-35GW/06ABP 型变频空调器的室内机控制电路原理图

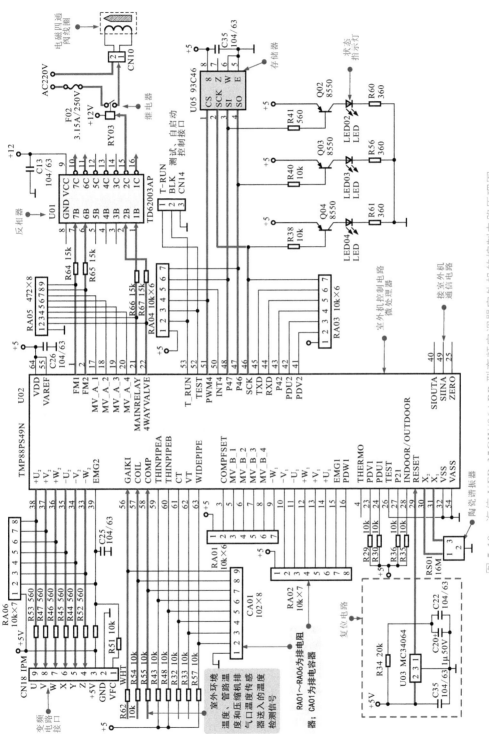

图 5-10 海信 KFR-35GW/06ABP 型变频空调器室外机的控制电路原理图

室外机控制电路得到工作电压后，由复位电路 U03 为微处理器提供复位信号，微处理器开始运行工作。

同时，陶瓷谐振器 RS01（16M）与微处理器内部振荡电路构成时钟电路，为微处理器提供时钟信号。

存储器 U05（93C46）用于存储室外机系统运行的一些状态参数，例如，变频压缩机的运行曲线数据、变频电路的工作数据等；存储器在其 2 脚（SCK）的作用下，通过 4 脚将数据输出，3 脚输入运行数据，室外机的运行状态通过状态指示灯指示出来。

（4）遥控电路

遥控电路将遥控器送来的人工指令进行接收，并将接收的红外光信号转换成电信号，送到空调器室内机的控制电路中执行相应的指令。

空调器室内机的控制电路将处理后的显示信号送往显示电路中，由该电路中的显示部件显示空调器的当前工作状态。

图 5-11 为典型变频空调器（海信 KFR-35W/06ABP 型）的遥控发射电路。该电路主要是由微处理器、操作电路和红外发光二极管等构成的。

空调器遥控电路的工作原理

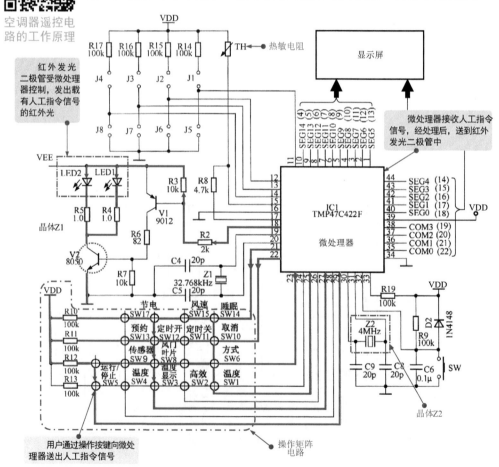

图 5-11　海信 KFR-35W/06ABP 型变频空调器的遥控发射电路

遥控器通电后，其内部电路开始工作，用户通过操作按键输入人工指令，该指令经微处理器处理后，形成控制指令，然后经数字编码和调制后由 19 脚输出经晶体管 V1、V2 放大后去驱动红外发光二极管 LED1 和 LED2，红外发光二极管 LED1 和 LED2 通过辐射窗口将控制信号发射出去，并由遥控电路接收。

图 5-12 为典型变频空调器（海信 KFR-35W/06ABP 型）遥控接收电路。电路主要是由遥控接收器、发光二极管等元器件构成的。

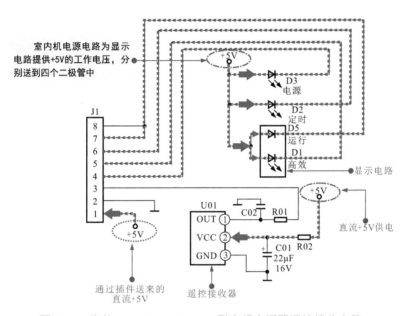

图 5-12　海信 KFR-35W/06ABP 型变频空调器遥控接收电路

遥控接收器的 ② 脚为 5V 的工作电压，① 脚输出遥控信号并送往微处理器中，为控制电路输入人工指令信号，使空调器执行人工指令，同时控制电路输出的显示驱动信号，送往发光二极管中，显示空调器的工作状态。其中发光二极管 D3 是用来显示空调器的电源状态； D2 是用来显示空调器的定时状态；D5 和 D1 分别用来显示空调器的正常运行和高效运行状态。

（5）通信电路

空调器通信电路很好地反映了空调器室内机和室外机之间的通信控制关系，可从重点元器件入手，沿信号流程完成对通信电路的识读。

图 5-13 为典型空调器的通信电路。

（6）变频电路

变频空调器室外机变频电路的主要功能就是为变频压缩机提供驱动信号，用来调节变频压缩机的转速，实现空调器制冷剂的循环，完成热交换的功能，图 5-14 为变频空调器中变频电路的流程框图。

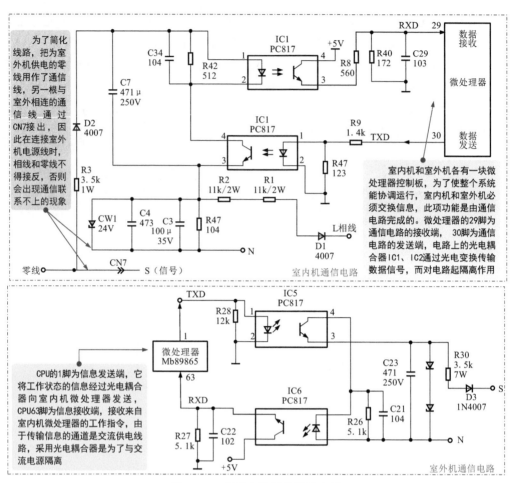

为了简化线路，把为室外机供电的零线用作了通信线，另一根与室外相连的通信线通过CN7接出，因此在连接室外机电源线时，相线和零线不得接反，否则会出现通信联系不上的现象

室内机和室外机各有一块微处理器控制板，为了使整个系统能协调运行，室内机和室外机必须交换信息，此项功能是由通信电路完成的。微处理器的29脚为通信电路的接收端，30脚为通信电路的发送端，电路上的光电耦合器IC1、IC2通过光电变换传输数据信号，而对电路起隔离作用

CPU的1脚为信息发送端，它将工作状态的信息经过光电耦合器向室内机微处理器发送，CPU63脚为信息接收端，接收来自室内机微处理器的工作指令，由于传输信息的通道是交流供电线路，采用光电耦合器是为了与交流电源隔离

图 5-13　典型空调器的通信电路

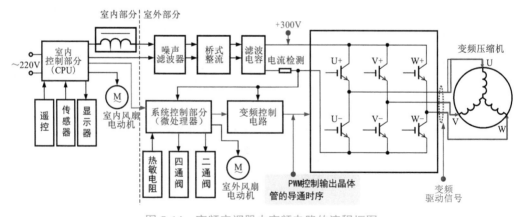

图 5-14　变频空调器中变频电路的流程框图

交流 220V 电压经变频空调器室内机电源电路送入室外机中，经室外机电源电路以及整流滤波电路后，变为 300V 直流电压，为智能功率模块中的 IGBT 供电。

同时由变频空调器室内机控制电路将控制信号送到室外机控制电路中，室外机控制电路根据控制信号对变频电路进行控制，由变频控制电路输出 PWM 驱动信号控制智能功率模块，为变频压缩机提供所需的变频驱动信号，变频驱动信号加到变频压缩机的三相绕组端，使变频压缩机启动运转，变频压缩机驱动制冷剂循环，进而达到冷热交换的目的。

提示说明

目前，变频空调器中的变频压缩机通常采用直流无刷电动机，该变频方式被称为直流变频方式，但变频电路及驱动电动机定子的信号是频率可变的交流信号。

直流变频与交流变频方式基本相同，同样是把交流市电转换为直流电，并送至智能功率模块，智能功率模块同样受微处理器指令的控制。微处理器输出变频脉冲信号经智能功率模块中的逆变器变成驱动变频压缩机的信号，该变频压缩机的电动机采用直流无刷电动机，其绕组也为三相，特点是控制精度更高，交流变频方式采用的是交流感应电动机。

图 5-15 为采用 PWM 脉宽调制的直流变频控制电路原理图，该类变频控制方式中，按照一定规律对输出的脉冲宽度进行调制。整流电路输出的直流电压为智能功率模块供电，智能功率模块受微处理器控制。

直流无刷电动机的定子上绕有电磁线圈，采用永久磁钢作为转子。当施加在电动机上的电压或频率增高时，转速加快；当电压或频率降低时，转速下降。这种变频方式在空调器中得到广泛的应用。

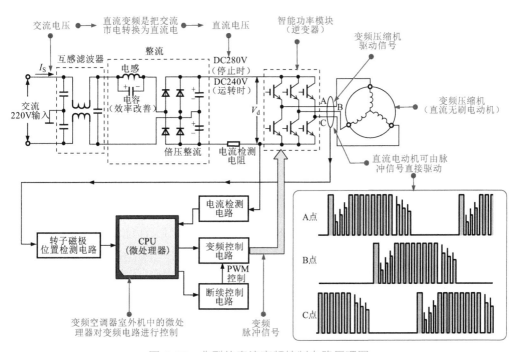

图 5-15　典型的直流变频控制电路原理图

除上述常见的直流变频控制方法外，还有一些变频空调器中采用了交流变频方式，其主要特点是对交流感应电动机进行控制。交流变频是把 380/200V 交流市电转换为直流电源，为智能功率模块中的逆变器提供工作电压，逆变器在微处理器的控制下再将直流电"逆变"成交流电，该交流电再去驱动交流电动机，"逆变"的过程受控制电路的指令控制，输出频率可变的交流电压，使变频压缩机电动机的转速随电压频率的变化而相应改变，这样就实现了微处理器对变频压缩机电动机转速的控制和调节，如图 5-16 所示。

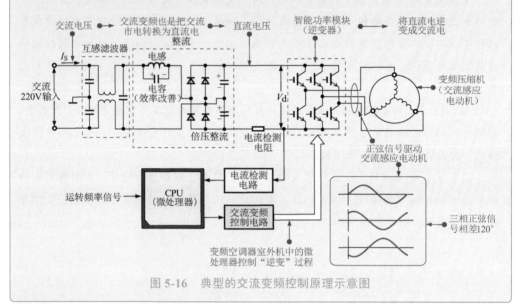

图 5-16　典型的交流变频控制原理示意图

5.1.3　变频空调器的变频模块

　　变频空调器中采用的变频智能功率模块（简称变频模块）是一种混合集成电路，其内部一般集成有逆变器电路（功率输出管）、逻辑控制电路、电压电流检测电路、电源供电接口等，主要用来将直流 300 V 电压转换成电压和频率可变的变频压缩机工作电压（30～200V、15～120 Hz），是变频电路中的核心部件。图 5-17 为 STK621-410 型变频模块的实物外形。

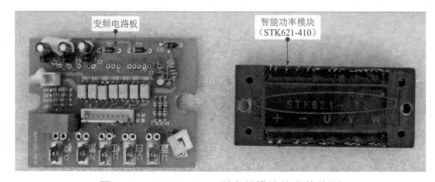

图 5-17　STK621-410 型变频模块的实物外形

相/关/资/料

　　不同品牌和型号的变频空调器中，采用变频模块的型号不同，内部结构也有所区别。目前，变频空调器中常用变频模块主要有 PS21564-P/SP、PS21865/7/9-P/AP、PS21964/5/7-AT/AT、PS21765/7、PS21246、FSBS15CH60 等，这几种变频模块将微处理器输出的控制信号进行逻辑处理后变成驱动逆变器的脉冲信号，逆变器将直流电压变成交流变频信号，对变频空调器的变频压缩机进行控制。

　　不同型号的变频模块其内部结构和引脚排列都会有所不同。图 5-18 为 STK621-041 型变频模块的内部结构及引脚排列。该模块共有 22 个引脚，其内部主要由三个逻辑控制电路、6 个 IGBT 和 6 个阻尼二极管构成，通过接收由微处理器传输的控制信号驱动其内部的 IGBT 管工作。各引脚功能见表 5-1 所列。

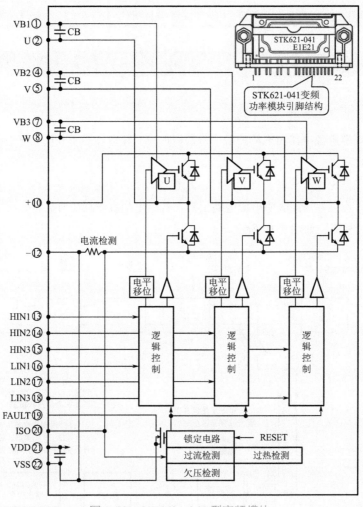

图 5-18　STK621-041 型变频模块

第 5 章　变频空调器维修

表 5-1　STK621-041 型变频模块引脚功能

引脚	标识	引脚功能		引脚	标识	引脚功能	
①	VB1	U 相驱动电源正极		⑬	HIN1	U 相上桥驱动信号	驱动 3 个上桥 IGBT
④	VB2	V 相驱动电源正极		⑭	HIN2	W 相上桥驱动信号	
⑦	VB3	W 相驱动电源正极		⑮	HIN3	V 相上桥驱动信号	
②	U	U 相输出端子	接压缩机线圈	⑯	LIN1	U 相下桥驱动信号	驱动 3 个下桥 IGBT
⑤	V	V 相输出端子		⑰	LIN2	V 相下桥驱动信号	
⑧	W	W 相输出端子		⑱	LIN3	W 相下桥驱动信号	
⑩	P	300V 电源正极	直流 300V 电压输入	㉑	VDD	控制电源 15V 正极	
⑫	N	300V 电源负极		㉒	VSS	控制电源 15V 负极	
⑲	FAULT	模块保护输出		⑳	ISO	电流检测输出	

5.2　变频空调器的检修技能

5.2.1　变频空调器电源电路的检修

变频空调器电源电路出现故障后，通常表现为变频空调器不开机、压缩机不工作、操作无反应等故障。

当电源电路出现故障时，首先应对电源电路输出的直流低压进行检测，若电源电路输出的直流低压均正常，则表明电源电路正常；若输出的直流低压有异常，可顺电路流程对前级电路进行检测，如图 5-19 所示。

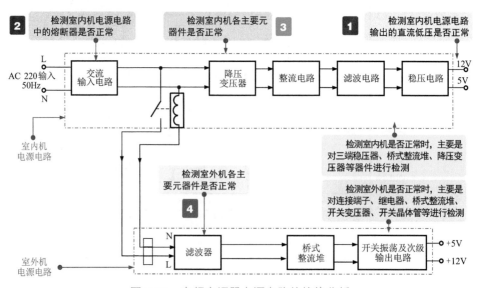

图 5-19　变频空调器电源电路的检修分析

室内机电源电路输出直流低压的检测方法如图 5-20 所示。

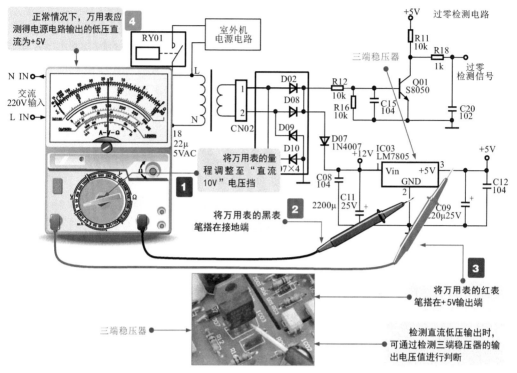

图 5-20　室内机电源电路输出直流低压的检测方法

若检测空调器室内机无输出，而熔断器正常时，则需要进一步对室内机电源电路中的主要器件进行检测，如三端稳压器、桥式整流电路、降压变压器等。

检测室外机电源电路中主要器件，包括继电器、桥式整流堆、开关变压器及开关晶体管。

① 三端稳压器的检测　若检测三端稳压器的输入电压正常，而没有输出电压，则表明三端稳压器本身损坏；若三端稳压器的输入电压不正常，则需要对桥式整流电路进行检测。

② 桥式整流电路的检测　通常情况下，检测桥式整流电路中的整流二极管是否正常，可在断电状态下，使用万用表对桥式整流电路中的四个整流二极管进行检测，正常时，整流二极管的正向应有几欧姆的阻值，反向应为无穷大。

提示说明

在路检测桥式整流电路中的整流二极管时，很可能会受到外围元器件的影响，导致实测结果不一致，也没有明显的规律，而且具体数值也会因电路结构的不同而有所区别。因此，若经在路初步检测怀疑整流二极管异常时，可将其从电路板上取下后再进行进一步检测和判断。通常，开路状态下，整流二极管应满足正向导通、反向截止的特性。

③ 降压变压器的检测 检测降压变压器时，可使用万用表检测降压变压器的输入、输出电压是否正常，若输入电压正常，而输出不正常，则表明降压变压器本身损坏。

④ 继电器的检测 继电器的检测方法比较简单，主要是在开路的状态下使用万用表检测内部线圈的阻值，若测得继电器内部线圈有一定的阻值，则说明该继电器可能正常；若测得继电器内部线圈的阻值趋于无穷大，则说明继电器已经断路损坏。

⑤ 开关变压器的检测 当检测室外机电源电路的 +300V 供电电压正常时，该电路仍无直流低压输出，则需要对开关变压器进行检测。若开关变压器没有进入工作状态，则会造成电源电路无直流低压输出。

由于开关变压器输出的脉冲电压较高，所以检测开关变压器是否正常时，可以通过示波器采用感应法判断开关变压器是否工作。正常情况下，应可以感应到脉冲信号，若检测开关变压器的脉冲信号正常，则表明开关变压器及开关振荡电路正常；若检测开关变压器无脉冲信号时，则说明开关振荡电路没有工作，需要对开关振荡电路中的开关晶体管进行检测。

⑥ 开关晶体管的检测 对开关晶体管进行检测时，可使用万用表开路检测各引脚间的阻值是否正常。

正常情况下，开关晶体管引脚中，基极（b）与集电极（c）正向阻值、基极（b）与发射极（e）之间的正向阻值应有一定的阻值，其他两引脚间的阻值为无穷大。

5.2.2 变频空调器控制电路的检修

控制电路是空调器中的关键电路，若该电路出现故障经常会引起变频空调器不启动、制冷 / 制热异常、控制失灵、操作或显示不正常等现象。

图 5-21 为典型变频空调器控制电路的检修分析。

① 继电器的检测 在变频空调器室外机中通常采用电磁继电器控制室外机中的轴流风扇电动机、电磁四通阀等。一般，可在断电状态下检测继电器线圈阻值和继电器触点的状态来判断继电器的好坏。

② 温度传感器的检测 在变频空调器中，温度传感器是不可缺少的控制器件，如果温度传感器损坏或异常，通常会引起变频空调器不工作、室外机不运行等故障，因此掌握温度传感器的检修方法是十分必要的。

检测温度传感器通常有两种方法，一种是在路检测温度传感器供电端信号和输出电压（送入微处理器的电压）；一种是开路状态下，检测不同温度环境下的电阻值。

③ 反相器的检测 反相器是变频空调器中各种功能部件的驱动电路部分，若该器件损坏将直接导致变频空调器相关的功能部件失常，如常见的室内、室外风扇电动机不运行、电磁四通阀不换向引起的变频空调器不制热等。

判断反相器是否损坏时，可使用万用表对其各引脚的对地阻值进行检测判断，若检测出的阻值与正常值偏差较大，说明反相器已损坏。

④ 微处理器的检测　微处理器是变频空调器中的核心部件，若该部件损坏将直接导致变频空调器不工作、控制功能失常等故障。

一般对微处理器的检测包括三个方面，即检测工作条件、检测输入和输出信号。检测结果的判断依据为：在工作条件正常的前提下，输入信号正常，而无输出或输出信号异常，则说明微处理器本身损坏。

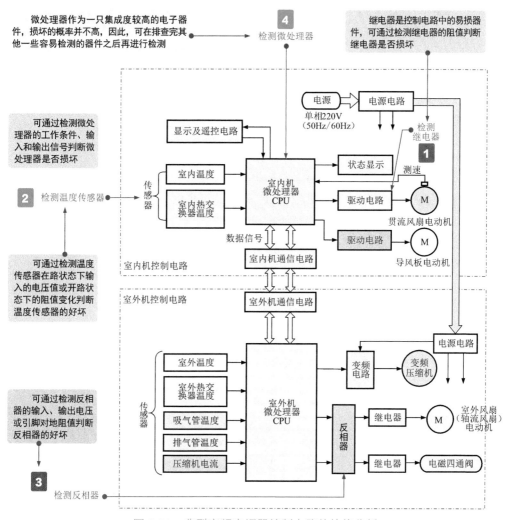

微处理器作为一只集成度较高的电子器件，损坏的概率并不高，因此，可在排查完其他一些容易检测的器件之后再进行检测

检测微处理器

继电器是控制电路中的易损器件，可通过检测继电器的阻值判断继电器是否损坏

可通过检测微处理器的工作条件、输入和输出信号判断微处理器是否损坏

检测温度传感器

可通过检测温度传感器在路状态下输入的电压值或开路状态下的阻值变化判断温度传感器的好坏

可通过检测反相器的输入、输出电压或引脚对地阻值判断反相器的好坏

检测反相器

图 5-21　典型变频空调器控制电路的检修分析

5.2.3　变频空调器遥控电路的检修

遥控电路出现故障经常会引起控制失灵、显示异常等现象。当遥控电路出现故障时，首先应对遥控器中的发送部分进行检测，若该电路正常，再对室内机上的接收电路进行检测，图 5-22 为典型空调器遥控接收电路的检修流程。

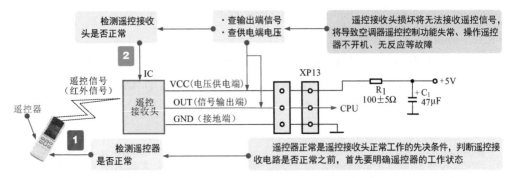

图 5-22 典型空调器遥控接收电路的检修流程

控接收器是遥控接收电路中的主要元器件，该元器件损坏引起遥控功能失灵的情况也比较常见，如遥控接收器的供电电源失落、引脚受潮出现短路或断路情况、内部损坏等。

如图 5-23 所示，判断遥控接收器是否正常，可首先观察遥控接收器引脚有无轻微短路或断路情况，若外观正常，可用示波器检测其信号输出端有无信号输出，若输出正常，说明遥控接收器正常；若无信号输出，可进一步检查其供电条件是否满足。若供电正常，无输出，则说明遥控接收器损坏，应更换。

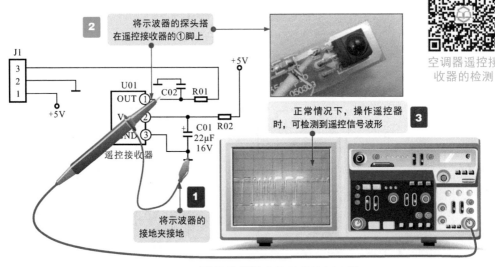

图 5-23 遥控接收器输出信号的检测方法

5.2.4 变频空调器通信电路的检修

通信电路是变频空调器中的重要的数据传输电路，若该电路出现故障通常会引起空调器室外机不运行或运行一段时间后停机等不正常现象。

对于变频空调器通信电路的检测，可使用万用表或示波器测量待测变频空调器的通信电路，然后将实测值或波形与正常变频空调器通信电路的数值或波形进行比较，即可判断出通信电路的故障部位。

检测通信电路中室内机与室外机的连接部分正常时，应进一步对通信电路的供电电压进行检测。

如图 5-24 所示，正常情况下，应能检测到 +24V 的供电电压，若该电压不正常，则需要对电源电路进行检测；若电压值正常，则需要对通信电路中的关键部件进行检测。如稳压二极管、通信光耦、微处理器等。

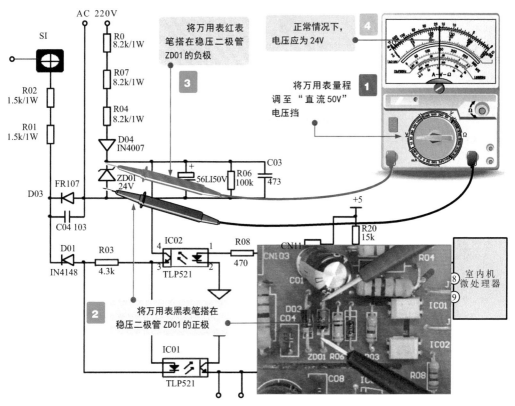

图 5-24　通信电路供电电压的检修方法

① 稳压二极管的检测　对稳压二极管本身进行检测时，可检测其正反向阻值是否正常。正常情况下，稳压二极管的正向阻值较小，若实测为无穷大，则多为稳压二极管损坏。

② 通信光耦的检测　对于通信光耦的检测可使用万用表检测输入和输出的电压值。检测时，若输入的电压值与输出的电压值变化正常，则表明通信光耦可以正常工作；若检测输入的电压为恒定值，则多为光耦损坏。

5.2.5　变频空调器变频电路的检修

变频电路出现故障经常会引起变频空调器出现不制冷或不制热、制冷或制热效果差、室内机出现故障代码、压缩机不工作等现象。

变频电路中较易损坏的部件主要有智能功率模块、光电耦合器等。

空调器变频模块的检测

（1）变频模块的检测

如图 5-25 所示，确定变频模块是否损坏时，可根据变频模块内部的结构特性，使用万用表的二极管检测到检测 P（+）端与 U、V、W 端，或 N（-）与 U、V、W 端，或 P 端与 N 端之间的正反向导通特性，若符合正向导通，反向截止的特性，则说明变频模块正常，否则说明变频模块损坏。

4 检测P、U端之间内部二极管的正向压降。观察万用表读数为0.424V=424mV（内部半导体PN结正向压降），正常

3 将万用表的红表笔搭在变频模块U端子上

2 将万用表的黑表笔搭在变频模块P端子上

5 将万用表置于二极管挡不变，调换表笔，即红表笔搭在P端，黑表笔搭在U端，再次检测。观察万用表读数为0L，即无穷大（内部半导体PN结反向无穷大），正常

红表笔

黑表笔

万用表

1 将万用表功能旋钮置于二极管挡

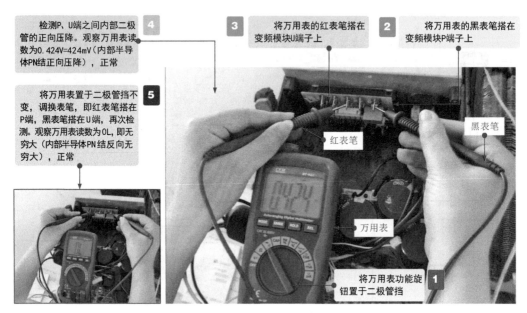

图 5-25　变频模块的检测

提示说明

也可用万用表的交流电压挡检测变频模块输出端驱动压缩机的电压，正常情况下，任意两相间的电压应在 0 ～ 160V 之间并且相等，否则变频模块损坏。

相/关/资/料

除上述方法外，还可通过检测变频模块的对地阻值，来判断变频模块是否损坏，即将万用表黑表笔接地，红表笔依次检测变频模块 STK621-601 的各引脚，即检测引脚的正向对地阻值；接着对调表笔，红表笔接地，黑表笔依次检测变频模块 STK621-601 的各引脚，即检测引脚的反向对地阻值。

正常情况下变频模块各引脚的对地阻值见表 5-2 所列，若测得变频模块的对地阻值与正常情况下测得阻值相差过大，则说明变频模块已经损坏。

表 5-2　变频模块各引脚对地阻值

引脚号	正向阻值 /kΩ（×1k）	反向阻值 /kΩ（×1k）	引脚号	正向阻值 /kΩ（×1k）	反向阻值 /kΩ（×1k）
①	0	0	⑮	11.5	∞
②	6.5	25	⑯	空脚	空脚
③	6	6.5	⑰	4.5	∞
④	9.5	65	⑱	空脚	空脚
⑤	10	28	⑲	11	∞
⑥	10	28	⑳	空脚	空脚
⑦	10	28	㉑	4.5	∞
⑧	空脚	空脚	㉒	11	∞
⑨	10	28	P 端	12.5	∞
⑩	10	28	N 端	0	0
⑪	10	28	U 端	4.5	∞
⑫	空脚	空脚	V 端	4.5	∞
⑬	空脚	空脚	W 端	4.5	∞
⑭	4.5	∞			

（2）光电耦合器的检测

光电耦合器是用于驱动变频模块的控制信号输入电路，损坏后会导致来自室外机控制电路中的 PWM 信号无法送至变频模块的输入端。

若经上述检测室外机控制电路送来的 PWM 驱动信号正常，供电电压也正常，而变频电路无输出，则应对光电耦合器进行检测。图 5-26 为光电耦合器的检测方法。

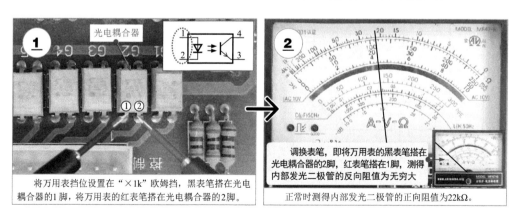

将万用表挡位设置在"×1k"欧姆挡，黑表笔搭在光电耦合器的1脚，将万用表的红表笔搭在光电耦合器的2脚。

调换表笔，即将万用表的黑表笔搭在光电耦合器的2脚，红表笔搭在1脚，测得内部发光二极管的反向阻值为无穷大

正常时测得内部发光二极管的正向阻值为22kΩ。

图 5-26

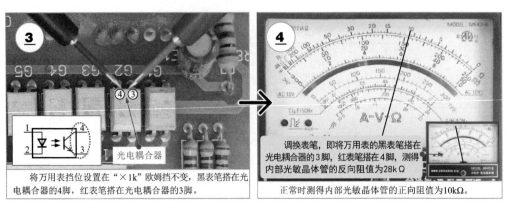

图 5-26　光电耦合器的检测方法

将万用表挡位设置在"×1k"欧姆挡不变，黑表笔搭在光电耦合器的4脚，红表笔搭在光电耦合器的3脚。

调换表笔，即将万用表的黑表笔搭在光电耦合器的3脚，红表笔搭在4脚，测得内部光敏晶体管的反向阻值为28kΩ

正常时测得内部光敏晶体管的正向阻值为10kΩ。

提示说明

　　由于在路检测，受外围元器件的干扰，测得的阻值会与实际阻值有所偏差，但内部的发光二极管基本满足正向导通，反向截止的特性；若测得的光电耦合器内部发光二极管或光敏晶体管的正反向阻值均为零、无穷大或与正常阻值相差过大，都说明光电耦合器已经损坏。

（3）变频电路的信号检测

变频压缩机驱动信号的检测

　　对于变频电路的检测可直接检测变频压缩机的驱动信号和变频电路的PWM驱动信号。

　　① 变频压缩机驱动信号的检测　　如图 5-27 所示，通电检测变频电路时，应首先对变频电路（智能功率模块）输出的变频压缩机驱动信号进行检测，若变频压缩机驱动信号正常，则说明变频电路正常。

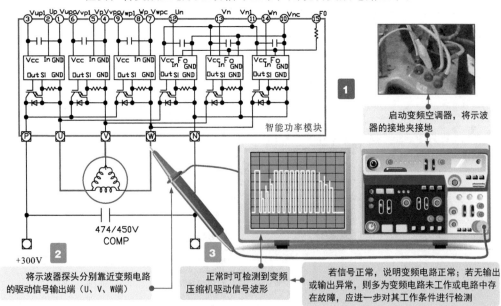

图 5-27　变频压缩机驱动信号的检测

② 变频电路 PWM 信号的检测　如图 5-28 所示，检测变频电路输入端 PWM 驱动信号。若 PWM 驱动信号也正常，而变频电路无输出，则多为变频电路故障，应重点对光电耦合器和变频模块进行检测；若 PWM 驱动信号不正常，则需对控制电路进行检测。

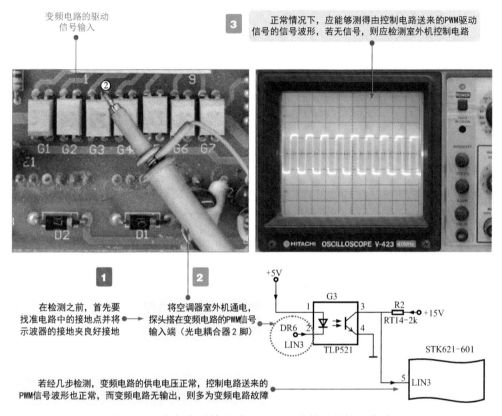

变频电路的驱动信号输入

3 正常情况下，应能够测得由控制电路送来的PWM驱动信号的信号波形，若无信号，则应检测室外机控制电路

1 在检测之前，首先要找准电路中的接地点并将示波器的接地夹良好接地

2 将空调器室外机通电，探头搭在变频电路的PWM信号输入端（光电耦合器 2 脚）

若经几步检测，变频电路的供电电压正常，控制电路送来的 PWM信号波形也正常，而变频电路无输出，则多为变频电路故障

图 5-28　变频电路输入端 PWM 驱动信号的检测方法

5.3　变频空调器常见故障检修

5.3.1　变频空调器变频电路击穿的故障检修

变频空调器一次意外断电后，再次开机，空调器开机时运转，但随即停止，室内机显示"无负载"（指示灯全亮）故障代码。这种情况多为变频电路故障。首先，检测变频电路的直流供电电压，实测为 300V 左右，说明供电正常。

然后，按图 5-29 所示，继续检测 P、W 端之间的正反向压降，实测结果为零，说明变频模块损坏。选用同型号的变频模块进行代换后，故障排除。

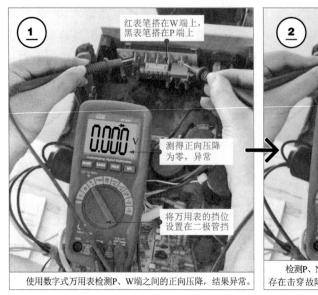

红表笔搭在W端上，黑表笔搭在P端上

测得正向压降为零，异常

将万用表的挡位设置在二极管挡

使用数字式万用表检测P、W端之间的正向压降，结果异常。

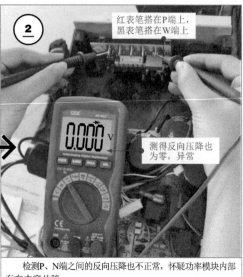

红表笔搭在P端上，黑表笔搭在W端上

测得反向压降也为零，异常

检测P、N端之间的反向压降也不正常，怀疑功率模块内部存在击穿故障。

图 5-29　检测变频功率模块 P、W 之间的电压

5.3.2 变频空调器遥控失灵的故障检修

变频空调器遥控失灵，但能够通过强制模式开机。这种情况，重点应检查遥控器和遥控接收电路。

首先，确认遥控器功能是否正常，如图 5-30 所示，可以借助手机的照相功能快速检查遥控器。即把遥控器的红外光朝向手机镜头，按动遥控器按钮，如果能够通过手机照相功能在屏幕上看到红外光线，基本说明遥控器是正常的。

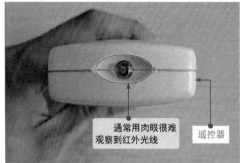

通常用肉眼很难观察到红外光线

遥控器

手机

通过手机的照相功能可以清楚地观察到红外发光二极管发出的红外光

图 5-30　遥控器的简便检查方法

遥控器正常，表明故障出在空调器室内机的遥控接收电路部分。对变频空调器室内机中的遥控接收电路进行检测。其中，遥控接收电路上的遥控接收器的故障率很高，检查时，可首先从遥控接收器入手进行检测，若属于遥控接收器的故障，则直接替换即可。

图 5-31 为对遥控接收器信号输出端电压的检测方法。

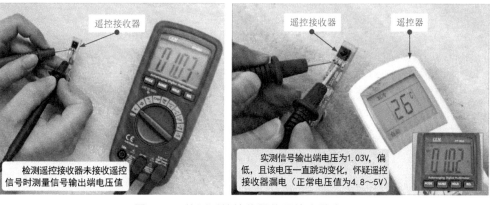

遥控接收器

遥控接收器　遥控器

检测遥控接收器未接收遥控
信号时测量信号输出端电压值

实测信号输出端电压为1.03V，偏
低，且该电压一直跳动变化，怀疑遥控
接收器漏电（正常电压值为4.8～5V）

图 5-31　检测遥控接收器信号输出端电压

经检测发现遥控接收器损坏，接下来将损坏的遥控接收器从遥控接收电路上拆卸下来，并选择相匹配的遥控接收器直接替换就可以了。

5.3.3　变频空调器不制冷的故障检修

变频空调器开机运行正常，但不能制冷，出风口吹出的风接近室温。这种情况，重点检查管路系统是否存在制冷剂泄漏的情况。如图 5-32 所示，可通过检测系统压力判断制冷管路有无异常。

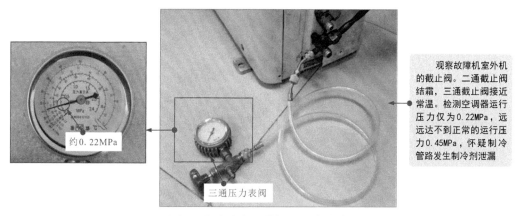

约0.22MPa

三通压力表阀

观察故障机室外机
的截止阀。二通截止阀
结霜，三通截止阀接近
常温。检测空调器运行
压力仅为0.22MPa，远
远达不到正常的运行压
力0.45MPa，怀疑制冷
管路发生制冷剂泄漏

图 5-32　根据具体故障表现进行不制冷故障的初步预判

根据对故障机的初步判断，怀疑空调器制冷管路有漏点。

如图 5-33 所示，检修时，首先采用肥皂水检漏法，重点对空调器管路系统中易发生泄漏的部位进行一一排查，直到找到漏点，补焊后，再重新抽真空、充注制冷剂，排除故障。

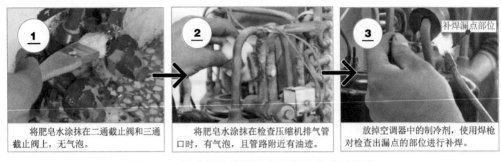

① 将肥皂水涂抹在二通截止阀和三通截止阀上，无气泡。
② 将肥皂水涂抹在检查压缩机排气管口时，有气泡，且管路附近有油迹。
③ 放掉空调器中的制冷剂，使用焊枪对检查出漏点的部位进行补焊。

补焊漏点部位

图 5-33　制冷管路泄漏引起不制冷故障的检修

5.3.4　变频空调器整机不工作的故障检修

变频空调器接通电源后空调器无反应，整机不工作，使用强制开机方式，空调器无反应。此时，可以先将导风板扳到中间位置，然后通电，观察导风板是否能够自动关闭，如能够关闭，说明控制电路直流 12V 和 5V 电压正常。

而通电后发现导风板无任何反应，基本锁定故障在电源电路部分。拆卸室内机电源电路。在路检测降压变压器二次侧的输出电压，如图 5-34 所示。正常时应能检测到 11V 左右的交流低压。实测无电压输出，再检测降压变压器输入的电压，有 220V 左右的交流电压。说明降压变压器损坏。

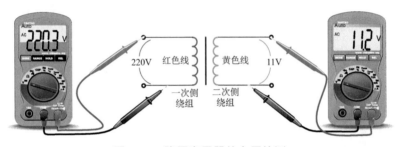

220V　红色线　黄色线　11V
一次侧绕组　二次侧绕组

图 5-34　降压变压器的电压检测

断电拆卸降压变压器，再次通过阻值检测法进行核查。如图 5-35 所示，降压变压器一次侧绕组阻值为无穷大，确认降压变压器损坏。选用同型号降压变压器代换，重新安装好电路板，开机试机，故障排除。

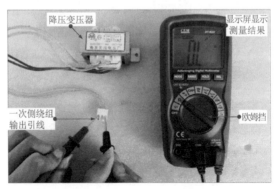

降压变压器　显示屏显示测量结果
一次侧绕组输出引线　欧姆挡

图 5-35　降压变压器绕组的阻值检测

第6章 中央空调维修

6.1 中央空调的结构和工作原理

6.1.1 风冷式风循环中央空调的结构原理

如图 6-1 所示为典型风冷式风循环中央空调系统。风冷式风循环中央空调工作时，借助空气对制冷管路中的制冷剂进行降温或升温的热交换，然后将降温或升温后的制冷剂经管路送至风管机中，由空气作为热交换介质，实现制冷或制热的效果，最后由风管机经风道将冷风（或暖风）送入室内，实现室内温度的调节。

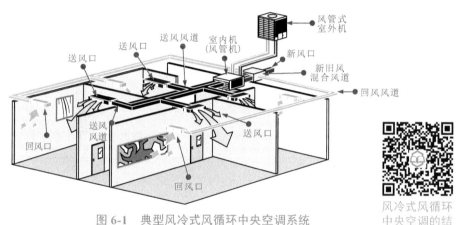

图 6-1 典型风冷式风循环中央空调系统

风冷式风循环中央空调的结构特点

（1）风冷式风循环中央空调制冷的工作原理

图 6-2 为典型风冷式风循环中央空调制冷原理。

典型风冷式风循环中央空调的制冷原理如下。

① 当风管式风循环中央空调开始进行制冷时，制冷剂在压缩机中经压缩，将低温低压的制冷器气体压缩为高温高压的气体，由压缩机的排气口送入电磁四通阀中，由电磁四通阀的 D 口进入，A 口送出，电磁四通阀的 A 口直接与冷凝器管路进行连接，高温高压气态的制冷剂，进入冷凝器中，由轴流风扇对冷凝器中的制冷剂进行散热，制冷剂经降温后转变为低温高压的液态，经单向阀 1 后送入干燥过滤器 1 中滤除水分和杂质，再经毛细管 1 进行节流降压，输出低温低压的液态制冷剂，将低温低压液态制冷剂送往蒸发器的管路中。

② 低温低压液态制冷剂经管路送入室内风管机蒸发器中，为空气降温进行准备。

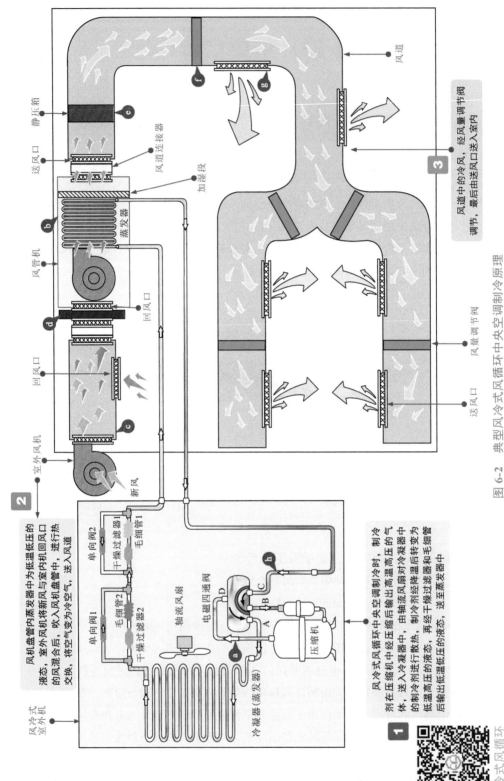

风道

静压箱

送风口

风道连接器

加湿段

蒸发器

风管机

回风口

回风口

室外风机

新风

风冷式
室外机

单向阀2

干燥过滤器1

毛细管1

单向阀1

毛细管2

干燥过滤器2

轴流风扇

电磁四通阀

压缩机

冷凝器 蒸发器

3 风道中的冷风，经风量调节阀
调节，最后由送风口送入室内

风量调节阀

送风口

2 风机盘管内蒸发器中为低温低压的
液态，室外风机将新风与室内盘管回风口
的风混合后，吹入风机盘管中，进行热
交换，将空气变为冷空气，送入风道

风冷式室外机

1 风冷式循环中央空调制冷时，制冷
剂在压缩机中经压缩后输出高温高压的气
体，送入冷凝器中，由轴流风扇对冷凝器中
的制冷剂进行散热，制冷剂经降温后转变为
低温高压的液态，再经干燥过滤器和毛细管
后输出低温低压的液态，送至蒸发器中

③ 室外风机将室外新鲜空气由新风口送入，室内回风口送入的空气在新旧风混合风道中进行混合。

④ 混合后的空气经过滤器将杂质滤除送至风管机的回风口处，并由风管机中的风机吹动空气，使空气经过蒸发器，与蒸发器进行热交换处理，经过蒸发器后的空气变为冷空气，再经风管机中的加湿段进行加湿处理，由送风口送出。

⑤ 经室内机风管机送风口送出的冷空气经风道连接器进入风道中，经静压箱对冷空气进行静压处理。

⑥ 经过静压处理后的冷空气在风道中流动，经过风道中的风量调节阀，可以对冷空气的量进行调节。

⑦ 调节后的冷空气经送风口后送入室内，对室内温度进行降温。

⑧ 蒸发器中低温低压液态制冷剂，通过与空气进行热交换后变为低温低压气态的制冷剂，经管路送入室外机中，经电磁四通阀的 C 口进入，由 B 口将其送入压缩机中，再次对制冷剂进行制冷循环。

（2）风冷式风循环中央空调制热的工作原理

图 6-3 为典型风冷式风循环中央空调制热原理。

典型风冷式风循环中央空调的制热原理如下。

① 当风冷式风循环中央空调开始进行制热时，室外机中的电磁四通阀通过控制电路控制，使其内部滑块由 B、C 口移动至 A、B 口；此时压缩机开始运转，将低温低压的制冷剂气体压缩为高温高压的过热蒸汽，由压缩机的排气口送入电磁四通阀的 D 口，再由 C 口送出，电磁四通阀的 C 口与室内机的蒸发器进行连接。

② 高温高压气态的制冷剂经管路送入蒸发器中，为空气升温进行准备。

③ 室内控制电路对室外风机进行控制，使室外风机开启，送入适量的新鲜空气进入新旧风混合风道。因为冬季室外的空气温度较低，若送入大量的新鲜空气，可能导致风管式中央空调的制热效果下降。

④ 由室内回风口将室内空气送入，室外送入的新鲜空气与室内送入的空气在新旧风混合风道中进行混合。再经过滤器将杂质滤除送至风管机的回风口处。

⑤ 滤除杂质后的空气经回风口送入风管机中，由风管机中的风机将空气吹动，空气经过蒸发器后，与蒸发器进行热交换处理，经过蒸发器后的空气变为暖空气，再经风管机中的加湿段进行加湿处理，由送风口送出。

⑥ 经室内机风机盘管送风口送出的暖空气再经过风道连接器进入风道中，同样在风道中经过静压箱静压，然后经过风量调节阀后，再由排风口送入室内，对室内温度进行升温。

⑦ 蒸发器中的制冷剂与空气进行热交换后，制冷剂转变为低温高压的液体进入室外机中，经室外机中的单向阀 2 后送入干燥过滤器 2 滤除水分和杂质，再经毛细管 2 对其进行节流降压，将低温低压的液体送入冷凝器中，轴流风扇转动，使冷凝器进行热交换后，制冷剂转变为低温低压的气体经电磁四通换向阀的 A 口进入，由 B 口将其送回压缩机中，再次对制冷剂进行制热循环。

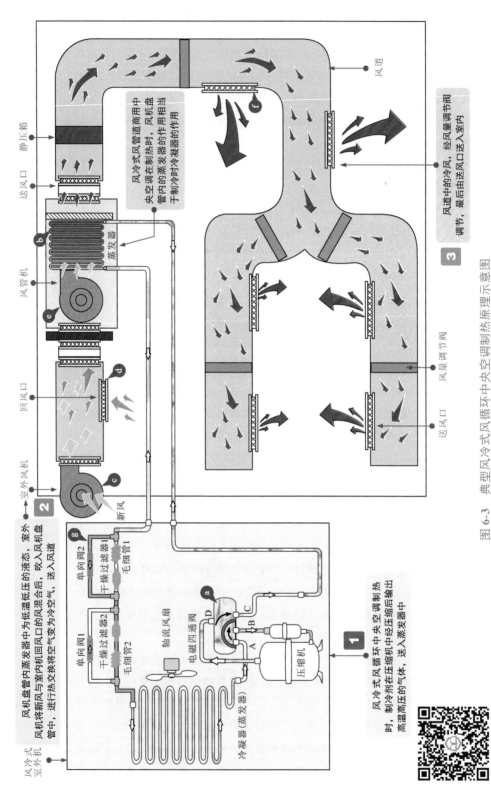

风冷式室外机

风冷式中央空调制热时，风机将新风与室内机回风口的风混合后，吹入风机盘管中，进行热交换将空气变为冷空气，送入风道

风机盘管内蒸发器中为低温低压的液态，室外

2 室外风机

新风

回风口

风管机

e

b 蒸发器

风量调节阀

送风口

静压箱

风冷式风管道商用中央空调在制热时，风机盘管内的蒸发器的作用相当于制冷时冷凝器的作用

风道

f

风道中的冷风，经风量调节阀调节，最后由送风口送入室内

3

风量调节阀

送风口

1 风冷式风循环中央空调制热时，制冷剂在压缩机中经压缩后输出高温高压的气体，送入蒸发器中

g

单向阀2

干燥过滤器1

毛细管1

单向阀1

干燥过滤器2

毛细管2

电磁四通阀

D C
A B

a

压缩机

轴流风扇

冷凝器（蒸发器）

图 6-3　典型风冷式风循环中央空调制热原理示意图

风冷式风循环中央
空调的制热应用

6.1.2　风冷式水循环中央空调的结构原理

如图 6-4 所示为典型风冷式冷（热）水中央空调系统。风冷式水循环中央空调以水作为热交换介质。工作时，由风冷机组实现对冷冻水管路中冷冻水的降温（或升温）。然后，将降温（或升温）后的水送入室内末端设备（风机盘管）中，再由室内末端设备与室内空气进行热交换后，从而实现对空气温度的调节。这种中央空调结构安装空间相对较小，维护管路比较方便。适用于中小型公共建筑。

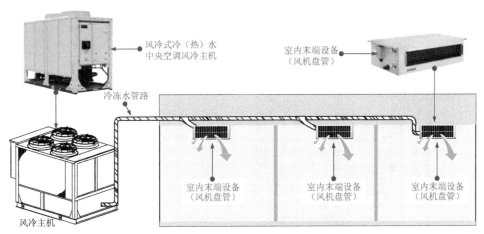

图 6-4　典型风冷式冷（热）水中央空调系统

（1）风冷式水循环中央空调的制冷工作原理

图 6-5 为典型风冷式水循环中央空调制冷原理。

典型风冷式水循环中央空调制冷原理如下。

① 风冷式水循环中央空调制冷时，由室外机中的压缩机对制冷剂进行压缩，将制冷剂压缩为高温高压的气体，由电磁四通阀的 A 口进入，经 D 口送出。

② 高温高压气态制冷剂经制冷管路送入翅片式冷凝器中，由冷凝风机（散热风扇）吹动空气，对翅片式冷凝器中的制冷剂进行降温，制冷剂由气态变成低温高压液态。

③ 低温高压液态制冷剂由翅片式冷凝器流出，进入制冷管路，制冷管路中的电磁阀关闭，截止阀打开后，制冷剂经制冷管路中的储液罐、截止阀、干燥过滤器形成低温低压的液态制冷剂。

④ 低温低压的液态制冷剂进入壳管式蒸发器中，与冷冻水进行热交换，由壳管式蒸发器送出低温低压的气态制冷剂，再经制冷管路，进入电磁四通阀的 B 口中，由 C 口送出，进入气液分离后送回压缩机，由压缩机再次对制冷剂进行制冷循环。

⑤ 壳管式蒸发器中的制冷管路与循环的冷冻水进行热交换，冷冻水经降温后由壳管式蒸发器的出水口送出，冷冻水进入送水管道中经管路截止阀、压力表、水流开关、止回阀、过滤器以及管道上的分歧管后，分别将冷冻水送入各个室内风机盘管中。

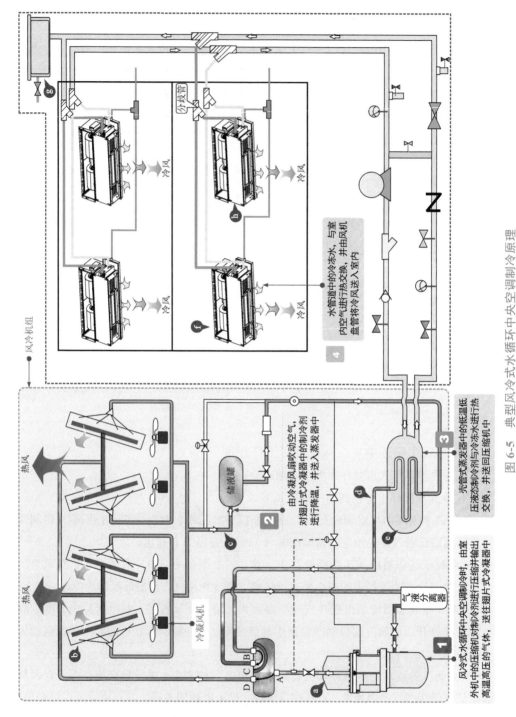

图 6-5　典型风冷式水循环中央空调制冷原理

1 风冷式水循环中央空调制冷时，由室外机中的压缩机对制冷剂进行压缩并输出高温高压的气体，送往翅片式冷凝器中

2 由冷凝风扇吹动空气，对翅片式冷凝器中的制冷剂进行降温

3 壳管式蒸发器中的低温低压液态制冷剂与冷冻水进行热交换，并送入蒸发器中

4 水管道中的冷冻水，与室内空气进行热交换，并由风机盘管将冷风送入室内

风冷式水循环中央空调的制冷原理

⑥ 由室内风机盘管与室内空气进行热交换，从而对室内进行降温。冷冻水经风管机进行热交换后，经过分歧管循环进入回水管道，经压力表冷冻水泵、Y 形过滤器、单向阀以及管路截止阀后，经壳管式蒸发器的入水口送回壳管式蒸发器中，再次进行热交换循环。

⑦ 在送水管道中连接有膨胀水箱，防止管道中的水由于热胀冷缩而导致管道破损，在膨胀水箱上设有补水口，当冷冻水循环系统中的水量减少时，可以通过补水口为该系统进行补水。

⑧ 室内机风机盘管中的制冷管路在进行热交换的过程中，会形成冷凝水，由风机盘管上的冷凝水盘盛放，经排水管将其排出室内。

（2）风冷式水循环中央空调的制热工作原理

风冷式水循环中央空调的制热原理与制冷原理相似，其中不同的只是室外机的功能由制冷循环转变为制热循环。图 6-6 为典型风冷式水循环中央空调的制热原理。

由图中可以看到该典型风冷式水循环中央空调的制热原理如下。

① 风冷式水循环中央空调制热工作时，制冷剂在压缩机中被压缩，将原来低温低压的制冷剂气体压缩为高温高压的气体，电磁四通阀在控制电路的控制下，将内部阀块由 C、B 口移动至 C、D 口，此时高温高压气体的制冷剂由压缩机送入电磁四通阀的 A 口，经电磁四通阀的 B 口进入制热管路中。

② 高温高压气体的制冷剂进入制热管路后，送入壳管式蒸发器中，与冷冻水进行热交换，使冷冻水的温度升高。

③ 高温高压气体的制冷剂经壳管式蒸发器进行热交换后，转变为低温高压的液态制冷剂进入制热管路中，此时制热管路中的电磁阀开启、截止阀关闭，制冷剂经电磁阀后转变为低温低压的液体，继续经管路进入翅片式冷凝器中，由冷凝风机对翅片式冷凝器进行降温，制冷剂经翅片式冷凝器后转变为低温低压的气体。

④ 低温低压气态的制冷剂经电磁四通阀 D 口进入，经 C 口送入气液分离器中，进行气液分离后，送入压缩机中，由压缩机再次对制冷剂进行制热循环。

⑤ 壳管式蒸发器中的制热管路与循环冷冻水进行热交换，冷冻水经升温后由壳管式蒸发器的出水口送出，冷冻水进入送水管道后经管路截止阀、压力表、水流开关、止回阀、过滤器以及管道上的分歧管后，分别将冷冻水送入各个室内风机盘管中。

⑥ 由室内风机管与室内空气进行热交换，从而实现室内升温，冷冻水经风机盘管进行热交换后，经过分歧管进入回水管道，经压力表、冷冻水泵、Y 形过滤器、单向阀以及管路截止阀后，经壳管式蒸发器的入水口回到壳管式蒸发器中，再次与制冷剂进行热交换循环。

⑦ 在送水管道中连接有膨胀水箱，由于管路中的冷冻水升温，可能会发生热胀的效果，所以此时胀出的冷冻水进入膨胀水箱中，防止管道压力多大而破损，在膨胀水箱上设有补水口，当冷冻水循环系统中的水量减少时，有可以通过补水口为该系统进行补水。

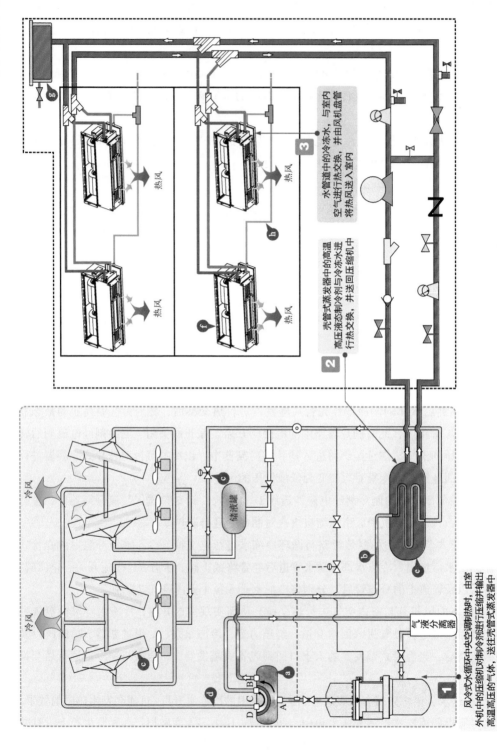

1 风冷式水循环中央空调制热供暖时，由室外机中的压缩机对制冷剂进行压缩并输出高温高压的气体，送往壳管式蒸发器中

2 壳管式蒸发器中的高温高压液态制冷剂与冷冻水进行热交换，并送回压缩机中

3 水管道中的冷冻水，与室内空气进行热交换，并由风机盘管将热风送入室内

图 6-6　典型风冷式水循环中央空调的制热原理

⑧ 当室内机风机盘管进行热交换时，管路中可能会形成冷凝水，此时由风机盘管上的冷凝水盘盛放，经排水管将其排出室内，防止对室内环境造成损害。

6.1.3 水冷式中央空调的结构原理

如图6-7所示，水冷式中央空调主要是由水冷机组、冷却水塔、冷却水泵、冷却水管路、冷冻水管路以及风机盘管等部分构成。

工作时，冷却水塔、冷却水泵对冷却水进行降温循环，从而对水冷机组中冷凝器内的制冷剂进行降温，使降温后的制冷剂流向蒸发器中，经蒸发器对循环的冷冻水进行降温，从而将降温后的冷冻水送至室内末端设备（风机盘管）中，由室内末端设备与室内空气进行热交换后，从而实现对空气的调节。冷却水塔是系统中非常重要的热交换设备，其作用是确保制冷（制热）循环得以顺利进行。这类中央空调安装施工较为复杂，多用于大型酒店、商业办公楼、学校、公寓等大型建筑。

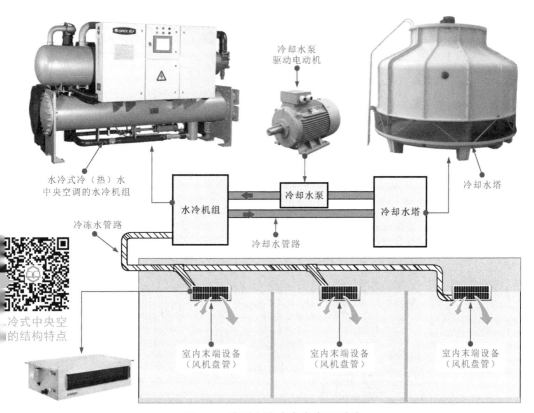

图 6-7 典型水冷式中央空调系统

水冷式中央空调采用压缩机、制冷剂并结合蒸发器和冷凝器的方式进行制冷。水冷式中央空调的蒸发器、冷凝器及压缩机均安装在水冷机组，其中，冷凝器的冷却方式为冷却水循环冷却方式。图6-8为水冷式中央空调的制冷原理。

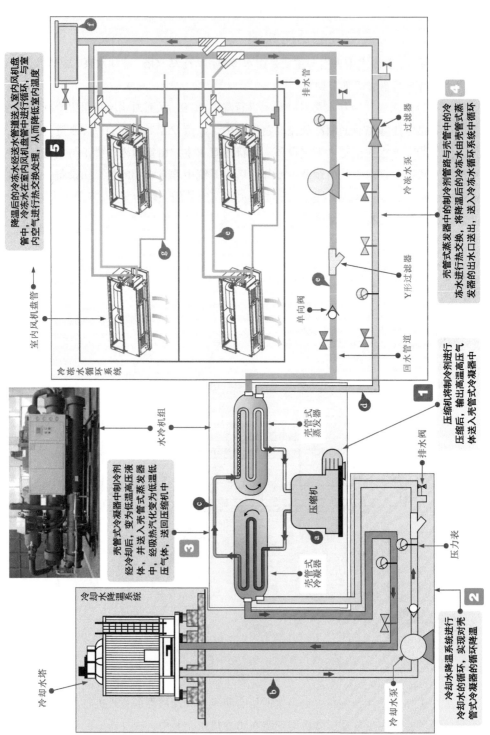

图 6-8　水冷式中央空调的制冷原理

5 降温后的冷冻水经水管道送入室内风机盘管中，冷冻水在室内风机盘管中进行循环，与室内空气进行热交换处理，从而降低室内温度

4 壳管式蒸发器中的制冷剂管路与壳管后的冷冻水由壳管式蒸发器中进行热交换，将降温后的冷冻水由蒸发器的出水口送出，送入冷冻水循环系统中循环

1 压缩机将制冷剂进行压缩后，输出高温高压气体送入壳管式冷凝器中

3 壳管式冷凝器中制冷剂经冷却后，变为低温高压液体，并送入壳管式蒸发器中，经吸热汽化变为低温低压气体，送回压缩机中

2 冷却水降温系统进行冷却水的循环，实现对壳管式冷凝器的循环降温

室内风机盘管

冷冻水循环系统

排水管

冷冻水泵

Y形过滤器

过滤器

回水管道

单向阀

水冷机组

壳管式蒸发器

压缩机

壳管式冷凝器

压力表

排水阀

冷却水泵

冷却水塔

冷却水降温系统

144

典型水冷式中央空调制冷原理如下。

① 水冷式中央空调制冷时，水冷机组的压缩机将制冷剂进行压缩，将其压缩为高温高压气体送入壳管式冷凝器中，等待冷却水降温系统对壳管式冷凝器进行降温。

② 冷却水降温系统进行循环，由壳管式冷凝器送出温热的水，进入冷却水降温系统的管道中，经过压力表和水流开关后，进入冷却水塔，由冷却水塔对水进行降温处理，再经冷却水塔的出水口送出，经冷却水泵、单向阀、压力表以及 Y 形过滤器后，进入壳管式冷凝器中，实现对冷凝器的循环降温。

③ 送入壳管式冷凝器中的高温高压的制冷剂气体，经过冷却水降温系统的降温后，送出低温高压液态的制冷剂，制冷剂经过管路循环进入壳管式蒸发器中，低温低压液态的制冷剂在蒸发器管路中吸热汽化，变为低温低压制冷剂气体，然后进入压缩机中，再次进行压缩，进行制冷循环。

④ 壳管式蒸发器中的制冷剂管路与壳管中的冷冻水进行热交换，将降温后的冷冻水由壳管式蒸发器的出水口送出，进入送水管道中经过管路截止阀、压力表、水流开关、电子膨胀阀以及过滤器在送水管道中循环。

⑤ 经降温后的冷冻水经送水管道送入室内风机盘管中，冷冻水在室内风机盘管中进行循环，与室内空气进行热交换处理，从而降低室内温度。进行热交换后的冷冻水循环至回水管道中，经压力表、冷冻水泵、Y 形过滤器、单向阀以及管路截止阀后，经入水口送回壳管式蒸发器中。由壳管式蒸发器再次对冷冻水进行降温，使其循环。

⑥ 在送水管道中连接有膨胀水箱，防止管道中的冷冻水由于热胀冷缩而导致管道破损，膨胀水箱上带有补水口，当冷冻水循环系统中的水量减少时，也可以通过补水口为该系统进行补水。

⑦ 室内机风机盘管中的制冷管路在进行热交换的过程中，会形成冷凝水，冷凝水由风机盘管上的冷凝水盘盛放，经排水管将其排出室内。

6.1.4 多联式中央空调的结构原理

如图 6-9 所示为多联式中央空调的整体结构。多联式中央空调采用制冷剂作为冷媒（也可称为一拖多式的中央空调），可以通过一个室外机拖动多个室内机进行制冷或制热工作。

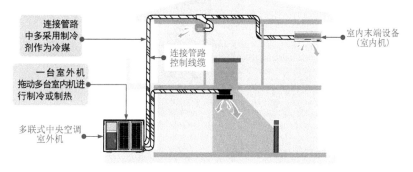

连接管路中多采用制冷剂作为冷媒

一台室外机拖动多台室内机进行制冷或制热

连接管路控制线缆

室内末端设备（室内机）

多联式中央空调室外机

图 6-9 多联式中央空调的整体结构

图 6-10 为多联式中央空调的结构组成。室内机中的各管路及电路系统相对独立，而室外机中将多个压缩机连接在一个室外管路循环系统中，由主电路以及变频电路对其进行控制，通过管路系统与室内机组进行冷热交换，达到制冷或制热的目的。

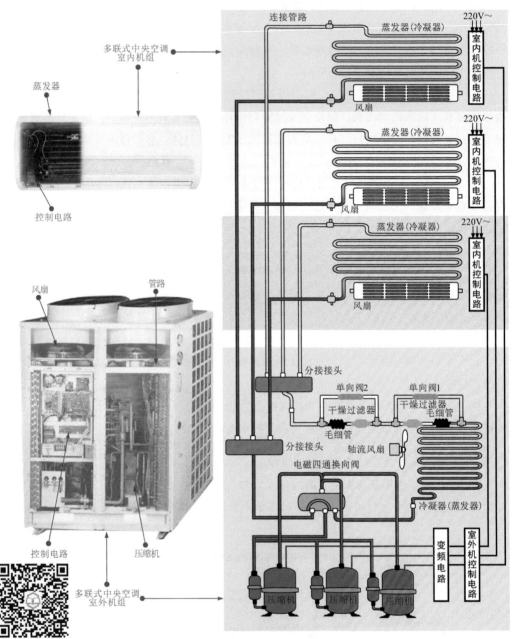

图 6-10　多联式中央空调的结构组成

（1）多联式中央空调的制冷过程

图 6-11 为典型多联式中央空调的制冷原理。

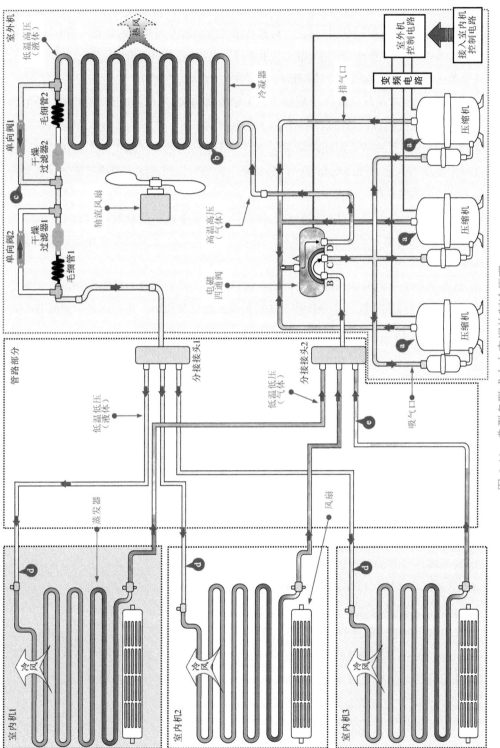

图6-11 典型多联式中央空调的制冷原理

147

典型多联式中央空调的制冷原理如下。

① 制冷剂在每台压缩机中被压缩，将原本低温低压的制冷剂气体压缩成高温高压的过热蒸气后，由压缩机的排气管口排出。高温高压气态的制冷剂从压缩机排气管口排出后，通过电磁四通阀的 A 口进入。在制冷的工作状态下，电磁四通阀中的阀块在 B 口至 C 口处，所以高温高压制冷剂气体经电磁四通阀的 D 口送出，送入冷凝器中。

② 高温高压制冷剂气体进入冷凝器中，由轴流风扇对冷凝器进行降温处理，冷凝器管路中的制冷剂进行降温后送出低温高压液态的制冷剂。

③ 低温高压液态的制冷剂经冷凝器送出后，经管路中的单向阀 1 和干燥过滤器 1 滤除制冷剂中多余的水分，再经毛细管进行节流降压，变为低温低压的制冷剂液体，再经分接接头 1 分别送入室内机的管路中。

④ 低温低压液态的制冷剂经管路后，分别进入三条室内机的蒸发器管路中，在蒸发器中进行吸热汽化，使得蒸发器外表面及周围的空气被冷却，最后冷量再由室内机的贯流风扇从出风口吹出。

⑤ 当蒸发器中的低温低压液态制冷剂经过热交换工作后，变为低温低压的气态制冷剂，经制冷管路流向室外机，经分接接头 2 后汇入室外机管路中，通过电磁四通阀 B 口进入，由 C 口送出，再经压缩机吸气孔返回压缩机中，再次进行压缩，如此周而复始，完成制冷循环。

（2）多联式中央空调的制热过程

多联式中央空调制热过程主要是通过电路系统控制电磁四通阀中的阀块进行换向，从而改变制冷剂的流向。图 6-12 为多联式中央空调的制热原理。

典型多联式中央空调的制冷原理如下。

① 制冷剂经压缩机处理后的变为高温高压气体，由压缩机的排气口排出。当多联式中央空调进行制热时，电磁四通阀由电路控制内部的阀块由 B、C 口移向 C、D 口。此时高温高压气态的制冷剂经电磁四通阀的 A 口送入，再由 B 口送出，经分接接头 2 送入各室内机的蒸发器管路中。

② 高温高压气态的制冷剂进入室内机蒸发器后，过热的蒸气通过蒸发器散热，散出的热量由贯流风扇从出风口吹入室内，热交换后的制冷剂转变为低温高压液态，通过分接接头 1 汇合，送入室外机管路中。

③ 低温高压液态的制冷剂进入室外机管路后，经管路中的单向阀 2、干燥过滤器 2 以及毛细管 2 对其进行节流降压后，将低温低压液态的制冷剂送入冷凝器中。

④ 低温低压的制冷剂液体在冷凝器中完成汽化过程，制冷剂液体向外界吸收大量的热，重新变为气态，并由轴流风扇将冷气由室外机吹出。

⑤ 低温低压的气态制冷剂经电磁四通阀的 D 口流入，由 C 口送出，最后经压缩机吸气孔返回压缩机中，使其再次进行制热循环。

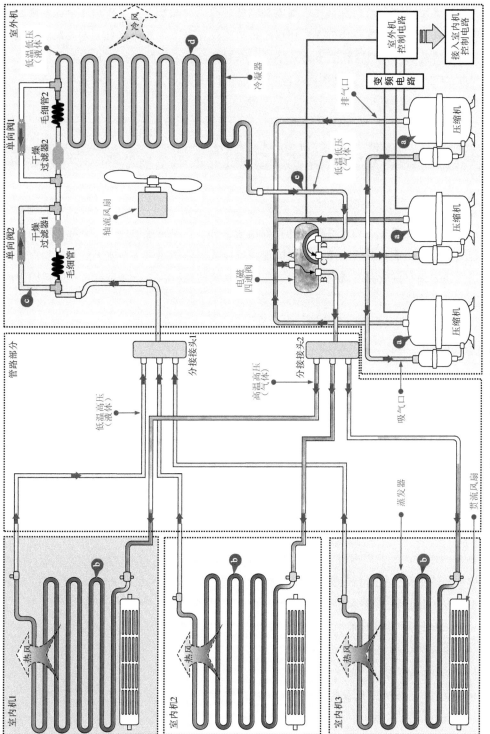

图6-12　多联式中央空调的制热原理

提示说明

多联式中央空调的制热循环和制冷循环的过程正好相反。在制冷循环中，室内机的热交换设备起蒸发器的作用，室外机的热交换设备起冷凝器的作用，因此制冷时室外机吹出的是热风，室内机吹出的是冷风。而制热时，室内机的热交换设备起冷凝器的作用，而室外机的热交换设备则起蒸发器的作用，因此制热时室内机吹出的是热风，而室外机吹出的是冷风。

6.2 中央空调的检修技能

6.2.1 中央空调管路系统的检修

中央空调管路系统是整个系统中的重要组成部分，管路系统中任何一个部件不良都可能引起中央空调功能失常的故障，最终体现为制冷或制热功能失常，或无法实现制冷或制热。当怀疑中央空调管路系统故障时，一般可从系统的结构入手，分别针对不同范围内的主要部件进行检修。

图 6-13 为中央空调管路系统的基本检修流程。

提示说明

不同结构形式的中央空调中，管路系统的组成也有所区别，但不论哪种结构形式都包含最基本制冷剂循环系统，即蒸发器、冷凝器、压缩机、闸阀组件部分。不同的是，制冷剂循环系统产生冷热量后送入室内的载体不同，有的采用风管道传输及分配系统，有的采用水管道传输及分配系统。在实际检修时，应从主要的管路系统入手，即先排查制冷剂循环系统，再根据实际结构特点，进一步检修风管道或水管道系统中的主要部件，在不同范围内逐步排查，找到故障点，排除故障。

（1）冷却水塔的检修

冷却水塔由内部的风扇电动机对风扇扇叶进行控制，并由风扇吹动空气使冷却水塔中淋水填料中的水与空气进行热交换。冷却水塔出现故障主要表现为无法对循环水进行降温、循环水降温不达标等，该类故障多是由于冷却水塔风扇电动机故障引起风扇停转、布水管内部堵塞无法进行均匀的布水、淋水填料老化、冷却水塔过脏等造成。如图 6-14 所示，检修时可重点从这几个方面逐步排查。

（2）风机盘管的检修

如图 6-15 所示为风机盘管的检修。风机盘管常出现的故障有无法启动、风量小或不出风、风不冷（或不热）、机壳外部结霜、漏水、运行中有噪声等，可对损坏部位进行检修或代换。

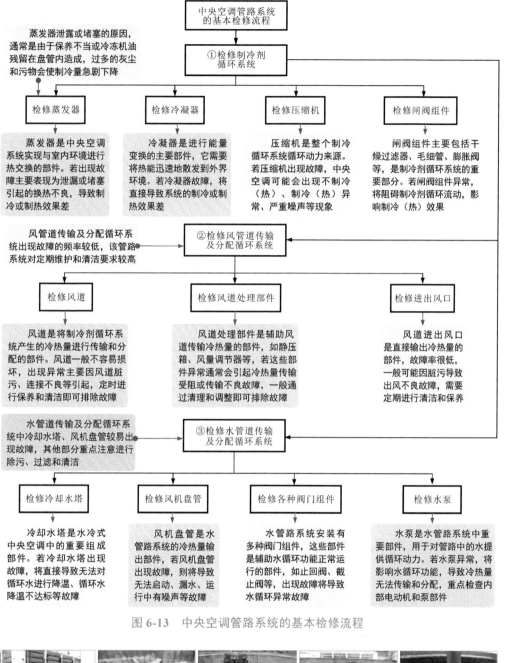

蒸发器泄露或堵塞的原因，通常是由于保养不当或冷冻机油残留在盘管内造成，过多的灰尘和污物会使制冷量急剧下降

中央空调管路系统的基本检修流程

①检修制冷剂循环系统

检修蒸发器

蒸发器是中央空调系统实现与室内环境进行热交换的部件。若出现故障主要表现为泄漏或堵塞引起的换热不良，导致制冷或制热效果差

检修冷凝器

冷凝器是进行能量变换的主要部件，它需要将热能迅速地散发到外界环境。若冷凝器故障，将直接导致系统的制冷或制热效果差

检修压缩机

压缩机是整个制冷循环系统循环动力来源。若压缩机出现故障，中央空调可能会出现不制冷（热）、制冷（热）异常、严重噪声等现象

检修闸阀组件

闸阀组件主要包括干燥过滤器、毛细管、膨胀阀等，是制冷剂循环系统的重要部分。若闸阀组件异常，将阻碍制冷剂循环流动，影响制冷（热）效果

风管道传输及分配循环系统出现故障的频率较低，该管路系统对定期维护和清洁要求较高

②检修风管道传输及分配循环系统

检修风道

风道是将制冷剂循环系统产生的冷热量进行传输和分配的部件。风道一般不容易损坏，出现异常主要因风道脏污、连接不良等引起，定时进行保养和清洁即可排除故障

检修风道处理部件

风道处理部件是辅助风道传输冷热量的部件，如静压箱、风量调节器等，若这些部件异常通常会引起冷热量传输受阻或传输不良故障，一般通过清理和调整即可排除故障

检修进出风口

风道进出风口是直接输出冷热量的部件，故障率很低，一般可能因脏污导致出风不良故障，需要定期进行清洁和保养

水管道传输及分配循环系统中冷却水塔、风机盘管较易出现故障，其他部分重点注意进行除污、过滤和清洁

③检修水管道传输及分配循环系统

检修冷却水塔

冷却水塔是水冷式中央空调中的重要组成部件。若冷却水塔出现故障，将直接导致无法对循环水进行降温、循环水降温不达标等故障

检修风机盘管

风机盘管是水管路系统的冷热量输出部件，若风机盘管出现故障，则将导致无法启动、漏水、运行中有噪声等故障

检修各种阀门组件

水管路系统安装有多种阀门组件，这些部件是辅助水循环功能正常运行的部件，如止回阀、截止阀等，出现故障将导致水循环异常故障

检修水泵

水泵是水管路系统中重要部件，用于对管路中的水提供循环动力。若水泵异常，将影响水循环功能，导致冷热量无法传输和分配，重点检查内部电动机和泵部件

图 6-13　中央空调管路系统的基本检修流程

检查冷却水塔外壳是否破裂或漏水

检查冷却水塔内的风扇扇叶是否损坏

检查风扇电动机能否正常启动运转

检查冷却水塔中的淋水填料是否发生老化

检查冷却水塔内部脏污是否过多

图 6-14　冷却水塔的检修

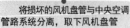

风机盘管

将损坏的风机盘管与中央空调管路系统分离，取下风机盘管

选配同规格的风机盘管准备进行代换

风机盘管

管路部分

将新的风机盘管重新吊装和连接

图 6-15　风机盘管的检修

提示说明

检修风机盘管时，除了对损坏的部件进行更换外，主要功能部件的清洗也是检修中的重要环节。如清洗空气过滤器表面的灰尘，以减少通过风机盘管的空气阻力，提高换热效率；清洗风扇扇叶，冲洗表面浮沉、刷净叶轮等，以提高风扇工作效率；清洗风扇电动机外壳和支撑座，若电动机故障应进行维修或更换；清洗接水盘和过滤器，清除污泥、杂物、藻类等，防止冷凝水管堵塞，造成冷凝水泄漏故障等。

（3）压缩机的检修

压缩机是中央空调制冷管路中的核心部件，若压缩机出现故障，将直接导致中央空调出现不制冷（热）、制冷（热）效果差、有噪声等现象，严重时可能还会导致中央空调系统无法启动开机的故障。

如果检修变频压缩机，重点是对变频压缩机内部电动机绕组进行检测，判断有无短路或断路故障，一旦发现故障，就需要寻找可替代的变频压缩机进行代换。

如果检测螺杆式压缩机，可按图 6-16 所示流程进行检修。

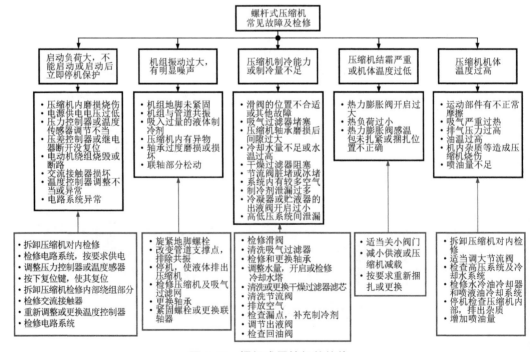

图 6-16　螺杆式压缩机的检修

6.2.2 中央空调电路系统的检修

中央空调电路系统是一个具有自动控制、自动检测和自动故障诊断的智能控制系统，若该系统出现故障常会引起中央空调控制失常、整个系统不能启动、部分功能失常、制冷／制热异常以及启动断电等故障。

从电路角度，当中央空调出现异常故障时，主要先从系统的电源部分入手，排除电源故障后，再针对控制电路、负载等进行检修，其基本检修流程如图6-17所示。

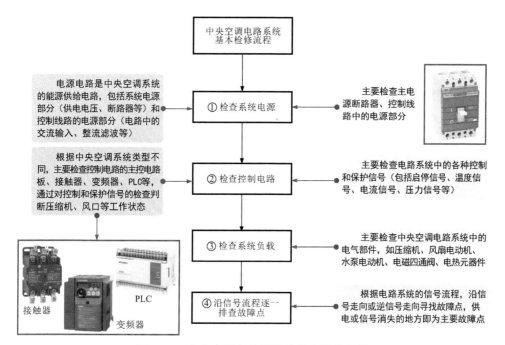

图6-17　中央空调电路系统的基本检修流程

（1）断路器的检修

断路器是一种既可以通过手动控制又可以自动控制的元器件，用于在中央空调电路系统中控制系统电源通断。检测断路器，可通过阻值检测的方法。

正常情况下，当断路器处于断开状态时，其输入和输出端子之间的阻值应为无穷大；当断路器处于接通状态时，其输入和输出端子之间的阻值应为零。若不符合这一规律，说明断路器损坏，应用同规格断路器进行更换。

（2）交流接触器的检修

交流接触器是中央空调电路系统中的重要元器件，主要是利用其内部主触点来控制中央空调负载的通断电状态，用辅助触点来执行控制的指令。

若交流接触器损坏，则会使造成中央空调不能启动或正常运行。判断其性能的好坏主要是使用万用表判断交流接触器在断电的状态下，线圈及各对应引脚间的阻值是否正常。

提示说明

当交流接触器内部线圈得电时，会使其内部触点做与初始状态相反的动作，即常开触点闭合，常闭触点断开。当内部线圈失电时，其内部触点复位，恢复初始状态。

因此，对该接触器进行检测时，需依次对其内部线圈阻值及内部触点在开启与闭合状态时的阻值进行检测。由于是断电检测接触器的好坏，因此检测常开触点的阻值为无穷大。当按动交流接触器上端的开关按键，强制接通后，常开触点闭合，其阻值正常应为零欧姆。

（3）变频器的检修

在中央空调电路系统中，采用变频器进行控制的电路系统安装于控制箱中，变频器作为核心的控制部件，主要用于控制冷却水循环系统（冷却水塔、冷却水泵、冷冻水泵等）以及压缩机的运转状态。

当变频器异常时往往会导致整个变频控制系统失常。判断变频器的性能是否正常，主要可通过对变频器供电电压和输出控制信号进行检测。若输入电压正常，无变频驱动信号输出，则说明变频器本身异常。

（4）PLC的检修

PLC控制器在中央空调系统中主要是与变频器配合使用，共同完成中央空调系统的控制，使控制系统简易化，并使整个控制系统的可靠性及维护性得到提高。

判断中央空调系统中PLC控制器本身的性能是否正常，应检测其供电电压是否正常，若供电电压正常的情况下，没有输出则说明PLC异常，则需要对其进行检修或更换。

6.3　中央空调常见故障检修

6.3.1　风冷式中央空调高压保护的故障检修

风冷式中央空调高压保护故障表现为中央空调系统不启动，压缩机不动作，空调机组显示高压保护故障代码。图6-18为风冷式中央空调高压保护的故障检修流程图。

提示说明

风冷式中央空调管路系统中，当系统高压超过2.35MPa时，则会出现高压保护，此时对应系统故障指示灯亮，应立即关闭报警提示的压缩机。出现该类高压保护故障后，一般需要手动清除故障，才能再次开机。

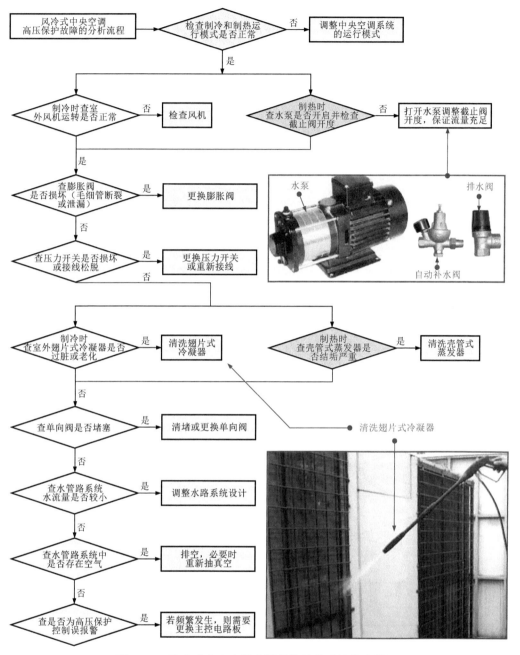

图 6-18　风冷式中央空调高压保护的故障检修流程图

6.3.2　风冷式中央空调低压保护的故障检修

风冷式中央空调按下启动开关后，低压保护指示灯亮，中央空调系统无法正常启动。出现该类故障多是由于中央空调系统中运行模式错误、制冷剂泄漏、室内/外机风机损坏、室内/外机进出风异常、室内/外机过脏或老化或系统存在堵塞情况等引起的。图 6-19 为风冷式中央空调低压保护的故障检修流程图。

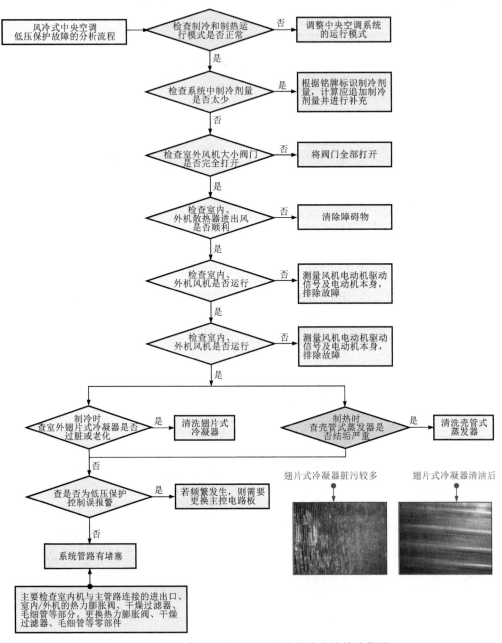

图 6-19 风冷式中央空调低压保护的故障检修流程图

6.3.3 水冷式中央空调压缩机无法停机的故障检修

水冷式中央空调系统运行时，压缩机无法正常停机，出现该故障主要是由控制线路和压缩机本身异常引起的。图 6-20 为水冷式中央空调压缩机无法停机的故障检修流程图。

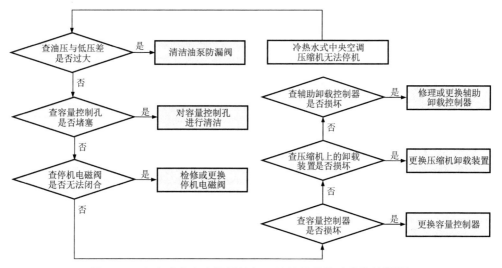

图 6-20　水冷式中央空调压缩机无法停机的故障检修流程图

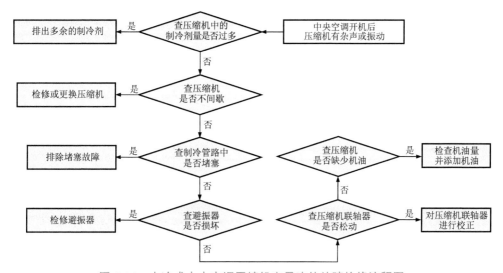

图 6-21　水冷式中央空调压缩机有异响的故障检修流程图

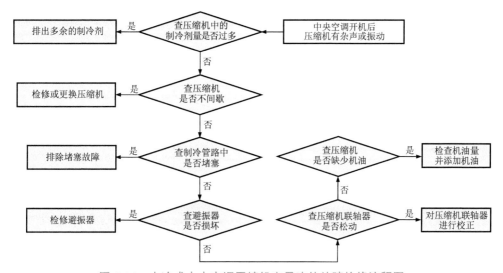

6.3.4　水冷式中央空调压缩机有异响的故障检修

　　水冷式中央空调系统启动后，压缩机发出明显的杂声或有明显的振动情况，出现该故障多是由压缩机内制冷剂量、压缩机避振系统或压缩机联轴器部分异常引起的。图 6-21 为水冷式中央空调压缩机有异响的故障检修流程图。

6.3.5　水冷式中央空调压缩机频繁启停的故障检修

　　水冷式中央空调系统启动后，压缩机在短时间处于频繁启动和停止的状态，无法正常运行，引起该故障的原因比较多，涉及中央空调系统的部分也较广泛，应顺信号流程进行

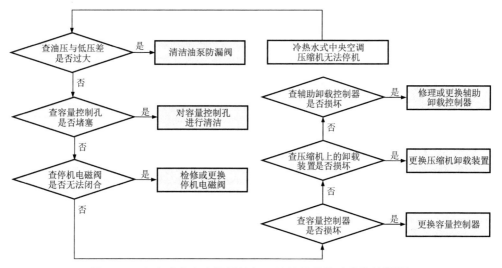

逐步排查。图 6-22 为水冷式中央空调压缩机频繁启停的故障检修流程图。

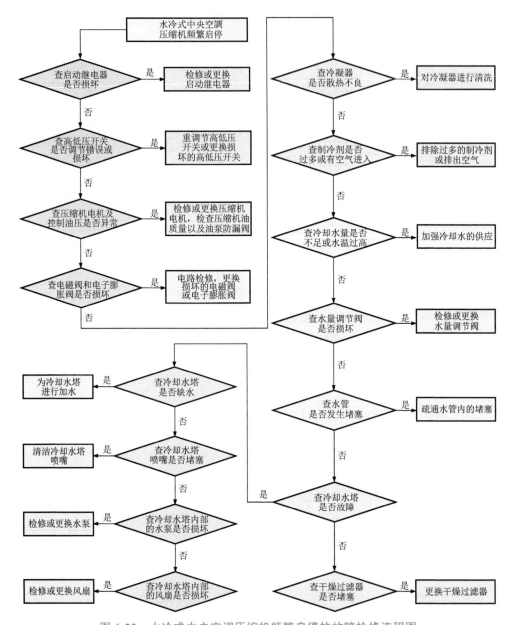

图 6-22　水冷式中央空调压缩机频繁启停的故障检修流程图

6.3.6　多联式中央空调不制冷或不制热的故障检修

　　造成多联式中央空调出现不制冷或不制热故障通常是由于管路中的制冷剂不足、制冷管路堵塞、室内环境温度传感器损坏、控制电路出现异常所引起的，需要结合具体的故障表现，对怀疑的部件进行逐一检测和排查。

　　图 6-23 为多联式中央空调不制冷或不制热的故障检修流程图。多联式中央空调利用

室内机接收室内环境温度传感器送入的温度信号，判断室内温度是否达到制冷要求，并向室外机传输控制信号，由室外机的控制电路控制四通阀换向，同时驱动变频电路工作，进而使压缩机运转，制冷剂循环流动，达到制冷或制热的目的。因此若多联式中央空调出现不制冷或不制热故障时应重点检查四通阀和室内温度传感器。

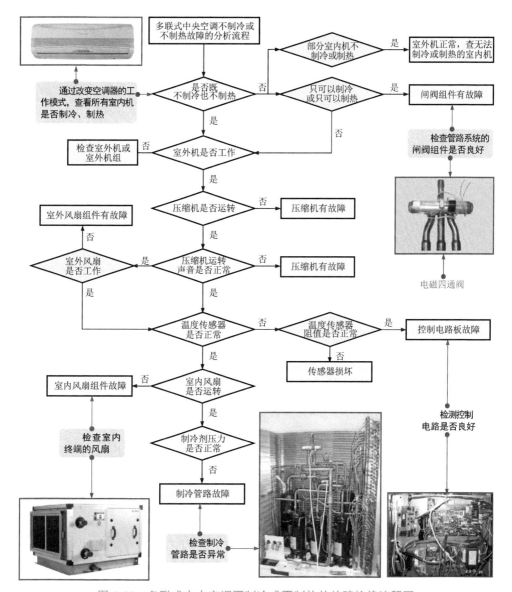

图6-23 多联式中央空调不制冷或不制热的故障检修流程图

6.3.7 多联式中央空调制冷或制热效果差的故障检修

图6-24为多联式中央空调制冷或制热效果差的故障检修流程图。多联式中央空调器系统可启动运行，但制冷/制热温度达不到设定要求。应重点检查其室内外机组的风机、

制冷循环系统等是否正常。

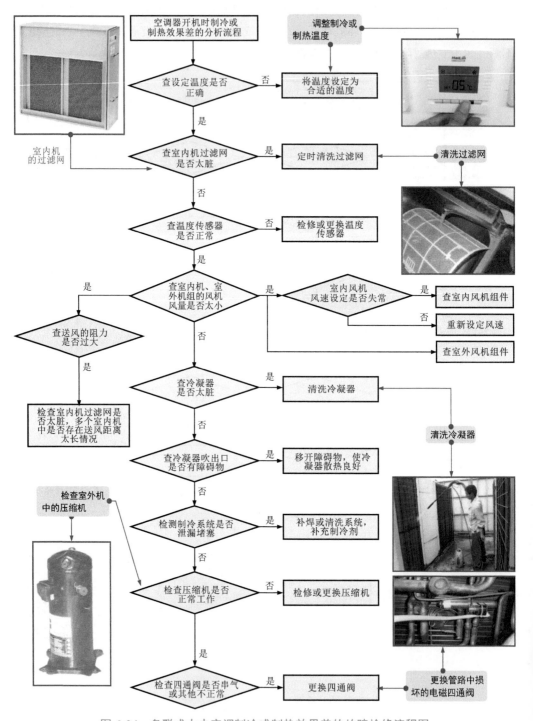

图 6-24　多联式中央空调制冷或制热效果差的故障检修流程图

第 7 章 洗衣机维修

7.1 洗衣机的结构和工作原理

7.1.1 洗衣机的结构特点

洗衣机是一种将电能通过电动机转换为机械能，并依靠机械作用产生的旋转和摩擦洗涤衣物的机电一体化产品。根据工作方式的不同，洗衣机主要可以分为波轮式洗衣机和滚筒式洗衣机。

（1）波轮式洗衣机

图 7-1 为典型波轮式洗衣机的结构组成。波轮式洗衣机又称涡旋式洗衣机，由电动机通过传动机构带动波轮做正向和反向（或单向连续）旋转，利用水流与洗涤物的摩擦和冲刷作用实现洗涤。波轮洗衣机主要是由进水系统、排水系统、洗涤系统、支撑减振系统及控制电路部分构成的。

波轮式洗衣机的内部结构

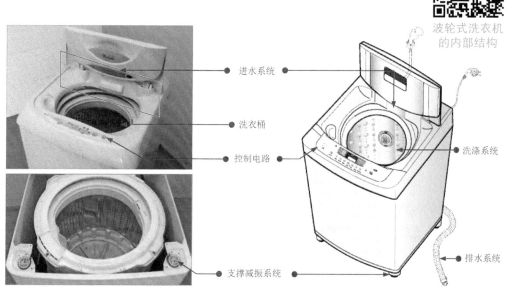

图 7-1 典型波轮式洗衣机的结构组成

（2）滚筒式洗衣机

图 7-2 为典型滚筒式洗衣机整机和机架的结构分解图。从图中可以看出，该部分是由上盖、箱体组件、主盖组件、门组件、门夹组件、电源线、抗干扰器组件、水位开关、调整脚组件等部分组成的。

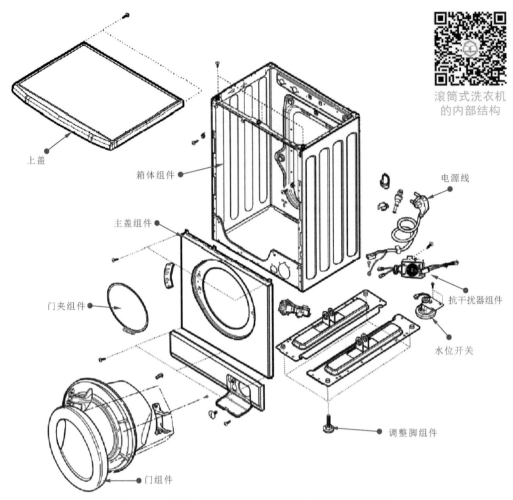

滚筒式洗衣机
的内部结构

上盖

箱体组件

主盖组件

电源线

门夹组件

抗干扰器组件

水位开关

调整脚组件

门组件

图7-2 典型滚筒式洗衣机整机和机架的结构分解图

7.1.2 洗衣机的工作原理

（1）波轮式洗衣机的工作原理

波轮式洗衣机主要利用波轮洗涤的方式进行洗涤。它是由电动机带动传动机构使波轮做正向和反向旋转（或单向连续转动），利用水流与洗涤物的摩擦和冲刷作用进行洗涤。

图7-3为典型波轮式洗衣机的整机电路图，波轮式洗衣机各部件的协调工作都是通过主控电路实现控制的。

接通波轮式洗衣机的电源，按下电源开关后，交流220V电压经保险丝、直流稳压电路为洗涤电动机、排水电磁阀、进水电磁阀等进行供电，时钟晶体X1为微处理器提供晶振信号。交流220V电压经直流稳压电路，为水位开关、微处理器提供5V工作电压。

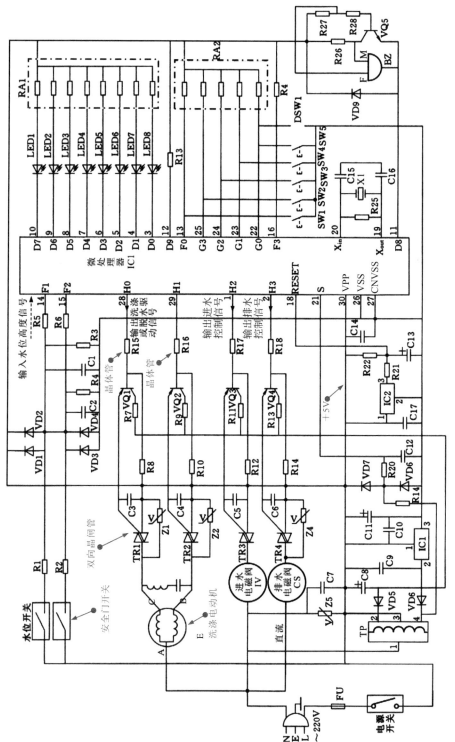

图 7-3　典型波轮式洗衣机的整机电路图

① 进水控制　设定洗衣机洗涤时的水位高度，水位开关闭合，将水位高度信号送往微处理器 IC1 的 14 脚水位高低信号端 F1 上，同时微处理器 IC1 的 1 脚输出驱动信号，经电阻器 R17 后，输入到晶体管 VQ3 的基极引脚处，使晶体管 VQ3 导通，从而触发双向晶闸管 TR3 导通，进水电磁阀 IV 开始工作，洗衣机开始进水，当水位开关检测到设定好的高度时，水位开关内部触点断开，进水电磁阀 IV 停止工作。

② 洗涤控制　进水电磁阀 IV 停止工作后，微处理器 IC1 的 28 脚和 29 脚输出洗涤驱动信号，分别经电阻器 R15、R16 后，输入到晶体管 VQ1、VQ2 的基极引脚处，使其晶体管 VQ1、VQ2 导通，进而触发双向晶闸管 TR1、TR2 导通，洗涤电动机开始工作，同时带动波轮运转，实现洗涤功能。

③ 排水控制　衣物洗涤完成后，微处理器 IC1 控制洗涤电动机停止转动，同时微处理器 IC1 的 2 脚输出排水驱动信号，经电阻器 R18 后，输入到晶体管 VQ4 的基极引脚处，使其晶体管 VQ4 导通，进而触发双向晶闸管 TR4 导通，排水电磁阀 CS 开始工作，洗衣机开始排水工作。

④ 脱水控制　当洗衣机排水完成后，由微处理器 IC1 的 28 脚和 29 脚输出脱水驱动信号，分别驱动晶体管 VQ1、VQ2 和双向晶闸管 TR1、TR2 导通。使洗涤电动机单向旋转，进行脱水工作，脱水完毕后，微处理器 IC1 控制排水电磁阀 CS 和洗涤电动机停止工作。

波轮式洗衣机操作控制面板上的指示灯在洗衣机不同的工作状态时，均有不同的指示，当洗衣机脱水完成后，蜂鸣器输出提示音，提示洗衣机洗涤的衣物完成，提示完后，操作控制面板上的指示灯全部熄灭，完成衣物的洗涤工作。

（2）滚筒式洗衣机的工作原理

滚筒式洗衣机主要是将洗涤衣物盛放在滚筒内，部分浸泡在水中，在电动机带动滚筒转动时，由于滚筒内有突起，可以带动衣物上下翻滚，从而达到洗涤衣物的目的。

滚筒式洗衣机各部件的协调工作也是通过主控电路实现控制的，如图 7-4 所示，为典型滚筒式洗衣机的控制原理图。

交流 200V 电压经接插件 IF1 和 IF2 为洗衣机的主控板上的开关电源部分供电，开关电源工作后，输出直流电压 VCC 为洗衣机的整个工作系统提供工作条件。

① 进水控制　主洗进水阀 VW、预洗进水阀 VPW 和热洗进水阀 VHF 构成进水系统，通过主控电路板的控制对洗涤的衣物进行加水，当水位到达预设高度时，水位开关内部触点动作，为主控电路输入水位高低信号，并由主控电路输出控制进水电磁阀停止信号，进水电磁阀停止进水。

② 洗涤控制　滚筒式洗衣机进水完成后，若所加的水是冷水，则对冷水进行加热，这个功能是通过加热管 HB 和温度传感器 NTC 共同完成的，设定好预设温度后，主控电路便控制加热管开始对冷水进行加热工作，当温度达到预设值时，温度传感器 NTC 将温度检测信号送入主控电路中，由主控电路驱动电动机启动，进行洗涤操作。

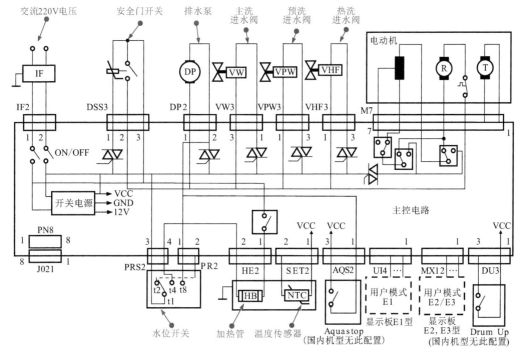

图 7-4　典型滚筒式洗衣机的控制原理图

③ 排水控制　排水泵 DP 是排水系统的主要部件，主要用于将洗完衣物后滚筒内的水排出，和进水系统的工作正好相反。当洗涤完成后，主控电路控制洗涤系统停止工作，同时控制启动排水泵 DP 进行工作，将滚筒内的水通过出水口排放到滚筒式洗衣机机外。

④ 脱水控制　排水完成后，主控电路控制洗衣机自动进入到脱水工作，洗涤电机带动内桶高速旋转，衣物上吸附的水分在离心力的作用下，通过内桶壁上的排水孔甩出桶外，实现滚筒式洗衣机的脱水功能。

滚筒式洗衣机工作过程中，操作显示面板上会有不同的状态指示。当洗衣机脱水完成后，便完成了衣物的洗涤工作。其中安全门开关在滚筒式洗衣机中起到保护作用，在洗衣机工作状态下，安全门是不能打开的，当洗衣机停止运转时，才可打开洗衣机的仓门。

7.2　洗衣机的检修技能

洗衣机作为一种洗涤设备，最基本的功能是通过转动完成对衣物的洗涤，因此出现故障后，最常见的故障表现主要为洗衣机不洗涤、洗衣机不脱水等。另外，洗衣机在洗涤过程中，进水、排水也是非常重要的工作环节，功能失常会引起洗衣机不进水、进水不止、不能排水或排水不止等现象。

如图 7-5 所示为洗衣机的检修分析。洗衣机的各种故障表现均体现洗衣机某些功能部件的工作出现异常，而且每个故障现象往往与故障部件之间存在对应关系，掌握这种对应关系，准确进行故障分析，对提高检修效率十分有帮助。

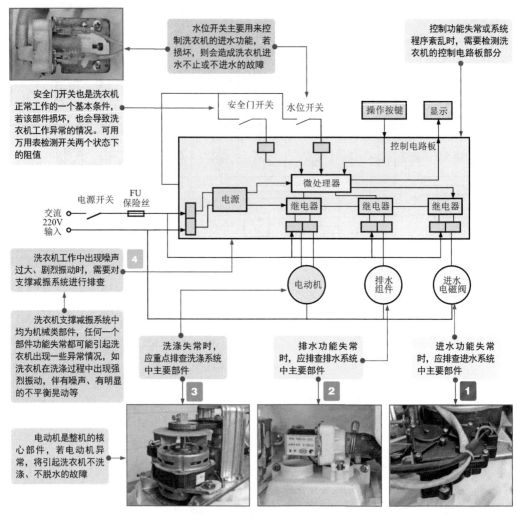

水位开关主要用来控制洗衣机的进水功能，若损坏，则会造成洗衣机进水不止或不进水的故障

控制功能失常或系统程序紊乱时，需要检测洗衣机的控制电路板部分

安全门开关也是洗衣机正常工作的一个基本条件，若该部件损坏，也会导致洗衣机工作异常的情况。可用万用表检测开关两个状态下的阻值

洗衣机工作中出现噪声过大、剧烈振动时，需要对支撑减振系统进行排查 **4**

洗衣机支撑减振系统中均为机械类部件，任何一个部件功能失常都可能引起洗衣机出现一些异常情况，如洗衣机在洗涤过程中出现强烈振动，伴有噪声、有明显的不平衡晃动等

洗涤失常时，应重点排查洗涤系统中主要部件 **3**

排水功能失常时，应排查排水系统中主要部件 **2**

进水功能失常时，应排查进水系统中主要部件 **1**

电动机是整机的核心部件，若电动机异常，将引起洗衣机不洗涤、不脱水的故障

图 7-5　洗衣机的检修分析

　　洗衣机出现故障时，通常指向性比较明显，大多可根据故障表现分析出引发该故障的器件：

　　① 不能进水是指洗衣机不能通过进水系统将水送入洗衣桶内的故障现象，应重点检查与进水相关部件，如进水电磁阀、进水管等；

　　② 进水不止是指洗衣机通过进水系统加水时，待到达预定水位后，不能停止进水的故障，应重点检查与进水相关的部件和控制部分，如进水电磁阀、水位开关、控制电路等；

　　③ 不能洗涤时，应重点检查与洗涤功能相关的部件，如电动机、控制电路等；

　　④ 不能脱水时，应重点检查与脱水功能相关的部件，如电动机、离合器、控制电路等；

　　⑤ 不能排水是指洗衣机洗涤完成以后，不能通过排水系统排出洗衣桶内的水，应重点检查与排水相关的部件，如排水装置、排水管等；

⑥ 排水不止是指洗衣机总是处于排水操作，无法停止，应重点检查与排水相关的部件和控制部分，如排水装置、控制电路等；

⑦ 噪声过大是指洗衣机在工作工程中产生异常的声响，严重时造成不能正常工作，应重点检查减振支撑装置。

7.2.1 洗衣机功能部件供电电压的检测

检测洗衣机是否正常时，可对怀疑故障的主要部件进行逐一检测，并判断出所测部件的好坏，从而找出故障原因或故障部件，排除故障。

洗衣机中各功能部件工作，都需要在控制电路的控制下，才能接通电源工作，因此可用万用表检测各功能部件的工作电压来寻找故障线索。

各功能部件的供电引线与控制电路板连接，因此可在控制电路板与部件的连接接口处检测电压值，如进水电磁阀供电电压、排水组件供电电压、电动机供电电压等。这里以进水电磁阀供电电压的检测为例进行介绍。

进水电磁阀供电电压的检测如图 7-6 所示。

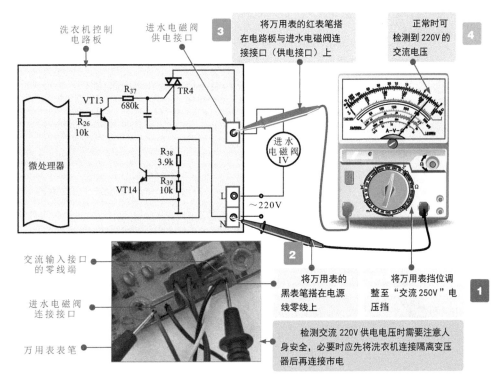

图 7-6　进水电磁阀供电电压的检测

若经检测交流供电正常，进水电磁阀仍无法正常排水或排水异常，则多为进水电磁阀本身故障，应进行进一步检测或更换进水电磁阀；若无交流供电或交流供电异常，则多为控制电路故障，应重点检查进水电磁阀驱动电路（即双向晶闸管和控制线路其他元器件）、微处理器等。

提示说明

对洗衣机进水电磁阀的供电电压进行检测时，需要使洗衣机处于进水状态下。要求洗衣机中的水位开关均处于初始断开状态（水位开关断开，微处理器输出高电平信号，进水电磁阀得电工作，开始进水；水位开关闭合，微处理器输出低电平信号，进水电磁阀失电，停止进水），并按动洗衣机控制电路上的启动按键，为洗衣机创造进水状态条件。

另外值得注意的是，如果检修洗衣机为波轮式洗衣机，进水状态下，安全门开关的状态大多不影响进水状态，即安全门开关开或关时，洗衣机均可进水；如果检修洗衣机为滚筒式洗衣机，则若想要使洗衣机处于进水状态，除满足水位开关状态正确，输入启动指令外，还必须将安全门开关（电动门锁）关闭，否则洗衣机无法进入进水状态。

7.2.2 洗衣机电动机组件的检测

洗衣机电动机组件出现故障后，通常引起洗衣机不洗涤、洗涤异常或脱水异常等故障。检测应从洗衣机电动机和启动电容器两方面进行检测。

（1）洗衣机电动机的检测

可通过万用表检测电动机绕组阻值的方法判断洗衣机电动机的好坏。

洗衣机电动机的检测如图 7-7 所示。一般来说，启动端与运行端之间的阻值约等于公共端与启动端之间的阻值加上公共端与运行端之间的阻值。

洗衣机电动机的检测方法

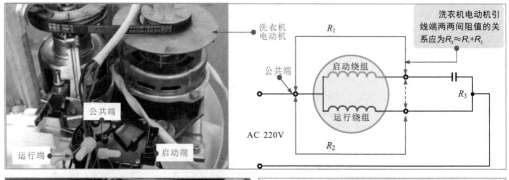

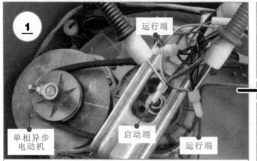

将万用表的黑表笔搭在电动机的启动端，红表笔搭在电动机的公共端，测量两个引线端之间的阻值。

万用表实测电动机公共端与启动端之间的阻值为40.4Ω，属于正常范围。

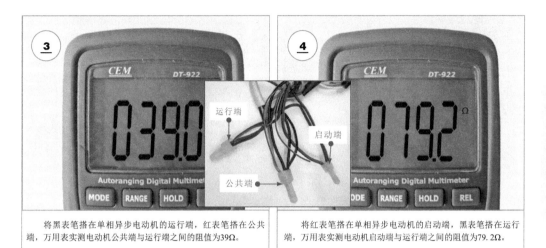

将黑表笔搭在单相异步电动机的运行端,红表笔搭在公共端,万用表实测电动机公共端与运行端之间的阻值为39Ω。

将红表笔搭在单相异步电动机的启动端,黑表笔搭在运行端,万用表实测电动机启动端与运行端之间的阻值为79.2Ω。

图 7-7　洗衣机电动机的检测

（2）电动机启动电容器的检测

如图 7-8 所示为电动机启动电容器的功能特点。洗衣机电动机常需要启动电容器启动才能正常工作。

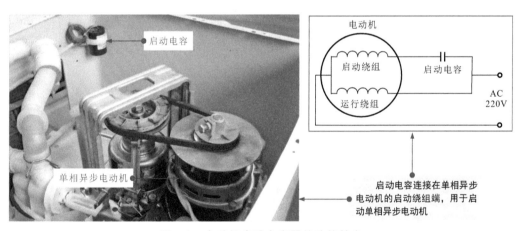

图 7-8　电动机启动电容器的功能特点

启动电容是电动机启动的条件,因此需先检查启动电容本身是否正常。若启动电容因漏液、变形导致容量减少时,多会引起电动机转速变慢的故障;若启动电容漏电严重、完全无容量时,将会导致电动机不启动、不运行的故障。

检查启动电容时,可先观察其表面有无明显漏液、变形等现象,如图 7-9 所示。

若启动电容外观无明显异常,则可借助万用表测量电容量的方法判断好坏,如图 7-10 所示。

启动电容
引出线

观察启动电容外壳有无明显烧焦、变形、碎裂、漏液情况；
检查启动电容引脚引出线连接处有无虚焊、脱落情况；检查启动
电容引出线与电动机连接部分有无松动情况。出现上述任意情
况，都需要及时更换、处理或修复连接，排除故障

启动电容
外部

图 7-9　启动电容的检修方法

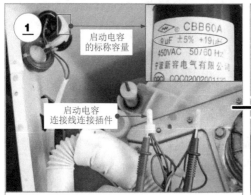

启动电容
的称称容量

启动电容
连接线连接插件

将万用表的功能旋钮置于电容测量挡位，红、黑表笔分别插
入电容器连接线的连接插件中。

观察万用表显示屏读数，并与启动电容标称容量相比较。
实测为 9.216μF，近似标称容量，说明启动电容正常。

图 7-10　启动电容电容量的检测

洗衣机启动电
容器的检测

7.2.3　进水电磁阀的检测

　　洗衣机进水电磁阀出现故障后，常引起洗衣机不进水、进水不止或进
水缓慢等故障。在使用万用表检测的过程中，可通过对进水电磁阀内线圈
阻值的检测来判断好坏。检测方法如图 7-11 所示。

电磁线圈

引脚端

将万用表的量程旋钮调至"×1k"欧姆挡，红、黑表笔分别
搭在进水电磁阀电磁线圈的两引脚端。

观察万用表的读数，在正常情况下，实际测得的电阻值
为3.5kΩ。

图 7-11　进水电磁阀电磁线圈的检测方法

7.2.4　水位开关的检测

　　水位开关失常也会引起进水电磁阀控制失灵，同样会出现不能自动进水的故障。检修水位开关时，可使用万用表检测水位开关内触点的通、断状态是否正常。

　　在未注水或水位未达到设定高度的情况下，水位开关触点间的阻值应为无穷大；当水位达到设定高度时，水位开关触点间的阻值为零，如图 7-12 所示为水位开关触点间阻值的检测。

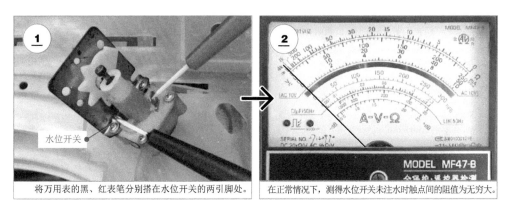

图 7-12　水位开关触点间阻值的检测

　　检测水位开关内部的触点正常，还可进一步将水位开关取下后，通过调节水位调节钮到不同的位置查看水位开关的凸轮、套管及弹簧是否出现位移或损坏现象等，如图 7-13 所示。

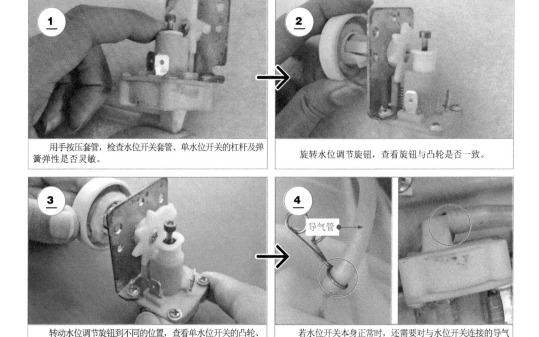

图 7-13　水位开关机械部件的检查

7.2.5 排水装置的检测

洗衣机排水装置出现故障后，常引起洗衣机排水异常的故障，在使用万用表检测的过程中，应重点对排水装置中牵引器进行检测。洗衣机排水装置中牵引器的检测如图 7-14 所示。

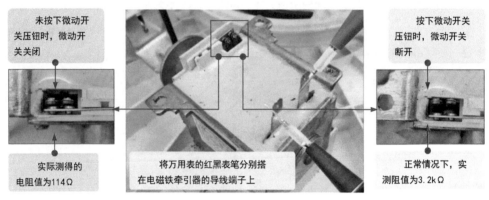

未按下微动开关压钮时，微动开关关闭

按下微动开关压钮时，微动开关断开

实际测得的电阻值为114Ω

将万用表的红黑表笔分别搭在电磁铁牵引器的导线端子上

正常情况下，实测阻值为3.2kΩ

图 7-14 洗衣机排水装置中牵引器的检测

提示说明

在检测中，所测得的两个阻值如果过大或者过小，都说明电磁铁牵引器线圈出现短路或者开路故障。并且在没有按下微动开关按钮时，所测得的阻值超过200Ω，就可以判断为转换触点接触不良。此时，就可以将电磁铁牵引器拆卸下来，查看转换触点是否被烧蚀导致其接触不良，可以通过清洁转换触点以排除故障。

7.3 洗衣机常见故障检修

7.3.1 滚筒式洗衣机不洗涤的故障检修

滚筒式洗衣机通电开机正常，在使用过程中，进水也正常，当水位到达预定水位后自动停止进水，但洗涤桶不能转动，因此无法进入洗涤状态。

根据故障表现，洗衣机使用过程中，出现不洗涤、不脱水的故障率极高，而在洗衣机中用于实现洗涤和脱水功能的主要部件为电动机，因此该类故障通常都是由于电动机不运转故障所引起的。

造成电动机不运转的原因主要有：带轮和传动皮带安装不到位或磨损、启动电容损坏、电动机本身损坏、程序控制器（或控制电路板）损坏。

首先直观检查带轮和传动皮带的安装和位置均正常，检测电动机的启动电容器也正常，怀疑电动机损坏引起洗涤异常故障，对电动机进行检测。

如图 7-15 所示，对电动机进行检测。发现电动机绕组损坏，此时故障明了，将该电动机进行更换即可。将替换用的电动机装入故障洗衣机原电动机位置后，检查连接、安装准确无误后，通电试机恢复正常。

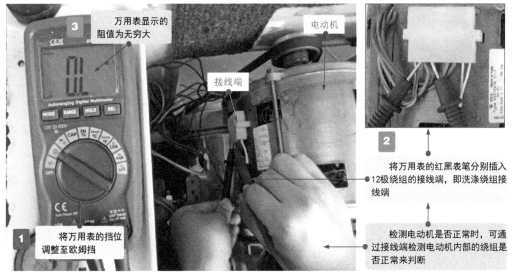

图 7-15　滚筒式洗衣机电动机的检测方法

7.3.2　波轮式洗衣机不进水的故障检修

波轮式洗衣机通电开机正常，设定好程序后按下"启动"按钮，指示灯能够点亮，但洗衣机无法进水。

根据故障表现，洗衣机不能进水，故障范围应在进水系统部分，可首先排查是否存在水龙头未开、水压不足、进水管连接异常等情况，若这些外围因素均正常，则多为进水电磁阀或进水控制电路部分出现了故障。

图 7-16 为小天鹅 XQB30-8 型波轮式洗衣机电路原理图。根据该故障在电路原理图中找到洗衣机的进水电磁阀及进水控制电路，还可查找到洗衣机中其他元器件与控制电路的连接关系。

可以看到，微处理器（IC1）是整个洗衣机的控制核心。晶体 X1 接在 10 脚和 11 脚，用以产生 IC1 所需求的时钟信号，为 IC1 提供正常工作的条件。

洗衣机工作由操作开关 SW1～SW4 为 IC1 送入人工指令信号，由多个发光二极管显示工作状态。IC1 收到人工指令后，根据内部程序控制洗衣机的进水电磁阀、驱动电机等。

洗衣机的驱动电机、进水电磁阀和排水电磁阀的电磁线圈是由交流电源驱动的，交流电源经过双向晶闸管为电机绕组和电磁阀线圈供电，该机设有 4 个双向晶闸管。微处理器的控制信号经 VT9～VT13 放大后去触发双向晶闸管，实现对进水电磁阀、排水电

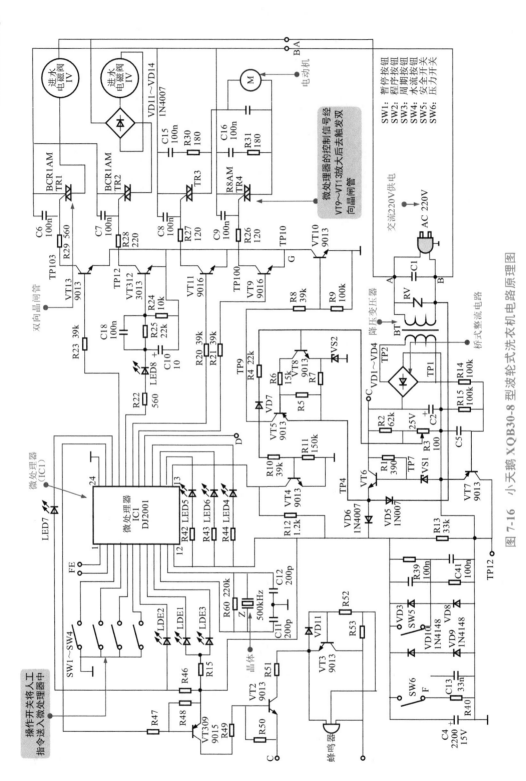

图 7-16 小天鹅 XQB30-8 型波轮式洗衣机电路原理图

磁阀和电动机的控制。排水电磁阀需要直流电源驱动因而控制信号经桥式整流堆再加到电磁阀上。

根据故障表现，应重点对与进水电磁阀相关的双向晶闸管 TR1、晶体三极管 VT13、电阻器 R23 进行检查。

首先将洗衣机断电，检测进水电磁阀两端的阻值，判断进水电磁阀是否正常。

经检查可知，进水电磁阀的阻值正常，初步怀疑为进水控制电路部分异常。接下来可借助万用表检测进水电磁阀的供电电压（在进水电磁阀接口插件处检测）。

经检测进水电磁阀的铁芯上无交流 220V 供电电压，但电源线路中的交流 220V 电压正常，由于进水电磁阀的供电电压需经双向晶闸管 TR1 为进水电磁阀供电，因此说明进水控制电路中的双向晶闸管 TR1 没有导通，此时需对进水控制电路中的双向晶闸管 TR1 进行检测，如图 7-17 所示。

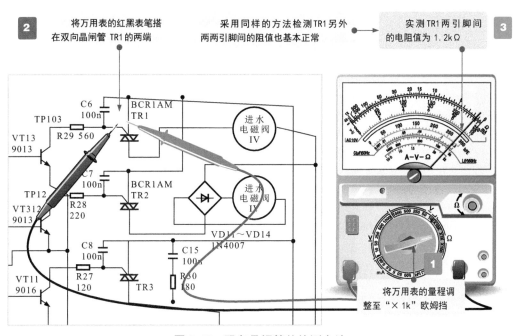

图 7-17　双向晶闸管的检测方法

经检测可知双向晶闸管 TR1 正常，因此，说明是由于进水控制电路输出的控制信号失常，无法使双向晶闸管导通，此时，顺电路信号流程可知，双向晶闸管 TR1 受晶体三极管 VT13 驱动，接下来对 VT13 进行检测，如图 7-18 所示。

经检测晶体三极管 VT13 的基极与集电极之间的阻值为无穷大，因此，说明晶体三极管 VT13 断路损坏，无法输出控制信号。更换损坏的晶体三极管 VT13 后，开机试运行，故障排除。

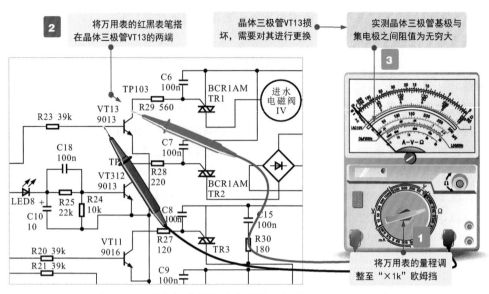

2 将万用表的红黑表笔搭在晶体三极管VT13的两端

晶体三极管VT13损坏，需要对其进行更换

3 实测晶体三极管基极与集电极之间阻值为无穷大

1 将万用表的量程调整至"×1k"欧姆挡

图 7-18 洗衣机控制电路中晶体三极管 **VT13** 的检测方法

第**8**章　电冰箱维修

8.1　电冰箱的结构和工作原理

8.1.1　电冰箱的结构特点

电冰箱是一种带有制冷装置的储藏柜，它可对放入的食物、饮料或其他物品进行冷藏或冷冻，延长食物的保存期限，或对食物及其他物品进行降温。

（1）电冰箱的管路系统

电冰箱的管路系统是指电冰箱中制冷剂介质的循环系统，该系统分布在电冰箱的整个箱体内，如图8-1所示。可以看到，其主要是由压缩机、冷凝器、蒸发器、节流和闸阀部件等部分构成的。

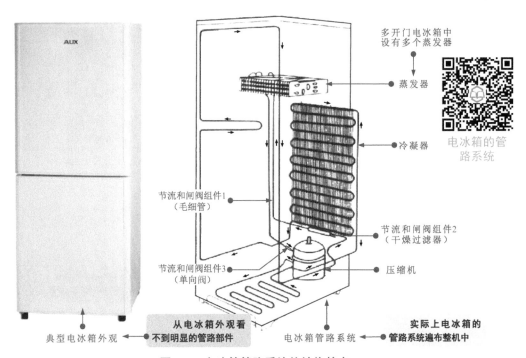

图 8-1　电冰箱管路系统的结构特点

① 压缩机　压缩机是电冰箱管路系统中制冷剂循环制冷的动力源，主要用来驱动管路系统中的制冷剂往返循环，从而通过热交换达到制冷目的。图8-2为典型电冰箱中压缩机实物外形。

压缩机

包括压缩机电动
机和气缸两大部分

压缩机工艺管口

压缩机一般设有
三个管口：排气口、
吸气口和工艺管口

压缩机排气口

压缩机吸气口

图8-2　典型电冰箱中压缩机实物外形

② 冷凝器和蒸发器　冷凝器和蒸发器是电冰箱中的热交换组件。目前，冷凝器通常位于电冰箱后盖的箱体内，主要用来将压缩机处理后的高温高压制冷剂蒸气进行过热交换，通过散热，将冷凝器内高温高压的气态制冷剂转化为低温高压的液态制冷剂，从而实现热交换。蒸发器位于各箱室中，主要依靠空气循环的方式，利用制冷剂降低空气温度，实现制冷的目的。

图8-3为典型电冰箱中的冷凝器和蒸发器实物外形。

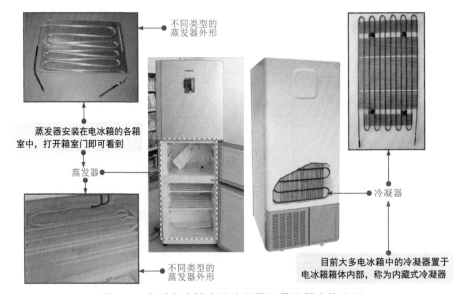

不同类型的
蒸发器外形

蒸发器安装在电冰箱的各箱
室中，打开箱室门即可看到

蒸发器

不同类型的
蒸发器外形

冷凝器

目前大多电冰箱中的冷凝器置于
电冰箱箱体内部，称为内藏式冷凝器

图8-3　典型电冰箱中的冷凝器和蒸发器实物外形

③ 节流和闸阀部件　电冰箱的节流和闸阀部件也是管路系统中的关键部件，用于辅助实现制冷剂的制冷循环过程。

常见的节流和闸阀部件主要有干燥过滤器、毛细管和单向阀等，如图8-4所示。其中，干燥过滤器和毛细管为典型的节流组件，用于实现电冰箱制冷剂的干燥过滤和节流降压；单向阀属于闸阀部件，在管路中起到控制管路导通和截止的作用。

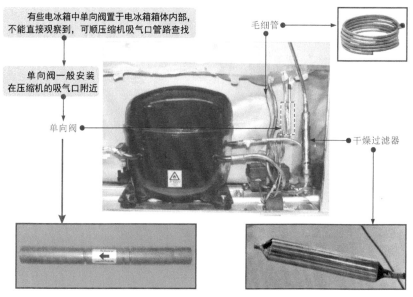

有些电冰箱中单向阀置于电冰箱箱体内部，不能直接观察到，可顺压缩机吸气口管路查找

毛细管

单向阀一般安装在压缩机的吸气口附近

单向阀

干燥过滤器

图8-4 电冰箱中常见的节流和闸阀部件

相/关/资/料

在有些电冰箱中的闸阀部件还包括电磁阀。电磁阀是一种分流、控制制冷剂流量的部件，通常安装在干燥过滤器与毛细管之间。

电磁阀也分为多个类型，常见的有二通电磁阀、双联电磁阀（一进三出）、二位三通电磁阀和三体六位五通电磁阀，如图8-5所示。其中二位三通电磁阀常用于双温双控电冰箱中，双联电磁阀常用于多温多控电冰箱中。

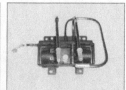

二通电磁阀　　双联电磁阀（一进三出）　　二位三通电磁阀　　三体六位五通电磁阀

图8-5 不同类型的电磁阀

（2）电冰箱的电路系统

电冰箱的电路大体可分为压缩机启动和保护电路、电源电路、操作显示电路、微处理器控制电路和变频电路。

① 压缩机启动和保护电路 压缩机的启动和保护电路主要在压缩机启动和运行过程中实现辅助启动和保护功能。主要包括启动继电器和过热保护继电器，如图8-6所示。

启动继电器的作用是控制压缩机的启动工作，而过热保护继电器的作用是当压缩机出现温度异常时，对压缩机进行停机保护。

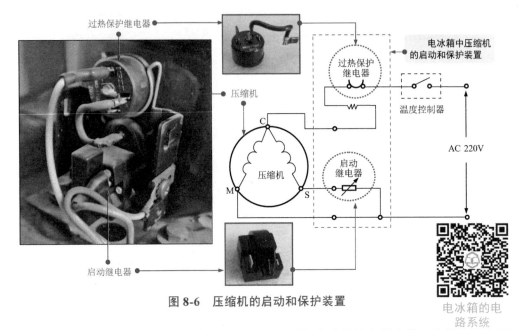

图 8-6　压缩机的启动和保护装置

电冰箱的电
路系统

② 电源电路　图 8-7 为典型（三星 BCD-226 型）电冰箱的电源电路。电源电路主要由熔断器、热敏电阻器、过压保护器、桥式整流电路、滤波电容器、开关振荡集成电路、开关变压器、光电耦合器、三端稳压器等元器件组成。

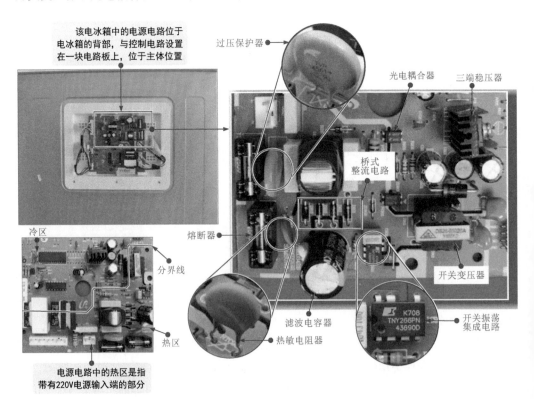

图 8-7　典型（三星 BCD-226 型）电冰箱的电源电路

提示说明

　　仔细观察电冰箱的主电路板，电冰箱的电源电路中有明显的分界线，这就是冷区和热区的分界线（一般以开关变压器初级绕组和次级绕组作为分解点，即开关变压器初级绕组及之前的电路部分均为热区部分，开关变压器次级绕组及后级电路部分均为冷区部分）。分界线中带有200V输入接口的部分属于热区，对该部分的元器件进行检测时，要在该区域内寻找接地点，此外还要注意安全。

　　③ 操作显示电路　电冰箱的操作显示电路是用于输入人工指令和显示电冰箱当前工作状态的部分，该电路通过操作按键输入人工指令，并通过数码显示屏显示当前的工作状态和内部温度信息。

　　图8-8为典型（三星BCD-226型）电冰箱的操作显示电路的实物图，从图中可以看出，操作显示电路主要是由操作按键、蜂鸣器、显示屏、热敏电阻器、操作显示控制芯片、反相器以及数据接口电路等组成。

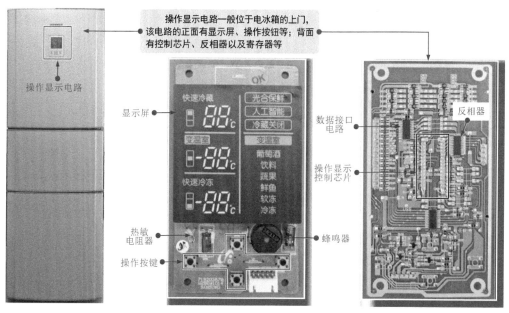

图8-8　典型（三星BCD-226型）电冰箱的操作显示电路的实物图

　　④ 微处理器控制电路　电冰箱的微处理器控制电路是智能电冰箱中特有的电路。如图8-9所示，微处理器控制电路以微处理器为控制核心，对电冰箱各单元电路和各功能部件进行控制。

　　⑤ 变频电路　图8-10为典型变频电冰箱中的变频电路板，变频电路主要是由6只场效应晶体管构成的逆变电路（功率输出电路）、变频控制电路、电源供电电路以及外围元器件等构成。

图 8-9　典型电冰箱的微处理器控制电路

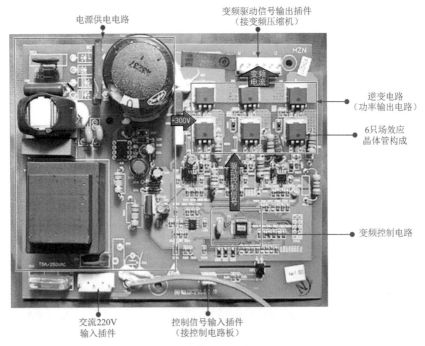

图 8-10　典型变频电冰箱中的变频电路板

8.1.2　电冰箱的工作原理

（1）电冰箱的制冷原理

图 8-11 为新型电冰箱的制冷剂循环原理。压缩机工作后，将内部制冷剂压缩成为高温高压的过热蒸气，然后从压缩机的排气口排出，进入冷凝器。制冷剂通过冷凝器将热量散发给周围的空气，使得制冷剂由高温高压的过热蒸气冷凝为常温高压的液体，然后经干燥过滤器后进入毛细管。制冷剂在毛细管中被节流降压为低温低压的制冷剂液体后，进入蒸发器。在蒸发器中，低温低压的制冷剂液体吸收箱室内的热量而汽化为饱和气体，这就达到了吸热制冷的目的。最后，低温低压的制冷剂气体经压缩机吸气口进入压缩机，开始下一次循环。

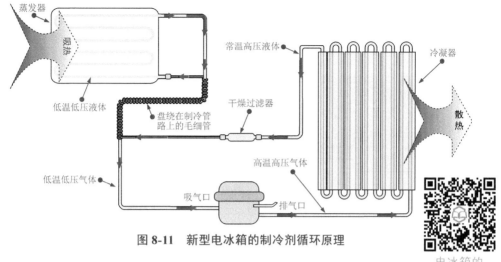

图 8-11　新型电冰箱的制冷剂循环原理

电冰箱的
制冷原理

（2）电源电路的工作原理

电源电路是电冰箱的能源供给电路，主要是为电冰箱各单元电路部分和各部件提供所需工作电压。图 8-12 为典型电冰箱中电源电路的流程框图。

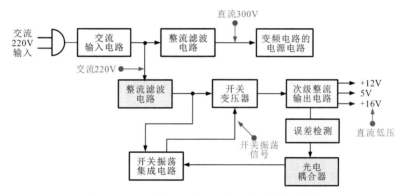

图 8-12　典型电冰箱中电源电路的流程框图

从图中可以看出，电冰箱接通电源后，交流 200V 输入电压经交流输入电路滤除干扰杂波后，分为两路。其中一路由整流滤波电路输出约 300V 的直流电压，送往变频电路中的电源电路，为其供电。另一路再经整流滤波电路后，为开关变压器和开关振荡集成电路供电。

开关振荡集成电路工作后产生振荡信号，并驱动开关变压器工作，开关变压器次级输出脉冲电压，经次级整流输出电路后变为直流 +12V、+5V、+16V 等电压为其他单元电路供电。输出端的直流电压经误差检测、光电耦合器进行电压反馈送入开关振荡集成电路中，当输出的电压异常时，反馈到开关振荡集成电路中的电压也会相应地变化，开关振荡集成电路便会根据反馈电压，对开关振荡信号的幅度进行调整，进而使开关电源输出电压稳定在所要求的范围内。

图 8-13 为典型（三星 BCD-226 型）电冰箱的电源电路。我们将该电源电路划分为 3 个部分，即交流输入电路部分、开关电源电路部分、过零检测电路部分（产生电源同步脉冲的电路）。

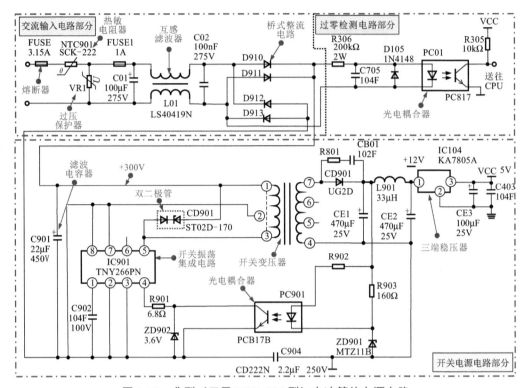

图 8-13　典型（三星 BCD-226 型）电冰箱的电源电路

① 交流输入部分　交流输入部分主要是由熔断器 FUSE、过压保护器 VR1、热敏电阻器 NTC901、互感滤波器 L01 和桥式整流堆（D910 ～ D913）等构成。

交流 200V 电压经输入插件送入电冰箱的电源电路中，经熔断器 FUSE、热敏电阻器 NTC901、过压保护器 VR1 后，由滤波电容器 C01 滤波，互感滤波器 L01 滤除干扰脉冲后，送入后级的桥式整流电路（D910 ～ D913）中，由桥式整流电路整流后输出约 300V 的直流电压为开关电源供电。

② 开关电源电路部分　开关电源电路部分主要由滤波电容器 C901、双二极管 CD901、开关振荡集成电路 IC901（TNY266PN）、开关变压器 T901、次级整流滤波电路、光电耦合器 PC901 和三端稳压器 IC104 等构成。

由桥式整流堆输出的 +300V 直流电压，经滤波电容 C901、开关变压器（T901）初级绕组的 ① ～ ③ 脚加到开关振荡集成电路（IC901）的 ⑤ 脚，⑤ 脚内接场效应管漏极，同时接集成电路内的稳压电路，为芯片供电，使其进入振荡工作状态。

开关振荡集成电路（IC901）与开关变压器初级绕组的 ① ～ ③ 脚构成开关振荡电路。开关振荡集成电路 ⑤ 脚输出振荡信号，变压器（T901）初级绕组 ① ～ ③ 脚作为开关管的漏极负载，在其中形成开关振荡电流从而驱动开关变压器工作。

开关变压器 T901 的次级绕组的 ⑦ 脚输出开关脉冲电压，经次级电路中的二极管、滤波电容器后，输出 12V 直流电压。

12V 直流电压再次经三端稳压器、滤波电容器后输出 +5V 电压。

③ 过零检测电路部分　过零检测电路部分主要是由整流二极管 D910、D105、电阻 R306、电容 C705 和光耦 PC01 等构成的。

交流 200V 电压经整流二极管 D910 和 D105 形成 100Hz 的脉动电压，加到光耦 PC01 的发光二极管上，经光电变换后由光后晶体输出 100Hz 的脉冲信号，送给微处理器，作为电源同步信号。

（3）操作显示电路的工作原理

操作显示电路中的操作显示控制芯片接收由控制电路送来的显示信息和提示信息，经处理后，一路去驱动数据接口电路和反相器，从而驱动数码显示屏显示变频电冰箱的工作状态；另一路驱动蜂鸣器发出提示音。

如图 8-14 所示为典型（三星 BCD-226 型）电冰箱的操作显示电路，我们将该操作显示电路划分为 3 个部分，即操作显示控制芯片及相关电路部分、显示屏控制及人工指令输入电路部分、蜂鸣器控制电路部分。

① 操作显示控制芯片及相关电路部分

操作显示控制芯片进入工作状态需要具备一些工作条件,其中主要包括 +5V 供电电压、复位信号和晶振信号。

其中，操作显示控制芯片的 ⑤ 脚为 +5V 供电端，为其提供工作电压；操作显示控制芯片的 ⑧ 脚为复位信号端；晶体 XT101 与操作显示控制芯片内部的电路构成振荡电路，为其提供晶振信号。

② 显示屏控制及人工指令输入电路部分

数码显示屏分为多个显示单元，每个显示单元可以显示特定的字符或图形，因而需要多种驱动信号进行控制，数据接口电路就是将操作显示控制芯片输出的显示数据转换成多种控制信号。

数据接口电路的 ⑫ 脚主要是用来接收由操作显示控制芯片送来的串行数据信号（DATE），数据接口电路的 ⑪ 脚为写入控制信号（WR），数据接口电路的 ⑨ 脚为芯片选择和控制信号（CS）并由 ㉞～㊽ 脚输出并行数据，对数码显示屏进行控制。

（4）蜂鸣器控制电路部分

操作显示控制芯片接收到人工指令信号后，会通过专门的数据通道传送到控制微处理器中。此外操作显示控制芯片还对蜂鸣器进行控制、对环境温度进行检测。

操作显示控制芯片的 ⑩ 脚和 ⑪ 脚作为通信接口与控制微处理器相连进行信息互通，TXD 为发送端，输送人工指令信号；RXD 为接收端，可接收显示信息、提示信息等内容。操作显示控制芯片的 ㉒ 脚输出控制信号，对蜂鸣器的发声进行控制；操作显示控制芯片的㉘脚用来对环境温度进行检测；操作显示控制芯片的 ⑥ 脚、⑦ 脚、⑨ 脚、㉕脚、㉗脚和㉘脚为操作按键的输入端，用于接收操作按键送来的人工指令。

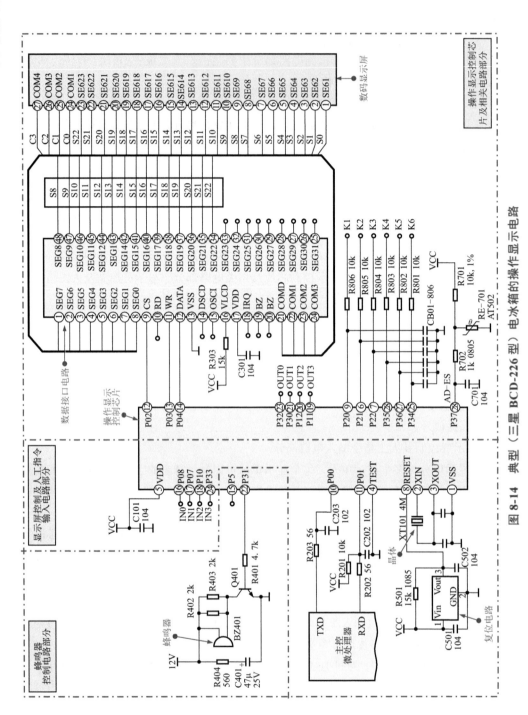

图 8-14 典型（三星 BCD-226 型）电冰箱的操作显示电路

（5）微处理器控制电路的工作原理

微处理器控制电路接收人工指令信号以及温度检测信号，输出相应的控制信号，对电冰箱进行控制。

图 8-15 为典型电冰箱中控制电路的流程框图。

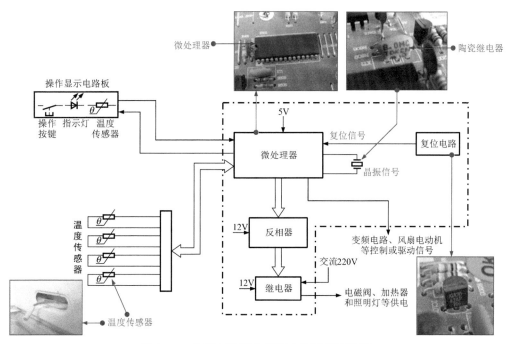

图 8-15　典型电冰箱中控制电路的流程框图

用户通过操作按键向微处理器输入温度设置信号、化霜方式以及定时等人工操作指令。微处理器收到这些信息后，对电磁阀、继电器、风扇电动机、照明灯等输出控制信号。微处理器输出的控制信号经反相器、继电器等转换为控制各器件的电压或电流，进而控制各器件工作。

冷藏室、冷冻室等温度检测信息随时送给微处理器，当冰箱室内的温度达到预先设定的温度时，温度传感器将温度的变化变成电信号送到微处理器的传感器信号输入端，微处理器识别该信号后再进行自动控制。

如图 8-16 所示为典型（三星 BCD-226 型）电冰箱的控制电路，我们将该控制电路划分为微处理器启动电路部分、反相器控制电路部分、温度检测电路部分和人工指令输入及对外控制电路部分。

① 微处理器启动电路部分　微处理器 IC101（TMP86P807N）进入工作状态需要具备一些工作条件，其中主要包括 +5V 供电电压，复位信号和晶振信号。

其中，微处理器 IC101 的 ⑤ 脚为 +5V 供电端，为微处理器提供工作电压；微处理器 IC101 的 ⑧ 脚输入复位信号；晶体 XT1 与微处理器内部的振荡电路构成晶体振荡器，为微处理器提供同步脉冲信号。

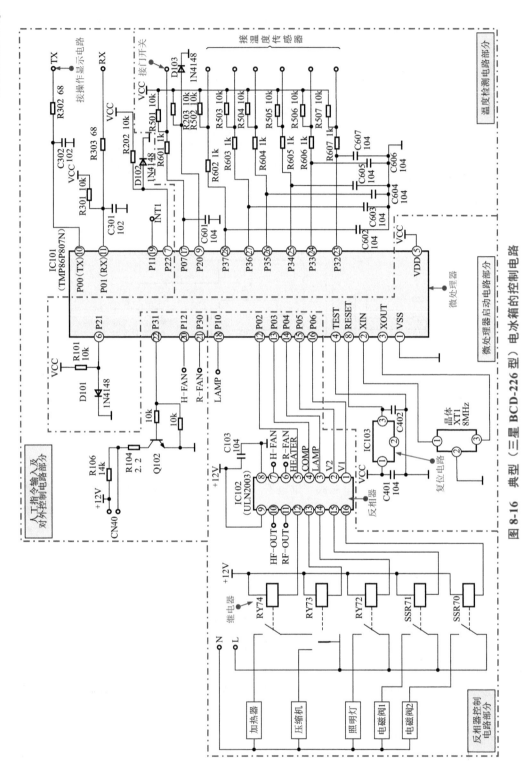

图 8-16 典型（三星 BCD-226 型）电冰箱的控制电路

② 反相器控制电路部分　在智能电冰箱中，对压缩机等器件的供电进行控制时，通常都使用反相器和继电器控制相关器件的供电线路。

反相器 IC102（ULN2003）的 ⑨ 脚为 12V 直流电压供电端，微处理器的 ⑫ ～ ⑯ 脚输出控制信号送到反相器 IC102 的 ① ～ ⑤ 脚，经处理后，IC102 的 ⑫ ～ ⑯ 脚便会接通继电器电源，继电器线圈得电，控制相应的器件开始工作。

③ 温度检测电路部分　温度检测电路用来检测电冰箱内外的温度，并将温度信号传送到微处理器中。

温度传感器实际上就是热敏电阻，它将检测到的温度信号转变为电信号送到微处理器中，微处理器根据这些信号，实时对电冰箱的整机工作进行控制，并通过数码显示屏将温度信号显示出来。

④ 人工指令输入及对外控制电路部分　微处理器通过对人工指令的识别，才可输出相应的控制信号对其他电路进行控制。除了使用反相器和继电器对重要器件进行控制外，微处理器还通过几条专门的信号线路对一些部件进行控制，比如风扇、光合成除臭灯等。

微处理器的 ⑩ 和 ⑪ 脚与操作显示电路相连，用来接收人工指令信号，也输出电冰箱整机的工作信息。微处理器的 ⑰ 脚与门开关相连，用来检测箱门的打开和关闭；微处理器的 ⑳ 和 ㉑ 脚与风扇电机相连，用来控制风扇的旋转；微处理器的 ⑱ 脚与光合成除臭灯相连，用来控制除臭灯的工作。

 相/关/资/料

了解微处理器 TMP86P807N 各引脚的功能，对理清控制电路的信号流程有很大帮助，TMP86P807N 各引脚的功能见表 8-1 所列。

表 8-1　微处理器 TMP86P807N 各引脚功能

引脚号	名称	引脚功能	引脚号	名称	引脚功能
①	VSS	地	⑬	P03	压缩机控制端
②、③	XIN、XOUT	晶振端口	⑭	P04	照明灯控制端
④	TEST	测试端	⑮	P05	电磁阀 1 控制端
⑤	VDD	+5V 供电端	⑯	P06	电磁阀 2 控制端
⑥	P21	—	⑰	P07	门开关信号端
⑦	P22	—	⑱	P10	光合成除臭灯控制端
⑧	RESET	复位端	⑲	P11	检测端
⑨	P20	—	⑳	P12	风扇控制端（H）
⑩	TX	数据输出	㉑	P30	风扇控制端（R）
⑪	RX	数据输入	㉒	P31	—
⑫	P02	加热器控制端	㉓ ～ ㉔	P32 ～ P37	温度检测端

（6）变频电路

变频电路是变频电冰箱中所特有的电路模块，其主要的功能就是为电冰箱的变频压缩机提供驱动电流，用来调节压缩机的转速，实现电冰箱制冷的自动控制。

图 8-17 为典型电冰箱中变频电路的流程框图。

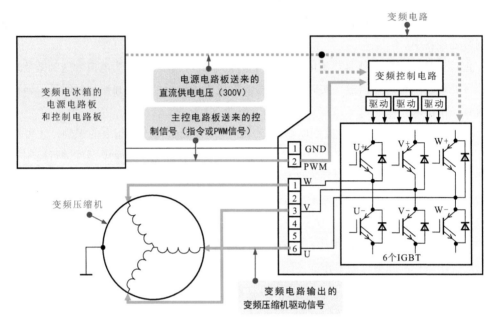

图 8-17　典型电冰箱中变频电路的流程框图

从图 8-17 中可以看出，电源电路板和主控电路板输出的直流 300V 电压为逆变器（6个 IGBT）以及变频驱动电路进行供电，同时由主控电路板输出的 PWM 驱动信号经变频驱动电路控制逆变器中的 6 个 IGBT 轮流导通或截止，为变频压缩机提供所需的工作电压（变频驱动信号），变频驱动信号加到变频压缩机的三相绕组端，使变频压缩机启动，进行变频运转，驱动制冷剂循环，进而达到电冰箱变频制冷的目的。

8.2　电冰箱的检修技能

8.2.1　电源电路的检修

电源电路是电冰箱中的关键电路，若该电路出现故障经常会引起电冰箱开机不制冷、压缩机不工作、无显示等现象。对该电路进行检修时，可依据故障现象分析出产生故障的原因，并根据电源电路的信号流程对可能产生故障的部件逐一进行排查。

图 8-18 为电冰箱电源电路的检修流程和检修部位。

当电冰箱的电源电路出现故障后，应根据其电路结构和信号流程进行分析，再按照基本检修流程，对可能发生故障的元器件进行检修。

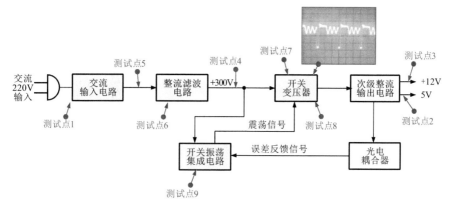

图 8-18　电冰箱电源电路的检修流程和检修部位

测试点 1：检测交流输入电路中的熔断器及热敏电阻器是否正常。

测试点 2：检测输出的各路低压直流电源是否正常。

测试点 3：若只有一路无低压直流电源输出，则需对次级整流电路中的整流二极管进行检测。

测试点 4：若没有任何低压直流电源输出，则应检测整流滤波电路输出的 +300V 电压。

测试点 5：若无 +300V 电压输出应对整流电路中的桥式整流堆进行检测。

测试点 6：若无 +300V 电压输出应对滤波电路中的 +300V 滤波电容进行检测。

测试点 7：检测开关变压器是否有感应脉冲信号波形。

测试点 8：若开关变压器无感应脉冲信号波形，则说明开关振荡电路或开关变压器本身可能损坏，需要对其进行更换。

测试点 9：若开关变压器无感应脉冲信号波形，则说明开关振荡集成电路可能损坏，需要对其进行检测。

提示说明

　　当电源电路出现故障时，可首先采用观察法检查电源电路的主要元器件有无明显损坏迹象，如观察熔断器有无断开、炸裂或烧焦的迹象，其他主要元器件有无脱焊或插接不良的现象，互感滤波器线圈有无脱焊，引脚有无松动，+300V 滤波电容有无爆裂、鼓包等现象。如出现上述情况则应立即更换损坏的元器件。

8.2.2　操作显示电路的检修

　　操作显示电路是电冰箱中的人机交互部分，若该电路出现故障经常会引起控制失灵、显示异常等现象，对该电路进行检修时，可依据故障现象分析出产生故障的原因，并根据操作显示电路的信号流程对可能产生故障的部件逐一进行排查。

图 8-19 为电冰箱操作显示电路的检修流程和检修部位。

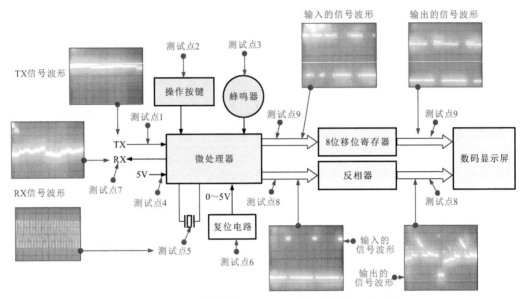

图 8-19　电冰箱操作显示电路的检修流程和检修部位

当电冰箱的操作显示电路出现故障后，应根据其电路结构和信号流程进行分析，再按照基本检修流程，对可能发生故障的元器件进行检修。

测试点 1：检测微处理器接收的 TX 信号是否正常。

测试点 2：检测操作按键自身的性能是否良好。

测试点 3：检测蜂鸣器自身的性能是否良好。

测试点 4：检测微处理器的 5V 供电电压是否正常。

测试点 5：检测晶振信号波形是否正常。

测试点 6：检测送入微处理器的复位信号是否正常。

测试点 7：检测微处理器输出的 RX 信号是否正常。

测试点 8：检测反相器输入输出的信号波形是否正常。

测试点 9：检测 8 位移位寄存器输入输出的信号波形是否正常。

8.2.3　控制电路的检修

控制电路是电冰箱中的关键电路，若该电路出现故障经常会引起电冰箱不启动、不制冷、控制失灵、显示异常等现象，对该电路进行检修时，可依据故障现象分析出产生故障的原因，并根据控制电路的信号流程对可能产生故障的部件逐一进行排查。

图 8-20 为电冰箱控制电路的检修流程和检修部位。

当电冰箱的控制电路出现故障后，应根据其电路结构和信号流程进行分析，再按照基本检修流程，对可能发生故障的元器件进行检修。

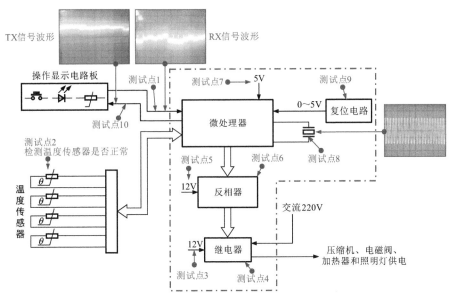

图 8-20　电冰箱控制电路的检修流程和检修部位

测试点 1：检测微处理器接收的 RX 信号是否正常。

测试点 2：检测温度传感器是否正常。

测试点 3：检测继电器的供电电压是否正常。

测试点 4：检测继电器是否正常。

测试点 5：检测反相器的供电电压是否正常。

测试点 6：检测反相器是否正常。

测试点 7：检测微处理器的 5V 供电电压是否正常。

测试点 8：检测晶振信号波形是否正常。

测试点 9：检测送入微处理器的复位信号是否正常。

测试点 10：检测微处理器输出的 TX 信号是否正常。

8.2.4　变频电路的检修

变频电路出现故障经常会引起电冰箱出现不制冷、制冷效果差等现象，对该电路进行检修时，可依据变频电路的信号流程对可能产生故障的部位进行逐级排查。

图 8-21 为电冰箱变频电路的检修流程和检修部位。

当电冰箱的变频电路出现故障后，应根据其电路结构和信号流程进行分析，再按照基本检修流程，对可能发生故障的元器件进行检修。

测试点 1：检测变频电路输出的变频压缩机驱动信号是否正常。

测试点 2：检测电源电路板送来的直流供电电压是否正常。

测试点 3：检测主控电路板送来的 PWM 驱动信号是否正常。

测试点 4：检测 IGBT 是否正常。

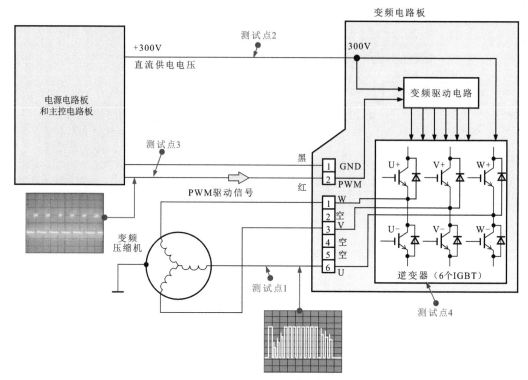

图 8-21　电冰箱变频电路的检修流程和检修部位

提示说明

　　当变频电路出现故障时，可首先采用观察法检查变频电路的主要元器件有无明显损坏或元器件脱焊、插口不良等现象，如出现上述情况则应立即更换或检修损坏的元器件。

8.2.5　常用电气部件的检修

（1）化霜定时器的检修

　　首先，在对化霜定时器进行检测前，将化霜定时器旋钮调至化霜位置，使供电端和加热端的内部触点接通。

　　① 对待测化霜定时器的供电端和压缩机端之间的阻值进行检测　化霜定时器旋钮位于化霜位置，供电端和压缩机端触点断开。将万用表的红、黑表笔分别搭在化霜定时器供电端和压缩机端两引脚上，正常情况下，万用表测得的阻值为无穷大，若阻值不正常，说明该器件损坏，应进行更换，如图 8-22 所示。

　　② 对待测化霜定时器的供电端和加热端之间的阻值进行检测　将万用表的红黑表笔分别搭在化霜定时器供电端和加热端两引脚上，正常情况下，万用表测得的阻值为零，若阻值不正常，说明该部件损坏，应进行更换，如图 8-23 所示。

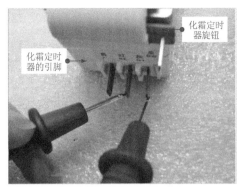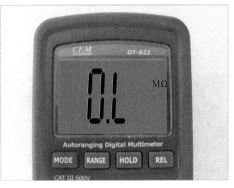

化霜定时器旋钮

化霜定时器的引脚

图 8-22　化霜定时器供电端与压缩机端之间阻值的检测方法

图 8-23　化霜定时器供电端与加热端之间阻值的检测方法

　　若化霜定时器损坏，电冰箱便不能正常进行化霜操作。这时，就需要根据损坏化霜定时器的型号、体积大小等选择适合的化霜定时器进行更换。

（2）保护继电器的维修方法

　　保护继电器是变频压缩机的重要保护器件，一般安装在变频压缩机接线端子附近。当变频压缩机温度过高时，便会断开内部触点，控制电路检测到保护继电器的触点状态，就会切断变频压缩机的供电，对变频压缩机起到保护作用。

　　对于保护继电器的检测，可使用万用表测量待测保护继电器触点的阻值，然后将万用表测量的实测值与正常值进行比较，即可完成对保护继电器的检测。

　　① 对常温状态下的待测保护继电器进行检测　将万用表的表笔分别搭在保护继电器的两引脚上，常温状态下若测得万用表测得的阻值接近于零，若阻值过大，则保护继电器损坏，应进行更换，如图 8-24 所示。

　　② 对高温状态下的待测保护继电器进行检测　将万用表的表笔分别搭在保护继电器的两引脚上，电烙铁靠近保护继电器的底部，高温情况下，万用表测得的阻值应为无穷大，若不正常，则保护继电器损坏，应进行更换，如图 8-25 所示。

电冰箱过热保护
继电器的检测

图 8-24　常温状态下的保护继电器的检测方法

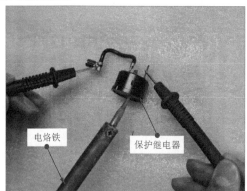

电烙铁

保护继电器

图 8-25　高温状态下保护继电器的检测方法

　　若保护继电器损坏，变频压缩机会出现不启动或过载烧毁等情况，此时就需要根据损坏保护继电器的规格选择适合的保护继电器进行更换。

（3）温度传感器的维修方法

　　电冰箱通常采用温度传感器（热敏电阻）对箱室温度、环境温度等进行检测，控制电路根据温度对电冰箱的制冷进行控制。

　　对于温度传感器的检测，可使用万用表测量温度传感器在不同温度下的阻值，然后将万用表测量的实测值与正常值进行比较，即可完成对温度传感器的检测。

　　① 对放在冷水中的温度传感器阻值进行检测　首先将温度传感器放入冷水中，然后分别将红、黑表笔搭在该温度传感器插件的对应两引脚上，正常情况下，万用表测得的阻值应比常温状态下大，若阻值无变化或变化量很小，说明该温度传感器可能已损坏，如图 8-26 所示。

　　② 对放在热水中的温度传感器阻值进行检测　首先将温度传感器放入热水中，然后分别将红、黑表笔搭在该温度传感器插件的对应两引脚上，正常情况下，万用表测得的阻值应比常温状态下小，若阻值无变化或变化量很小，说明该温度传感器可能已损坏，如图 8-27 所示。

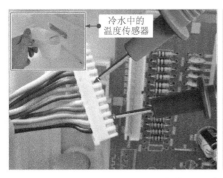

图 8-26   冷水中的温度传感器阻值的检测方法

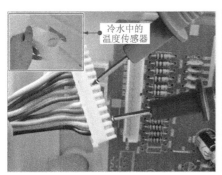

图 8-27   热水中的温度传感器阻值的检测方法

若温度传感器损坏，电冰箱的制冷将会出现异常等情况，此时就需要根据损坏温度传感器的规格选择适合的元器件进行更换。

（4）压缩机的维修方法

压缩机是电冰箱制冷系统中的关键部件。对压缩机的检测，可使用万用表测量待测变频压缩机三个接线端之间的阻值，然后将万用表测量的实测值与正常值进行比较，即可完成对变频压缩机的检测。

① 检测变频压缩机的一组接线端之间的阻值   将万用表的红、黑表笔分别搭在变频压缩机的 U-V 两接线端上，正常情况下，万用表可测得一定的阻值，若阻值为零或无穷大，说明压缩机损坏，需进行更换，如图 8-28 所示。

图 8-28   变频压缩机一组接线端之间的阻值检测方法

② 检测变频压缩机的另两组接线端之间的阻值　将万用表的红、黑表笔分别搭在变频压缩机的 U-W 和 V-W 两组绕组接线端上，正常情况下，三组绕组之间的阻值应相同，若阻值差别较大，说明压缩机损坏，如图 8-29 所示。

图 8-29　变频压缩机另两组接线端之间的阻值检测方法

若电冰箱中的压缩机损坏，就需要选用型号相同的变频压缩机进行代换，通常压缩机固定在电冰箱的底部，并且与制冷管路连接密切，因此，拆卸压缩机首先要将管路断开，然后再设法将压缩机取出。

点燃焊枪后，首先对压缩机排气口的焊接部位进行加热，待加热一段时间后，用钳子将排气口与冷凝器管路分离，然后用同样方法将压缩机吸气口与蒸发器管路分离。操作如图 8-30 所示。

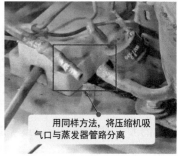

图 8-30　拆卸压缩机冷凝器管路及蒸发箱管路

之后，使用扳手将压缩机底部与电冰箱底板固定的四个螺栓分别拧下，便可将损坏的压缩机从电冰箱底部取出，重新安装新的压缩机。待固定牢固，重新焊接连接管路即可。

（5）节流及闸阀组件的维修方法

电冰箱中节流及闸阀组件的故障多为堵塞或泄漏。该系统组件出现故障需选择同规格组件进行代换。

① 毛细管的维修方法　毛细管是非常细的铜管，呈盘曲状，被安装在干燥过滤器和蒸发器之间，毛细管又细又长，增强了制冷剂在制冷管路中流动的阻力，从而起到节流降

压作用。

若电冰箱压缩机处于工作状态，无法停机，蒸发器没有制冷剂流动的声音，过一段时间开始结霜，触摸冷凝器，不热，则怀疑毛细管堵塞。

可首先用手触摸干燥过滤器与毛细管的接口处，感应温度与室温差不多或低于室温，初步确定毛细管脏堵；接着将毛细管与干燥过滤器连接处断开，若有大量制冷剂从干燥过滤器中喷出来，可进一步确定毛细管脏堵，若毛细管阻塞严重，应进行更换。

首先使用气焊设备将毛细管与干燥过滤器的焊接处焊开，将与毛细管相连的蒸发器从冷冻室中取出，如图8-31所示。

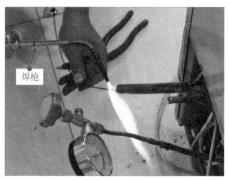

图8-31 将蒸发器从冷冻室取出

然后将与蒸发器连接的毛细管从箱体中抽出，再使用钳子将毛细管与蒸发器连接处剪断，即可完成对毛细管的拆卸。

接下来，分别完成毛细管与干燥过滤器、毛细管与蒸发器管口的焊接。具体操作如图8-32所示。

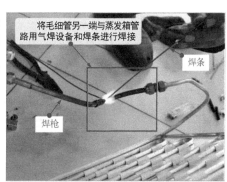

图8-32 焊接代换毛细管

② 干燥过滤器的维修方法 干燥过滤器是电冰箱中的过滤器件，主要用于吸附和过滤制冷管路中的水分和杂质，入口端过滤网（粗金属网），用于将制冷剂中的杂质粗略滤除，出口端过滤网（细金属网），用于滤除制冷剂中的杂质。干燥过滤器的入口端与冷凝器相连，

出口端连接毛细管。

对干燥过滤器的检测，可通过倾听蒸发器和压缩机的运行声音、触摸冷凝器的温度以及观察干燥过滤器表面是否结霜进行判断。

将变频电冰箱启动，待变频压缩机运转工作后，用手触摸冷凝器，若发现冷凝器温度由开始发热而逐渐变凉，则说明干燥过滤器有故障。正常情况下冷凝器温度由进气口到出气口处逐渐递减。

若干燥过滤器损坏，容易造成制冷系统堵塞，此时就需要根据损坏干燥过滤器的规格选择相同的干燥过滤器进行更换。

首先将焊枪发出的火焰对准干燥过滤器与毛细管的焊接处，利用中性火焰将干燥过滤器与毛细管分离；接着将焊枪发出的火焰对准干燥过滤器与冷凝器管路的焊接处，使用钳子夹住损坏的干燥过滤器，利用中性火焰将干燥过滤器与冷凝器管路分离，如图8-33所示。

图 8-33　干燥过滤器的拆焊方法

提示说明

将损坏的干燥过滤器拆下后，要对冷凝器和毛细管的管口进行切管处理，确保连接管口平整光滑，然后再安装焊接新的干燥过滤器，否则极易造成管路堵塞。

处理好管口，将新的干燥过滤器与冷凝器管路对插，将干燥过滤器的入口端与冷凝器出气口管路焊接，干燥过滤器的出口端与毛细管焊接。操作如图8-34所示。

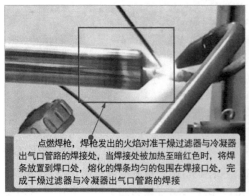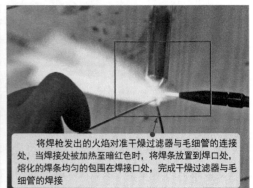

点燃焊枪，焊枪发出的火焰对准干燥过滤器与冷凝器出气口管路的焊接处，当焊接处被加热至暗红色时，将焊条放到焊口处，熔化的焊条均匀的包围在焊接口处，完成干燥过滤器与冷凝器出气口管路的焊接

将焊枪发出的火焰对准干燥过滤器与毛细管的连接处，当焊接处被加热至暗红色时，将焊条放到焊口处，熔化的焊条均匀的包围在焊接口处，完成干燥过滤器与毛细管的焊接

图 8-34　干燥过滤器焊接

8.3 电冰箱常见故障检修

8.3.1 电冰箱化霜功能失常的故障检修

电冰箱通电运行，制冷正常，但进行自动化霜时，持续时间很长，且冰箱内壁发热，之后便不再化霜。根据故障表现分析，电冰箱制冷正常，表明其供电部分、控制部分、制冷循环正常，但化霜开始后便不能停止，说明化霜电路部分中的检测元器件可能存在故障。由于化霜电路长时间工作，可能使化霜熔断器熔断或加热器烧毁，造成电冰箱之后不能进行化霜工作。在对该类型故障进行检修时，要结合电路进行故障检测。

如图 8-35 所示为春兰 BCD-230WA 型电冰箱的化霜电路图。

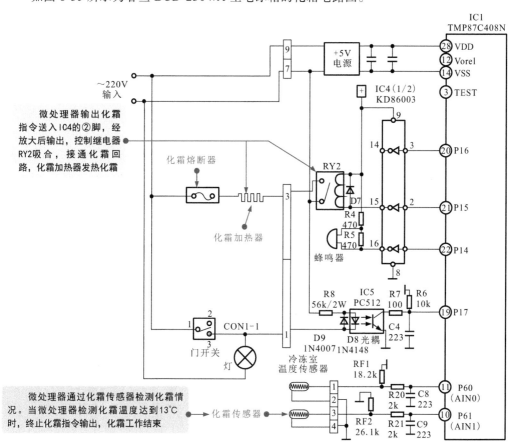

图 8-35　春兰 BCD-230WA 型电冰箱的化霜电路图

该电冰箱的各种工作是由微处理器进行控制的，当压缩机累计运行 7h，微处理器由 ㉑ 脚输出化霜指令并送入 IC4 的 ② 脚，经放大后由 ⑮ 脚输出，控制继电器 RY2 吸合，接通化霜加热器的供电电路，化霜加热器发热化霜。与此同时，微处理器通过与其 ⑩ 脚连接的化霜传感器，检测化霜情况。化霜传感器（热敏电阻）将不同的温度转换成电信号，传送回 CPU 中。当微处理器检测化霜温度达到13℃时，㉑ 脚终止化霜指令输出，化霜工作结束。

在对该电路进行排查时，应对各主要部件进行检测，先对化霜传感器进行检测，确认其是否良好后，再对化霜熔断器和加热器等进行检测。

根据以上检修分析，先对化霜传感器进行检测，如图 8-36 所示。

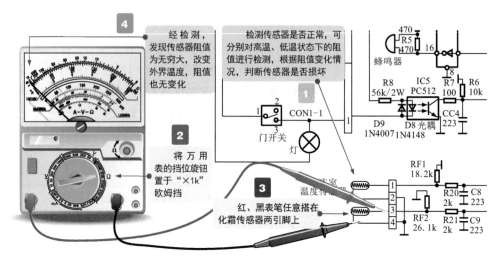

图 8-36　化霜传感器的检测

检测发现传感器阻值始终为无穷大，说明传感器已损坏，对其进行代换后，再对化霜熔断器进行检测，如图 8-37 所示。

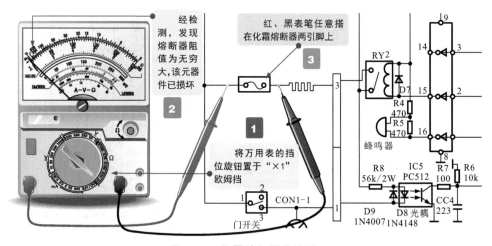

图 8-37　化霜熔断器的检测

检测发现化霜熔断器阻值为无穷大，说明熔断器已烧断，对其进行代换后，开机试运行，发现制冷正常，之后的化霜也正常，故障排除。

8.3.2　电冰箱温度无法调节的故障检修

电冰箱通电工作状态正常，数码显示管能够正常显示，但通过按键调节电冰箱内的温度时，发现电冰箱内的温度无法进行调节。

根据电冰箱的故障表现可知，电冰箱显示状态正常，表明显示部分正常，但电冰箱内的温度无法进行调节，怀疑是操作电路部分可能存在故障。以海尔 216KF 型电冰箱为例，如图 8-38 为该电冰箱的操作显示电路。

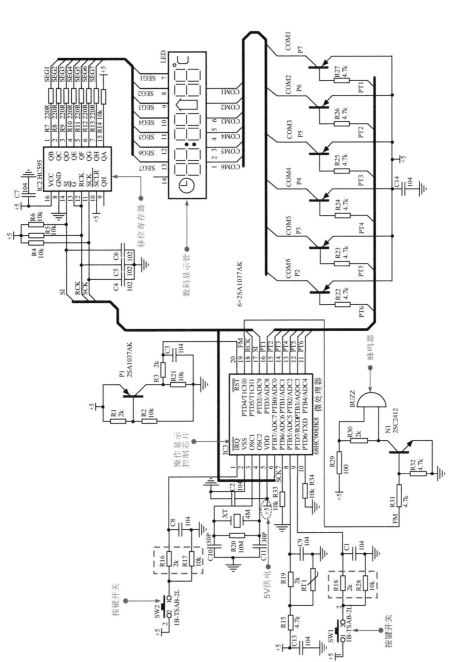

图 8-38 海尔 216KF 型电冰箱操作显示电路

从图中可以看出，操作显示电路正常工作时，该电路应有 +5V 的供电电压。按键开关 SW1、SW2 主要是用来调节电冰箱内冷冻室、冷藏室的制冷温度，用户可以通过该开关对电冰箱内的温度进行调节。

在对该电路进行排查时，若按键本身、供电电压均正常的情况下，还需要对该电路中按键开关到微处理器之间的相关的外围元器件进行检测。

根据以上检修分析，首先检查按键开关本身是否正常，如图 8-39 所示。

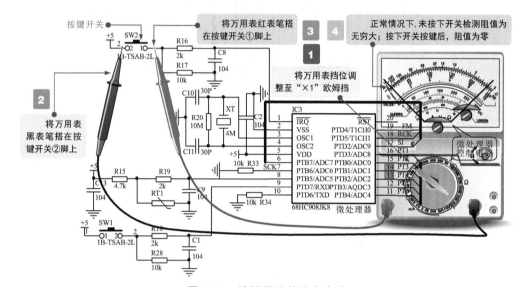

图 8-39　按键开关的检查方法

检测发现未按下开关的情况下，检测阻值为无穷大；按下开关按键后，阻值为零，按键开关正常。根据检修分析，接下来检测操作显示电路的供电电压是否正常，如图 8-40 所示。

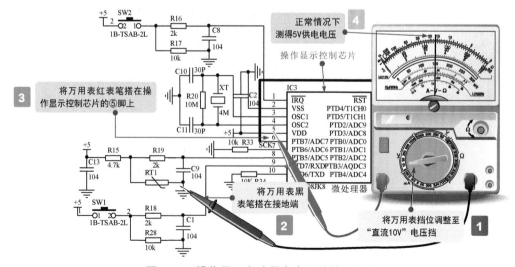

图 8-40　操作显示电路供电电压的检测方法

检测发现供电电压正常。根据检修思路，接下来应根据电路图对操作按键后级电路中的电阻器等关键元器件进行检测，如图 8-41 所示。

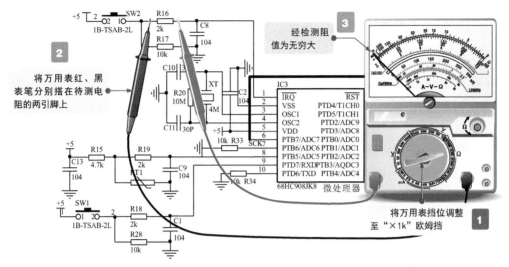

图 8-41　关键元器件（电阻器）的检测方法

电阻器 R16 的标称值为 2kΩ，经检测该电阻的阻值为无穷大，表明该电阻器已损坏，以同型号的电阻器进行更换后再次开机运行，故障排除。

第 9 章　微波炉维修

9.1　微波炉的结构和工作原理

9.1.1　微波炉的结构特点

微波炉是一种靠微波加热食物的厨房电器。图9-1为典型微波炉的内部结构。从功能上划分，微波炉可以分为微波发射装置、烧烤装置、转盘装置、保护装置、控制装置、照明和散热装置。

由石英管、石英管支架、石英固定装置及石英管保护盖等构成

主要由照明灯和支架构成

主要由高低压熔断器、温度保护器、门开关组件等构成

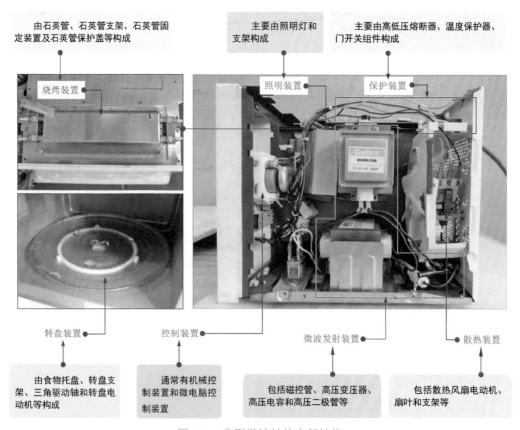

烧烤装置

照明装置

保护装置

转盘装置

控制装置

微波发射装置

散热装置

由食物托盘、转盘支架、三角驱动轴和转盘电动机等构成

通常有机械控制装置和微电脑控制装置

包括磁控管、高压变压器、高压电容和高压二极管等

包括散热风扇电动机、扇叶和支架等

图 9-1　典型微波炉的内部结构

（1）微波发射装置

微波炉的微波发射装置是整机的核心部件，通常安装在微波炉的中心位置，主要由磁控管、高压变压器、高压电容器和高压二极管组成，如图9-2所示。

磁控管

高压变压器

高压电容器

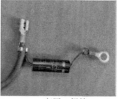
高压二极管

图 9-2　微波发射装置的主要部件

（2）烧烤装置

如图 9-3 所示，烧烤装置的核心部件是石英管，它通常安装在微波炉顶部的石英管支架上。工作时可通过发射热辐射光线对食物进行烧烤加热。

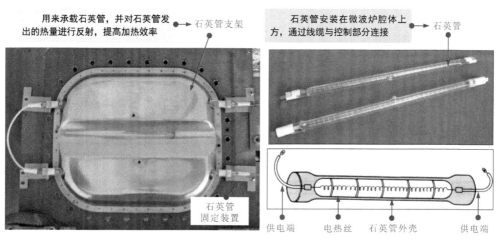

用来承载石英管，并对石英管发出的热量进行反射，提高加热效率 ← 石英管支架

石英管安装在微波炉腔体上方，通过线缆与控制部分连接 ← 石英管

石英管固定装置

供电端　电热丝　石英管外壳　供电端

图 9-3　烧烤装置的核心部件

（3）转盘装置

如图 9-4 所示，微波炉的转盘装置主要包括食物托盘、转盘支架、三角驱动轴和转盘电动机等部件。其中，食物托盘、转盘支架、三角驱动轴安装在微波炉的炉腔内，转盘电动机安装在微波炉的底部。

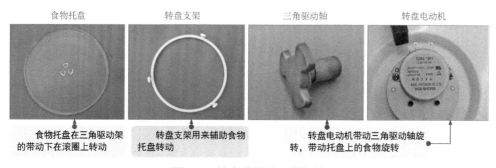

食物托盘　　　转盘支架　　　三角驱动轴　　　转盘电动机

食物托盘在三角驱动架的带动下在滚圈上转动

转盘支架用来辅助食物托盘转动

转盘电动机带动三角驱动轴旋转，带动托盘上的食物旋转

图 9-4　转盘装置的主要部件

（4）保护装置

微波炉中设有多个保护装置，包括对电路进行保护的熔断器、过热保护的温度保护器、防止微波泄漏的门开关组件及实现高压保护的高压熔断器等，如图 9-5 所示。

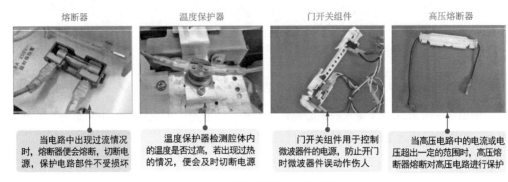

| 熔断器 | 温度保护器 | 门开关组件 | 高压熔断器 |

当电路中出现过流情况时，熔断器便会熔断，切断电源，保护电路部件不受损坏

温度保护器检测腔体内的温度是否过高，若出现过热的情况，便会及时切断电源

门开关组件用于控制微波器件的电源，防止开门时微波器件误动作伤人

当高压电路中的电流或电压超出一定的范围时，高压熔断器熔断对高压电路进行保护

图 9-5　保护装置的主要部件

（5）控制装置

如图 9-6 所示，控制装置是微波炉整机工作的控制核心，可对微波炉内各部件进行控制，协调各部件的工作。根据控制方式不同，控制装置分为机械控制装置和微电脑控制装置。

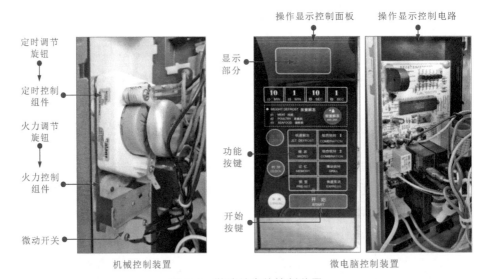

定时调节旋钮　定时控制组件　火力调节旋钮　火力控制组件　微动开关　机械控制装置

操作显示控制面板　操作显示控制电路　显示部分　功能按键　开始按键　微电脑控制装置

图 9-6　微波炉中的控制装置

（6）照明和散热装置

微波炉中通常都设有照明和散热装置，如图 9-7 所示。照明装置主要由照明灯构成，安装在微波炉的顶部，用于对炉腔内进行照明，方便拿取和观察食物。散热装置主要由散热风扇电动机、扇叶和支架构成，常安装在靠近热源的支架上，主要用于加速微波炉内部与外部的空气流通，确保微波炉良好地散热。

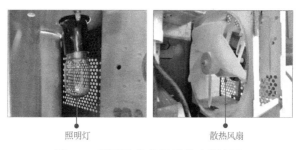

照明灯　　　　　　　　　　散热风扇

图 9-7　照明和散热装置的主要部件

9.1.2　微波炉的工作原理

图 9-8 为微波炉的整机控制关系。在工作时，由电源供电电路为各单元电路提供工作电压，微处理器通过控制继电器控制微波炉内主要部件的供电。

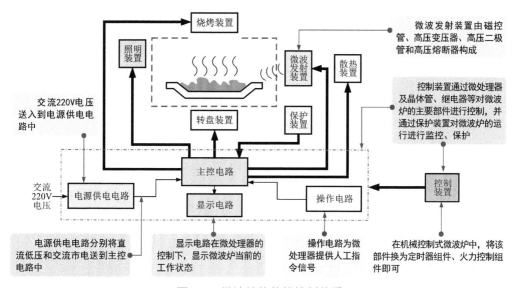

图 9-8　微波炉的整机控制关系

图 9-9 为定时器控制方式微波炉的电路。高压变压器、高压二极管、高压电容和磁控管是微波炉的主要部件。

由图 9-9 可见，这种电路的主要特点是由定时器控制高压变压器的供电。定时器定时旋钮旋到一定时间后，交流 220V 电压便通过定时器为高压变压器供电。当到达预定时间后，定时器回零，便切断交流 220V 供电，微波炉停机。

微波炉的磁控管是微波炉中的核心部件。它是产生大功率微波信号的器件，它在高电压的驱动下能产生 2450MHz 的超高频信号，由于它的波长比较短，因此这个信号被称为微波信号。利用这种微波信号可以对食物进行加热，所以磁控管是微波炉里的核心部件。

给磁控管供电的重要器件是高压变压器。高压变压器的初级接 220V 交流电，高压变压器的次级有两个绕组，一个是低压绕组，一个是高压绕组，低压绕组给磁控管的阴极供电，

209

磁控管的阴极相当于电视机显像管的阴极，给磁控管的阴极供电就能使磁控管有一个基本的工作条件。高压绕组线圈的匝数约为初级线圈的 10 倍，所以高压绕组的输出电压也大约是输入电压的 10 倍。如果输入电压为 220V，高压绕组输出的电压约为 2000V，这个高压是 50Hz 的，经过高压二极管的整流，就将 2000V 的电压变成 4000V 的高压。当 220V 是正半周时，高压二极管导通接地，高压绕组产生的电压就对高压电容进行充电，使其达到 2000V 左右的电压。当 220V 是负半周时，高压二极管是反向截止的，此时高压电容上面已经有 2000V 的电压，高压线圈上又产生了 2000V 左右的电压，加上电容上的 2000V 电压大约就是 4000V 的电压加到磁控管上。磁控管在高压下产生了强功率的电磁波，这种强功率的电磁波就是微波信号。微波信号通过磁控管的发射端发射到微波炉的炉腔里，在炉腔里面的食物由于受到微波信号的作用就可以实现加热。

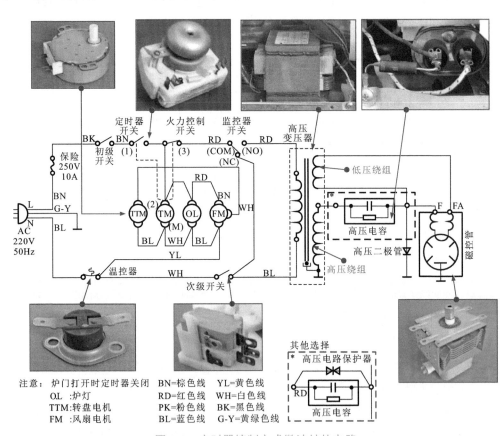

图 9-9　定时器控制方式微波炉的电路

图 9-10 为微电脑控制方式微波炉的电路。电脑控制方式微波炉的高压线圈部分和定时器控制方式的微波炉基本相同，所不同的是控制电路部分。

电脑控制方式微波炉的主要器件和定时器控制方式微波炉是一样的，即产生微波信号的都是磁控管。其供电电路由高压变压器、高压电容和高压二极管构成。高压电容和高压变压器的线圈产生 2450MHz 的谐振。

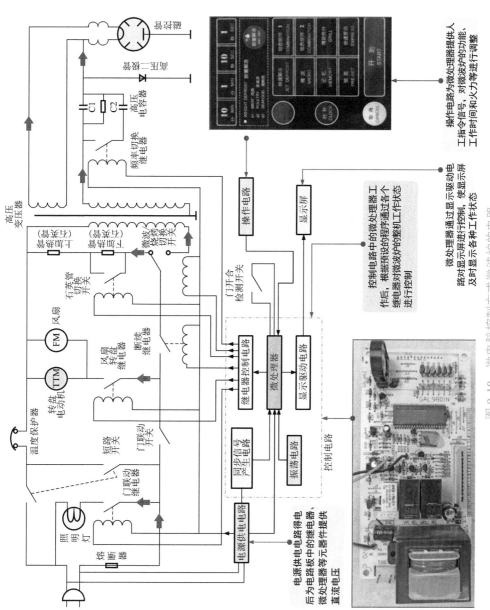

图 9-10 微电脑控制方式微波炉的电路

操作电路为微处理器提供人工指令信号，对微波炉的功能、工作时间和火力等进行调整

微处理器通过显示驱动电路对显示屏进行控制，使显示屏及时显示各种工作状态

控制电路中的微处理器工作后，根据预设的微波炉工作程序通过各个继电器对微波炉的整机工作状态进行控制

电源供电电路得电后为电路板中的继电器、微处理器等元器件提供直流电压

从图 9-10 中可以看出，该微波炉的频率可以调整。即微波炉上有两个挡，当微波炉拨至高频率挡时，继电器的开关就会断开，电容 C2 就不起作用。当微波炉拨至低频率挡时，继电器的开关便会接通。继电器的开关一接通，就相当于给高压电容又增加了一个并联电容 C2，谐振电容量增加，频率便有所降低。

该微波炉不仅具有微波功能，而且还具有烧烤功能。微波炉的烧烤功能主要是通过石英管实现的。在烧烤状态时，石英管产生的热辐射可以对食物进行烧烤加热，这种加热方式与微波不同。它完全是依靠石英管的热辐射效应对食物进行加热。在使用烧烤功能时，微波 / 烧烤切换开关切换至烧烤状态，将微波功能断开。微波炉即可通过石英管加食物进行烧烤。为了控制烧烤的程度。微波炉中安装有两根石英管。当采用小火力烧烤加热时，石英管切换开关闭合，将下加热管（石英管）短路，即只有上加热管（石英管）工作。当选择大火力烧烤时，石英管切换开关断开，上加热管（石英管）和下加热管（石英管）一起工作对食物加热。

在电脑控制方式微波炉中，微波炉的控制都是通过微处理器控制的。微处理器具有自动控制功能。它可以接收人工指令，也可以接收遥控信号。微波炉里的开关、电动机等都是由微处理器发出控制指令进行控制的。

在工作时，微处理器向继电器发送控制指令即可控制继电器工作。继电器的控制电路有 5 根线，其中一根控制继电器的通断，它是用来控制微波火力的。即如果使用强火力，继电器就一直接通，磁控管便一直发射微波对食物进行加热。如果使用弱火力，继电器便会在微处理器的控制下间断工作，例如可以使磁控管发射 30s 微波后停止 20s，然后再发射 30s，这样往复间歇工作，就可以达到火力控制的效果。

第二根线是控制微波 / 烧烤切换开关，当微波炉使用微波功能时，微处理器发送控制指令将微波 / 烧烤切换开关接至微波状态，磁控管工作对食物进行微波加热。当微波炉使用烧烤功能时，微处理器便控制切换开关将石英管加热电路接通，从而使微波电路断开，即可实现对食物的烧烤加热。

第三根线是控制频率切换继电器，从而实现对微波炉功率的调整控制。

第四根和第五根线分别控制风扇 / 转盘继电器和门联动继电器。通过继电器对开关进行控制可以实现小功率、小电流、小信号对大功率、大电流、大信号的控制。同时，将工作电压高的器件与工作电压低的器件分开放置对电路的安全也是一个保证。

在微波炉中，微处理器专门制作在控制电路板上，除微处理器外，相关的外围电路或辅助电路也都安装在控制电路板上。其中，时钟振荡电路是给微处理器提供时钟振荡的部分。微处理器必须有一个同步时钟，微处理器内部的数字电路才能够正常工作。同步信号产生器为微处理器提供同步信号。微处理器的工作一般都是在集成电路内部进行，用户是看不见摸不着的，所以微处理器为了和用户实现人工对话，通常会设置有显示驱动电路。显示驱动电路将微波炉各部分的工作状态通过显示面板上的数码管、发光二极管、液晶显示屏等器件显示出来。这些电路在一起构成微波炉的控制电路部分。他们的工作一般都需要低压信号，因此需要设置一个低压供电电路，将交流 220V 电压变成 5V、12V 直流低压，为微处理器和相关电路供电。

9.2 微波炉的检修技能

9.2.1 微波发射装置的检修

微波发射装置是微波炉故障率最高的部位，其内部的磁控管、高压变压器、高压电容和高压二极管由于长期受到高电压、大电流的冲击，较容易出现异常情况。

（1）磁控管的检测方法

磁控管是微波发射装置的主要器件，该器件可将电能转换成微波能辐射。当磁控管出现故障时，微波炉会出现转盘转动正常，但微波的食物不热的故障。检测磁控管，可在断电状态下检测磁控管的灯丝端、灯丝与外壳之间的阻值，如图9-11所示。

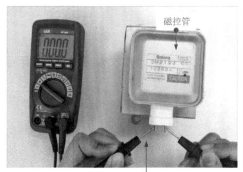
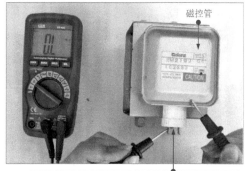

1 将万用表的红、黑表笔搭在磁控管灯丝引脚上，检测灯丝的阻值，实测数值为"0Ω"，属于正常状态，表明磁控管灯丝正常

2 保持万用表位在欧姆挡，将红、黑表笔分别搭在灯丝引脚和磁控管外壳上，检测灯丝引脚与外壳之间的阻值，万用表实测数值为无穷大，属于正常范围

图 9-11 微波炉中磁控管的检测方法

> **提示说明**
>
> 用万用表测量磁控管灯丝阻值的各种情况如下：
> ① 磁控管灯丝两引脚间的阻值小于1Ω为正常；
> ② 若实测阻值大于2Ω，则多为灯丝老化，不可修复，应整体更换磁控管；
> ③ 若实测阻值为无穷大，则为灯丝烧断，不可修复，应整体更换磁控管；
> ④ 若实测阻值不稳定变化，多为灯丝引脚与磁棒电感线圈焊口松动，应补焊。
>
> 用万用表测量灯丝引脚与外壳间阻值的各种情况如下：
> ① 磁控管灯丝引脚与外壳间的阻值为无穷大为正常；
> ② 若实测有一定阻值，则多为灯丝引脚相对外壳短路，应修复或更换灯丝引脚插座。

（2）高压变压器的检测方法

高压变压器是微波发射装置的辅助器件，也称为高压稳定变压器，在微波炉中主要用来为磁控管提供高压电压和灯丝电压。当高压变压器损坏时，将引起微波炉出现不微波的故障。

检测高压变压器可在断电状态下，通过检测高压变压器各绕组之间的阻值来判断高压变压器是否损坏，如图9-12所示。

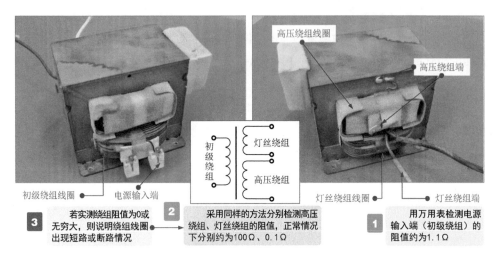

初级绕组线圈　　电源输入端

灯丝绕组线圈　　灯丝绕组端

初级绕组

灯丝绕组

高压绕组

高压绕组线圈

高压绕组端

3 若实测绕组阻值为0或无穷大，则说明绕组线圈出现短路或断路情况

2 采用同样的方法分别检测高压绕组、灯丝绕组的阻值，正常情况下分别约为100Ω、0.1Ω

1 用万用表检测电源输入端（初级绕组）的阻值约为1.1Ω

图 9-12　微波炉中高压变压器的检测方法

（3）高压电容器的检测方法

高压电容器是微波炉中微波发射装置的辅助器件，主要是起着滤波的作用。若高压电容器变质或损坏，常会引起微波炉出现不开机、不微波的故障。

检测高压电容器时，可用数字万用表检测电容量来判断好坏，如图9-13所示。

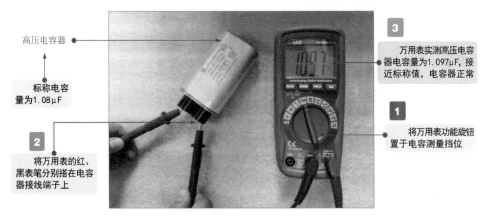

高压电容器

标称电容量为1.08μF

2 将万用表的红、黑表笔分别搭在电容器接线端子上

3 万用表实测高压电容器电容量为1.097μF，接近标称值，电容器正常

1 将万用表功能旋钮置于电容测量挡位

图 9-13　微波炉中高压电容器的检测方法

（4）高压二极管的检测方法

高压二极管是微波炉中微波发射装置的整流器件，该二极管接在高压变压器的高压绕组输出端，对交流输出进行整流。

检测高压二极管时，可借助万用表检测正、反向阻值来判断好坏，如图 9-14 所示。

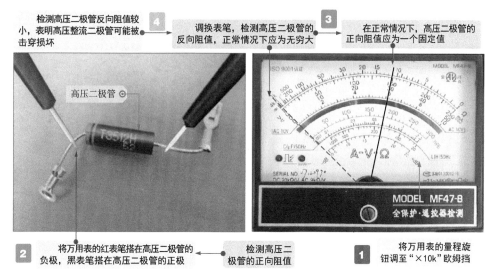

4 检测高压二极管反向阻值较小，表明高压整流二极管可能被击穿损坏

3 调换表笔，检测高压二极管的反向阻值，正常情况下应为无穷大

在正常情况下，高压二极管的正向阻值应为一个固定值

高压二极管

2 将万用表的红表笔搭在高压二极管的负极，黑表笔搭在高压二极管的正极

检测高压二极管的正向阻值

1 将万用表的量程旋钮调至"×10k"欧姆挡

图 9-14　微波炉中高压二极管的检测方法

≡9.2.2 烧烤装置的检修

在微波炉的烧烤装置中，石英管是该装置的核心部件。若石英管损坏，将引起微波炉烧烤功能失常的故障。

检测石英管时，应先检查石英管连接线是否出现松动、断裂、烧焦或接触不良等现象，然后借助万用表对石英管阻值进行检测来判断好坏，如图 9-15 所示。

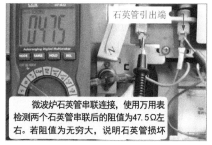

微波炉石英管串联连接，使用万用表检测两个石英管串联后的阻值为47.5Ω左右。若阻值为无穷大，说明石英管损坏

石英管引出端

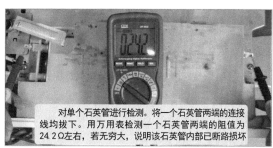

对单个石英管进行检测。将一个石英管两端的连接线均拔下。用万用表检测一个石英管两端的阻值为24.2Ω左右，若无穷大，说明该石英管内部已断路损坏

图 9-15　微波炉中石英管的检测方法

≡9.2.3 转盘装置的检修

转盘装置出现故障后，微波炉会出现食物受热不均匀、不能加热、转动时有"咔咔"声或转盘不转动等现象。若转盘装置出现故障，重点应对转盘电动机进行检测。

图 9-16 为转盘电动机的检测方法，通常可使用万用表检测转盘电动机绕组的阻值来判别转盘电动机的性能。

微波炉烧烤装置的检测方法

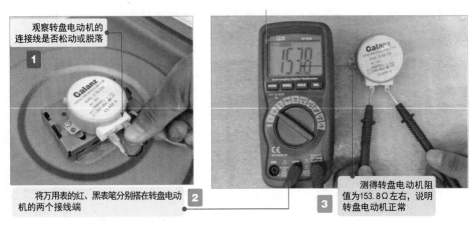

观察转盘电动机的连接线是否松动或脱落

1

将万用表的红、黑表笔分别搭在转盘电动机的两个接线端 **2**

3 测得转盘电动机阻值为153.8Ω左右，说明转盘电动机正常

图 9-16　转盘电动机的检测方法

9.2.4　保护装置的检修

保护装置是微波炉中的重要组成部分。其内部的熔断器、温度保护器及门开关组件都可起到重要的保护作用。若出现异常，将造成微波炉自动保护功能失常，一旦出现故障，故障范围或严重程度都会扩大。当微波炉出现"破坏性"故障时，除了对损坏的部件进行检查外，还要查找无法自动保护的原因，对保护装置进行检测。

（1）熔断器的检修

熔断器是保护微波炉过流、过载的重要器件，当微波炉有过流、过载的情况时，熔断器会被烧断，起到保护电路的作用，从而实现对微波炉的保护。若熔断器损坏时，常会引起微波炉出现不开机的故障。通常，直接观察即可发现故障。

（2）温度保护器的检修

温度保护器用于监测微波炉炉腔内的温度，当微波炉炉腔内的温度过高，达到温度保护器的感应温度时，温度保护器就会自动断开，起到保护电路的作用，从而实现对微波炉的过热保护作用，通常安装在微波炉的顶部。温度保护器损坏，常会导致微波炉出现不开机的故障。检测温度保护器时，可在断电状态下，借助万用表检测温度保护器的阻值，如图 9-17 所示。

（3）门开关组件的检修

如图9-18所示，微波炉有3个门开关，上面的一个是蓝色的，下面的是灰色的和白色的，它们叠加在一起。

其中蓝色的开关只有两个引线端，白色的开关有3个引线端，灰色的开关是控制操作显示电路板的门开关。当微波炉的门被关上的时候，门上的3个开关都被按下。门打开时，门开关的两条引线间的触点就会断开，这样就断开了给磁控管的供电，起到安全作用。

图 9-19 为门开关的检测。首先测量上面的蓝色门开关，将万用表的两表笔放到两个引线端上。在关门状态下，这个开关呈导通状态，所测阻值为零。当门打开时，开关就断开了，实测阻值应为无穷大，这是正常的，若阻值不变，则说明门开关损坏。

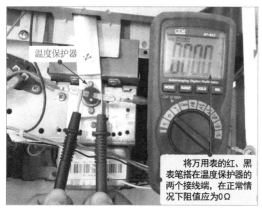

温度保护器

将万用表的红、黑表笔搭在温度保护器的两个接线端，在正常情况下阻值应为0Ω

图 9-17 温度保护器的检修

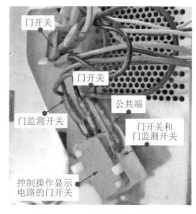

门开关

门开关

公共端

门监测开关

门开关和门监测开关

控制操作显示电路的门开关

图 9-18 微波炉门开关

在关门的状态下，测得阻值为0

在开门的状态下，测得阻值为无穷大

图 9-19 门开关的检测

微波炉门开关组件的检测方法

（4）控制装置的检修

以微电脑微波炉为例，若控制装置出现故障时，常会引起通电后微波炉无反应、按键失灵、蜂鸣器无声、数码显示管无显示等故障。检修时，可依据具体故障表现分析产生故障的原因，并根据电路的控制关系，对可能产生故障的相关部件逐一进行排查。微波炉操作显示电路板的供电是由 220V 交流电压经降压、整流处理后提供的，检测时，可将一条引线连接在操作显示电路板的供电端，如图 9-20 所示。为了安全起见，用绝缘胶带将电源端包裹起来，以防检测时有触电的危险。

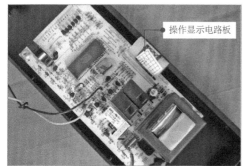

操作显示电路板

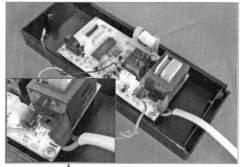

将一条引线连接在操作显示电路板的供电端，并用绝缘胶带将电源端包裹起来

图 9-20 微波炉检测前的供电处理

图 9-21 为操作显示电路中微处理器的检测。微处理器的供电、时钟信号、复位信号是微处理器正常工作的三大基本条件，任何一个条件不满足，微处理器都不可能正常工作。

若微处理器三个工作条件正常，此时通过操作按键向微处理器发送人工指令，监测微处理器控制信号输出引脚端的信号。若供电、时钟、复位三大基本条件满足时，无控制信号输出，则多为微处理器芯片内部损坏，需用同型号的芯片更换。

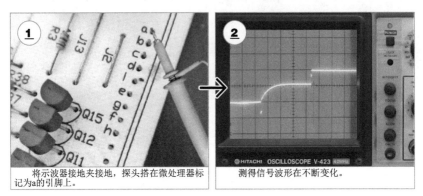

将示波器接地夹接地，探头搭在微处理器标记为a的引脚上。

测得信号波形在不断变化。

图 9-21　操作显示电路中微处理器的检测

提示说明

首先检测标记为 a 的引脚波形。a 端是驱动显示器的阳极，波形是不断变化的。然后检测 b、c、d、e、f、g、h 端，检测时，不用追求波形信号的脉冲幅度及排列顺序，只要能看清波形的基本形状就可以，因为根据显示的内容不同，脉冲信号的显示形状及排列顺序也是不同的。

9.2.5　照明和散热装置的检修

在微波炉的照明和散热装置中，照明灯和散热风扇电动机是主要的检测部件，若性能不良，多会引起微波炉照明灯不亮、散热不良等故障，可借助万用表进行检测。微波炉中照明灯和散热风扇电动机的检测方法如图 9-22 所示。

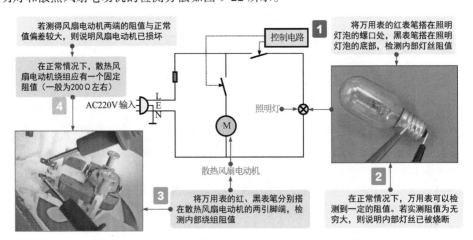

若测得风扇电动机两端的阻值与正常值偏差较大，则说明风扇电动机已损坏

在正常情况下，散热风扇电动机绕组应有一个固定阻值（一般为200Ω左右）

4

AC220V输入

控制电路

1 将万用表的红表笔搭在照明灯泡的螺口处，黑表笔搭在照明灯泡的底部，检测内部灯丝阻值

照明灯

散热风扇电动机

3 将万用表的红、黑表笔分别搭在散热风扇电动机的两引脚端，检测内部绕组阻值

2 在正常情况下，万用表可以检测到一定的阻值。若实测阻值为无穷大，则说明内部灯丝已被烧断

图 9-22　微波炉中照明灯和散热风扇电动机的检测方法

9.3 微波炉常见故障检修

9.3.1 微波炉加热功能失常的故障检修

微波炉通电后启动正常，进行微波加热时，微波炉转盘转动，当达到微波加热设定的时间后，拿出微波的食物，食物没有被加热过的迹象。

重新对微波炉通电，设定微波加热时间后，可以感觉到该微波炉有轻微的振动，说明该微波炉的高压变压器开始工作，因此可以断定该微波炉的微波加热继电器及其驱动电路正常，应重点检测微波加热组件。

对该微波炉通电，使其处于微波炊饭状态，使用示波器检测微波加热组件的输出波形判断该微波炉的故障点。

由于高压变压器输出电压幅度超过示波器的测量范围，因而采用感应法，将示波器的探头靠近高压变压器的绕组线圈，而不接触焊点，就能感应出图示的波形，如图9-23所示。

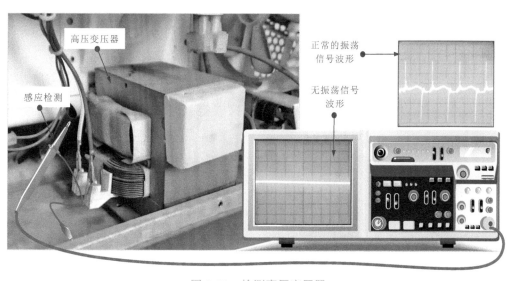

图 9-23 检测高压变压器

高压变压器输出的波形不正常，应再检测磁控管的连接是否正常，如果外部连接正常，采用感应法，将示波器探头靠近磁控管引脚的外部，检测是否有振荡信号波形，如图9-24所示。经检测，无正常的振荡信号波形。

实测无信号波形，可以断定为故障出现在磁控管、高压电容和高压二极管等部分。将微波炉断电后，对磁控管进行阻值检测。正常情况下，磁控管的阻值很小，为 $0 \sim 1.2\Omega$。当前所测该磁控管的阻值为无穷大，说明该磁控管已经损坏。选择同型号磁控管更换，故障排除。

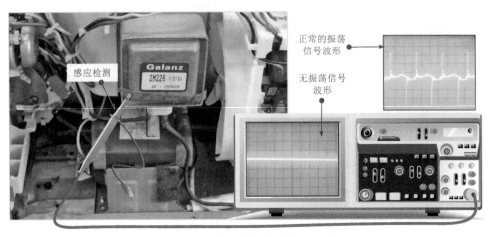

正常的振荡
信号波形

无振荡信号
波形

图 9-24　检测磁控管的输出波形

9.3.2　微波炉开机烧保险管的故障检修

　　微波炉通电后，烧断保险管，微波炉不工作。这种情况，通常在微波炉的直流电源电路中有损坏的元器件，或加热组件有击穿损坏的元器件。判断故障点时，首先通过外观检查电源电路以及加热组件。而从外观上无法判断故障点，则需要依次检测和排除故障。

　　将微波炉断电，首先检测降压变压器次级绕组电阻值，如图 9-25 所示。将万用表的量程调整至 R×1Ω 挡，红黑表笔任意搭在降压变压器的 ①、② 脚上。

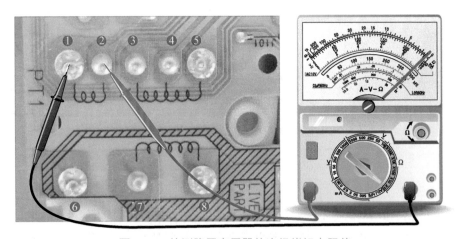

图 9-25　检测降压变压器的次级绕组电阻值

　　经检测该变压器的 ①、② 脚阻值约为 2Ω，正常。此时，应继续检测低压变压器的其他绕组阻值，阻值均正常。继续对整流二极管进行检测。

　　如图 9-26 所示检测整流二极管的正反向阻抗。其正向阻抗应小于 5kΩ，反向阻抗应远大于正向阻抗。实测偏差较大，说明二极管损坏。更换后故障排除。

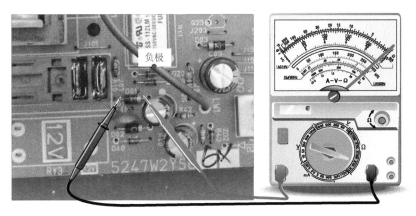

图 9-26　检测整流二极管的正反向阻抗

第 10 章 电磁炉维修

10.1 电磁炉的结构和工作原理

10.1.1 电磁炉的结构特点

电磁炉是一种利用电磁感应原理进行加热的电炊具,可以进行煎、炒、蒸、煮等各种烹饪,使用非常方便,广泛应用于家庭生活中。

图 10-1 为典型电磁炉的外部结构。可以看到,其主要是由灶台面板、操作显示面板、外壳、散热口等部分构成的。

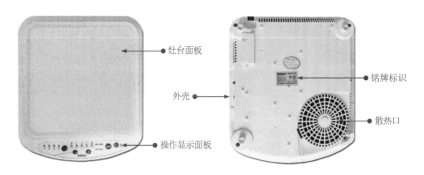

灶台面板
外壳
操作显示面板
铭牌标识
散热口

图 10-1 典型电磁炉的外部结构

相/关/资/料

电磁炉的外壳由上盖和底座两部分组成。电磁炉的外壳上盖连同灶台面板和底座拼合在一起,通过固定螺钉及卡扣固定连接。电磁炉的底部设置散热口,可确保电磁炉在工作时能良好地散热。另外,电磁炉的铭牌标识通常贴在电磁炉的底座中央位置,在铭牌标识上标注了电磁炉的品牌、型号、功率、产地等产品信息,如图 10-2 所示。

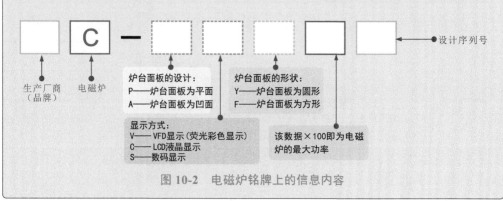

C —

生产厂商
(品牌)
电磁炉

炉台面板的设计:
P——炉台面板为平面
A——炉台面板为凹面

显示方式:
V——VFD显示(荧光彩色显示)
C——LCD液晶显示
S——数码显示

炉台面板的形状:
Y——炉台面板为圆形
F——炉台面板为方形

该数据×100即为电磁炉的最大功率

设计序列号

图 10-2 电磁炉铭牌上的信息内容

拆开电磁炉外壳即可看到内部结构，如图 10-3 所示。电磁炉内部主要由炉盘线圈、电路板和散热风扇组件构成。

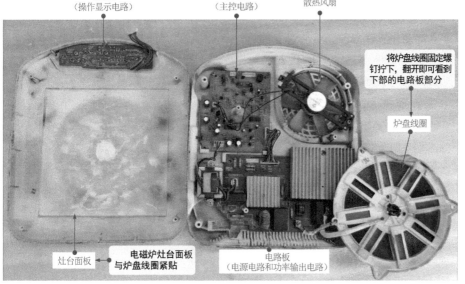

电路板（操作显示电路）　　电路板（主控电路）　　散热风扇

将炉盘线圈固定螺钉拧下，翻开即可看到下部的电路板部分

炉盘线圈

灶台面板

电磁炉灶台面板与炉盘线圈紧贴

电路板（电源电路和功率输出电路）

图 10-3　典型电磁炉的内部结构

（1）炉盘线圈

电磁炉的炉盘线圈又称加热线圈，实际上是一种将多股导线绕制成圆盘状的电感线圈，是将高频交变电流转换成交变磁场的元器件，用于对铁磁性材料的锅具加热。图 10-4 为炉盘线圈的实物外形。其外形特征明显，打开电磁炉外壳即可看到。

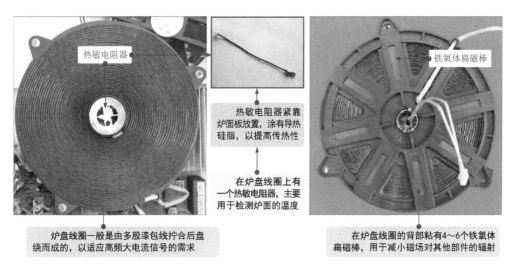

热敏电阻器

热敏电阻器紧靠炉面板放置，涂有导热硅脂，以提高传热性

在炉盘线圈上有一个热敏电阻器，主要用于检测炉面的温度

铁氧体扁磁棒

炉盘线圈一般是由多股漆包线拧合后盘绕而成的，以适应高频大电流信号的需求

在炉盘线圈的背部粘有4～6个铁氧体扁磁棒，用于减小磁场对其他部件的辐射

图 10-4　炉盘线圈的实物外形

炉盘线圈通常是由多股漆包线（近20股，直径约为0.31mm）拧合后盘绕而成的，在炉盘线圈的背部(底部)粘有4～6个铁氧体扁磁棒，用于减小磁场对其他部件的辐射，以免在工作时，加热线圈产生的磁场影响其他电路。

炉盘线圈自身并不是热源，而是高频谐振回路中的一个电感。其作用与谐振电容振荡，产生高频交变磁场。交变磁场在锅底产生涡流，使锅底发热，进而加热锅中的食物。

在不同品牌和型号的电磁炉中，炉盘线圈的外形基本相同，线圈圈数、线圈绕制方向、线圈盘大小、薄厚、疏密程度会有所区别，这也是电磁炉额定功率不同的重要标志。市场上常用的炉盘线圈有28圈、32圈、33圈、36圈和102圈，电感量有137μH、140μH、175μH、210μH等。

图10-5为不同品牌电磁炉中炉盘线圈的外形对比。

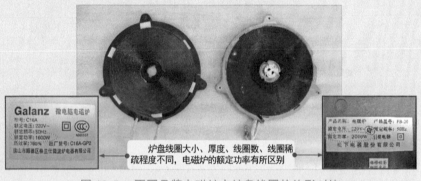

图 10-5　不同品牌电磁炉中炉盘线圈的外形对比

（2）电路板

电路板是电磁炉内部的主要组成部分，也是承载电磁炉主要功能电路的关键部件。目前，常见的电磁炉通常设有两块或三块电路板，如图10-6所示，不同结构形式电路板的功能基本相同。

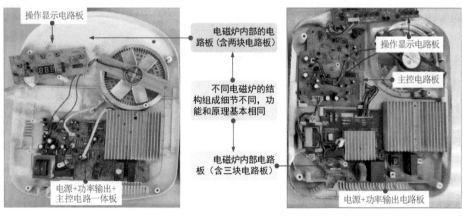

图 10-6　电磁炉中的电路板结构形式

图 10-7 为采用三块电路板的电磁炉电路结构，根据电路功能，可将三块电路板划分为电源供电电路、功率输出电路、主控电路和操作显示电路。

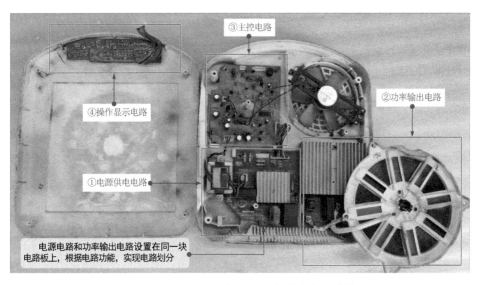

图 10-7 采用三块电路板的电磁炉电路结构

① 电源供电电路　电源供电电路是电磁炉整机的供电电路，主要由几个体积较大的分立元器件构成，分布较稀疏，如图 10-8 所示。

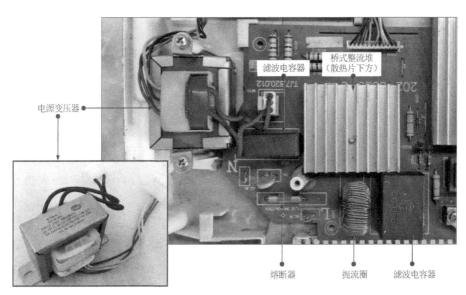

图 10-8　电磁炉中的电源供电电路

② 功率输出电路　功率输出电路是电磁炉的负载电路，主要用来将电磁炉的电路功能进行体现和输出，实现电能向热能的转换。图 10-9 为典型电磁炉中的功率输出电路。

图 10-9　典型电磁炉中的功率输出电路

③ 主控电路　主控电路是电磁炉中的控制电路，也是核心组成部分。电磁炉整机人工指令的接受、状态信号的输出、自动检测和控制功能的实现都是由该电路完成的。图 10-10 为典型电磁炉中的主控电路。

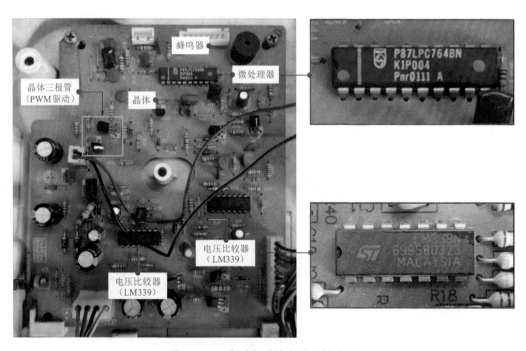

图 10-10　典型电磁炉中的主控电路

④ 操作显示电路　操作显示电路是电磁炉实现人机交互的窗口，一般位于电磁炉上盖操作显示面板的下部。图 10-11 为典型电磁炉中的操作显示电路。

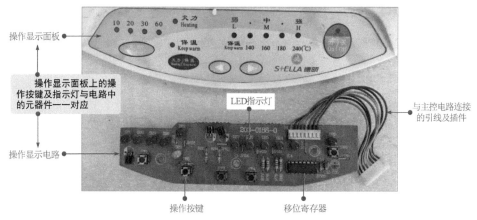

操作显示面板

操作显示面板上的操作按键及指示灯与电路中的元器件一一对应

操作显示电路

LED指示灯

与主控电路连接的引线及插件

操作按键

移位寄存器

图 10-11　典型电磁炉中的操作显示电路

相/关/资/料

　　不同品牌和型号电磁炉的功能不同，体现在操作控制方面表现为操作显示电路的具体结构不同。图 10-12 为集成了控制部分的操作显示电路。

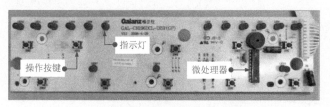

指示灯

操作按键

微处理器

图 10-12　集成了控制部分的操作显示电路

（3）散热风扇组件

　　电磁炉的散热口位于底部，电磁炉内部产生的热量可以通过风扇的作用由散热口及时排出，降低炉内的温度，有利于电磁炉的正常工作。

　　图 10-13 为典型电磁炉中的散热风扇组件。

底座

散热风扇组件

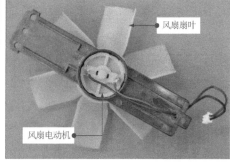

风扇扇叶

风扇电动机

图 10-13　典型电磁炉中的散热风扇组件

10.1.2 电磁炉的工作原理

不同电磁炉的电路结构各异，基本工作原理大致相同。图 10-14 为电磁炉的加热原理示意图。

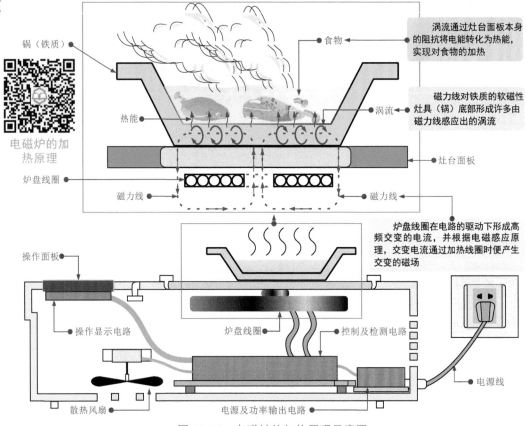

锅（铁质）

涡流通过灶台面板本身的阻抗将电能转化为热能，实现对食物的加热

食物

磁力线对铁质的软磁性灶具（锅）底部形成许多由磁力线感应出的涡流

热能

涡流

电磁炉的加热原理

灶台面板

炉盘线圈

磁力线

磁力线

炉盘线圈在电路的驱动下形成高频交变的电流，并根据电磁感应原理，交变电流通过加热线圈时便产生交变的磁场

操作面板

操作显示电路

炉盘线圈

控制及检测电路

电源线

散热风扇

电源及功率输出电路

图 10-14　电磁炉的加热原理示意图

由图 10-14 可知，电磁炉通电后，在内部控制电路、电源及功率输出电路作用下，在炉盘线圈中产生电流。

根据电磁感应原理，炉盘线圈中的电流变化会在周围空间产生磁场，在磁场范围内如有铁磁性的物质，就会在其中产生高频涡流，高频涡流通过灶具本身的阻抗将电能转化为热能，实现对食物的加热、炊饭功能。

提示说明

当线圈中的电流随时间变化时，由于电磁感应，因此附近的另一个线圈会产生感应电流。实际上，这个线圈附近的任何导体都会产生感应电流。用图模拟感应电流看起来就像水中的旋涡，所以称其为涡电流，简称涡流。在电磁炉的工作过程中，灶具置于随时间变化的磁场中，灶具内将产生感应电流，在灶具内自成闭合回路产生涡流，使炊具产生大量的热量。

图 10-15 为电磁炉的工作原理简图。交流 220V 电压通过桥式整流堆（四个整流二极管）将 220V 的交流电压整流为大约 300V 的直流电压，再经过扼流圈和平滑电容后加到炉盘线圈的一端，同时，在炉盘线圈的另一端接一个门控管。当门控管导通时，炉盘线圈的电流通过门控管形成回路，在炉盘线圈中就产生了电流。

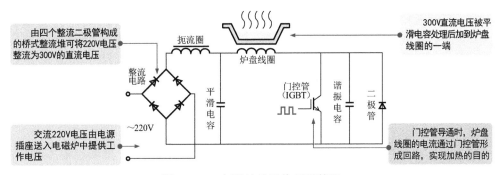

图 10-15　电磁炉的工作原理简图

图 10-16 为典型电磁炉的整机电路框图。电磁炉工作时，交流 220V 电压经桥式整流堆整流滤波后输出 300V 直流电压送到炉盘线圈，炉盘线圈与谐振电容形成高频谐振，将直流 300V 电压变成高频振荡电压，达 1000V 以上。

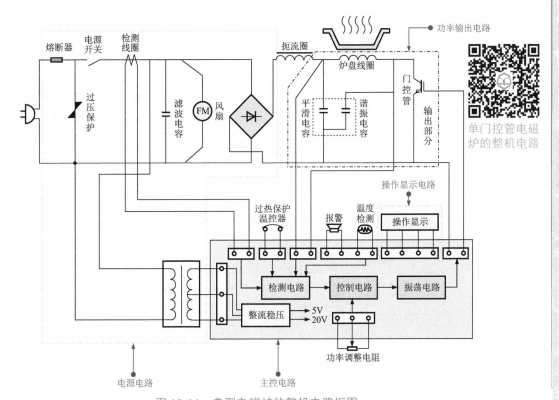

图 10-16　典型电磁炉的整机电路框图

电磁炉的供电电路由交流 220V 电压插头、熔断器、电源开关、过压保护、电流检测等部分组成。若供电电流过大，则会烧毁熔断器；如果输入的电压过高，则过压保护器件会进行过压保护。

变压器是给控制板（控制电路单元）供电的，一般由交流 220V 电压输入后变成低压输出，再经过稳压电路变成 5V、12V、20V 等直流电压，为检测控制电路和脉冲信号产生电路提供电源。

电磁炉的主控电路部分主要包括检测电路、控制电路和振荡电路等，在电磁炉中被制成一个电路单元。该电路中振荡电路所产生的信号通过插件送给门控管，门控管的工作受栅极的控制。电磁炉工作时，脉冲信号产生电路为栅极提供驱动控制信号，使门控管与炉盘线圈形成高频振荡。

电路单元中的检测电路在电磁炉工作时自动检测过压、过流、过热情况，并进行自动保护。例如，炉盘线圈中安装有温度传感器用来检测炉盘线圈温度，如果检测到的温度过高，则检测电路就会将该信号送给控制电路，然后通过控制电路控制振荡电路，切断脉冲信号产生电路，使其没有输出。过热保护温控器通常安装在门控管集电极的散热片上，如果检测到门控管的温度过高，则过热保护温控器便会自动断开，使整机进入断电保护状态。

图 10-17 为采用双门控管控制的电磁炉电路结构。从图中可以看到，炉盘线圈是由两个门控管组成的控制电路控制的。在加热线圈的两端并联有电容 C1，即高频谐振电容，在外电压的作用下，C1 两端会形成高频信号。

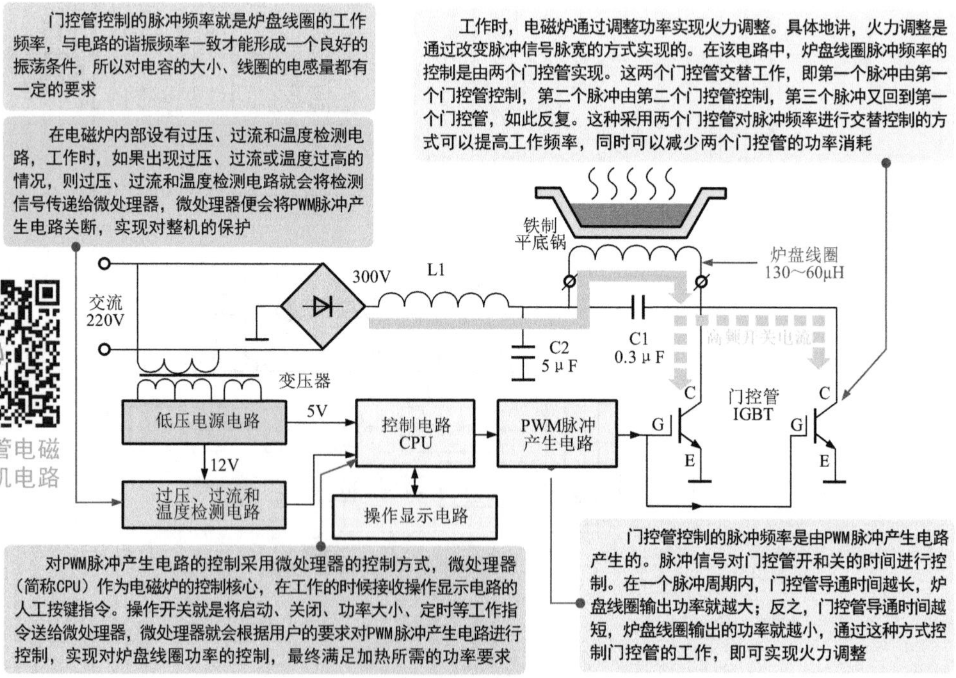

门控管控制的脉冲频率就是炉盘线圈的工作频率，与电路的谐振频率一致才能形成一个良好的振荡条件，所以对电容的大小、线圈的电感量都有一定的要求

在电磁炉内部设有过压、过流和温度检测电路，工作时，如果出现过压、过流或温度过高的情况，则过压、过流和温度检测电路就会将检测信号传递给微处理器，微处理器便会将PWM脉冲产生电路关断，实现对整机的保护

工作时，电磁炉通过调整功率实现火力调整。具体地讲，火力调整是通过改变脉冲信号脉宽的方式实现的。在该电路中，炉盘线圈脉冲频率的控制是由两个门控管实现。这两个门控管交替工作，即第一个脉冲由第一个门控管控制，第二个脉冲由第二个门控管控制，第三个脉冲又回到第一个门控管，如此反复。这种采用两个门控管对脉冲频率进行交替控制的方式可以提高工作频率，同时可以减少两个门控管的功率消耗

双门控管电磁炉的整机电路

对PWM脉冲产生电路的控制采用微处理器的控制方式，微处理器（简称CPU）作为电磁炉的控制核心，在工作的时候接收操作显示电路的人工按键指令。操作开关就是将启动、关闭、功率大小、定时等工作指令送给微处理器，微处理器就会根据用户的要求对PWM脉冲产生电路进行控制，实现对炉盘线圈功率的控制，最终满足加热所需的功率要求

门控管控制的脉冲频率是由PWM脉冲产生电路产生的。脉冲信号对门控管开和关的时间进行控制。在一个脉冲周期内，门控管导通时间越长，炉盘线圈输出功率就越大；反之，门控管导通时间越短，炉盘线圈输出的功率就越小，通过这种方式控制门控管的工作，即可实现火力调整

铁制平底锅
炉盘线圈 130～60μH

交流 220V
300V
L1
C2 5μF
C1 0.3μF
变压器
低压电源电路 5V
12V
过压、过流和温度检测电路
控制电路 CPU
PWM脉冲产生电路
操作显示电路
门控管 IGBT
C G E
C G E

图 10-17 采用双门控管控制的电磁炉电路结构

10.2 电磁炉的检修技能

电磁炉作为一种厨房用具，最基本的功能是实现加热炊饭，因此出现故障后，最常见的故障也主要表现在炊饭功能和工作状态上，如"通电不工作""不加热"和"加热失控"等。

不同的故障现象往往与故障部位之间存在着对应关系。检修前，应认真分析和推断故障原因，圈定故障范围。

图10-18为电磁炉整机的故障检修重点。结合电磁炉的整机结构和工作原理，检修电磁炉故障的重点为主要组成部件和电路参数部分，即检测炉盘线圈、检测电路（电源供电电路、功率输出电路、主控电路和操作显示电路）及散热组件部分。

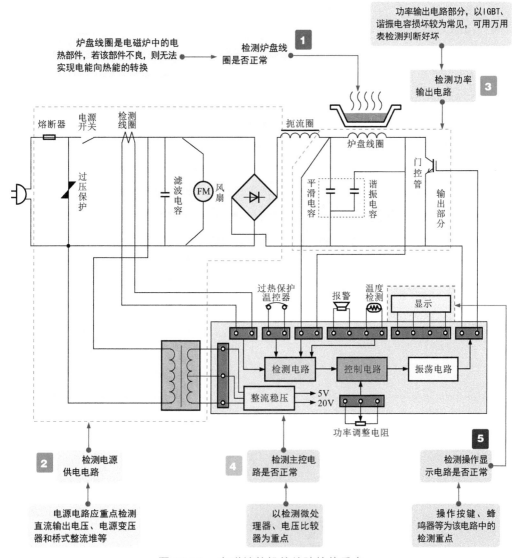

图 10-18 电磁炉整机的故障检修重点

电磁炉的检修点很多，出现故障后，找准检修点是做好检修分析的主要目的，通常首先需要结合故障表现，分析引起这种故障最常见的原因，并对怀疑的部件直接进行检修。例如，当电磁炉出现通电不工作故障时，说明供电没有送入电磁炉中，发生这种故障的原因多为电源供电电路、主控电路发生故障。根据检修经验，应对电源供电电路和主控电路中的相关部件进行检测，重点对熔断器、低压电源电路、复位电路、晶振电路等进行检测。

又如，电磁炉不能加热的故障原因多为功率输出电路、主控电路发生故障，应重点检测功率输出电路中的IGBT、炉盘线圈、谐振电容，主控电路中的检锅电路、同步振荡电路、PWM调制电路、PWM驱动电路、浪涌保护电路、IGBT高压保护电路及电流、电压检测/保护电路等。

电磁炉加热失控故障的原因多为主控电路中与温度控制相关的电路发生故障，如PWM调制电路、温度检测/保护电路等。

另外，检修电磁炉与其他家电产品还有一个明显区别，即电磁炉的自身故障诊断，当电磁炉发生故障时，显示屏或指示灯可作为故障代码的显示窗口，如图10-19所示，根据故障代码，对应维修手册可快速了解故障原因和检修部位。

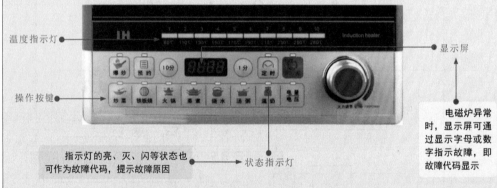

图10-19　典型电磁炉的操作显示面板（故障代码指示）

故障代码大多能够直接提示当前的故障原因或出现故障的部位，对检修十分有帮助。不同厂家生产电磁炉所显示故障代码的含义都是不同的，在检修过程中，需要首先根据故障机的品牌、型号查找对应的故障代码说明，并根据说明进行检修。

表10-1为格兰仕CXXA-X（X）P1II型电磁炉的故障代码，可在检修时作为参考。

根据检修分析，检修电磁炉可从主要部件和电路板入手，借助检修仪器仪表，采取恰当的检修方法，最终找到故障点，排除故障。

表 10-1 格兰仕 CXXA-X（X）P1II 型电磁炉的故障代码

15 分钟灯	30 分钟灯	45 分钟灯	60 分钟灯	数码显示	故障原因
●	●	●	●	E0	硬件故障
●	○	○	○	E1	IGBT（门控管）超温
○	●	○	○	E2	电源电压偏高
●	●	○	○	E3	电源电压偏低
○	○	●	○	E4	炉盘线圈温度传感器断路
○	●	●	○	E5	炉盘线圈温度传感器短路
○	○	●	○	E6	炉面超温
●	●	●	○	E7	IGBT（门控管）传感器断路

注："○"表示灯灭；"●"表示灯亮。

（1）炉盘线圈的检修方法

炉盘线圈是电磁炉中的电热部件，是实现电能转换成热能的关键器件。若炉盘线圈损坏，将直接导致电磁炉无法加热的故障。

怀疑炉盘线圈异常时，可借助万用表检测炉盘线圈的阻值来判断炉盘线圈是否损坏，如图 10-20 所示。

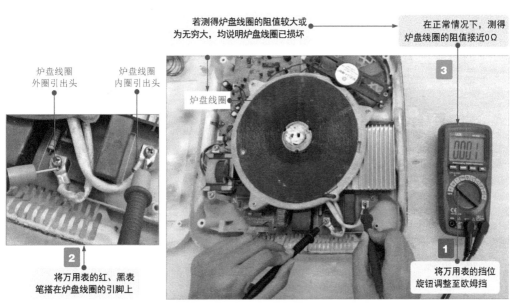

图 10-20 炉盘线圈的检测方法

提示说明

在检修实践中，炉盘线圈损坏的概率很小，但需要注意的是，炉盘线圈背部的磁条部分可能会出现裂痕或损坏，若磁条存在漏电短路情况，将无法修复，只能将其连同炉盘线圈整体更换。

根据检修经验，若代换炉盘线圈，则最好将炉盘线圈配套的谐振电容一起更换，以保证炉盘线圈和谐振电容构成的 LC 谐振电路的谐振频率不变。

（2）电源供电电路的检修方法

电磁炉的电源供电电路几乎可以为任何电路或部件提供工作条件。当电源供电电路出现故障时，常会引起电磁炉无法正常工作的故障现象。

在通常情况下，检修电源供电电路时可首先采用观察法检查主要元器件有无明显的损坏迹象，如观察熔断器是否有烧焦的迹象，电源变压器、三端稳压器等有无引脚虚焊、连焊等不良的现象。如果出现上述情况，则应立即更换损坏的元器件或重新焊接虚焊引脚。若从表面无法观测到故障部件时，则借助检测仪表对电路中关键点的电压参数进行检测，并根据检测结果分析和排除故障。

① 电源供电电路中关键点电压的检测方法　电源供电电路是否正常主要通过检测输出的各路电压是否正常来判断。若输出电压均不正常，则需要判断输入电压是否正常。若输入电压正常，而无电压输出，则可能是电源供电电路本身损坏。

例如，根据前面对电磁炉工作原理的分析可知，+300V 电压是功率输出电路的工作条件，也是电源供电电路输出的直流电压，可通过检测 +300V 滤波电容判断电压是否正常，如图 10-21 所示。

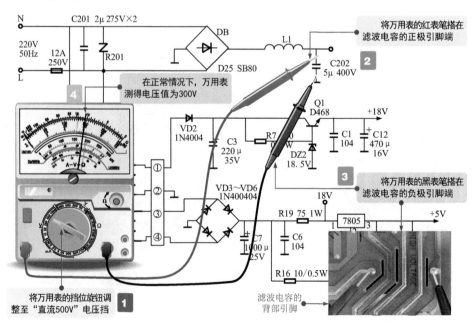

图 10-21　电磁炉电源供电电路中直流 300V 供电电压的检测方法

提示说明

若 +300V 电压正常，则表明电源供电电路的交流输入及整流滤波电路正常；若无 +300V 电压，则表明交流输入及整流滤波电路没有工作或有损坏的元器件。

电源供电电路直流输出电压（如图 10-21 中的 +18V、+5V）的供电检测方法与之相同。当电压正常时，说明电源供电电路正常；若实测无直流电压输出，则可能为电源电路异常，也可能是供电线路的负载部分存在短路故障，可进一步测量直流电压输出线路的对地阻值。

例如，若三端稳压器输出的 5V 电源为零，可检测 5V 电压的对地阻值是否正常，即检测电源供电电路中三端稳压器 5V 输出端引脚的对地阻值。若三端稳压器 5V 输出端引脚的对地阻值为 0Ω，说明 5V 供电线路的负载部分存在短路故障，可逐一对 5V 供电线路上的负载进行检查，如微处理器、电压比较器等，排除负载短路故障后，电源供电电路输出可恢复正常（电源供电电路本身无异常情况时）。

② 电源供电电路中主要元器件的检测方法　在检测电源供电电路的电压参数时，若供电参数异常或电磁炉因损坏无法进行通电测试时，应检测电路中的主要组成元器件，如电源变压器、桥式整流堆、三端稳压器等，通过排查各个组成元器件的好坏，找到故障点并排除故障。

电源变压器是电磁炉中的电压变换元器件，主要用于将交流 220V 电压降压，若电源变压器故障，将导致电磁炉不工作或加热不良等现象。

若怀疑电源变压器异常，则可在通电状态下，借助万用表检测输入侧和输出侧的电压值判断好坏，如图 10-22 所示。

电磁炉降压变压器的检测

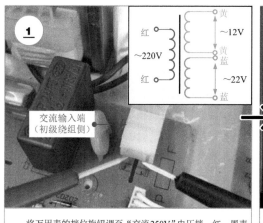

将万用表的挡位旋钮调至"交流250V"电压挡，红、黑表笔搭在电源变压器交流输入端插件上。

观察指针万用表的读数，在正常情况下，可测得交流220V电压。

图 10-22

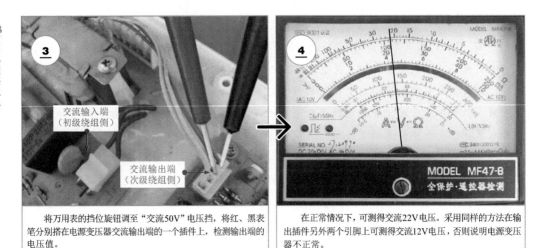

| ③ 将万用表的挡位旋钮调至"交流50V"电压挡，将红、黑表笔分别搭在电源变压器交流输出端的一个插件上，检测输出端的电压值。 | ④ 在正常情况下，可测得交流22V电压。采用同样的方法在输出插件另外两个引脚上可测得交流12V电压，否则说明电源变压器不正常。 |

图 10-22　电源供电电路中电源变压器的检测方法

提示说明

　　若怀疑电源变压器异常时，可在断电的状态下，使用万用表检测初级绕组之间、次级绕组之间及初级绕组和次级绕组之间阻值的方法判断好坏。

　　在正常情况下，初级绕组之间、次级绕组之间均应有一定的阻值，初级绕组和次级绕组之间的阻值应为无穷大，否则说明电源变压器损坏。

　　桥式整流堆用于将输入电磁炉中的交流 220V 电压整流成 +300V 直流电压，为功率输出电路供电。若桥式整流堆损坏，则会引起电磁炉出现不开机、不加热、开机无反应等故障，可借助万用表检测桥式整流堆的输入、输出端电压值，检测和判断方法与检测电源变压器类似。

　　（3）功率输出电路的检修方法

　　在电磁炉中，当功率输出电路出现故障时，常会引起电磁炉通电跳闸、不加热、烧熔断器、无法开机等现象。

　　当怀疑电磁炉的功率输出电路异常时，可先借助检修仪表检测电路中的动态参数，如供电电压、PWM 驱动信号、IGBT 输出信号等。若参数异常时，说明相关电路部件可能未进入工作状态或损坏，可对所测电路范围内的主要部件进行排查，如高频谐振电容、IGBT、阻尼二极管等，找出损坏的元器件，修复和更换后即可排除故障。

　　① 功率输出电路动态参数的检测方法　功率输出电路正常工作需要基本的供电条件和驱动信号条件，只有在这些条件均满足的前提下才能够工作。

　　功率输出电路的主要参数包括 LC 谐振电路产生的高频信号、电路的 300V 供电电压、主控电路送给 IGBT 的 PWM 驱动信号及 IGBT 正常工作后的输出信号等。以 PWM 驱动信号的检测为例。

功率输出电路正常工作需要主控电路为 IGBT 提供 PWM 驱动信号。该信号也是满足功率输出电路进入工作状态的必要条件，可借助示波器检测前级主控电路送出的 PWM 驱动信号，也可在 IGBT 的 G 极进行检测，如图 10-23 所示。若该信号正常，说明主控电路部分工作正常；若无 PWM 驱动信号，则应对主控电路部分进行检测。

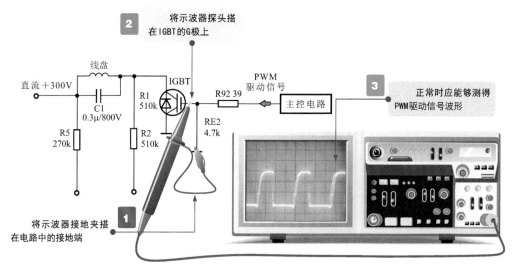

图 10-23　功率输出电路中 IGBT 驱动信号的检测方法

提示说明

在实际检测中，也可以找到主控电路与功率输出电路之间的连接插件，在连接插件处检测最为简单，容易操作。

② 功率输出电路主要部件的检测方法　高频谐振电容与炉盘线圈构成 LC 谐振电路，若谐振电容损坏，则电磁炉无法形成振荡回路，将引起电磁炉出现加热功率低、不加热、击穿 IGBT 等故障。

怀疑高频谐振电容时，一般可借助数字万用表的电容测量挡检测电容量，将实测电容量与标称值相比较判断好坏，如图 10-24 所示。

在功率输出电路中，IGBT 是十分关键的部件。IGBT 用于控制炉盘线圈的电流，即在高频脉冲信号的驱动下使流过炉盘线圈的电流形成高速开关电流，使炉盘线圈与并联电容形成高压谐振。由于工作环境特性，因此 IGBT 是损坏率最高的元器件之一。若 IGBT 损坏，将引起电磁炉出现开机跳闸、熔断丝烧断、无法开机或不加热等故障。

若怀疑 IGBT 异常，则可借助万用表检测 IGBT 各引脚间的正、反向阻值来判断好坏，如图 10-25 所示。

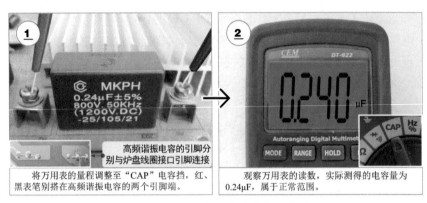

① 将万用表的量程调整至"CAP"电容挡,红、黑表笔别搭在高频谐振电容的两个引脚端。

高频谐振电容的引脚分别与炉盘线圈接口引脚连接

② 观察万用表的读数,实际测得的电容量为0.24μF,属于正常范围。

图 10-24　高频谐振电容的检测方法

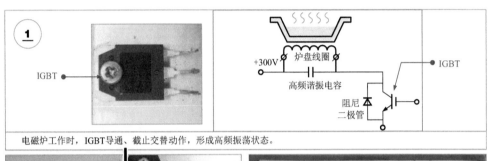

电磁炉工作时,IGBT导通、截止交替动作,形成高频振荡状态。

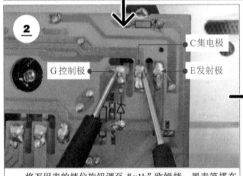

② 将万用表的挡位旋钮调至"×1k"欧姆挡,黑表笔搭在IGBT的控制极G引脚端,红表笔搭在IGBT的集电极C引脚端。

③ 观察万用表的读数,在正常情况下,测得G-C引脚间的阻值为9×1kΩ=9kΩ。

④ 保持万用表的挡位旋钮位置不变,调换万用表的表笔,即红表笔搭在控制极,黑表笔搭在集电极,检测控制极与集电极之间的反向阻值。

⑤ 在正常情况下,反向阻值为无穷大。使用同样的方法检测IGBT控制极G与发射极E之间的正、反向阻值。实测控制极与发射极之间的正向阻值为3kΩ、反向阻值为5kΩ左右。

图 10-25　IGBT 的检测方法

提示说明

　　检测 IGBT 时，很容易因测试仪表的表笔在与其引脚的短时间碰触时造成 IGBT 瞬间饱和导通而击穿损坏。另外，在检修 IGBT 及相关电路后，当还未确定故障已完全被排除时，盲目通电试机很容易造成 IGBT 二次被烧毁。由于 IGBT 价格相对较高，因此盲目通电试机会在很大程度上增加了维修成本。

　　为了避免在检修过程中损坏 IGBT 等易损部件，可搭建一个安全检修环境，借助一些简易的方法判断电路的故障范围或是否恢复正常，如图 10-26 所示。

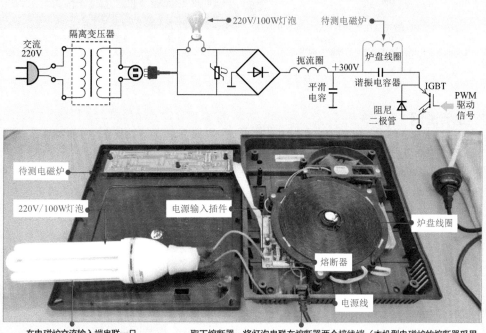

在电磁炉交流输入端串联一只
220V/100W 的灯泡作为限流元器件

取下熔断器，将灯泡串联在熔断器两个接线端（本机型电磁炉的熔断器采用焊接方式，为简化操作，这里将灯泡串联在电源线的一相与电源输入插件之间）

图 10-26　IGBT 故障检测中的保护措施

　　在实测样机中，在路检测 IGBT 时，控制极与集电极之间的正向阻值为 9kΩ 左右，反向阻值为无穷大；控制极与发射极之间的正向阻值为 3kΩ，反向阻值为 5kΩ 左右。若实际检测时，检测值与正常值有很大差异，则说明 IGBT 损坏。

　　另外，有些 IGBT 内部集成有阻尼二极管，因此检测集电极与发射极之间的阻值受内部阻尼二极管的影响，发射极与集电极之间二极管的正向阻值为 3kΩ（样机数值），反向阻值为无穷大。单独 IGBT 集电极与发射极之间的正、反向阻值均为无穷大。

　　在设有独立阻尼二极管的功率输出电路中，若阻尼二极管损坏，极易引起 IGBT 击穿损坏，因此在检测该电路的过程中，检测阻尼二极管也是十分重要的环节。电磁炉中阻尼二极管的检测方法如图 10-27 所示。

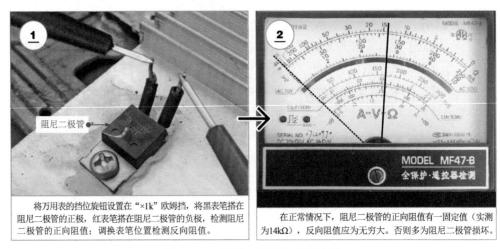

将万用表的挡位旋钮设置在"×1k"欧姆挡，将黑表笔搭在阻尼二极管的正极，红表笔搭在阻尼二极管的负极，检测阻尼二极管的正向阻值；调换表笔位置检测反向阻值。

在正常情况下，阻尼二极管的正向阻值有一固定值（实测为14kΩ），反向阻值应为无穷大。否则多为阻尼二极管损坏。

图 10-27　阻尼二极管的检测方法

提示说明

　　阻尼二极管是保护 IGBT 在高反压情况下不被击穿损坏的保护元器件。阻尼二极管损坏后，IGBT 很容易损坏。如发现阻尼二极管损坏，则必须及时更换。当发现 IGBT 损坏后，在排除故障时，还应检测阻尼二极管是否损坏。若损坏，需要同时更换，否则即使更换 IGBT 后，也很容易再次损坏，引发故障。

（4）主控电路的检修方法

　　在电磁炉中，主控电路是实现电磁炉整机功能自动控制的关键电路。当主控电路出现故障时，常会引起电磁炉不开机、不加热、无锅不报警等故障。

　　当怀疑电磁炉主控电路故障时，可首先测试电路中的动态参数，如电路中关键部位的电压值、微处理输出的控制信号、PWM 驱动信号等。若所测参数异常时，则说明相关的电路部件可能未进入工作状态或损坏，即可根据具体测试结果，先排查关联电路部分，在外围电路正常的前提下，即可对所测电路范围内的主要部件进行检测，如微处理器、电压比较器 LM339、温度传感器、散热风扇电动机等，找出损坏的元器件，修复或更换后即可排除故障。

　　电磁炉主控电路以微处理器和电压比较器为主要核心部件。

　　① 微处理器的检测方法　微处理器是非常重要的器件。若微处理器损坏，将直接导致电磁炉不开机、控制失常等故障。

　　怀疑微处理器异常时，可使用万用表对基本工作条件进行检测，即检测供电电压、复位电压和时钟信号，如图 10-28 所示。若在三大工作条件均满足的前提下，微处理器不工作，则多为微处理器本身损坏。

　　② 电压比较器的检测方法　电压比较器是电磁炉中的关键元器件之一，在电磁炉中

多采用LM339，是电磁炉炉盘线圈正常工作的必要元器件，电磁炉中许多检测信号的比较、判断及产生都是由 LM339 完成的。若 LM339 异常，将引起电磁炉不加热或加热异常故障。

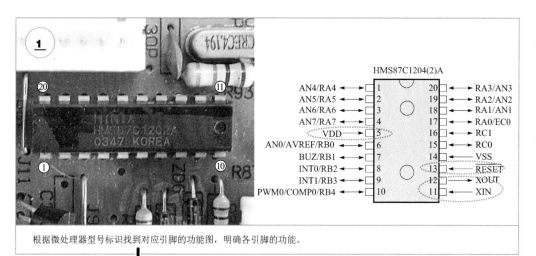

根据微处理器型号标识找到对应引脚的功能图，明确各引脚的功能。

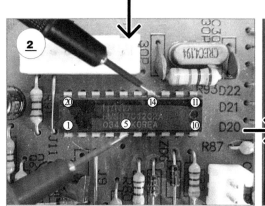

将万用表的挡位旋钮调至"直流10V"电压挡，黑表笔搭在微处理器的接地端（⑭脚），红表笔搭在微处理器的5V供电端（⑤脚）。

在正常情况下，可测得5V供电电压；采用同样的方法在复位端、时钟信号端检测电压值，正常时，复位端有5V复位电压，时钟信号端有0.2V振荡电压。

图 10-28　微处理器三大工作条件的检测方法

当怀疑电压比较器异常时，通常可在断电条件下用万用表检测电压比较器各引脚对地阻值的方法判断好坏，如图 10-29 所示。

⊗ 相／关／资／料

　　将实测结果与正常结果相比较，若偏差较大，则多为电压比较器内部损坏。在一般情况下，若电压比较器引脚对地阻值未出现多组数值为零或为无穷大的情况，则基本属于正常。

　　电压比较器 LM339 各引脚的对地阻值见表 10-2，可作为参数数据对照判断。

表 10-2　电压比较器 LM339 各引脚的对地阻值

引脚	对地阻值/kΩ	引脚	对地阻值/kΩ	引脚	对地阻值/kΩ	引脚	对地阻值/kΩ
①	7.4	⑤	7.4	⑨	4.5	⑬	5.2
②	3	⑥	1.7	⑩	8.5	⑭	5.4
③	2.9	⑦	4.5	⑪	7.4	—	—
④	5.5	⑧	9.4	⑫	0	—	—

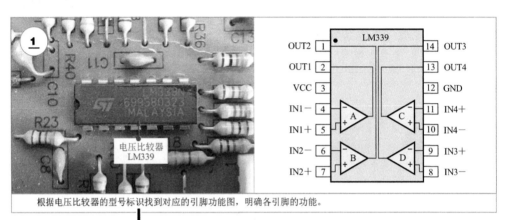

根据电压比较器的型号标识找到对应的引脚功能图，明确各引脚的功能。

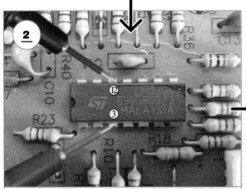

将万用表的挡位旋钮调至"×1k"欧姆挡，黑表笔搭在电压比较器的接地端（⑫脚），红表笔依次搭在电压比较器的各引上脚（以③脚为例），检测电压比较器各引脚的正向对地阻值。

在正常情况下，可测得③脚正向对地阻值为2.9kΩ；调换表笔，采用同样的方法检测电压比较器各引脚的反向对地阻值。

图 10-29　电压比较器的检测方法

（5）操作显示电路的检修方法

操作按键损坏经常会引起电磁炉控制失灵的故障，检修时，可借助万用表检测操作按键的通 / 断情况判断操作按键是否损坏，如图 10-30 所示。

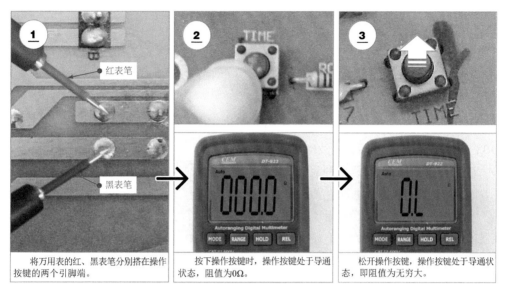

将万用表的红、黑表笔分别搭在操作按键的两个引脚端。

按下操作按键时，操作按键处于导通状态，阻值为0Ω。

松开操作按键，操作按键处于导通状态，即阻值为无穷大。

图10-30 操作按键的检测方法

　　操作显示电路正常工作需要一定的工作电压，若电压不正常，则整个操作显示电路将不能正常工作，从而引起电磁炉出现按键无反应及指示灯、数码显示管无显示等故障。检测时，可在操作显示电路板与主电路板之间的连接插件处或电路主要元器件(移位寄存器)的供电端检测，如图10-31所示。

电磁炉操作显示电路供电条件的检测方法

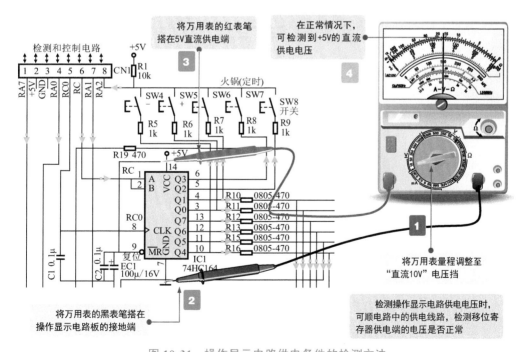

图10-31 操作显示电路供电条件的检测方法

10.3 电磁炉常见故障检修

10.3.1 电磁炉屡烧 IGBT 的故障检修

机型：富士宝IH-P260型

故障表现：富士宝 IH-P260 型电磁炉通电开机后，不加热，将电磁炉断电后，检查 IGBT 已被击穿，但更换后，该故障现象依旧存在。

故障分析：电磁炉出现此种故障，主要是由于 IGBT 驱动电路、过压保护电路损坏所导致的，应重点对该部分进行检测。

检测时，首先应对 IGBT 驱动电路中的关键元器件进行检测，若 IGBT 驱动电路中各元器件均正常时，则需要进一步对过压保护电路进行检测。

如图 10-32 所示，应先检测 IGBT 驱动电路中晶体三极管是否正常。

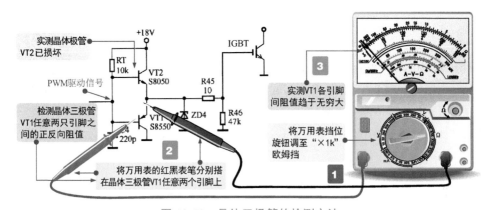

图 10-32　晶体三极管的检测方法

将电磁炉断电后，使用万用表检测 IGBT 驱动电路中的晶体三极管 VT1、VT2 时，发现晶体三极管 VT1、VT2 均被击穿损坏，更换损坏的晶体三极管 VT1、VT2 后，开机试运行，故障排除。

10.3.2 电磁炉通电掉闸的故障检修

机型：乐邦18A3型电磁炉

故障表现：乐邦 18A3 型电磁炉通电掉闸，不能开机加热。

故障分析：根据故障表现分析，电磁炉使用时出现通电掉闸故障，多是由于 IGBT 损坏、桥式整流堆击穿、阻尼二极管击穿，或者是由于 IGBT 的过压保护电路损坏等引起的。排查故障可重点对这些元器件及相关电路进行检测。

我们首先使用万用表检测桥式整流堆各引脚之间的阻抗，具体检测方法前文已具体介绍，这里不再重复。经检测发现桥式整流堆的输入与输出端短路，判断该桥式整流堆损坏。

接着，再对 IGBT 进行检测，一般可采用万用表测 IGBT 引脚间阻值的方法判断好坏，如图 10-33 所示。

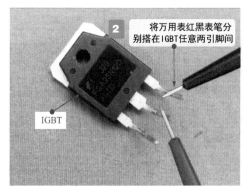
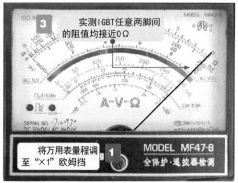

图 10-33　故障机 IGBT 的检测方法

经检测 IGBT 任意两脚间的阻值均为 0Ω，因此，可判断该 IGBT 损坏。在更换损坏的 IGBT 之前，还应对可能造成 IBGT 损坏的 IBGT 过压保护电路进行检测，以防更换后再次击穿，扩大故障范围。

使用万用表的欧姆挡依次检测 IBGT 过压保护电路中的元器件，查找故障元器件。图 10-34 为使用万用表检测 IBGT 过压保护电路中电阻器 R61 的检测示意图。

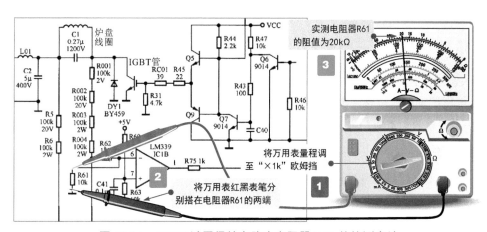

图 10-34　IBGT 过压保护电路中电阻器 R61 的检测方法

经检测电阻 R61 阻值明显变大。根据上述检测结果可知，电路中桥式整流堆和 IGBT 击穿、电阻器 R61 损坏，依次将这些异常元器件更换后，开机试运行，故障排除。

10.3.3　电磁炉烧熔断器的故障检修

机型：尚朋堂 SR-1604A 型

故障表现：尚朋堂 SR-1604A 型电磁炉通电后，电磁炉不工作。电源指示灯不亮，按下任何操作按键，电磁炉均无反应。

故障分析：根据故障表现分析，电磁炉通电后指示灯不亮、无任何反应，多为电源供电电路未工作、无输出引起的。将电磁炉的外壳打开后，发现该电磁炉的熔断器已经烧坏，这种情况一般是电磁炉中存在短路性故障引起的。

根据维修经验，排查短路性故障时，应重点检查电源供电电路和其负载电路。检修时，将电源供电电路作为检修入手点，重点检查电路中的桥式整流堆、过压保护器等有无严重短路性故障；若电源供电电路正常，再对其负载电路进行检查。

我们首先检查电源供电电路中的桥式整流电路是否正常。断开电磁炉供电，用万用表测阻值法检测桥式整流电路有无短路故障。

经检测可知，桥式整流电路正常。根据检修分析，进一步检测电源供电电路中的过压保护器 ZNR1，如图 10-35 所示。

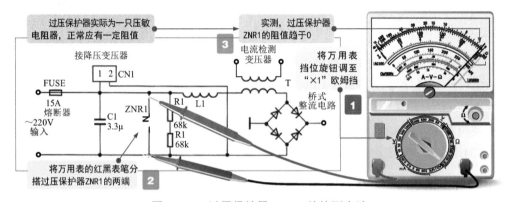

图 10-35　过压保护器 ZNR1 的检测方法

实测过压保护器 ZNR1 的阻值为 0Ω，怀疑该过压保护器已经击穿短路，造成交流220V 电压严重对地短路，瞬间电流过大，将熔断器烧毁。用同规格的过压保护器 ZNR1更换后，对电磁炉重新开机，试机操作，故障排除。

提示说明

在检修短路性故障时，若电源供电电路正常，则多为电源负载电路中存在短路故障。可检测电源供电电路电压输出端的对地阻值。

若检测结果有一定阻值，说明该路电压负载基本正常，应对电源供电电路中的相关元器件进行检测；若检测阻值为 0Ω，说明该路输出电压的负载器件有短路故障。可根据电路分析找到所测供电电路的负载元器件，如供电电路输出的 +16V 电压主要供给电压比较器、温度传感器等，可逐一断开这些负载的供电端，如焊开微处理器的电源引脚、拔下温度传感器接口插件等，每断开一个元器件，检测一次 16V 对地阻值，若断开后阻值仍为 0Ω，说明该负载正常；若断开后，阻值恢复正常，则说明该元器件存在短路故障。

第11章 电饭煲维修

11.1 电饭煲的结构和工作原理

11.1.1 电饭煲的结构特点

电饭煲俗称电饭锅，是小家电产品中的常用电炊具之一，是利用电加热原理的自动或半自动炊饭器具。图11-1为典型电饭煲的实物外形。从图中可以看出，电饭煲主要是由锅盖、锅体和操作显示面板等组成。

图11-2为典型电饭煲的内部结构。电饭煲主要是由锅盖、操作控制面板、内锅、加热盘、限温器、保温加热器等构成。

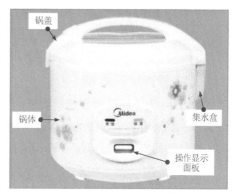

图11-1 典型电饭煲的实物外形

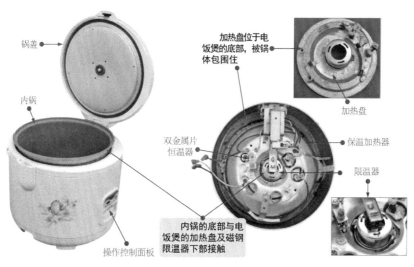

图11-2 典型电饭煲的内部结构

（1）锅盖

电饭煲的锅盖根据其制作的工艺不同，主要可分为普通锅盖和保温锅盖两种，普通锅盖主要采用铝制或不锈钢等材质制成单一结构，而保温盖则含有多层结构，密封效果较好，如图11-3所示。有些电饭煲的保温锅盖内还设有保温加热器。

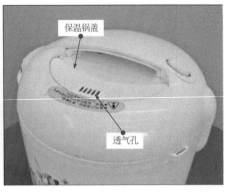

图 11-3　锅盖

（2）操作控制面板

图 11-4 为不同的操作控制面板。有些电饭煲采用键杆式控制。这种电饭煲通常功能较为单一。还有些电饭煲的操作控制面板设有轻触按键和显示屏。这种电饭煲往往功能较多。电饭煲的工作状态可通过显示屏显示。

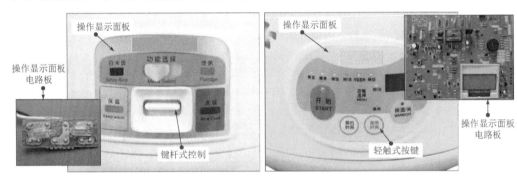

图 11-4　不同的操作控制面板

（3）内锅

内锅（也称内胆）是用来煮饭的容器，它由 0.8 ～ 1.5mm 厚的铝板一次拉伸而成，底部加工成球面状，以便与电热盘紧密接触，具有导热快的特点。为防止锅底与食物粘连，内锅常采用喷砂、化学抛光和防粘涂层等处理。为了煮饭时使放入锅内的水和米的比例合适，在内锅上还刻有放水的标尺刻度，图 11-5 为内锅的实物外形。

图 11-5　内锅的实物外形

（4）电热盘

电热盘是电饭煲是用来为电饭煲提供热源的部件。它安装于电饭煲的底部，是由管状电热元器件铸在铝合金圆盘中制成的，供电端位于锅体的底部，通过连接片与供电导线相连，如图 11-6 所示。

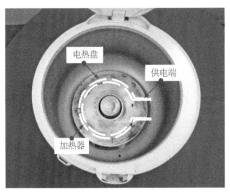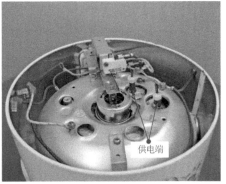

图 11-6　电热盘

（5）限温器

如图 11-7 所示，电饭煲的限温器主要分为磁钢限温器和热敏电阻式限温器两种。热敏电阻式限温器内部包括热敏电阻和限温开关。磁钢市限温器内部有感温磁钢、复位弹簧和永磁体构成。磁钢限温器与炊饭开关直接连接，磁钢限温器动作，感温后直接控制加热器供电开关。

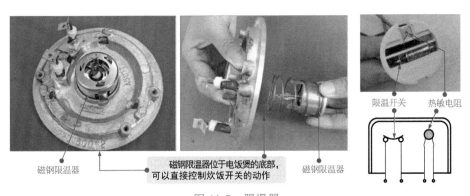

图 11-7　限温器

提示说明

　　磁钢限温器可直接控制炊饭开关的动作。如图 11-8 所示为磁钢限温器炊饭时的工作状态。按下炊饭开关后，联动杠杆动作，联动装置位置上升，使磁钢限温器内部的永磁体与感温磁钢吸合。微动开关与磁钢限温器同时动作，此时微动开关触点接通，加热器开始工作。

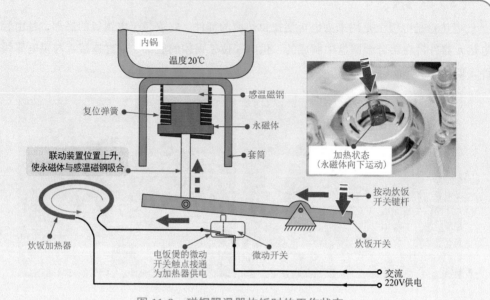

图 11-8　磁钢限温器炊饭时的工作状态

如图 11-9 所示，当锅内食物煮熟后，磁钢限温器表面温度上升到 100℃以上，此时，感温磁钢失去磁性，永磁体在复位弹簧的带动下弹开，推动联动杠杆装置动作，使微动开关断开，切断炊饭加热器的供电电源，电饭煲停止加热。

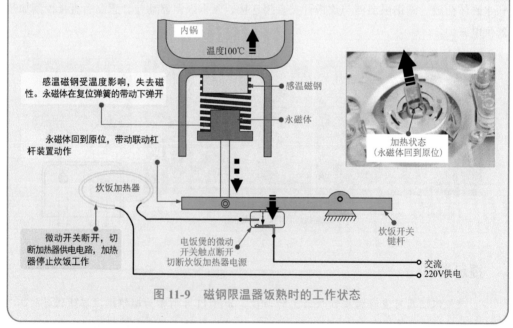

图 11-9　磁钢限温器饭熟时的工作状态

（6）双金属片恒温器

双金属片恒温器并联在磁钢限温器上，是电饭煲饭熟后的自动保温装置，如图 11-10 所示。

图 11-10 双金属片恒温器

提示说明

　　双金属片恒温器是由双金属片动、静触点及瓷绝缘子组成，如图 11-11 所示。双金属片是由膨胀系数不同的两种金属片叠合而成，其中一片的膨胀系数大，另一片的膨胀系数小。在常温状态下，两金属片保持平直，当温度升高时，热膨胀系数大的伸长较多，使双金属片向热膨胀系数小的那一面弯曲，通过双金属片的动作，使触点接通或断开，控制加热器通电或断电，以达到温控的目的。电饭煲触点断开的温度定在 65℃左右，也就是熟饭所保持的温度。

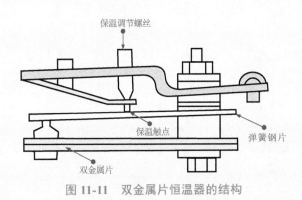

图 11-11　双金属片恒温器的结构

（7）保温加热器

　　电饭煲的保温加热器通常包括保温盖加热器和锅外围保温加热器，如图 11-12 所示。

　　保温盖加热器是电饭煲饭熟后的自动保温装置，在保温盖内侧装有加热器，当电饭煲锅内温度下降时，控制电路使保温加热器加热产生热量，热量散发到锅内，保证锅内的温度不会太低。加热器用锡箔纸密封，锡箔纸除了具有防水的功能外，还具有导热的功能。

　　锅外围保温加热器安装在外锅的周围，对锅内的食物起到保温的作用。保温电阻丝也被锡箔纸密封，具有防水和导热的功能。炊饭完成后，电热盘停止加热，保温加热器随即开启，绕在锅周围的保温加热器为线状电阻丝，用绝缘套管绝缘。

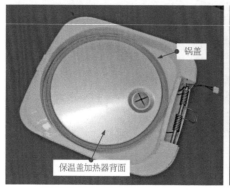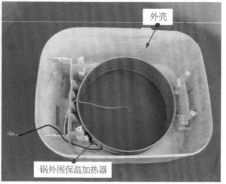

图 11-12　保温加热器

11.1.2　电饭煲的工作原理

　　图 11-13 是电饭煲炊饭的加热原理。交流 220V 电压经电源开关加到炊饭加热器上，炊饭加热器发热，开始炊饭，此时电饭煲处于炊饭加热状态，而在炊饭加热器上并联有一只氖灯，氖灯发光以指示电饭煲进入炊饭工作状态。

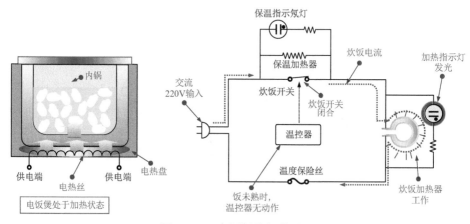

图 11-13　电饭煲的加热原理

　　图 11-14 为电饭煲的保温原理。温控器设在锅底，当饭熟后水分蒸发，锅底温度会上升超过100℃，温控器感温后复位，使炊饭开关断开，电饭煲停止炊饭加热，进入保温状态。物体由液态转为气态时，要吸收一定的能量，叫做"潜热"，此时，电饭煲内锅已经含有一定的热量。这时，温度会一直停留在沸点，直至水分蒸发后，电饭煲里的温度便会再次上升。电饭煲底面设有温度传感器和控制电路，当它检测到温度再次上升，并超过100℃后，感温磁钢失去磁性，释放永久磁体，使炊饭开关断开，保温加热器串入电路之中，炊饭加

热器上的电压下降，电流减小，进入保温加热状态。

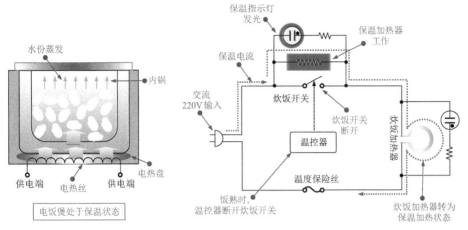

图 11-14　电饭煲的保温原理

（1）电源供电电路

图 11-15 为典型电饭煲的电源供电电路。电源供电电路由热熔断器、降压变压器、桥式整流电路、滤波电容器和三端稳压器等部分构成，交流 200V 电压经降压变压器降压后，输出低压交流电。低压交流电压再经过桥式整流电路整流为直流电压后，由滤波电容器进行平滑滤波，使其变得稳定。为了满足电饭煲中不同电路供电电压的不同需求，经过平滑滤波的直流电压，一部分经过三端稳压器，稳压为 +5V 左右的电压后，再输入到电饭煲的所需的电路中。

典型电饭煲的
电源电路

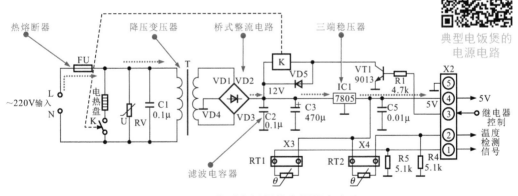

图 11-15　典型电饭煲的电源供电电路

（2）加热控制电路

图 11-16 为典型电饭煲的加热控制电路。

① 人工输入加热指令后，CPU（微处理器）为驱动晶体管 Q6 提供了控制信号，使其处于导通状态，即 CPU（微处理器）向驱动晶体管中提供一个"加热驱动信号"。

② 当晶体管 Q6 导通，12V 工作电压为继电器绕组提供工作电流，使继电器开关触点接通。

③ 继电器中的触点接通以后，交流 200V 电源与加热盘电路形成回路，开始加热工作。

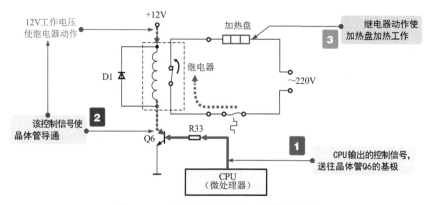

图 11-16　典型电饭煲的加热控制电路

（3）保温控制电路

图 11-17 为典型电饭煲的保温控制电路，通常在电饭煲的电路中找到双向晶闸管及其驱动电路，便找到了电饭煲保温控制电路。

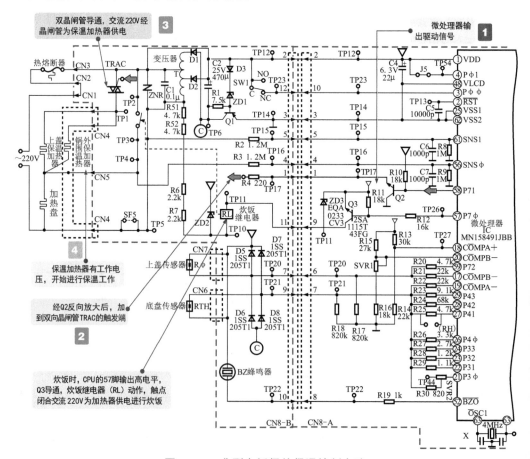

图 11-17　典型电饭煲的保温控制电路

① 电饭煲煮熟饭后，会自动进入到保温状态，此时，微处理器为保温组件控制电路输出驱动脉冲信号。

② 经晶体管 Q2 反相放大后，加到双向晶闸管 TRAC 的触发端，即控制极（G）。

③ 双向晶闸管接收到控制信号后导通。此时，交流 200V 经双向晶闸管为保温加热器供电。

④ 保温加热器有工作电压后，开始进入保温状态。

11.2　电饭煲的检修技能

11.2.1　加热盘的检修

如图 11-18 所示，检测电饭煲加热盘时，将万用表的量程调整至欧姆挡。红、黑表笔分别搭接在电饭煲加热盘两个供电端处。正常情况下，加热盘两供电端之间应能检测到几十欧姆的阻值。当前实测的阻值为 13.58Ω，表明加热器正常。如果所测得的阻值为无穷大或很小，则都表明加热盘故障。需要选用供电电压与功率相同的加热盘代换。

将万用表的量程旋钮调整至欧姆挡，将红、黑表笔分别搭在加热盘的两端。

观察万用表表盘读出实测数值为13.5Ω。若测得电热盘的阻值过大或过小，都表示电热盘损坏。

图 11-18　电饭煲加热盘的检测

电饭煲加热盘的检测

11.2.2　限温器的检修

限温器用于检测电饭煲的锅底温度，并将温度信号送入微处理器中，由微处理器根据接收到的温度信号发出停止炊饭的指令，控制电饭煲的工作状态。若限温器损坏，多会引起电饭煲出现不炊饭、煮不熟饭、一直炊饭等故障。

图 11-19 为限温器的检测示意图。限温器的检测主要检测限温开关和热敏电阻器。

图 11-20 为限温器内限温开关的检测。使用万用表欧姆挡在正常状态下检测限温开关量引线端的阻值。正常时阻值应为零。

255

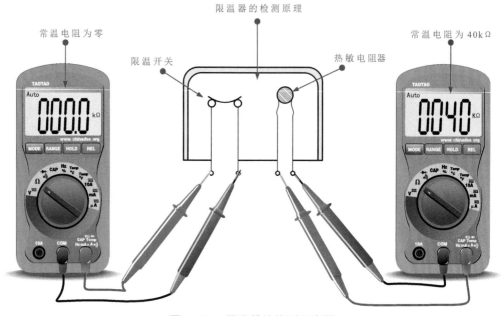

图 11-19　限温器的检测示意图

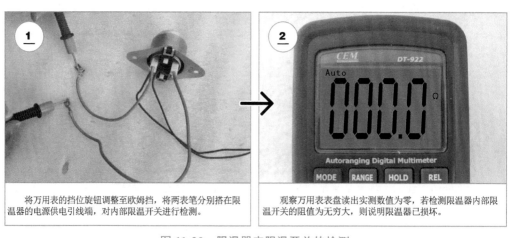

图 11-20　限温器内限温开关的检测

　　图 11-21 为限温器内热敏电阻器的检测。将万用表两表笔分别搭在热敏电阻器的两引线端。常温状态下，实测的阻值应为零。然后，保持万用表表笔不动，按下限温器，人为模拟放锅状态。此时观察万用表读数，实测阻值为 41.2kΩ，正常。接着，将限温器表面贴在热水杯上，改变热敏电阻器的感应温度。会发现所测的阻值会发生变化。当前实测阻值为 32.1kΩ。这是正常的。如果改变热敏电阻器的感应温度，阻值无变化，或者热敏电阻器的阻值很大，都说明限温器内热敏电阻器损坏。

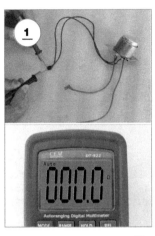
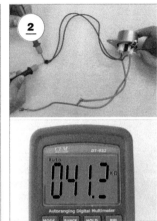
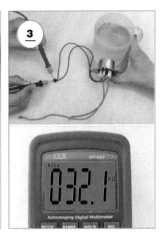

图 11-21 限位器内热敏电阻器的检测

11.2.3 保温加热器的检修

保温加热器是电饭煲饭熟后的自动保温装置。若保温加热器不正常，则电饭煲将出现保温效果差、不保温的故障。

使用万用表检测时，可通过检测锅盖保温加热器的阻值，来判断锅盖保温加热器是否损坏。

图 11-22 为保温加热器的检测。将万用表调整至欧姆挡，万用表红、黑两表笔分别搭在保温加热器两引线端。正常时应该能够检测到固定的阻值，当前实测值为 37.5kΩ。如果所测得的阻值很小或无穷大，都说明保温加热器损坏，需要更换。

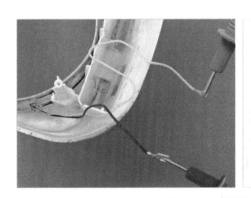

图 11-22 保温加热器的检测

11.2.4 磁钢限温器的检修

图 11-23 为磁钢限温器的检修方法。当扳动炊饭开关时，观察磁钢限温器的工作状态，检查炊饭开关与磁钢限温器之间的连接是否良好。若扳动炊饭开关后，磁钢限温器没有动作，表明磁钢限温器与炊饭开关之间的连接失常。

磁钢限温器

加热盘

1 检测磁钢限温器时，先查看磁钢限温器与加热盘之间是否有异物卡住

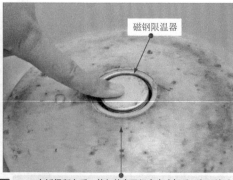

磁钢限温器

2 电饭煲断电后，待加热盘已经完全冷却后，向下按动磁钢限温器，查看磁钢限温器是否恢复到原来的位置

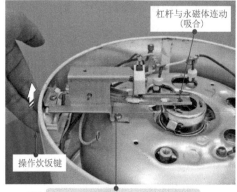

杠杆与永磁体连动（吸合）

操作炊饭键

3 扳动炊饭开关，模拟加热状态，通过机械方式检测磁钢限温器是否动作

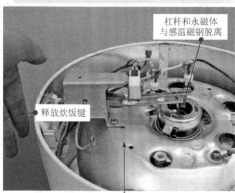

杠杆和永磁体与感温磁钢脱离

释放炊饭键

4 释放炊饭开关，模拟饭熟状态，检查永磁体与感温磁钢是否脱离

图 11-23　磁钢限温器的检修方法

11.2.5　双金属片恒温器的检修

双金属片恒温器并联在磁钢限温器上，是电饭煲自动保温的装置。检测该器件，可通过检测两接线片之间的阻值来判别。图 11-24 为双金属片恒温器的检测。若双金属片恒温器性能不良，需要选用同规格器件代换。

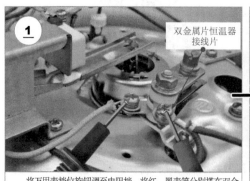

双金属片恒温器接线片

将万用表挡位旋钮调至电阻挡，将红、黑表笔分别搭在双金属片恒温器两个接线片上，在常温下用万用表检测两接线片之间的阻值。

正常时两支表笔之间的电阻值近似为0Ω，若检测的阻值为无穷大，则可能是双金属片恒温器触点表面氧化、双金属片弹性不足、调节螺丝松动或脱落等，应调整或更换。

图 11-24　双金属片恒温器的检测

11.3 电饭煲常见故障检修

11.3.1 电饭煲开机不加热的故障检修

电饭煲通电能正常开机，但按动炊饭加热按键无反应，电饭煲不加热。通电能开机，说明供电正常，接下来重点对加热继电器、加热盘及加热控制电路部分进行检测。检测发现，加热继电器和加热盘均正常。重点怀疑加热控制电路中的晶闸管存在故障。

如图 11-25 所示，对晶闸管进行检测。发现晶体管击穿断路。选择同型号晶闸管代换，故障排除。

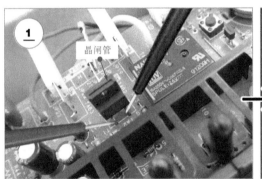

借助万用表电阻测量功能，逐一检测晶闸管任意两个引脚之间的阻值。

实测时发现，该晶闸管任意两个引脚之间的阻值都趋于无穷大，怀疑晶闸管损坏。

图 11-25 检测晶闸管

11.3.2 电饭煲开机无反应的故障检修

电饭煲接通电源，按下炊饭开关后，电饭煲无反应，指示灯也不亮。根据故障表现，首先检测机械控制组件之间连接。如图 11-26 所示，取下微动开关并进行检测。

用万用表的两只表笔任意搭在微动开关的 2 个连接端，查看万用表指针的变化。经检测发现，在微动开关断开状态和闭合状态下，万用表指针均指向无穷大。而微动开关正常时，闭合状态测得阻值应为 0Ω，因此，可以断定该微动开关已经损坏。更换微动开关后，开机运行，故障排除。

11.3.3 电饭煲保温功能不良的故障检修

电饭煲通电开机，炊饭加热功能均正常。执行保温功能时，感觉电路在工作，但保温效果不良。这种情况，重点怀疑保温加热部件存在故障。

对电饭煲进行拆机检查。如图 11-27 所示，该电饭煲有两个保温加热器。其中一个安装在锅盖内，一个安装在锅外围。

微动开关

拧下微动开关的固定螺丝

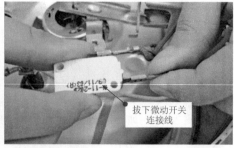

拔下微动开关连接线

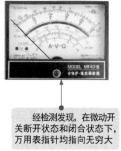

经检测发现，在微动开关断开状态和闭合状态下，万用表指针均指向无穷大

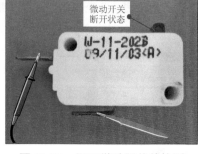

微动开关断开状态

W-11-202B
09/11/03<A>

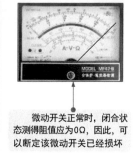

微动开关正常时，闭合状态测得阻值应为0Ω，因此，可以断定该微动开关已经损坏

图 11-26　取下微动开关并检测

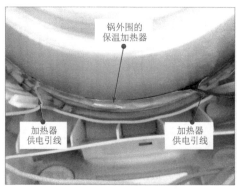

锅外围的保温加热器

加热器供电引线

加热器供电引线

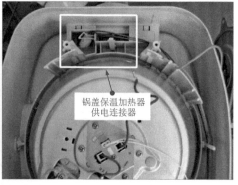

锅盖保温加热器供电连接器

图 11-27　保温加热器的检修

　　分别对两个保温加热器进行检测，发现锅外围的加热器断路。重新更换同型号加热器，安装连接到位后，开机测试，故障排除。

第12章 电热水器维修

12.1 电热水器的结构原理

12.1.1 电热水器的结构特点

电热水器的基本结构如图 12-1 所示。电热水器可设定温度，启动后会自动加热，到达设定温度后，会停止加热并进行保温。有些电热水器还具有预约定时加热功能，因而还具有定时时间设定功能。电热水器的安全性是很重要的，因而普便都具有漏电保护功能。

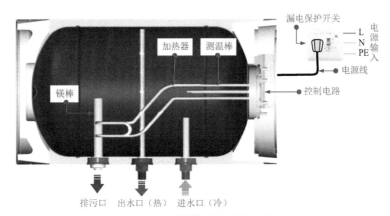

图 12-1　电热水器的基本结构

温控器是利用液体热胀冷缩的原理制成的。温控器将特殊的液体密封在探管中，并将探管插入到储水罐中。图 12-2 为温控器的实物外形。温控器是由温度检测探头和温控开关组成的。当储水罐中的水温到达设定温度时，温控器内的触点被膨胀的液体推动，使电路断开，停止加热。调节温控旋钮可调节触点断开的位移量。位移量与检测的温度成正比。当温度下降后，触点又恢复导通状态，加热管又重新加热。

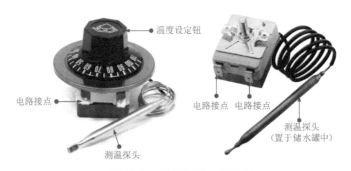

图 12-2　温控器的实物外形

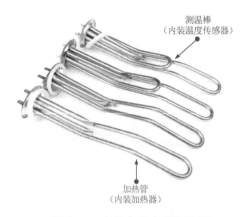

测温棒
（内装温度传感器）

加热管
（内装加热器）

图 12-3　电热水器中的加热管

加热器是将电阻丝封装在金属管（钢制、铜制或铸铝材料）、玻璃管或陶瓷管中制成的，如图 12-3 所示。

有些电热水器只有一根加热器，有些有两根，有些还会有三根。具有多个加热器时，可根不同需要进行半罐加热和整罐加热。

12.1.2　电热水器的工作原理

电热水器储满水后通电，电源（AC220V）经控制电路为加热器供电，加热器对储水罐内的水进行加热。当加热温度大于设定温度时，温控电路切断电源供电，进入保温状态；当水温下降，低于设定温度时，温控电路再次接通电源进行供电，可实现自动温度控制，始终有热水可用。

图 12-4 是采用三个加热器的控制方式。将三个加热器串接起来，并设两个继电器控制触点。当两个继电器 K1、K2 都不动作时，三个加热器构成串联关系，电阻为三个加热器之和，流过加热器的电流变小，发热量也最小，只能用于洗手、洗脸。当继电器 K2 动作时，K2-1 触点接通，中、下加热器被短路，只有上加热器加热（1000W），对上半罐加热。当加热器 K1 动作时，K1-1 将上、中发射器短路，只有下发热器工作（1500W）对整罐进行加热。

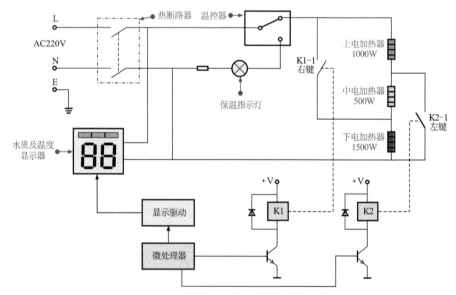

图 12-4　采用三个加热器的控制方式

在温控方式上，电热水器可分为温控器控制方式和微处理器控制方式。

采用温控器控制电路的方式比较简单，如图 12-5 所示。电源经漏电保护开关后，分别经过熔断器和温控器为电加热器（EH）供电，当温度达到设定的温度时，自动切断电源，停止加热，当温度低于设定值时，接通电源开始加热。温控器的动作温度可人工调整。

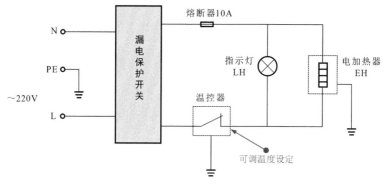

图 12-5　温控器控制电路

图 12-6 是微处理器控制电路，定时开 / 关机和温度都可人工设定。微处理器通过继电器对加热器进行控制，通过对储水罐内水的温度检测进行控制和温度检测。

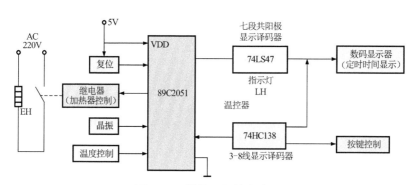

图 12-6　微处理器控制电路

12.2　电热水器的检修技能

12.2.1　电热水器加热管的检修

电热水器加热管故障会造成电热水器开机不加热、加热慢等情况。检测时，打开电热水器储水罐的侧盖，将加热管取出。

首先，观察加热管表面，是否有很多水垢附着。若是，需进行水垢清除。然后进一步对加热管的性能进行检测。

检测加热器两端之间的阻值即可判断其是否正常，如图 12-7 所示。经检测，两端阻值为无穷大，表明加热器已被烧断。在正常情况下加热器的阻值应为 50 ～ 100Ω。

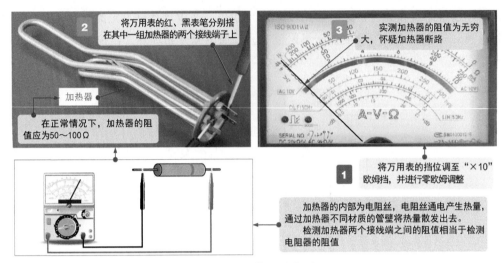

2 将万用表的红、黑表笔分别搭在其中一组加热器的两个接线端子上

加热器

在正常情况下，加热器的阻值应为50~100Ω

3 实测加热器的阻值为无穷大，怀疑加热器断路

1 将万用表的挡位调至"×10"欧姆挡，并进行零欧姆调整

加热器的内部为电阻丝，电阻丝通电产生热量，通过加热器不同材质的管壁将热量散发出去。检测加热器两个接线端之间的阻值相当于检测电阻器的阻值

图 12-7 加热器的检测

若加热管损坏，需选择同型号的加热管更换即可。但重新安装时一定要注意安装位置和角度。

12.2.2 电热水器温控器的检修

温控器是电热水器中非常重要的控制器件，温控器故障常常会造成电热水器不能正常加热、出水不热、水温调节失常等情况。

如图 12-8 所示，对于温控器的检测可使用万用表检测温度变化过程中的阻值变化。首先，调整温控器的旋钮，设定一个温度值。然后，将万用表两表笔分别搭在温控器两引脚端，观察测量结果。正常情况下，温控器内部在常温状态下为接通的，所以测得的阻值应为0Ω，若阻值不正常，说明温控器故障。

接下来，改变感温头的感应温度，即将感温头置于热水中，若感温头感应的温度超出先前设定温度，温控器内部应处于断路状态，则所测得的阻值应为无穷大。若阻值没有变化，则说明温控器已损坏，需要更换。

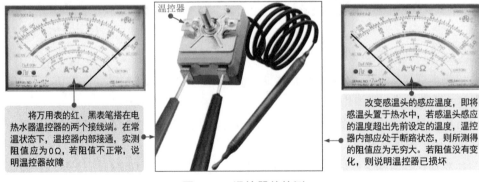

温控器

将万用表的红、黑表笔搭在电热水器温控器的两个接线端。在常温状态下，温控器内部接通，实测阻值应为0Ω，若阻值不正常，说明温控器故障

改变感温头的感应温度，即感温头置于热水中，若感温头感应的温度超出先前设定的温度，温控器内部应处于断路状态，则所测得的阻值应为无穷大。若阻值没有变化，则说明温控器已损坏

图 12-8 温控器的检测

12.3　电热水器常见故障检修

12.3.1　电热水器使用时开关跳闸故障的故障检修

故障表现：电热水器使用过程中突然断电并使供电配电箱的开关跳闸。

故障分析：电热水器在使用过程中突然断电并使供电配电箱的开关跳闸的原因可能是机内出现短路故障，应断电检查电路。

打开电热水器的侧面，发现连接电热水器 A、B 两端供电导线之间因靠得太近发生短路击穿情况，电热水器一端引线接口出现烧黑情况。更换加热器及其引线，重新开机，故障被排除。图 12-9 为电热水器的接线图。

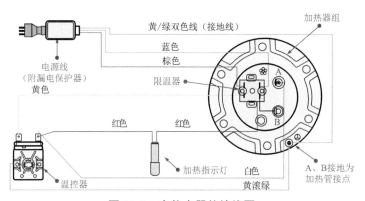

图 12-9　电热水器的接线图

12.3.2　电热水器加热时间过长的故障检修

故障表现：电热水器通电开机工作正常，能够加热，但加热时间过长。

故障分析：根据经验，电热水器通电开机工作正常，说明各组成部件及相关连接没有问题。重点应检查加热管本身。由于水质的影响，电热水器加热管长时间使用会在其表面形成厚厚的水垢，以造成加热不良的故障。

如图 12-10 所示，将电热水器的加热管拆卸取出，可以看到其表面有厚厚的水垢。对加热器表面的水垢进行清除或更换。故障排除。

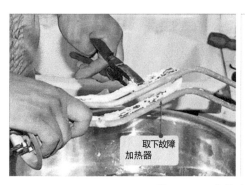
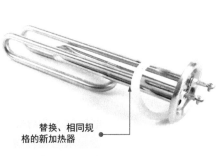

图 12-10　电热水器加热管检修

第13章 燃气热水器维修

13.1 燃气热水器的结构和工作原理

13.1.1 燃气热水器的结构特点

燃气热水器是利用燃气燃烧的热量来对水进行加热的电气设备。图13-1为燃气热水器的内部结构。

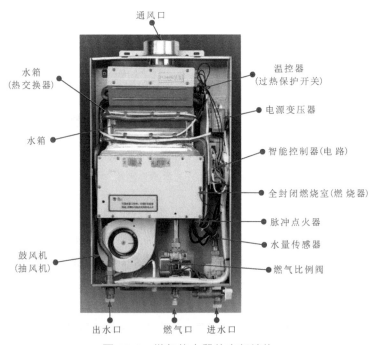

图13-1 燃气热水器的内部结构

燃气热水器主要是由鼓风机（抽风机）、脉冲点火器、燃气比例阀、水量传感器、燃烧室（燃烧器）、水箱（热交换器）、智能控制器（电路）、温控器（过热保护开关）等构成的。

（1）鼓风机（抽风机）

如图13-2所示，燃气热水器的鼓风机（抽风机）主要是由风扇电动机和波轮风扇构成。风扇电机多采用单相交流电动机，电动机转动，带动波轮扇叶旋转，起到抽送空气的目的，从而加速空气流通，增加氧气量，确保燃气能充分燃烧。同时，抽送空气的同时将机体内的热空气随排风烟道排出，保证良好的散热。

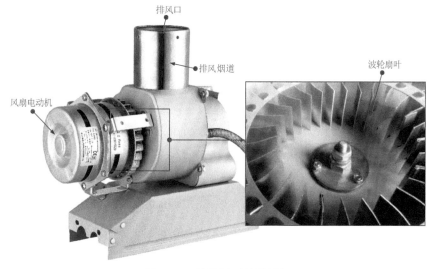

图 13-2 鼓风机（抽风机）

（2）脉冲点火器

如图 13-3 所示，脉冲点火器的点火针用以实现点火，感应针则用以检测火焰的大小，并将感应信号传送给控制芯片，控制芯片会根据反馈信号做出相应的控制指令。例如，当点火针点火完毕，感应针感应到火焰后，会将信号反馈给控制芯片，控制芯片便会控制电磁阀维持线圈得电的状态，保证电磁阀处于打开的状态。

图 13-3 脉冲点火器

（3）燃气比例阀

如图 13-4 所示，燃气比例阀主要用以控制燃气管路的阀门开启或关闭程度，从而有效控制燃气进气量。其内部由截止阀和比例调节阀构成，是燃气热水器实现恒温的关键部件。

图 13-4 燃气比例阀

（4）水量传感器

如图 13-5 所示，水量传感器安装在进水管处，该器件可将水流信号转换成电信号传送给智能控制器（控制电路）。该信号为点火控制器的点火信号，即检测到有水流过时便点火启动加热工作。

图 13-5　水量传感器

（5）燃烧室（燃烧器）

燃气热水器的燃烧室采用全封闭设计，内部安装有燃烧器，俗称火排，如图 13-6 所示。燃烧器（火排）有多排（通常 4 ～ 6 排）喷嘴。工作时，燃气通过喷嘴燃烧，加热器的上方就是盘管。流经盘管的水即可被迅速烧热。

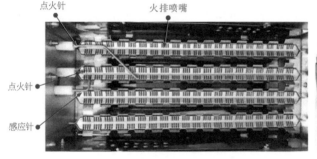

点火针　　　　　火排喷嘴

点火针

感应针

图 13-6　燃烧室（燃烧器）

（6）水箱（热交换器）

如图 13-7 所示，燃气热水器的水箱也称热交换器。高档燃气热水器多采用无氧纯铜水箱，普通燃气热水器则采用浸锡铜、不锈钢或铝制水箱。水箱的材质具有良好的导热性，能够很好地将燃烧器燃烧的热量传给给水箱中的水，以保证燃气热水器不断有热水流出。

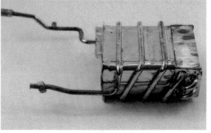

无氧纯铜水箱　　　　　　　　　铝制水箱

图 13-7　水箱（热交换器）

（7）智能控制器（电路）

如图 13-8 所示，智能控制器是整个燃气热水器的控制核心。该部件采用微电脑（集成电路）控制。通过传感器接收工作状态信息，经微电脑运算处理后，输出控制指令，控制和协调燃气热水器各功能部件的工作。

智能控制器与各功能部件或电路的连接引线　智能控制器内的控制电路板

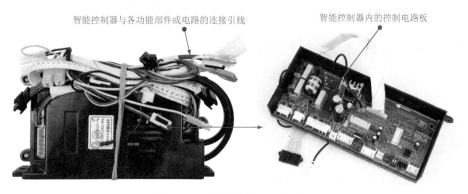

图 13-8　智能控制器（电路）

（8）风压开关

如图 13-9 所示，风压开关通常安装在抽风机电机和排风烟道附近，主要用以检测烟道的畅通状态。

风压开关

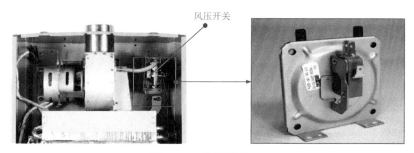

图 13-9　风压开关

（9）温控器

如图 13-10 所示，温控器的作用主要用以检测水温。当水温超出安全范围时（通常设定在 95℃），温控器便会断开，从而切断电磁阀线圈的供电，电磁阀线圈断电便会切断燃气管路的进气，停止加热功能。

温控器　　　　　　　　　　　　　　温控器

图 13-10　温控器

13.1.2 燃气热水器的工作原理

图 13-11 是典型的燃气热水器的控制电路，该电路是由高压点火电路、电磁阀控制电路和火焰检测电路等部分构成的。

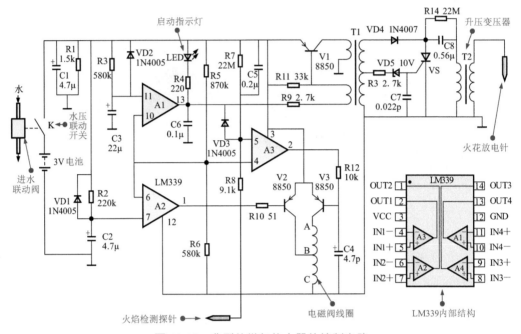

图 13-11　典型的燃气热水器的控制电路

高压点火电路是由启动电路、振荡电路和高压脉冲产生电路构成的。当使用热水器时，打开热水器的出水阀门后，由于进水阀门与水压联动开关安装在一起，靠水压的作用，开关 K 会接通，于是电池（3V）为电路供电。3V 电压直接加到振荡晶体管 V1（PNP 管）的发射极，同时电源经 R3 为 C3 充电，C3 开始电压为 0V，经电压比较器 L339 的 A1 部分。A1 的 11 脚为 0V，10 脚是由电源经 R5 为之供电，为高电平，因而 A1 的输出 13 脚也为 0V（低电平），该电压经 R9 和变压器 T1 的线圈加到振荡晶体管 V1 的基极，使 V1 导通，V1 导通使电流流过变压器 T1 的一次侧绕组，正反馈绕组为 V1 提供正反馈信号，使之振荡起来。变压器 T1 的二次侧为晶闸管 VS 振荡电路提供电压和触发信号，VS 启振后为升压变压器 T2 的一次侧绕组提供脉冲信号，变压器 T2 的二次侧绕组产生高压脉冲，高压脉冲使火花放电针放电，遇到燃气就会将燃气点燃。

电磁阀控制电路：电磁阀是控制燃气的阀门，开机后，A1 的 13 脚输出为低电平，由于 D3 的钳位作用使 A3 的同相输入端 5 脚也为低电平，则 A3 的输出 2 脚也为低电平，低电平信号加到 V3 的基极，V3 也为 PNP 管，V3 导通为电磁阀绕组 A-C 供电。与此同时，电源经 R2 为 C2 充电，开始 C2 上的电压为 0V，使电压比较器 A2 的同相输入端 7 脚为低电平，于是 A2 的输出 1 脚也为低电平，该低电平加到 V2 的基极，V2 也是 PNP 管，于是 V2 导通，由电流注入电磁阀线圈 B-C 中，这两部分电流合力使电磁阀打开，为燃气热水器供气，遇到放电脉冲，则被点燃，并对水进行加热，输出热水可以洗浴。

火焰检测是由设置在点火部位的探针构成的。点火完成后，电压比较器 A1 的 11 脚由于充电电压已上升至电源电压，因而为高电平，则 A1 的 13 脚输出也为高电平，该电平加到振荡晶体管 V1 的基极，使 V1 截止，振荡电路停止工作，同时燃烧的火焰使火焰检测探针产生离子电流，使电压比较器 A3 的同相输入端 5 脚仍为低电平，于是 A3 的输出 2 脚仍为低电平，使 V3 晶体管保持导通状态，维持电磁阀的吸合保持状态。此时电压比较器 A2 的同相输入端外接的电容器 C2 已被充电为高电平，则 A2 的输出端 1 脚变为高电平，高电平加到 V2 的基极使 V2 截止，于是电磁阀线圈中少了 V2 的供电电流，只有 V3 的电流。这样的电路是为了节省能源而设计的，在启动电磁阀时，需要较大的电流，而维持电磁阀工作则不需要较大的电流，只需较小的电流就能维持电磁阀的吸合状态。

13.2　燃气热水器的检修技能

对于燃气热水器的检修主要分三个步骤，首先需要对燃气热水器的使用条件进行检查。例如检查燃气热水器种类是否和使用环境匹配，所使用的气源是煤气、天然气或液化石油气，应与所安装的燃气热水器匹配。同时，应检查燃气热水器的进水口、花洒等部件有无堵塞，供水水压和供气气压是否正常。这些都是保证燃气热水器正常使用的前提条件。

排除使用环境的故障因素，进一步确认电路部分是否存在故障。这时，可以先通电开机，打开水阀，如果能够听到鼓风机排风的声音，则基本表明鼓风机之前的电路及部件功能正常。例如风压开关、联动阀、鼓风机、控制器及启动电容器等。当水流出时，能够听到高压放电大伙的声音，则表明脉冲点火电路的功能是基本正常的。如果在通电后打开水阀，没有反应，则应结合燃气热水器的电路，从供电电路入手，对电路部分进行逐级检测。

图 13-12 为变压器的检测。通常，燃气热水器内的电源变压器是故障率较高的部件。对电源变压器的检测可使用万用表检测其绕组的阻值。若阻值为无穷大，则说明电源变压器故障，需要更换。

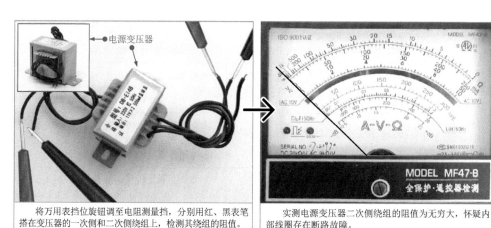

将万用表挡位旋钮调至电阻测量挡，分别用红、黑表笔搭在变压器的一次侧和二次侧绕组上，检测其绕组的阻值。	实测电源变压器二次侧绕组的阻值为无穷大，怀疑内部线圈存在断路故障。

图 13-12　变压器的检测

　　如图 13-13 所示为控制电路各连接端口。燃气热水器的控制电路为燃气热水器各功能部件提供供电电压及控制信号，通过对控制电路各连接端口的检测即可确定相应的功能部件是否满足正常的工作条件。若供电或控制信号不正常，则说明控制电路存在故障。若供电或控制信号正常，而相应的功能部件工作失常，则说明该功能部件存在故障。

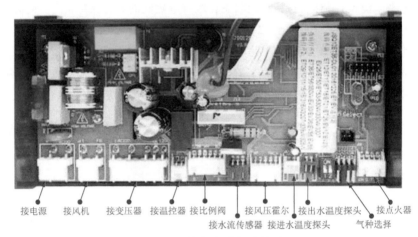

接电源　　接风机　　接变压器　　接温控器　接比例阀　　接风压霍尔　接出水温度探头　　接点火器
接水流传感器　接进水温度探头　　气种选择

图 13-13　控制电路各连接端口

　　如果排除电路部分的故障因素，则燃气热水器的故障则主要在燃气管路部分。燃气管路部分的故障多表现为点火不正常或水温不正常。对于燃气热水器常见故障的检修可按表 13-1 所列。

表 13-1　燃气热水器常见故障的检修表

故障表现	故障原因	故障排除方法
点不着火或着火后熄灭	液化气燃气压力过高或过低；冬季气温低，液化气气化速度慢，供气不足	调整液化气减压阀或更换减压阀（液化气减压阀后压力应为 2800Pa 左右）
	天然气压力较小	确认并调整小火二次压力（天然气额定燃气压力应为 2000Pa）
	液化气钢瓶使用时倒置，残液倒灌进热水器燃气阀体内，导致燃气阀工作异常	拆开清洗燃气阀，如燃气阀体内橡胶薄膜变形、破损则必须更换燃气阀体
	风机工作异常或风机不转	更换风机
	电磁阀没有开启或线圈断	更换电磁阀线圈
	电路板提供给电磁阀电压太小，不能使其打开	测量电磁阀的电压是否在直流 20V 左右；检测变压器的 24V 输出电压是否正常；不是则需更换电路板或变压器
	比例阀线圈损坏	检查比例阀电压是否为小火 10V 左右，中火 15V 左右、大火 20V 左右，不是则更换比例阀线圈
	脉冲点火器损坏，导致不点火	更换脉冲点火器

故障表现	故障原因	故障排除方法
水不热	燃气管道堵塞；燃气管路压力低	查燃气管道是否堵塞； 请燃气公司检查燃气管路压力
	水流量过大；管道压力过大；管道口径太大	关小进水管的阀门及调高热水器的设定温度
	设置不当，应调在高挡或冬天模式，当前调在中挡或春秋模式	按说明书上的使用方法正确设置
水太烫	水压低，水流量小，水管堵塞	加装增压泵；清理热水器进水管过滤网；调整热水器上的水量调节到大；调换花洒，花洒眼应尽量大
	液化气压力过高	调换液化气的减压阀，将燃气压力调至要求值
	设置不当，主要是将热水器设置在高温区造成	按说明书上的使用方法正确设置
热水器点燃后有一段冷水，重新开水后又有一段冷水	这主要是强排风热水器的特性，不是故障。强排风热水器是为了提高用户使用的安全性，在热水器点燃前设置了前清扫，在热水器熄火后进行后清扫，将热水器中原有的废气排出热水器内，所以造成重新开水后又有一段冷水出现。另外，由于用户的水龙头到热水器出水管的距离长，及热水将冷水加热到热水需一定的时间，因此造成热水器点燃后有一段冷水	用户可缩短该段时间，将热水器先设置在高温挡，等水热后再将水温设置在需要使用的温度

13.3　燃气热水器常见故障检修

13.3.1　燃气热水器点火失败的故障检修

燃气热水器开机后，风机正常，点火失败。这类故障的检修流程如图13-14所示。

13.3.2　燃气热水器点火后熄灭的故障检修

燃气热水器能够正常点火，但点火后持续不了一段时间便随即熄灭。这类故障的检修流程如图13-15所示。

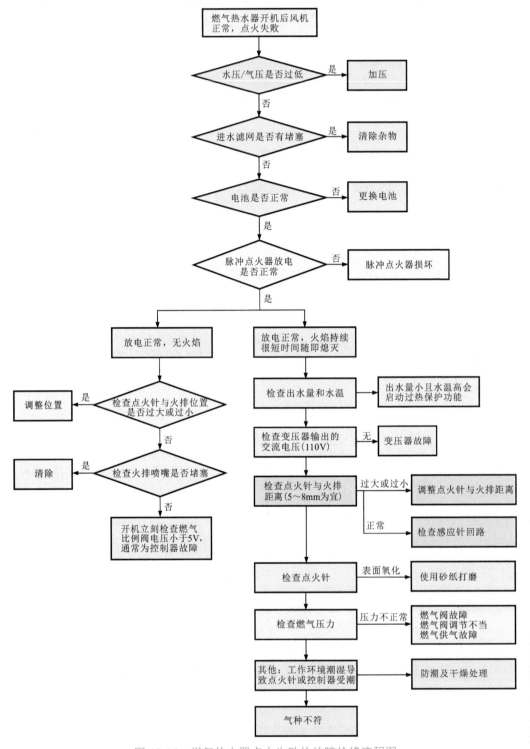

图 13-14　燃气热水器点火失败的故障检修流程图

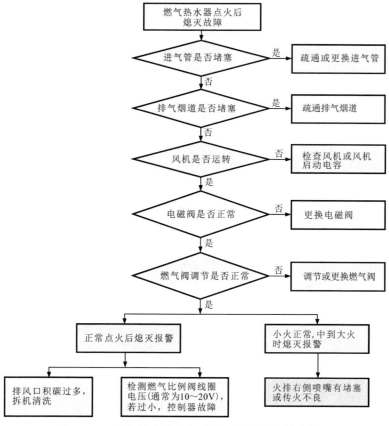

图 13-15　燃气热水器点火后熄灭的故障检修流程图

13.3.3 燃气热水器风机不转的故障检修

　　燃气热水器通电开机工作，风机不转，且显示故障报警。这类故障的检修流程如图 13-16 所示。

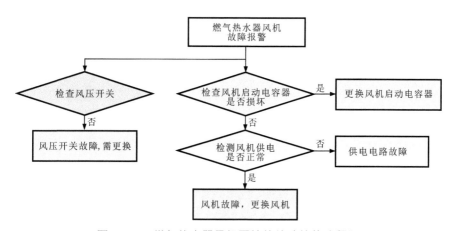

图 13-16　燃气热水器风机不转的故障检修流程图

13.3.4 燃气热水器不工作的故障检修

燃气热水器不工作主要表现为通电后不开机或使用中突然关机两种情况。图 13-17 为燃气热水器不工作的故障检修流程图。

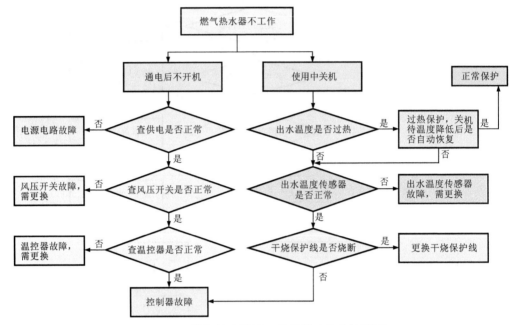

图 13-17　燃气热水器不工作的故障检修流程图

第**14**章 空气净化器维修

14.1 空气净化器的结构原理

14.1.1 空气净化器的结构特点

空气净化器是对空气进行净化处理的机器。图 14-1 为典型空气净化器的外部结构。其外部主要由操作 / 显示面板、进风口、出风口、传感器检测口等部分构成。

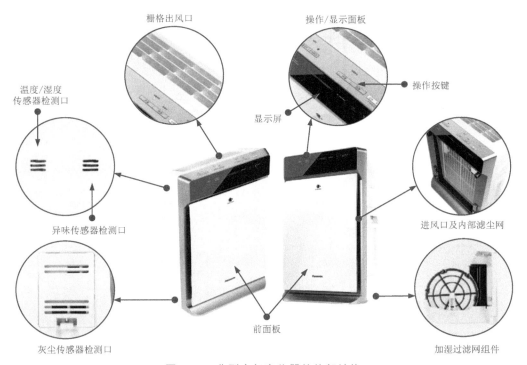

图 14-1 典型空气净化器的外部结构

图 14-2 为典型空气净化器的内部结构。其内部主要是由过滤网、主电路板、传感器组件等部分构成。

14.1.2 空气净化器的工作原理

目前，空气净化器主要采用过滤网实现除尘滤尘的效果。如图 14-3 所示，空气净化器是对空气进行净化处理的机器，可以有效吸附、分解或转化空气中的灰尘、异味、杂质、细菌及其他污染物，进而为室内提供清洁、安全的空气。

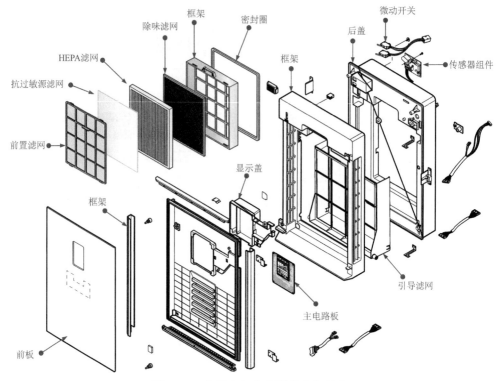

图 14-2　典型空气净化器的内部结构

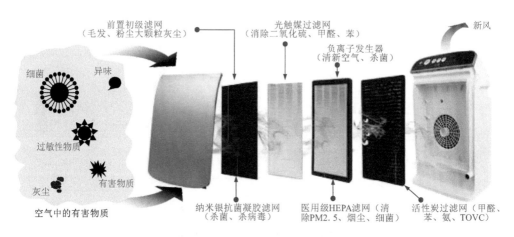

图 14-3　空气净化器的工作原理

　　空气净化器的空气循环系统主要是由风机和风道组成的。风机由扇叶和电动机构成，用于使空气形成气流。风道是由进风通道和排风通道组成的。电动机带动扇叶高速旋转，推动空气形成强力气流，使室内的空气通过滤尘网并进行循环，在循环的过程中，空气中的灰尘和霉菌被滤尘网拦截、捕捉和分解，不断地循环工作使室内的全部空气得到净化。空气净化器在室内的位置及所形成的气流如图 14-4 所示。

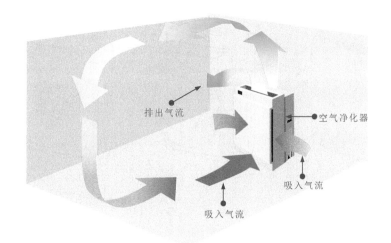

图 14-4　空气净化器在室内的位置及所形成的气流

图 14-5 为空气净化器的电路结构。它是由电源电路和系统控制电路两部分构成的。电源电路为空气净化器各功能部件及单元电路供电，而系统控制电路则主要实现对空气净化部件的工作管理，其电路外连接有传感器，随时向系统控制电路传送当前的环境信息，以便系统控制电路自动工作。

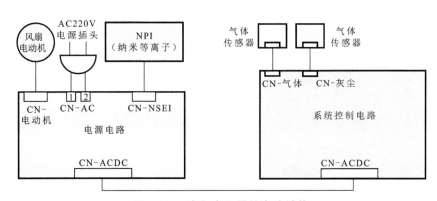

图 14-5　空气净化器的电路结构

14.2　空气净化器的检修技能

14.2.1　电动机的检修

如果空气净化器在运行过程中出现不转或转速不均匀、运转噪声等情况，应对电动机进行检查。图 14-6 为空气净化器电动机的拆卸方法。

空气净化器的电动机多采用单相交流电动机。如图 14-7 所示，检测时，使用万用表分别检测电动机任意两接线端的阻值。其中两组阻值之和应基本等于另一组阻值。

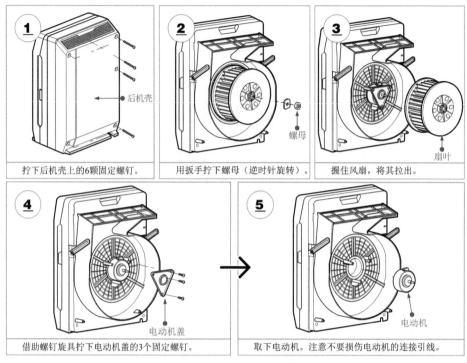

图 14-6　空气净化器电动机的拆卸方法

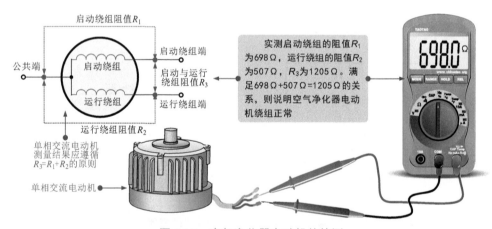

图 14-7　空气净化器电动机的检测

　　若检测时发现某两个接线端的阻值趋于无穷大，则说明电动机绕组中有断路的情况。若三组测量值不满足等式关系，则说明电动机绕组可能存在绕组间短路的情况。此时需要对电动机进行更换。

14.2.2　灰尘传感器的检修

　　图 14-8 是灰尘传感器。灰尘传感器可检测空气中灰尘的含量，PM2.5 检测传感器是

检测微颗粒灰尘的传感器。它将检测值变成电信号作为空气净化器的参考信息，经控制电路对净化器的各种装置进行控制，如风量和风速的控制及电离装置的控制。

图 14-8　灰尘传感器

　　若灰尘传感器脏污，会触发报警状态。此时应进行检查和清洁，灰尘传感器装在空气净化器左侧下部，打开小门即可看到。使用干棉签清洁镜头，注意操作时应断开电源。如果灰尘覆盖镜头，则传感器会失去检测功能。拆卸传感器盖板，清洁传感器镜头的方法如图 14-9 所示。

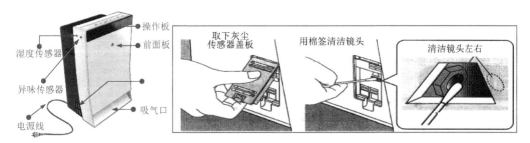

图 14-9　清洁传感器镜头

14.3　空气净化器常见故障检修

14.3.1　空气净化器能正常开机，但显示屏显示失常的故障检修

　　故障表现：空气净化器通电开机正常，但显示屏显示失常。

　　故障分析：空气净化器开机能进入工作状态，只有显示屏显示失常，可能是显示屏和触摸键电路板故障。如图 14-10 所示，对该电路板进行拆卸检查。

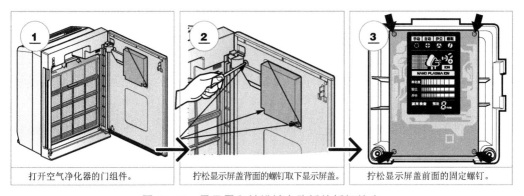

| ① 打开空气净化器的门组件。 | ② 拧松显示屏盖背面的螺钉取下显示屏盖。 | ③ 拧松显示屏盖前面的固定螺钉。 |

图 14-10　显示屏和触摸键电路板的拆卸检查

　　经查，电路板损坏，选择同型号电路板代换，故障排除。

故障表现：空气净化器通电开机正常，也能正常工作，但出风总伴随有异味。

故障分析：根据故障表现，说明空气净化器各单元电路工作正常，各功能部件也能正常工作。所以应重点对空气净化器内的滤网进行检查。可能是滤网不清洁所致。

如图 14-11 所示，先切断电源，然后对空气净化器中的滤网进行拆卸。

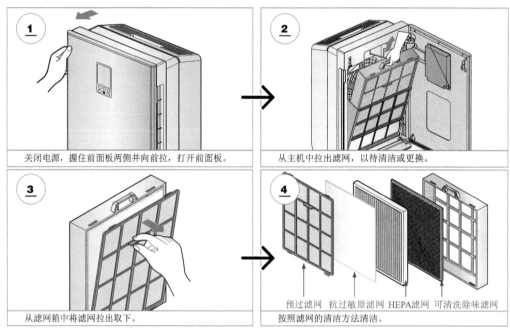

图 14-11　拆卸滤网

滤网的清洁与更换如图 14-12 所示。

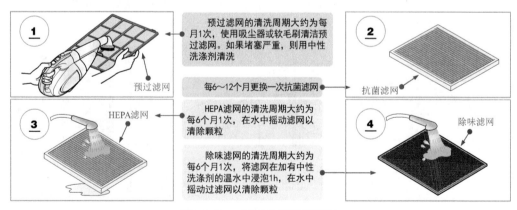

图 14-12　滤网的清洁与更换

注意，滤网清洁后一定要晾干，不可直接装入机器，否则会因潮湿引发电路故障，或者因为潮湿霉变导致异味再次产生。

第15章 扫地机器人维修

15.1 扫地机器人的结构原理

15.1.1 扫地机器人的结构特点

扫地机器人也称地面清洁机器人。它是一种依托人工智能技术，能够自动完成地板清洁的移动式清扫设备。其清洁的方式常采用刷扫、吸尘及擦抹方式。

图 15-1 为扫地机器人的实物外形。扫地机器人主要包括充电座和扫地机器人主机两部分。从外形上看，扫地机器人多采用圆盘型设计。

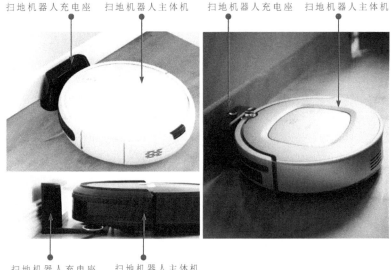

扫地机器人充电座　扫地机器人主体机　　扫地机器人充电座　扫地机器人主体机

扫地机器人充电座　　扫地机器人主体机

图 15-1　扫地机器人的实物外形

图 15-2 为扫地机器人的结构组成。在扫地机器人前端装有感应保险杠，以防止工作时扫地机器人与家具产生磕碰。正面设有操控显示面板，用以人机交互，显示工作状态。在顶端位置有红外信号接收头，用以感应充电座顶部红外信号发射器发出的红外信号，以实现自动返回充电的功能。

将扫地机器人翻转过来，可以看到，扫地机器人底部边缘设有多处防跌落传感器。扫地机器人的运行主要由驱动轮和万向轮实现。充电电池仓内装有充电电池，为整个扫地机器人供电。底部中间的缺口是真空吸尘口。内部装有滚刷，扫地机器人清扫的工作主要就是由前部边缘的两个旋转边刷和滚刷完成。然后，由安装在内部的吸尘电动机将地面垃圾及灰尘吸入集尘盒中。

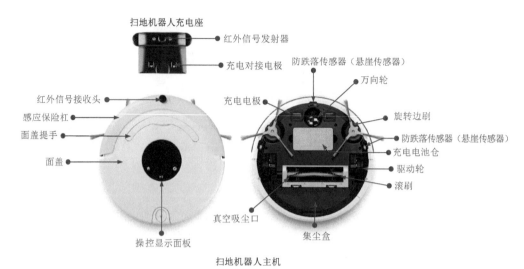

图 15-2　扫地机器人的结构组成

如图 15-3 所示，打开扫地机器人外壳，可以看到扫地机器人的内部结构。从扫地机器人的内部，主要可以看到主控电路板、驱动轮模块、旋转边刷驱动模块、集尘盒和激光头组件等。

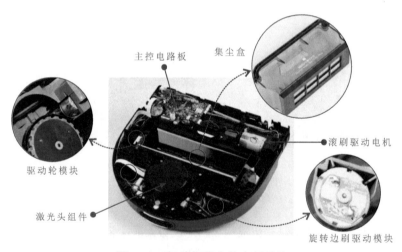

图 15-3　扫地机器人的内部结构

（1）主控电路板

主控电路板是整个扫地机器人的控制核心。图 15-4 为不同扫地机器人的主控电路板。通常，主控电路都采用微处理器集中控制。可以看到，在主控电路板的边缘有很多的接口，分别用以连接设在扫地机器人周边的传感器。随时接收传感器送来的信号，以便微处理器做成正确的控制指令。

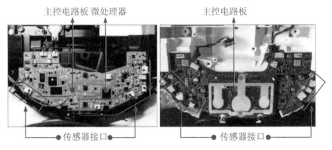

图 15-4　不同扫地机器人的主控电路板

（2）传感器

扫地机器人的智能移动功能基本上是依靠传感器实现的。扫地机器人的传感器主要包括防跌落传感器、沿墙传感器、碰撞传感器、激光头组件等。

图 15-5 为防跌落传感器和沿墙传感器。其中，防跌落传感器在扫地机器人移动到边缘时检测机器与地面的高度。若高度超出预设，表明扫地机器人此时位于"悬崖"边缘，该信号传输给微处理器，微处理器便会控制驱动轮后转，避免跌落危险。沿墙传感器用以感应机器与墙壁的距离。当机器在墙边清扫时，在该传感器的作用下，使机器与墙体持续保持一定距离，避免机器频繁和墙体碰撞。

图 15-6 为碰撞传感器。碰撞传感器多采用微动开关，即当扫地机器人碰撞到墙壁或家具时，能够改变路径行驶移动，通常，碰撞传感器外安装有缓冲保险杠，减小磕碰带来的损害。

图 15-5　防跌落传感器和沿墙传感器　　　　图 15-6　碰撞传感器

图 15-7 为超声波测距传感器。超声波测距传感器主要安装在扫地机器人的前端。用以实现测距功能。

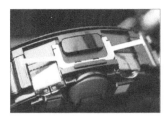

图 15-7　超声波测距传感器

相/关/资/料

目前，很多扫地机器人还配有激光头组件。如图 15-8 所示，激光头组件内部由激光器和摄像头组成，激光头组件可在驱动电动机的驱动下 360° 转向，实现精准的测距控制。

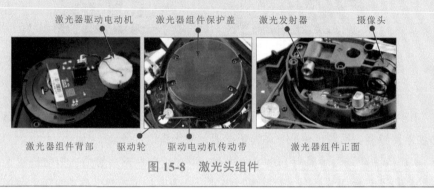

激光器驱动电动机　　激光器组件保护盖　　激光发射器　　　摄像头

激光器组件背部　　驱动轮　　驱动电动机传动带　　　激光器组件正面

图 15-8　激光头组件

（3）集尘组件

集尘组件主要用以存放地面垃圾。在集尘盒的后端设有滤尘器，可以有效地滤除灰尘。图 15-9 为不同集尘盒的实物外形。集尘组件主要是由集尘盒和滤尘器构成。有些具有擦地功能的集尘组件中还集成了水箱。

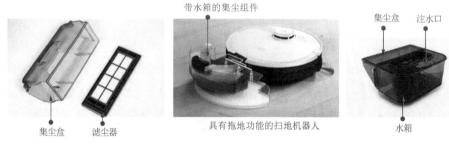

带水箱的集尘组件　　　　　　　　　集尘盒　　注水口

集尘盒　　滤尘器　　　　　具有拖地功能的扫地机器人　　　　水箱

图 15-9　不同集尘盒的实物外形

（4）充电电池

如图 15-10 所示，扫地机器人所使用的充电电池主要有镍氢电池和锂离子电池两种。其中，镍氢电池的造价更为低廉，但性能与锂离子电池有一定的差距。

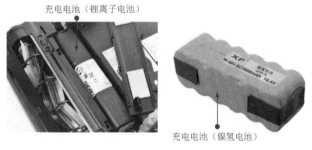

充电电池（锂离子电池）

充电电池（镍氢电池）

图 15-10　扫地机器人的充电电池

15.1.2 扫地机器人的工作原理

（1）扫地机器人的控制原理

图15-11为扫地机器人的控制原理。扫地机器人的主控电路上有很多接口，分别与扫地机器人各传感器、边刷模块、驱动轮模块、滚刷模块等进行连接。工作的时候，由主控电路上的微处理器集中控制，各传感器及电路信息实时传送给微处理器，经微处理器运算处理后，向各功能模块发送控制指令，实现相应的功能。

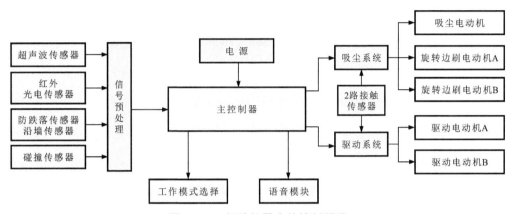

图 15-11　扫地机器人的控制原理

（2）扫地机器人的清扫除尘原理

扫地机器人的清扫除尘工作主要是由旋转边刷、滚刷以及设置在机器内部的吸尘电动机配合完成的。

如图15-12所示，当扫地机器人经过地面时，位于底部两侧边缘的边刷逆时针旋转，经地面杂物和灰尘集中到中央位置，伴随着中央真空吸尘口处S型滚刷的旋转，灰尘便被带入真空集尘口。与此同时，位于内部的吸尘旋转，产生强大吸力，便可将地面垃圾和灰尘吸扫入集尘盒中。

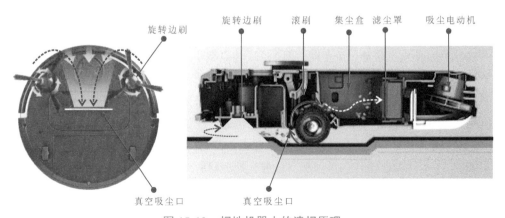

图 15-12　扫地机器人的清扫原理

相/关/资/料

如图 15-13 所示，有些扫地机器人在滚刷的前端还安装了胶刷，这种设计大大提升了清扫的效率和质量。

图 15-13　采用滚刷和胶刷的清扫系统

（3）扫地机器人的移动原理

扫地机器人的运行移动主要依靠底部的驱动轮和万向轮配合完成。扫地机器人的驱动轮由驱动电动机驱动控制，经传动齿轮带动驱动轮旋转实现移动。

如图 15-14 所示，扫地机器人的驱动轮采用模块化设计，即一个驱动轮由一套驱动电动机和驱动齿轮构成。工作时，微处理器发送控制指令，控制驱动电动机旋转，为扫地机器人提供移动的主要动力。

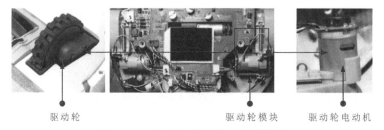

驱动轮　　　　　　　　　　驱动轮模块　　　　驱动轮电动机

图 15-14　扫地机器人的驱动轮模块

通常，扫地机器人中的驱动电机多采用步进电机，这种电机是通过脉冲信号驱动的。即一个脉冲可使电机转动一个角度。图 15-15 为典型步进电机的驱动电路。在该驱动控制电路中，L298N 是产生驱动脉冲的芯片（常用于驱动步进电机的还有 L293 芯片），L297 是控制指令转换电路，L297 常和 L298N 配合使用。微处理器用以控制驱动电路的工作状态。可以看到微处理器通过多条引线对步进电机进行控制。其中，CW/CCW 为转向控制，CLOCK 为时钟信号，HALF/FULL 为半角和全角控制，ENABLE 为使能控制，RESET 为复位信号，V_{ref} 为基准电压。微处理器根据微处理器的传送的信号实现前进、后退和转向控制。

L298N 芯片的 ②、③、⑬、⑭ 脚分别接步进电机的两相绕组。通过控制步进电机的脉冲顺序和方向实现对电机转动方向和速度的驱动控制。

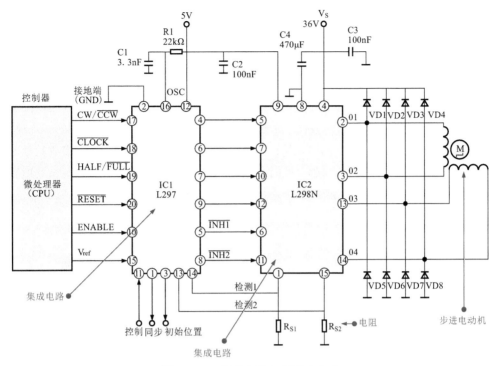

图 15-15　典型步进电机驱动电路

扫地机器人移动主要通过驱动轮驱动完成，在移动过程中，万向轮的转动即可实现扫地机器人自由转向。

如图 15-16 所示，目前很多扫地机器人都具备摆脱缠绕的功能设置。这类扫地机器人的万向轮通常采用黑白间隔条纹设计，其内部设有光电传感器，在万向轮滚动时通过其表面的黑白间隔变换检测扫地机器人的运行状态，一旦扫地机器人被地面线缆缠绕绊住行动，万向轮的黑边间隔条纹便不会变化，此时，光电传感器将信息传送给微处理器。微处理器确定扫地机器人当前处于牵绊缠绕状态，便会向驱动轮电动机发送反转指令，驱动轮电动机带动驱动轮反转，扫地机器人便实现后退的动作，从而摆脱缠绕。

图 15-16　万向轮的摆脱缠绕功能设计

（4）扫地机器人的自动感应原理

扫地机器人在移动及清扫过程中，可以自动躲避障碍物，并能够在"悬崖"边缘停止并回退，遇到墙壁或家具时，可提前减速，即使碰撞也以微小的触碰后改变行动轨迹。这一切自动感应控制都是通过其内部的传感器实现的。

图 15-17 为超声波测距传感器的工作原理。该传感器是由超声波发射器和超声波接收器两部分组成。电路通过发射与接收的延迟时间来判断障碍物的距离。当障碍物相距较远，超声波发射到接收的延迟时间间隔较长；当障碍物相距较近，超声波发射到接收的延迟时间间隔较短，表明即将碰撞障碍物。此时，检测到的信号便会传给主控电路的微处理器。微处理器便会发送控制指令，控制驱动轮电动机减速或转向。

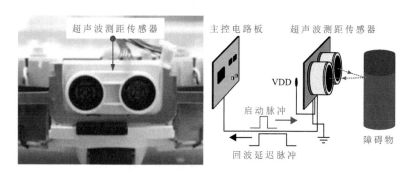

图 15-17　超声波测距传感器的工作原理

图 15-18 为光电传感器的原理示意图。光电传感器多用于沿墙传感器或跌落传感器。其内部是由发光二极管和光敏三极管构成。以跌落传感器为例。工作的时候，跌落传感器内部的发光二极管发光射向下方地面，因地面与跌落传感器距离较近，发射的光会及时反射回来。光敏三极管接收到反射回来的光，阻值会发生变化，这个变化量会实时传送给微处理器。当扫地机器人位于高处边缘时，高度距离远远超过安全距离。这时，由发光二极管发射的光便不能反射给光敏晶体管。光敏三极管的阻值便不会发生变化。该信息被微处理器接收后，便可确认扫地机器人此时处于高处边缘。微处理器随即向驱动轮发送控制指令，控制驱动轮暂停并反转，这样扫地机器人便可安全脱离危险地带。

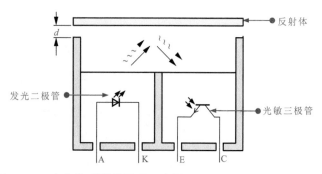

图 15-18　光电传感器的原理示意图

图 15-19 为碰撞传感器的内部结构。碰撞传感器也叫接触式传感器。这类传感器多用于扫地机器人的前端。从结构上看，该传感器采用微动开关。在微动开关触头前端是缓冲弹片，外部是缓冲保险杠。当扫地机器人碰撞到障碍物时，缓冲保险杠会挤压缓冲弹片，缓冲弹片便会形变使微动开关动作。其内部相应触电便会接通或断开。以此来判断是否触碰到障碍物，以便主控电路的微处理器及时作出控制指令。

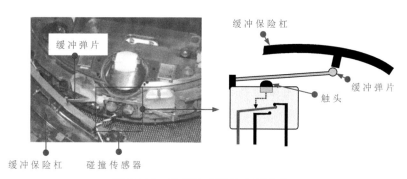

图 15-19　碰撞传感器的内部结构

（5）扫地机器人的充电原理

扫地机器人是由电池供电的自行运转的吸尘器，因而电池的充电是扫地之前必做的工作。扫地机器人多采用锂电池，图 15-20 为扫地机器人充电电路原理图，LS977-L79 是充电电路的控制芯片，它是一种双列 10 脚的贴片式集成电路，表 15-1 为其引脚功能。该电路具有 PWM 信号产生电路，其输出的 PWM 信号经过晶体管放大后对 PMOS 场效应晶体管进行控制，使之产生 PWM 电流对锂电池进行充电。在充电的过程中，不断地对电池的电压、充电电流以及温度进行检测，芯片设有电压信号、温度信号和电流信号输入端，通过对输入信号的识别与处理，输出 PWM 信号进行控制，完成充电工作。

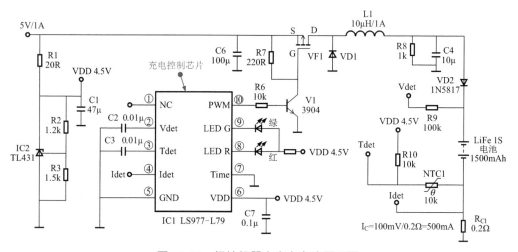

图 15-20　扫地机器人充电电路原理图

表 15-1　LS977-L79 是充电电路的控制芯片的引脚功能

引脚号	名称	功能	引脚号	名称	功能
①	NC	空脚	⑥	VDD	电源端
②	Vdet	电池电压检测输入	⑦	Time	充电时间保护
③	Tdet	温度检测输入	⑧	LED R	红色 LED 充电状态
④	Idet	充电电流检测输入	⑨	LED G	绿色 LED 充电完成
⑤	GND	地	⑩	PWM	主充电输出 PWM 信号

从图 15-20 可见，充电电压为 5V（1A），该电压送到场效应晶体管 VF1 的 S 极，经 R1 和稳压电路（TL431）形成 4.5V 的直流电压为芯片 LS977-L79 的 ⑥ 脚供电，芯片得电后由 ⑩ 脚输出 PWM 脉冲信号，该信号经三极管 V1 放大后去驱动场效应晶体管 VF1 的栅极，VF1 输出的脉冲电流经 L1 和 VD2 为电池充电。

在充电过程中，充电电流会在电流检测电阻 RC1 上形成电压降，该电压作为电流信号送到 IC1 的 ④ 脚，同时在电池的正极经电阻 R9 将电压信号送到 IC1 的 ② 脚作为电池的电压信号。在电池的负端经负温度系数热敏电阻器（NTC1）将电压送到 IC1 的 ③ 脚，作为温度信号。如这三项中任何一项超过安全值，则芯片会停止进行充电。如果充电电压达到要求值，则也会停止充电，表示充电完成，绿色指示灯点亮。

15.2　扫地机器人的检修技能

扫地机器人内部电路集成度高，各功能模块多采用模块化设计，并通过连接引线与主控电路板相连。因此，对扫地机器人的检测可根据故障表现对相应的功能模块进行检测。

其中，故障率较高的部件主要有充电电池、驱动电机、传感器等。

除上述硬性故障外，由于使用环境或保养设置不当，也会使扫地机器人工作状态不良。对于此类常见故障可按表 15-2 所列进行故障排查。

表 15-2　扫地机器人常见故障的检修方法

故障表现	故障原因	解决方法
扫地机器人运行中突然停止或关机	电池电量耗尽	为扫地机器人充电
	扫地机器人当前为定点模式（10min 自动暂停）	等待一会再使用，或调整模式
运行中偶尔会从台阶上掉下或在台阶边缘暂停并红灯报警	扫地机器人防跌落失效或不灵	检查台阶高度是否大于预设值（一般为 8cm），若不大于预设值，则影响扫地机器人运行是正常的，非故障；检查扫地机器人底部的传感器是否太脏或有遮挡物；检查扫地机器人是否在强光条件下，应避免在强大阳光条件下工作

故障表现	故障原因	解决方法
充不进电，充电显示充满后，也不能开机	开机键异常	检查开机键，可能按键功能不良
	充电电池异常	检查充电电池及充电电池的连接状态，多属于充电电池老化或损坏，需同型号代换
吸尘效果不佳	扫地机器人集尘盒有杂物堵塞，或滤尘器过脏	清洁积尘盒，更换滤尘器
旋转边刷不转	边刷未及时清理毛发及缠绕物，边刷电动机因超负荷运行导致烧坏，主控板元器件也烧坏	清理边刷毛发及缠绕物，更换边刷电动机，维修主板
扫地机器人启动后，左、右轮不转，有些机器同时提示轮组过载	左、右轮因异物卡死或松动	清理左、右轮异物
	轮组中的齿轮或电动机异常	更换整个轮组（包括齿轮或电动机）
滚刷转，边刷不转，或滚刷和边刷都不转	边刷部分有毛发等异物缠绕	清理毛发等异物
	若手动边刷能转，但有明显异常声，多为边刷组件的电动机磨损严重	更换边刷组件
	滚刷部分有毛发等异物缠绕	清理整个滚刷组件
	主板有渗水导致导航部件线路腐蚀	检测主机部分
遥控不灵敏	遥控器电池电压太低	更换遥控器电池
	扫地机器人放置在已开启的充电座和虚拟墙的前方	拔掉充电座的电源，关掉虚拟墙
	遥控本身异常	打开充电座，让扫地机器人切换到找充电座模式运行，若扫地机器人找充电器能转圈，则说明为遥控器问题，更换遥控器；若不能转圈，则说明为遥控接收头损坏，更换按键板
	扫地机器人遥控接收头异常	
扫地机器人无法充电	扫地机器人与充电座的充电极片未充分接触	调整扫地机器人，使其主机与充电座的充电极片充分接触
	充电座未接通电源，扫地机器人电源开关打开，导致电量损耗	接通充电座电源，关闭扫地机器人电源开关。扫地机器人不工作时，应使其保持充电状态
扫地机器人无法返回充电	充电座摆放位置不正确	按照扫地机器人说明书要求，调整充电座的摆放位置

故障表现	故障原因	解决方法
扫地机器人工作时声音过大	边刷、滚刷等被杂物缠绕；集尘盒、滤尘器被堵住	定期清理及保养边刷、滚刷、集尘盒和滤尘器等
抹布支架安装后，扫地机器人工作时不渗水	抹布支架的小磁铁脱落	修复抹布支架小磁铁或更换抹布支架
	扫地机器人水箱内无水	给水箱加水
	扫地机器人主机底部出水孔堵塞	清理扫地机器人底部的出水孔或清理水箱滤网
扫地机器人无法连接 WiFi	WiFi 信号不好	调整扫地机器人位置，确保主机处于 WiFi 信号覆盖区域内
	WiFi 连接异常	重置 WiFi 并下载扫地机器人最新手机客户端后再次连接

15.3　扫地机器人常见故障检修

15.3.1　扫地机器人不吸尘的故障检修

按下扫地机器人启动键，扫地机器人开机行走，执行清扫工作，但没有吸尘功能。这时应着重对吸尘电动机进行检查。

首先可将手放在排风口处感受是否有风排出，若没有，则需要对吸尘电动机模块进行拆卸检测。图 15-21 为待测吸尘电动机模块。

风道出风口　　　　　吸尘电动机扇叶　　　　　吸尘电动机

图 15-21　待测吸尘电动机模块

首先对吸尘电动机扇叶及风道进行检查，即吸尘电动机扇叶是否有破损或污物缠绕的情况，风道是否密闭，有无堵塞的情况。若有上述不良情况，应及时清理。

如果电动机扇叶和风道均状态良好，怀疑吸尘电动机故障。可采用外接直流供电的方式为吸尘电动机供电，观察吸尘电动机是否启动运转，若在正常供电情况下电动机不转基本怀疑电动机损坏。可使用万用表对吸尘电动机绕组的阻值进行检测。正常情况下，实测电动机绕组应有一定的阻值。当前实测阻值为无穷大，说明电动机绕组断路。选用同型号吸尘电动机代换。重新安装后开机，故障排除。

15.3.2　扫地机器人防跌落失效的故障检修

扫地机器人开机工作正常，能够在平地移动清扫，但如果移动到台阶边缘无法做出暂停或后退动作，经常会从台阶上掉下去。出现这种情况，基本确定防跌落功能失常。此时应对防跌落传感器模块进行检查。

首先检测扫地机器人底部跌落传感器处是否有污物遮挡，若有明显污物遮挡或脏污情况，及时处理。

若跌落传感器表面清洁。则需对跌落传感器的性能进行检测。如图15-22所示，首先将万用表的黑表笔接跌落传感器的A极，红表笔接K极。检测其内部红外发光二极管的正向阻抗，正常情况下应能够检测到几十千欧姆的阻抗（当前实测值为20kΩ）。然后调换表笔检测反向阻抗，正常情况下应为无穷大。

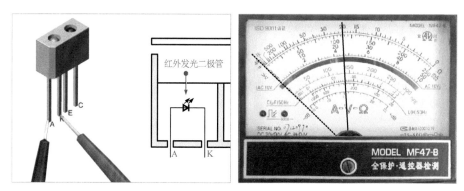

图15-22　检测跌落传感器内红外发光二极管

接下来，如图15-23所示，将黑表笔接C级，红表笔接E极，检测光敏三极管的阻抗。当前在未接收到光照的情况下，光敏三极管的阻值应为无穷大。此时，可使用手机上的手电光对光敏三极管进行照射，在接收到照射的同时，观察阻值变化，所检测的光敏三极管的阻值应变小。这说明光敏三极管正常。此时检测光敏三极管阻值在光照前后都为无穷大，说明跌落传感器内部的光敏三极管损坏，对跌落传感器同型号代换后重新开机测试，故障排除。

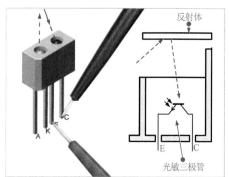

图15-23　检测跌落传感器内光敏三极管

第16章　组合音响维修

16.1　组合音响的结构和工作原理

16.1.1　组合音响的结构特点

组合音响是集各种音响设备于一体或将多种音响设备组合后的多声道环绕立体声放音系统，一般具有收、录、放、唱功能，很多的组合音响都兼容音像功能，用DVD机代替CD机，不仅能播放音频信号，还能播放视频信号。

组合音响主要是由收音机部分、CD机部分、录音机部分和调节控制器部分组成的。其中，收音机和CD机部分是其音频信号源之一，主要是用来接收无线电广播节目和播放光盘中的音频信息。录音机主要是用来播放磁带中的音频信息。

典型组合音响的外部结构见图16-1。

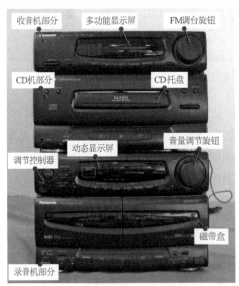

（a）典型组合音响正面结构图

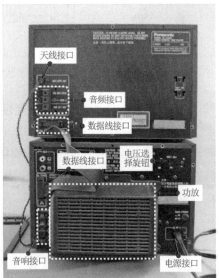

（b）典型组合音响背面结构图

图16-1　典型组合音响的外部结构

组合音响的背部为各种接口，用以实现各功能设备之间的连接。

从外部结构上看，组合音响是由众多功能部分组合而成，这些功能部分的电路都安装在组合组合内部，打开组合音响的外壳后即可以看到其内部的结构组成。

典型组合音响的内部结构见图16-2。

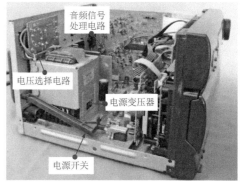

（a）录音机和调节控制器部分的内部结构

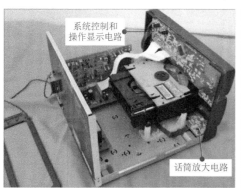

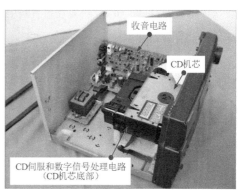

（b）CD机和收音机部分的内部结构

图 16-2　典型组合音响的内部结构

组合音响内部主要包括：系统控制和操作显示电路、收音电路、CD 伺服和数字信号处理电路、音频信号处理电路、音频功放电路、双卡录音座电路和电源电路等。

（1）系统控制和操作显示电路

系统控制和操作显示电路在数码组合音响产品中主要用于控制各部分电路的启动、切换、显示等工作状态，如图 16-3 所示。

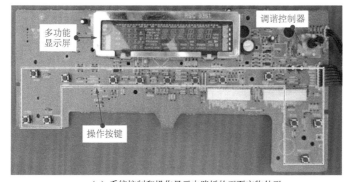

（a）系统控制和操作显示电路板的正面实物外形

图 16-3

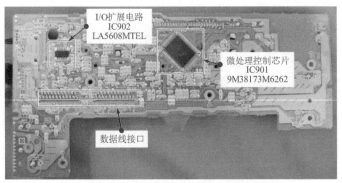

（b）系统控制和操作显示电路板的背面实物外形

图 16-3　典型组合音响中系统控制和操作显示电路板

（2）收音电路

在组合音响中，收音电路部分是接收广播电台节目的电路，图 16-4 为典型组合音响中的收音电路。

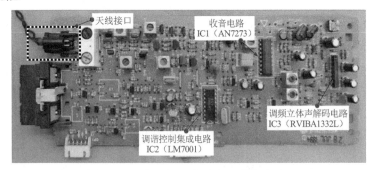

图 16-4　典型组合音响中的收音电路

（3）CD 伺服和数字信号处理电路

CD 伺服和数字信号处理电路主要是用于处理 CD 部分的核心电路，通常包括伺服预放集成电路、数字信号处理集成电路和伺服驱动集成电路等部分，如图 16-5 所示。

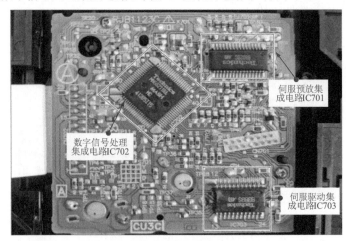

图 16-5　典型组合音响中 CD 伺服和数字信号处理电路

CD 伺服主要用来驱动聚焦线圈、循迹线圈、主轴电动机和进给电动机；数字信号处理电路主要是对 RF 信号进行数字处理，对伺服误差信号进行数字伺服处理，同时对主轴伺服和进给伺服信号进行处理。

（4）音频信号处理电路

在组合音响中，音频信号处理电路可对音频信号进行数字处理以达到满意的音响效果。其中，收音信号、CD 信号、录放音信号、话筒信号及由外部输入的音频信号都送到此电路中进行数字处理，如环绕声处理、图示均衡处理、音调调整、低音增强等，提高组合音响的音质效果。图 16-6 为典型组合音响中的音频信号处理电路。

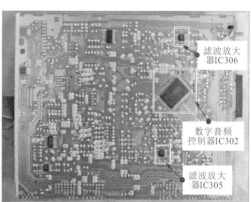

（a）音频信号处理电路板正面　　　　　　　（b）音频信号处理电路板背面

图 16-6　典型组合音响中的音频信号处理电路

（5）音频功放电路

在组合音响产品中，音频功放电路是其中的一个电路单元，主要用于将各音频信号源输出的音频信号进行功率放大，通常与电源电路板相连接。音频功放电路是大功率器件，通常安装在散热片上，如图 16-7 所示。

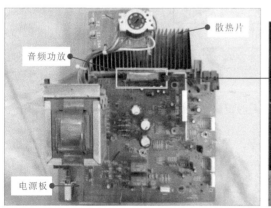

图 16-7　典型组合音响中的音频功放电路

（6）电源电路

在组合音响中，电源电路多采用线性稳压电源电路结构，主要用于为整个组合音响的所有电路部分提供直流电压条件，如图 16-8 所示。

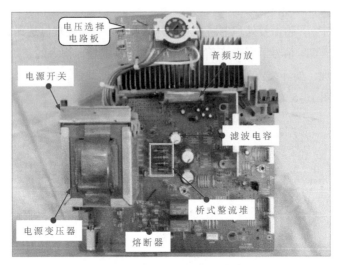

电压选择
电路板

音频功放

电源开关

滤波电容

桥式整流堆

电源变压器

熔断器

图 16-8　典型组合音响中的电源电路

16.1.2　音响的工作原理

图 16-9 为组合音响的整机功能框图。

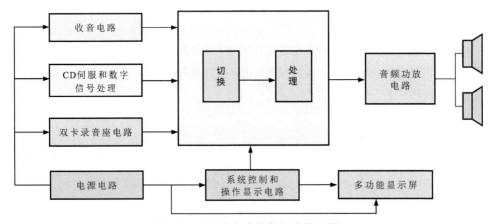

收音电路

CD伺服和数字
信号处理

双卡录音座电路

切换

处理

音频功放
电路

电源电路

系统控制和
操作显示电路

多功能显示屏

图 16-9　组合音响的整机功能框图

组合音响需要通过操作按键输入人工指令，并在输入信号选择电路的控制下，使系统控制和操作显示电路、收音电路、CD 伺服和数字信号处理电路、音频功放电路、音频信号处理电路、电源电路、双卡录音座电路等，完成各种信息处理，使组合音响正常工作。简单来看，组合音响电路主要完成音频（或视频）信号的处理和输出，最终驱动扬声器发出声响，如图 16-10 所示。

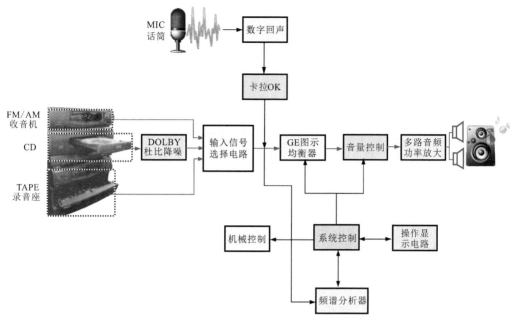

图16-10 典型组合音响的整机信号流程图

图16-11为典型组合音响中的系统控制和操作显示电路图。系统控制电路是对CD和收音机等部分中的各个部件和电路进行控制的电路，如信号输入电路的选择控制、工作模式的选择和控制及音频信号的音量、音调、音响效果的控制等，与各部分有密切的关联。

系统控制和操作显示电路接收操作指令信号后，对CD部分、收音机部分及信息处理等进行控制。

微处理器芯片IC901的㉘～㉛脚外接两只晶体X901、X902，与内部振荡电路构成晶体振荡器。

微处理器芯片IC901的㊼～㉒脚显示驱动接口部分，输出脉冲控制信号，控制显示屏显示信息。

微处理器芯片IC901的㊸脚为4.9V供电端；㊐～㊀脚为其键控信号输入端。

图16-12为典型组合音响中的CD伺服预放电路。

激光头中激光二极管的供电是由IC701控制的，IC701的④脚通过控制Q701为激光二极管供电。

IC701的⑨脚输出RF信号，㉓脚输出聚焦误差信号，㉔脚输出循迹误差信号。

图16-13为典型组合音响中的CD数字信号处理电路。

伺服预放输出的RF信号送到数字信号处理电路IC702的㊺脚，在IC702中进行数据限幅（DSL）、锁相环同步处理电路、EFM解调和解码纠错电路，最后经D/A转换后，由㊙、㊞脚输出立体声音频信号。

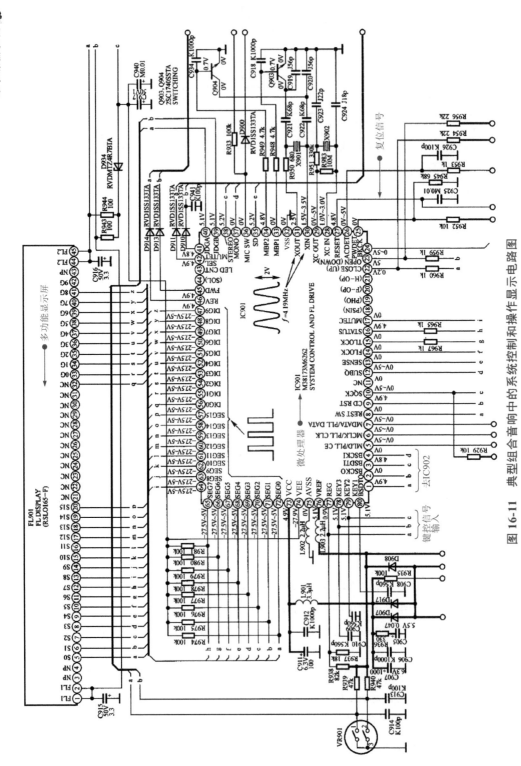

图 16-11 典型组合音响中的系统控制和操作显示电路图

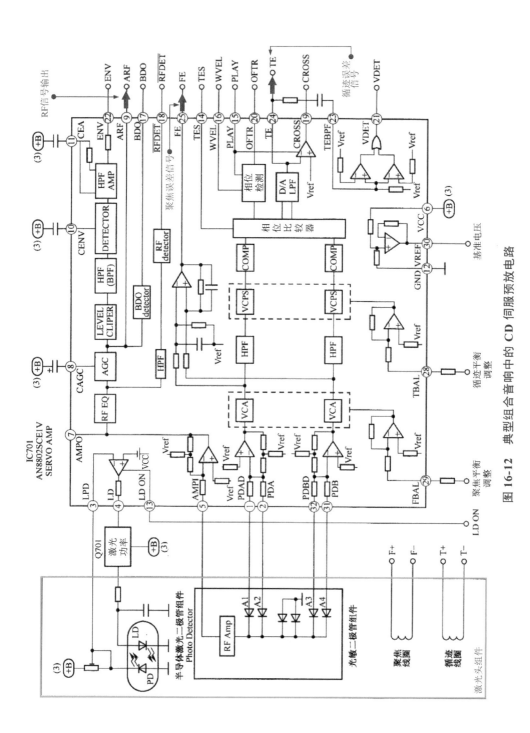

图 16-12　典型组合音响中的 CD 伺服预放电路

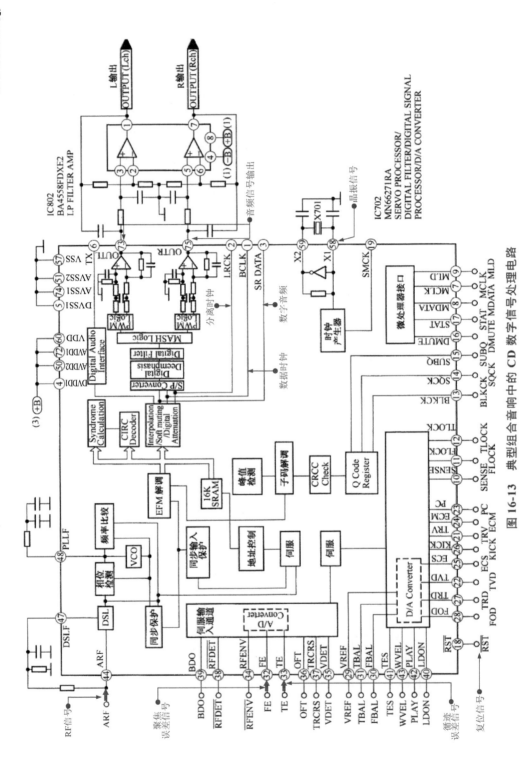

图 16-13　典型组合音响中的 CD 数字信号处理电路

图 16-14 为典型组合音响中的音频功放电路。

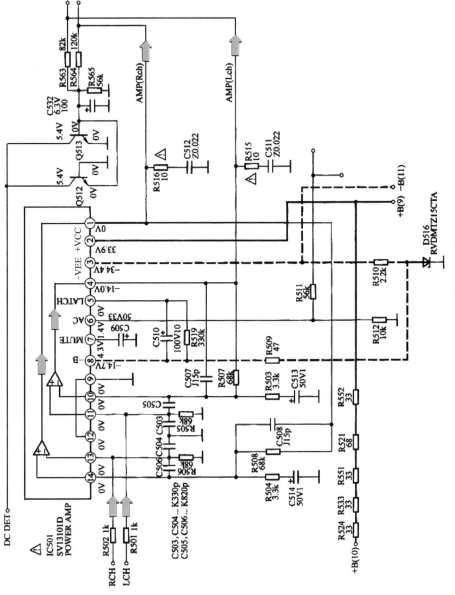

图 16-14 典型组合音响中的音频功放电路

305

IC501（SV13101D）的 ② 脚、③ 脚分别为 33.9V 和 −34.4V 供电端，供电电压正常是正常工作的基本条件。

自前级的 RCH、LCH 音频信号送入该功放的 ⑬ 脚、⑪ 脚，经内部放大后，由 ① 脚和 ④ 脚输出。

图 16-15 为典型组合音响中的电源电路。

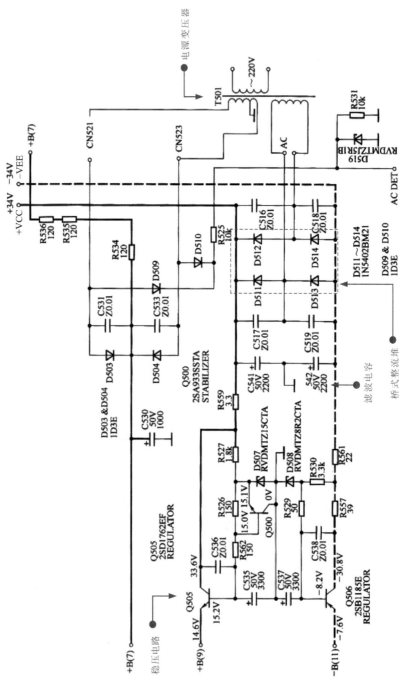

图 16-15　典型组合音响中的电源电路

交流电压先由变压器 T501 将 220V 变成低压，其中一路经全波整流滤波后输出 +34V 直流电压。

+34V 直流由桥式整流滤波和稳压电路后，输出 +14.6V、−7.6V 直流低压为后级电路供电。

16.2　音响的检修技能

组合音响在检修时，可重点对音频信号的传输通道进行测试，特别是主要部件的信号输入和输出部分、供电部分等。这里以组合音响中关键的音频信号处理部分，如音频信号处理集成电路、音频功率放大器为例进行介绍。

16.2.1　音频信号处理集成电路的检修

在组合音响中，音频信号处理集成电路的主要功能是对电路中的音频信号进行综合处理及音量控制，若该电路有故障，多会引起音量控制失常、无声音输出等故障。以典型组合音响中的音频信号处理集成电路 M62408FP 为例进行分析。图 16-16 为 M62408FP 芯片的实物外形及主要引脚。

组合音响音频信号处理集成电路的检测

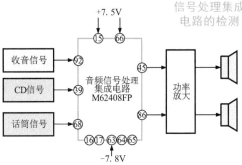

图 16-16　M62408FP 芯片的实物外形及主要引脚

检测时，可用万用表检测供电电压及输入/输出信号电压，如图 16-17 所示。

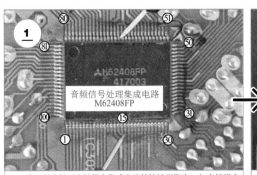

将万用表的黑表笔搭在集成电路的接地引脚上，红表笔搭在音频信号处理集成电路的供电引脚（以 ⑮ 脚为例）。

观察万用表的读数，在正常情况下，测得供电电压为7.5V。

图 16-17

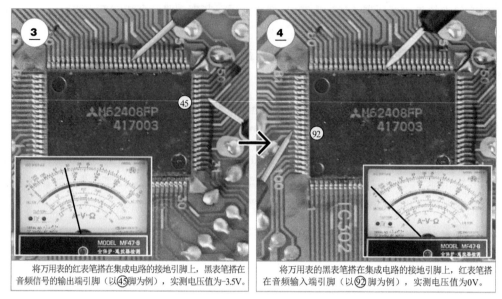

将万用表的红表笔搭在集成电路的接地引脚上，黑表笔搭在音频信号的输出端引脚（以㊺脚为例），实测电压值为-3.5V。

将万用表的黑表笔搭在集成电路的接地引脚上，红表笔搭在音频输入端引脚（以㊚脚为例），实测电压值为0V。

图 16-17　音频信号处理集成电路供电电压及输入 / 输出信号电压的检测方法

在正常情况下，在集成电路供电端、信号输入端和输出端应能够测得一定的电压值。若供电及输入信号均正常，而无输出信号时，表明该芯片已损坏，可用同型号的芯片进行更换。

若检测时，实测结果与正常值偏差较大，则说明所测引脚参数异常，依次对测量部位及关联部位进行检测，最终找到故障部件，检修或更换。

在实际检修过程中，一些集成电路正常工作时各引脚的电压值可在对应的维修图纸找到（正常情况下的电压值），可作为检修时的参考依据和比照数据

借助示波器检测芯片输入端和输出端的音频信号波形是判断该类芯片是否正常的有效且直观的方法，如图 16-18 所示。

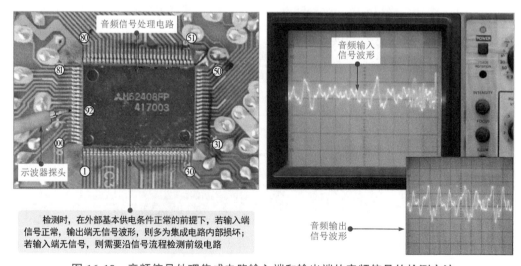

检测时，在外部基本供电条件正常的前提下，若输入端信号正常，输出端无信号波形，则多为集成电路内部损坏；若输入端无信号，则需要沿信号流程检测前级电路

图 16-18　音频信号处理集成电路输入端和输出端的音频信号的检测方法

16.2.2 音频功放电路的检修

音频功放电路是组合音响中将音频信号进行功率放大的公共处理电路部分，若发生故障时，会造成组合音响的声音失常，需要根据具体故障表现进行检修。

音频功率放大器 SV13101D 的实物外形及各引脚电压参考值如图 16-19 所示。

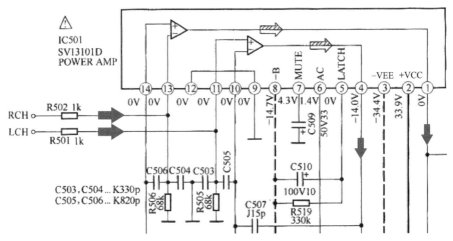

图 16-19 音频功率放大器 SV13101D 的实物外形及各引脚电压参考值

音频功率放大器的 ② 、③ 脚为电压供电端，分别输入 33.9V 和 –34.4V 的供电电压；⑪ 、⑬ 脚为音频信号输入端（电压为 0V）；① 、④ 脚为音频信号输出端（电压为 0V、–14.0V）。

判断音频功率放大器是否正常时，可用万用表检测关键引脚的电压值。若实测结果与所标识电压参考值偏差过大，则说明所测部位及关联部位存在异常；若供电及输入信号正常，而无输出信号时，则说明该音频功率放大器已损坏。

图 16-20 为音频功率放大器的检测方法。

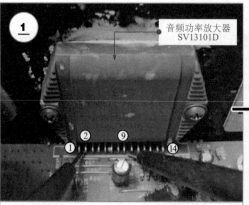

将万用表的挡位旋钮置于"直流50V"电压挡，黑表笔搭在音频功率放大器的接地端，红表笔搭在音频功率放大器的供电端。

实测电压值与参考电压值一致，表明供电正常

观察万用表的读数，在正常情况下，测得的供电电压值为34V。

保持万用表的挡位量程不变，将黑表笔搭在音频功率放大器的接地端（④脚），红表笔搭在音频功率放大器的音频信号输出端（⑨脚）。

观察万用表的读数，在正常情况下，实际测得音频功率放大器输出端的电压值为14V（将万用表的红表笔接地时，测得电压值为负值）。

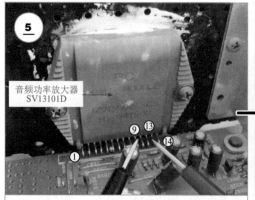

保持万用表的挡位量程不变，将万用表红表笔搭在音频功率放大器的音频信号输入端，黑表笔搭在音频功率放大器的接地引脚上。

观察万用表的读数，在正常情况下，测得的电压值为0V。输入端信号功率较低，用万用表测该信号电压为其平均电压值，接近0V，正常。

图 16-20　音频功率放大器的检测方法

音频功率放大器的工作过程也是典型的音频信号输入、处理和输出过程，因此可借助示波器检测输入端和输出端的音频信号。在供电等条件正常的前提下，若输入端信号正常，无输出，则多为音频功率放大器内部损坏。

16.2.3 扬声器的检修

扬声器是组合音响的输出部件，几个扬声器按照一定的电路方式结合在一起构成独立的音箱设备。组合音响所有的声音都是通过音箱（扬声器）发出传到人耳的。作为将电能转变为声能的电声转换器件，扬声器的品质、特性对整个音响系统的音质起着决定性的作用。

图 16-21 为典型扬声器的检测方法。在通常情况下，扬声器上会标识相关的参数信息，如 8Ω，该数值为扬声器的标称交流阻抗值（即输出阻抗）。用万用表检测时，所测结果为直流阻抗。若测量的直流阻值和标称交流阻抗相近，则表明扬声器正常；若测得的阻值为零或者无穷大，则说明扬声器已损坏。

在检测时，若扬声器的性能良好，当用万用表的两表笔触碰扬声器的电极时，扬声器会发出"咔咔"的声音；若扬声器损坏，则没有声音发出。

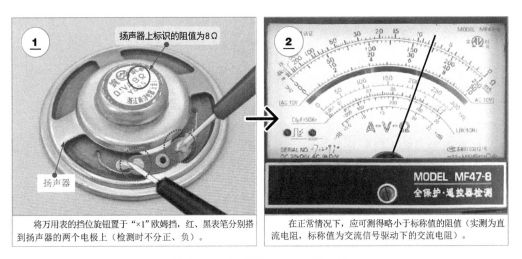

将万用表的挡位旋钮置于"×1"欧姆挡，红、黑表笔分别搭到扬声器的两个电极上（检测时不分正、负）。

在正常情况下，应可测得略小于标称值的阻值（实测为直流电阻，标称值为交流信号驱动下的交流电阻）。

图 16-21 典型扬声器的检测方法

16.3 组合音响常见故障检修

16.3.1 组合音响无法收听广播节目的故障检修

组合音响开机正常，但不能使用收音功能收听广播节目。这种情况，重点怀疑组合音响收音电路故障。应根据信号流程，分别对立体声解码电路 IC3、FM/AM 收音电路 IC1、锁相环频率合成式调谐控制集成电路 IC2 进行重点检测。

立体声解码电路 IC3（RVIBA1332L）的 ② 脚为音频信号输入端，④、⑤ 脚为立体声信号（L、R）输出端。

在对该电路进行检测时，可首先对其 ① 脚的供电电压进行检测。供电正常，再继续检测立体声解码电路 IC3（RVIBA1332L）输出和输入的音频信号。检测发现无输出和输入的音频信号。

逆信号流程，继续检测 FM/AM 收音电路 IC1（AN7273W）。FM/AM 收音电路接收前级送来的 FM 中频信号、AM RF 信号及 AM 本振信号，以上信号在其内部经相关处理后，由其 ⑮ 脚输出送往立体声解码电路 IC3（RVIBA1332L）的音频信号。

确认供电正常，检测 FM/AM 收音电路 IC1（AN7273W）输入的信号波形均正常，而实测 ⑮ 脚时，发现检测不到的输出音频信号，图 16-22 为正常时检测到的输出信号波形。

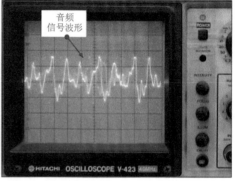

图 16-22　正常时检测到的输出信号波形

供电正常，输入信号正常，输出不正常，判定该集成电路损坏，更换后，故障排除。

16.3.2　组合音响无声的故障检修

组合音响开机有反应，调节功能正常，但播放音乐或广播均无声。

组合音响开机正常，说明供电电路正常，无声音，应重点检查音频信号处理集成电路和音频功率放大器。

以音频信号处理集成电路 IC302（M62408FP）为例，该电路的㉜、㊴脚为音频信号输入端；⑱脚为话筒信号输入端；㊺、㊋脚音频信号输出端；⑮、㊶脚为 +7.5V 电源供电端；⑯ ～ ⑰ 脚和㊾～㊿脚为 −7.8 V 电源供电端。

在对该电路进行检测时，可重点检测其供电电压及输入/输出信号波形。经检测，供电及输入输出信号均正常。

则检查音频功率放大器是否损坏。首先检测音频功率放大器 SV13101D 的 ② 脚，有 34V 的供电电压，继续检测音频功率放大器 SV13101D 的 ⑬ 脚，该引脚为音频信号的输入端引脚。如图 16-23 所示，实测的输入端波形正常。

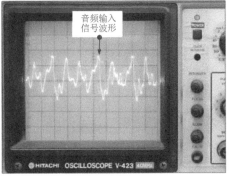

图 16-23   检测音频功率放大器 SV13101D 的 ⑬ 脚输入端的音频信号

接下来，检测音频功率放大器 SV13101D 的 ① 脚，该引脚端为音频信号输出端引脚。检测发现无信号输出，说明音频功率放大器损坏。更换音频功率放大器后故障排除。

第 **17** 章　净水器维修

17.1　净水器的结构原理

17.1.1　净水器的结构特点

净水器是一种采用滤芯过滤方式对水质进行深度过滤和净化处理的水处理设备。图17-1为常见净水器的实物外形。

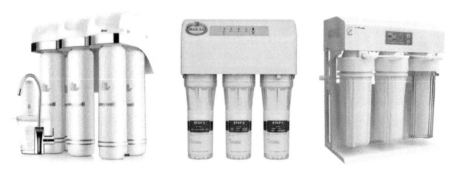

图 17-1　常见净水器的实物外形

净水器的主要功能是过滤水中的漂浮物、细菌、重金属、微生物及沙尘杂质。图17-2为典型净水器的结构示意图。

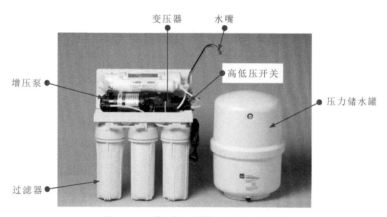

图 17-2　典型净水器的结构示意图

一般来说，净水器主要是由过滤器、增压泵、变压器、电磁阀、高低压开关、压力储水罐等部分构成。

（1）过滤器

如图 17-3 所示为净水器中的过滤器。净水器主要依靠过滤器过滤吸附，最终实现对水质的净化。根据不同的净化功能，过滤器分初级过滤、吸附过滤、精细过滤、净化过滤、除味过滤等。不同的过滤器中装有不同的滤芯，以实现相应的过滤效果。

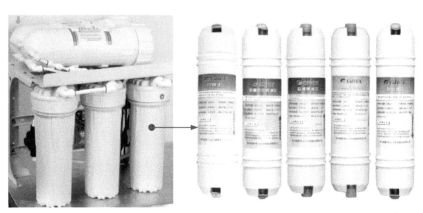

过滤器(内装有滤芯)　　　　　　　不同功能的滤芯

图 17-3　净水器中的过滤器

其中，初级过滤的过滤器所采用的滤芯多为 PP 棉滤芯，颗粒活性炭滤芯实现吸附过滤效果，压缩活性炭实现精滤效果，超滤膜实现净化效果；RO 反渗透膜及后置活性炭实现提升净化和除味效果。

（2）增压泵

如图 17-4 所示，增压泵的主要功能是为 RO 反渗透膜提供进水压力，以满足 RO 反渗透膜制水的压力及流量需求，协助实现反压式净水过滤功能。

图 17-4　增压泵

（3）变压器

如图 17-5 所示，变压器的功能是将交流 220V 电压转换成直流低压（多为 24V），为增压泵及其他电气部件或功能电路供电。

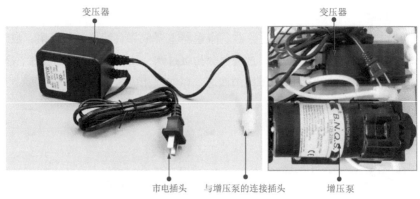

市电插头　　与增压泵的连接插头　　　增压泵

图 17-5　变压器

（4）电磁阀

如图 17-6 所示，净水器中的电磁阀主要分进水电磁阀和冲洗电磁阀（废水电磁阀）。进水电磁阀通常安装在第一级过滤器（PP 棉过滤器）之后，实现进水控制。当电源接通，自来水会经进水电磁阀，完成逐级净化过滤，实现制水。当电源被切断，进水电磁阀截止，阻止自来水流入，以方便废水排出。冲洗电磁阀则安装在 RO 反渗透过滤器处，主要作用是用于调节反渗透膜进水的压力。

进水电磁阀　　　　　　　　冲洗电磁阀（废水电磁阀）

图 17-6　进水电磁阀和冲洗电磁阀

（5）高低压开关

图 17-7 为净水器的高压开关。在用户使用纯净水时，高压开关会检测出水管处的水压状态。当水压过高，超出设定值，高压开关会切断电源，净水器会停机。当随着纯净水排出，出水管处的水压下降到一定值时，高压开关会自动接通电源，净水器进入正常制水状态。

图 17-8 为净水器的低压开关。当水压达到预设值时，低压开关会接通电源，使净水器进入正常工作状态。一旦出现断水或水压过低，达不到水压预设值时，低压开关会切断电源，放置增压泵空转。

图 17-7　净水器的高压开关

图 17-8　净水器的低压开关

（6）压力储水罐

压力储水罐的主要作用是储存 RO 反渗透过滤出来的纯净水，以满足用户快速取水用水的需求。图 17-9 为压力储水罐的实物外形。

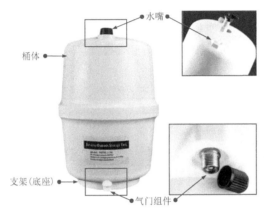

图 17-9　压力储水罐的实物外形

相/关/资/料

目前，很多净水器采用电脑板控制，如图 17-10 所示，净水器各功能部件都通过电脑板连接，由电脑板控制各功能部件的工作，同时由电脑板上的数码显示屏实时显示状态信息。更加智能的电脑板还可以实现定期/定时自动冲洗、滤芯寿命显示、储水制水状态显示等功能。

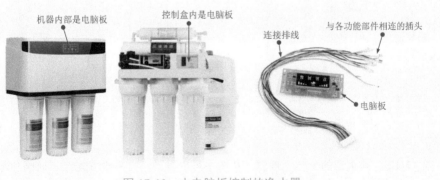

图 17-10　由电脑板控制的净水器

17.1.2 净水器的工作原理

图 17-11 为净水器的水质过滤原理。净水器主要是依靠不同功能的过滤器达到水质净化的目的。通常，第一级过滤被称为初级过滤，该级过滤主要采用 PP 棉，主要完成对水中大颗粒杂质的过滤（例如泥沙、铁锈、虫卵等）。经过初级过滤后，自来水会进入第二级过滤，即吸附过滤。吸附过滤主要采用颗粒活性炭作为滤芯。颗粒活性炭具有很强的吸附能力，可以有效地吸附水中的有机物、余氯、异色及铅、铬、汞等重金属。经过吸附过滤后，水质会进入精滤环节。完成精滤的过滤器主要采用压缩活性炭作为滤芯。压缩活性炭的粉状颗粒可达微米级，具有更强的吸附能力，可有效地吸附滤除水中的微小细菌。之后进入净化过滤环节。净化过滤采用超滤膜作为滤芯，其孔径可达 0.1μm。采用外压技术可有效地将水中细小微生物、硅藻类等物质去除。最后一层过滤为除味过滤，滤芯多采用 RO 反渗透膜。该材质为一种仿生物半透膜，其表面微孔径达 0.5～10nm。可有效滤除水中的水碱及盐分，确保更好的水质口感。有些净水器除上述五级过滤外，在最后还增添了一级后置活性炭过滤装置，可进一步去除异味，提升口感。

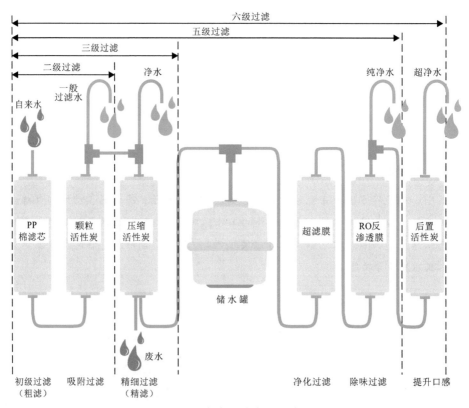

图 17-11　净水器的水质过滤原理

图 17-12 为净水器的工作原理图。从图中可以看到，自来水首先经三通阀和球阀后进入第一级过滤器（PP 棉）中，在第一级过滤器和第二级过滤器之间安装有低压开关和进

水电磁阀。当电源接通，进水电磁阀会开通，使水流入后级过滤器中。经第二级和第三级过滤处理后，在增压泵的作用下加压，以满足 RO 反渗透膜制水的压力及流量需求，实现 RO 反渗透过滤。经 RO 反渗透过滤后的纯净水再经高压开关后流入压力储水罐。一旦需要用水，水会从压力储水罐再经后置活性炭过滤器后直接被使用。在这个过程中，设在水路系统中的高低压开关随时检测水管路中的压力变化。一旦出现断水或水管压力降低时，低压开关便会切断电源，放置增压泵空转。在使用纯净水时，一旦出水管部分的压力过高，此时表明正在使用纯净水，高压开关便切断电源，净水器停机，压力储水罐中的水便会经后置活性炭过滤器后被直接使用。直至压力下降到一定值后，高压开关会再次接通电源，净水器便开始制水工作。

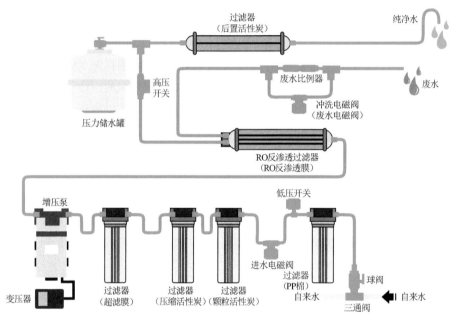

图 17-12　净水器的工作原理图

17.2　净水器的检修技能

净水器的故障多表现为不启动、无法制水、长时间不停机等，其中除管路连接故障外，电控板（控制电路）、增压泵、变压器、高低压开关和电磁阀都是容易出现故障的电气元件。可根据故障表现有针对性的对相应功能部件进行检修。

（1）电控板的检修

电控板是净水器的控制核心。如图 17-13 所示，净水器各功能部件都通过连接引线连接到电控板相应的接口上，由电控板微处理器统一控制。对于电控板的检测可检测相应端口的输出电压或输出信号即可判别电控板的性能。

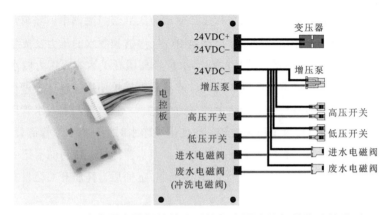

图 17-13　净水器电控板的输出引线与主要功能部件的连接关系

（2）增压泵的检修

增压泵是净水器中的关键电气部件，它主要为 RO 净水膜提供进水压力。增压泵故障会导致的净水器无纯净水流出或纯净水流出量很小。对于增压泵的检修非常简单，可以直接为增压泵供电，正常情况下，增压泵会运转工作。若供电正常，增压泵不工作，则说明增压泵损坏；若运转过程中噪声过大，说明内部存在磨损；若过热，则说明负载过大或内部润滑不良；若转速过低，则应检查供电电压是否符合标准；若电压不正常，则说明内部增压泵内部电机老化。

如图 17-14 所示，首先使用万用表直流电压挡检测增压泵直流 24V 电压输入是否正常。若在增压泵插头处能够检测到 24V 直流电压。增压泵无动作，基本可以推断增压泵损坏。也可将增压泵拆卸检测其绕组阻值。正常情况下，应该能够检测到几十欧的阻值，若阻值无穷大，说明绕组断路。

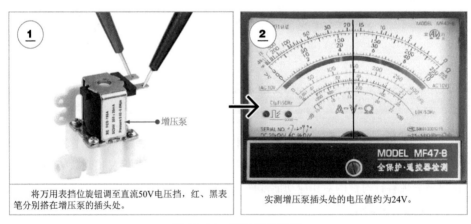

1	2
将万用表挡位旋钮调至直流50V电压挡，红、黑表笔分别搭在增压泵的插头处。	实测增压泵插头处的电压值约为24V。

图 17-14　增压泵的检测

（3）变压器的检修

变压器的作用是将交流 220V 电压转变为直流低压。变压器故障会导致净水器整机不工作。对变压器的检测,可通过检测输入端和输出端的电压来判断。一般若输入端有交流220V电压,而输出端无交流低压,则说明变压器损坏。

(4)电磁阀的检修

进水电磁阀的额定工作电压为直流24V,其功能是关闭自来水(原水)供应。若进水电磁阀打不开会导致无纯净水和废水产生;若进水电磁阀关不严会导致净水器停机后一直有废水流出。

废水电磁阀的检测与进水电磁阀类似。其工作电压也为直流24V。若废水电磁阀关不严,废水的排出量会很大,而纯水流出量会很小。

如图17-15所示,以进水电磁阀为例,对进水电磁阀的检测可使用万用表检测进水电磁阀线圈绕组的阻值。将万用表两表笔搭在进水电磁阀两供电引脚端。正常时应能够检测到一定的阻值。此时实测的阻值为3.5kΩ。如果所测得的阻值为无穷大,说明绕组线圈断路,需要对进水电磁阀进行代换。

  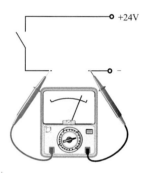

图 17-15　净水器进水电磁阀的检测

(5)高、低压开关的检修

高压开关的功能在于制满水后,关闭增压泵。若高压开关故障,则会导致制满水后增压泵一直不停工作。

低压开关主要用于缺水或断水状态下对增压泵的保护控制。低压开关故障会导致增压泵不启动。

以高压开关为例,可将万用表红表笔接高压开关的一端,黑表笔接电路板负极。当高压开关闭合时应能检测到24V直流电压。若无电压,说明高压开关损坏。

17.3　净水器常见故障检修

17.3.1　净水器不启动的故障检修

针对净水器不启动的故障,可按图17-16所示流程进行故障检修。一般来说,净水器通电不启动工作,首先应观察净水器的指示灯是否有显示。

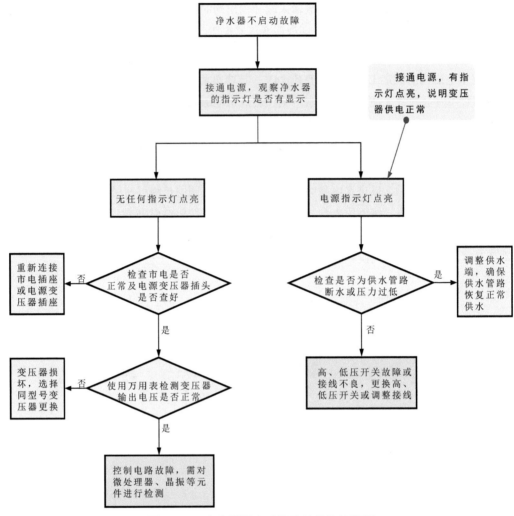

图 17-16　净水器不启动故障的检修流程图

17.3.2　净水器无法制水的故障检修

　　针对净水器无法制水的故障，可按图 **17-17** 所示流程进行故障检修。首先，要确认增压泵是否工作。如果接通电源，变压器输出正常，增压泵不工作，则说明增压泵损坏，需要同型号更换。

17.3.3　净水器长时间不停机的故障检修

　　净水器启动工作，但长时间设备一直运转，不停机。针对这类故障可按图 **17-18** 所示流程进行故障检修。在检修时，首先要查看纯净水的制水能力。可先对水管供水压力进行检查，供水压力过低，会导致净水器长时间不停机的情况，需对供水压力进行调节。

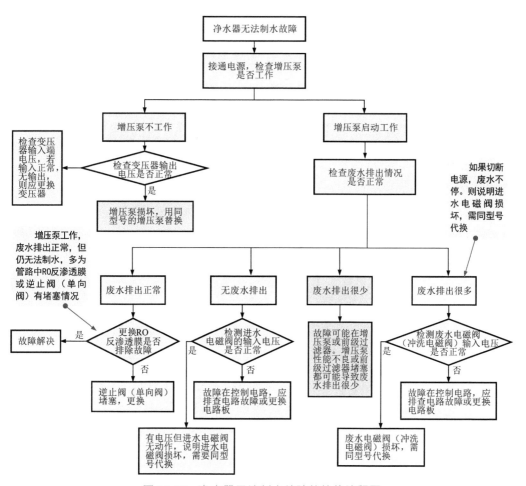

图 17-17　净水器无法制水故障的检修流程图

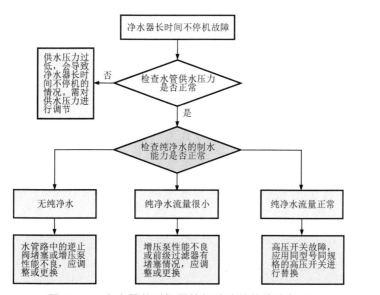

图 17-18　净水器长时间不停机故障的检修流程图

第18章 吸尘器维修

18.1 吸尘器的结构原理

18.1.1 吸尘器的结构特点

图 18-1 为典型吸尘器的外部结构图。从外观上看，吸尘器的外部是由电源线收卷控制按钮、吸力调整旋钮、电源开关、电源线、脚轮、提手以及软管等构成。

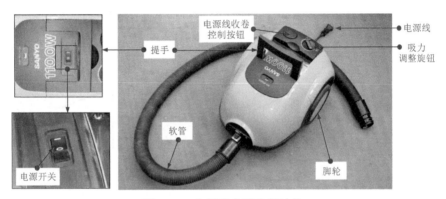

图 18-1 典型吸尘器外部结构

打开吸尘器的外壳后，可以看到吸尘器的内部结构，如图 18-2 所示。吸尘器的内部由涡轮式抽气机、卷线器、制动装置、集尘室、集尘袋、电路板等构成。

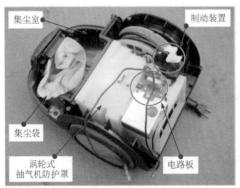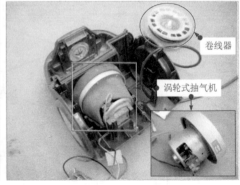

图 18-2 吸尘器的内部结构

18.1.2 吸尘器的工作原理

图 18-3 为典型吸尘器的工作原理示意图。当吸尘器通电按下工作按钮后，内部抽气

机高速旋转，吸尘器内的空气迅速被排出，使吸尘器内的集尘室形成一个瞬间真空的状态。在此时由于外界气压大于集尘室内的气压，形成一个负压差，使得与外界相通的吸气口会吸入大量的空气，随着空气的灰尘等脏污一起被吸入吸尘器内，收集在集尘袋中，空气可以通过滤尘片排出吸尘器，形成一个循环，只将脏污收集到集尘袋中。

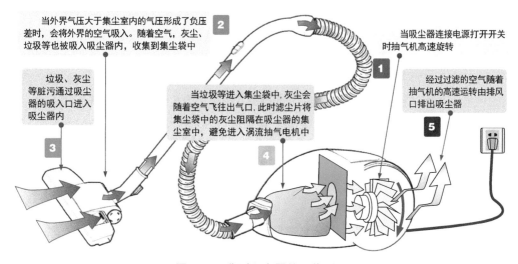

图 18-3　典型吸尘器的工作原理

图 18-4 所示为 SANYO 1100W 型吸尘器电路原理图。

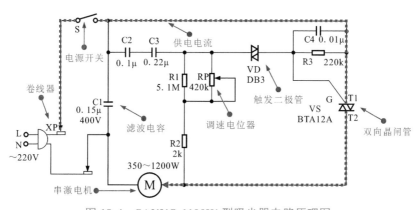

图 18-4　SANYO 1100W 型吸尘器电路原理图

可以看到，交流 200V 电源经电源开关 S 为吸尘器电路供电，交流电源经双向晶闸管 VS 为驱动电机提供电流，控制双向晶闸管 VS 的导通角（每个周期中的导通比例），就可以控制提供给驱动电机的能量，从而达到控制驱动电机速度的目的。双向晶闸管 T_2 和 T_1 极之间可以双向导通，这样便可通过交流电流。

由于双向晶闸管接在交流供电电路中，触发脉冲的极性必须与交流电压的极性一致。因而每半个周期就需要有一个触发触发脉冲送给 G 极。

控制导通周期的是电位器 RP，调整 RP 的电阻值，可以调整双向二极管（触发二极管）的触发脉冲的相位，就可实现驱动电机的速度控制。如果导通周期长，则驱动电机得到能量多，速度快，反之，则速度慢。

18.2　吸尘器的检修技能

18.2.1　电源开关的检修

电源开关是控制吸尘器工作状态的器件。若电源开关发生损坏，可能会导致吸尘器不运转或运转后无法停止。可以使用万用表检测其阻值，当电源开关处于开启状态时，阻值应当为零；当电源开关处于关闭状态时，阻值应当为无穷大。电源开关的检修如图 18-5 所示。

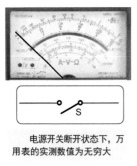
电源开关断开状态下，万用表的实测数值为无穷大

电源开关闭合状态下，万用表的实测数值为零

图 18-5　电源开关的检修

18.2.2　启动电容的检修

若吸尘器接通电源后，涡轮式抽气机不能正常运行，在排除电源线及电源开关的故障外，则应对抽气机的启动电容进行检测。

启动电容在吸尘器中使控制涡轮式抽气机进行工作的重要器件，若其发生损坏会导致吸尘器电动机不转的故障。可以使用万用表检测其充放电的过程，若其没有充放电的过程，则怀疑其可能损坏。启动电容的检修方法如图 18-6 所示。

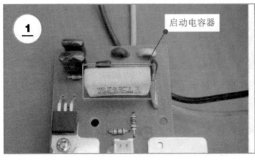
启动电容器

启动电容器两端引脚

将红黑表笔分别搭在启动电容器的两个引脚上，观察启动电容器充放电的过程。

若正常情况下，可检测到阻值在3~17Ω之间，若万用表阻值很小或为零，怀疑其损坏。

将万用表的红黑表笔调换搭在启动电容器的两个引脚上检测阻值，观察启动电容器充放电的过程。

若正常情况下，可检测到阻值在3~17Ω之间，若万用表阻值很小或为零，怀疑其损坏。

图 18-6　启动电容的检修方法

18.2.3　吸力调整电位器的检修

吸尘器吸力调整电位器的检测

　　吸力调整电位器主要是用于调整涡轮式抽气机风力大小。若吸力调整电位器发生损坏，可能会导致吸尘器控制失常。当吸尘器出现该类故障时，应先对吸力调整电位器进行检修，一般可以使用万用表电阻挡检测吸力调整电位器位于不同挡位时电阻值的变化情况，来判断好坏。吸力调整旋钮的检修方法如图18-7所示。

若实测阻值为无穷大，说明电位器与电路板插件之间的导线存在断路故障，应更换

将万用表的红黑表笔分别搭在电位器和导线接口处。

在正常情况下，万用表测得阻值应为零。

图 18-7

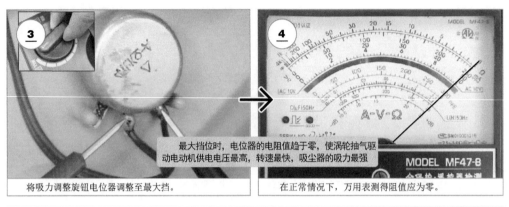

最大挡位时，电位器的电阻值趋于零，使涡轮抽气驱动电动机供电电压最高，转速最快，吸尘器的吸力最强

将吸力调整旋钮电位器调整至最大挡。

在正常情况下，万用表测得阻值应为零。

正常情况下，万用表阻值应该为20Ω左右

将吸力调整旋钮电位器调整值最小挡，正常情况下，万用表测得阻值应为40Ω

将吸力调整旋钮电位器调整至中挡。

图 18-7　吸力调整旋钮的检修方法

18.2.4　涡轮式抽气机的检修

　　涡轮式抽气机是吸尘器中实现吸尘功能的关键器件，若通电后吸尘器出现吸尘能力减弱、无法吸尘或开机不动作等故障时，在排除电源线、电源开关、启动电容以及吸力调整旋钮的故障外，还需要重点对涡轮式抽气机的性能进行检修。

　　若怀疑涡轮式抽气机出现故障时，应当先对其内部的减振橡胶块和减振橡胶帽进行检查，确定其正常后，再使用万用表对驱动电机绕组进行检测。图 18-8 为驱动电机及定、转子绕组、电刷的连接关系。

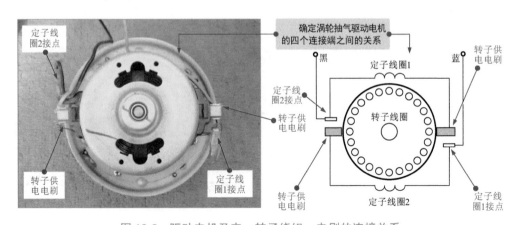

图 18-8　驱动电机及定、转子绕组、电刷的连接关系

涡轮式抽气机的检修方法如图 18-9 所示。

吸尘器涡轮式
抽气机的检测

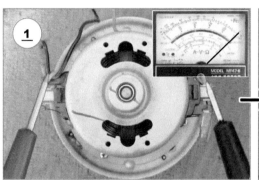

将万用表的红表笔搭在定子线圈2接点上，黑表笔搭在转子供电电刷上，正常情况下，万用表的阻值应接近零。

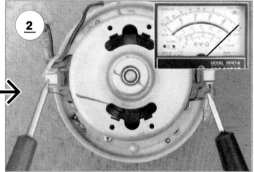

将万用表的红表笔搭在转子供电电刷上，将万用表的黑表笔搭在定子线圈1接点上，正常情况下，万用表的阻值应为0Ω。

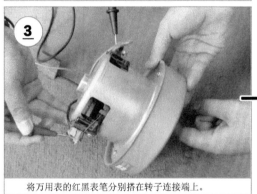

将万用表的红黑表笔分别搭在转子连接端上。

在正常情况下，万用表指针处于摆动状态。

图 18-9 涡轮式抽气机的检修方法

18.3 吸尘器常见故障检修

18.3.1 吸尘器开机正常但不能工作的故障检修实例

故障表现：将吸尘器打开后可听到有"嗡嗡"的声音，但吸尘器不能正常进行吸尘工作。

故障分析：因为在开机时可听到"嗡嗡"声，表明吸尘器的电路是接通的，涡轮式抽气机有电流通过，而涡轮式抽气机不转动，就表明故障是由启动电容器电机故障引起的。

在吸尘器中找到控制电路板，在控制电路板障找到启动电容器的位置，在电路板的背面找到启动电容器的两端引脚，如图 18-10 所示。

使用万用表检测启动电容器的阻值，将万用表调整至 R×10k 挡，在将两表笔分搭在启动电容器的两端引脚。正常情况下，应可以看到万用表上有一个充放电的过程，若电容器的阻值几乎为零，怀疑其可能损坏。

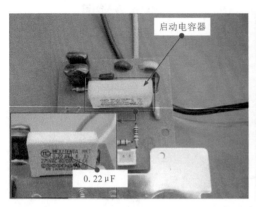

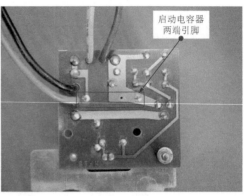

图 18-10　启动电容器及两端引脚

将红黑表笔调换，对其进行进一步的检测。经检测该电容器的电阻值很小为几乎为零。检测结果表明该启动电容器已经损坏，更换同型号启动电容器，故障排除。

18.3.2　吸尘器吸尘能力减弱并有噪声的故障检修

故障表现：将吸尘器打开使其处于工作状态时，吸尘能力减弱只能清洁较轻的灰尘，无法将纸屑等清除，还伴随较大的噪声。

故障分析：当吸尘器出现上述故障现象时，怀疑可能是涡轮抽气机出现故障。

当将吸尘器的涡轮式抽气机拆卸后，首先检查涡轮式抽气机减振橡胶帽是否有老化现象，如图 18-11 所示。若出现老化现象，将其更换即可。

图 18-11　检查涡轮式抽气机减振橡胶帽

经检查后可以确定减振橡胶帽正常，再查看减振橡胶块是否出现老化或裂开等现象，如图 18-12 所示。检查时，要注意减振橡胶块的两边都需要查看。如果减振橡胶块出现老化现象将其更换即可，若减振橡胶块有裂痕使用固定胶将裂痕部分重新粘牢。

图 18-12　检查减振橡胶块

经检查减振橡胶块正常。

如图 18-13 所示，应当检查涡轮式抽气驱动电机定子连接端是否与线圈连接线断开。若定子线圈断开，将断开连接端的定子线圈重新绕制，重新连接。

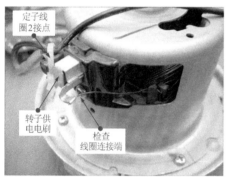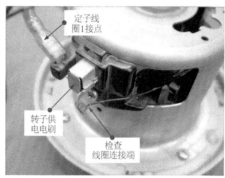

图 18-13　检查定子线圈连接端

若连接无误，继续对涡轮式抽气驱动电机的绕组阻值进行检测。

经查，涡轮式抽气驱动电机良好。继续按图 18-14 所示，转动涡轮叶片以检查涡轮叶片是否与涡轮抽气驱动电机固定良好。

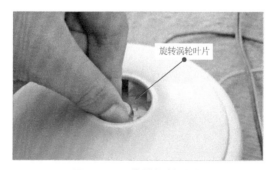

图 18-14　旋转涡轮叶片

经检测发现涡轮叶片与涡轮抽气驱动电机没有固定良好，造成电机组件振动过大，导致吸尘器无法正常进行吸尘工作，重新安装固定，故障排除。

第19章 电风扇维修

19.1 电风扇的结构原理

19.1.1 电风扇的结构特点

通常，电风扇主要由风叶机构、电动机及摇头机构、遥控电路及支撑机构等构成。

（1）风叶机构

风叶机构主要由前后两个网罩、网罩箍和风叶构成，如图19-1所示。

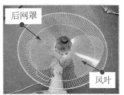

图 19-1 风叶机构

（2）电动机及摇头机构

电动机被电动机罩和电动机端盖包裹着，用于驱动风扇转动，因此也称为风扇电动机；而摇头机构位于电动机的后面，用于驱动电风扇摇头摆动，如图19-2所示。

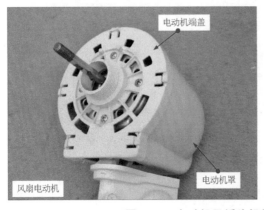

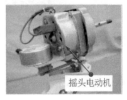

图 19-2 电动机及摇头机构

19.1.2 电风扇的工作原理

如图 19-3 所示，电风扇在工作过程中，风扇电动机高速旋转，并带动风叶一起高速旋转，风叶的叶片是带有一定角度的，旋转时会对空气产生推力，使空气流动，从而促使空气加速流通。

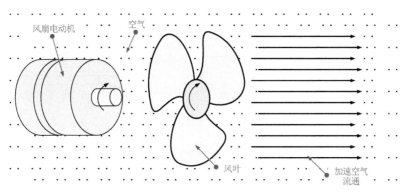

图 19-3 电风扇的工作原理

图 19-4 为典型（长城 KYT11-30）电风扇的电路原理图。它是由交流供电电路、电动机和控制电路构成的。

交流 200V 电源输入后，火线端（L）经由电源开关 S1、熔断器和降压电路 R1、C1 后，由 VD1 进行整流，再由 C2 滤波、VD2 稳压、C3 滤波输出 +3V 电压，为主控芯片供电，交流输入零线（N）端接地。

IC BA3105 是主控芯片，⑦ 脚为电源供电端，④、⑤ 脚外接晶体形成 32.768 kHz 的晶振信号，作为芯片的时钟信号。

IC 芯片的 ⑧ ～ ⑫ 脚外接操作按键电路和功能显示发光二极管，S2 ～ S6 为人工操作键，按某一键时，按键引脚经 10kΩ 电阻器接地，这些键分别表示相应的操作功能，当按动某一键时，芯片相应引脚变为低电平，在芯片内经引脚功能的识别后，会使相应的引脚输出控制信号。

例如操作开机键后，IC1 的 ⑰、⑱、① 脚中会有一脚输出触发脉冲，使被控制的晶闸管导通风扇电动机得电旋转。风扇电动机和转叶电动机都是由交流 220V 供电。交流电源的火线经过晶闸管 VS1 ～ VS4 给风扇电动机和转叶电动机供电。交流输入零线端（N）经熔断器 FU2 加到运行绕组上，同时经启动电容器 C4 加到电动机的启动绕组上。VS1、VS2、VS3 三个晶闸管相当于三个速度控制开关。VS1 导通时低速绕组供电，SV2 导通时中速绕组供电，VS3 导通时则为高速绕组供电，以此可以控制电动机转速。

VS4 接在转叶电动机的供电电路中，如果 IC 芯片 ② 脚输出触发信号使 VS4 导通，则转叶电动机旋转。

发光二极管显示电路（LED）受控制芯片的控制，例如操作风速按键使风扇处于强风（高速）状态时，操作后 IC⑪ 脚保持高电平，⑬ 脚为低电平，则强风指示灯点亮。

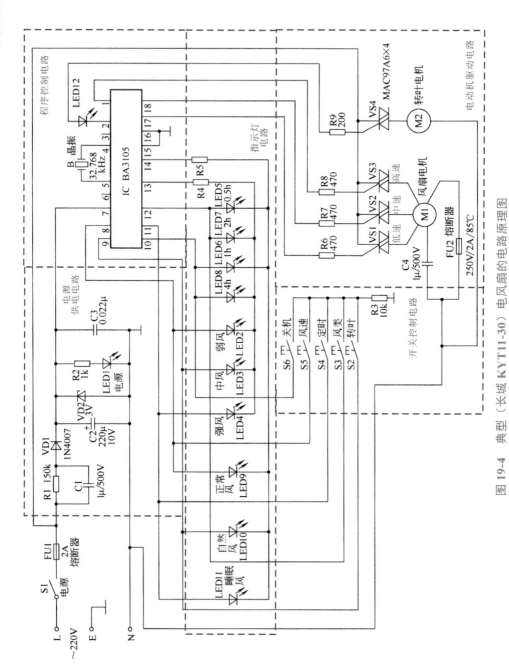

图 19-4　典型（长城 KYT11-30）电风扇的电路原理图

19.2　电风扇的检修技能

　　电风扇一般都是由于使用时间较长，并且使用时不注意对电风扇进行清洁，以及在使用时不及时对电风扇的轴承进行润滑，导致电风扇的部件磨损等。

　　在电风扇故障检修中，启动电容器及风扇电动机、调速开关、摇头电动机等都是检修的重点。

19.2.1　电风扇启动电容器的检修

　　电风扇的启动电容器损坏将会引起电风扇的风扇电动机无法正常工作，还有可能导致电风扇的整机不工作故障。

　　在检查是否为启动电容器或风扇电动机出现故障时，先对电风扇进行通电测试，如果可以听到风扇电动机有"嗡嗡"的声音，表明电风扇的启动电容器没有问题；如果无法听到电动机有"嗡嗡"的声音很可能是电风扇的启动电容器损坏。

　　将启动电容器与风扇电动机的导线断开后，在使用电阻器对启动电容器进行放电操作，如图 19-5 所示。

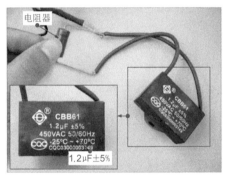

电风扇启动电容器的检测

图 19-5　对启动电容器放电

　　对启动电容器放电完成后，可通过万用表检测启动电容器的电容量。如图 19-6 所示，

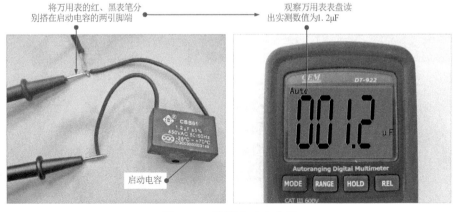

图 19-6　检测启动电容器

将万用表调整在电容测量挡，红、黑表笔分别搭在启动电容器的两引脚端。观察测量结果，实测电容量为 1.2μF，与标称值相似，说明正常，若实测结果与标称值严重不符，则说明待测启动电容器损坏，需要更换。

19.2.2 电风扇电动机的检修

风扇电动机是电风扇的动力源，与扇叶相连，带动扇叶转动。若风扇电动机出现故障，将导致电风扇开启无反应等故障。

风扇电动机有无异常，可借助万用表检测各绕组之间的阻值来判断，如图 19-7 所示。

将万用表的挡位旋钮调整至欧姆挡，将红、黑表笔分别搭在电动机的两根线缆上（灰和白），实际测得与启动电容连接的两个引出线之间的阻值为 1.205kΩ。

图 19-7　风扇电动机的检测方法

结合风扇电动机内部的接线关系（见图 19-8），可以看到，与启动电容连接的两根引出线即为风扇电动机启动绕组和运行绕组串联后的总阻值。

采用相同的方法，测量橙 - 白、橙 - 灰引出线之间的阻值分别为 698Ω 和 507Ω，即启动绕组阻值为 698Ω，运行绕组阻值为 507Ω。

满足 698Ω+507Ω=1205Ω 的关系，则说明风扇电动机绕组正常，可进一步排查风扇电动机的机械部分。

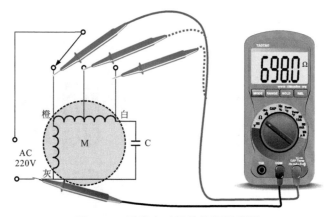

图 19-8　风扇电动机的检测示意图

19.2.3 电风扇摇头电动机的检修

摇头电动机如果出现故障主要导致电风扇无法进行摇头工作。如图 19-9 所示为摇头电动机连线示意图。从图中可以看出，摇头电动机由两条黑色导线连接，其中一条黑色导线连接调速开关，另一条连接摇头开关。

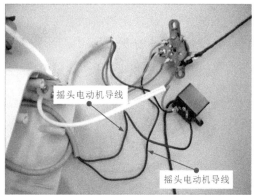

图 19-9　摇头电动机连线示意图

使用万用表检测摇头电动机时，将万用表调整至 R×1k 挡，用万用表的两支表笔分别检测摇头电动机两导线端，如图 19-10 所示。如果检测时，万用表指针指向无穷大或指向零均表示摇头电动机已经损坏；如果检测时，所测得的结果在几千欧姆左右，表明摇头电动机正常。

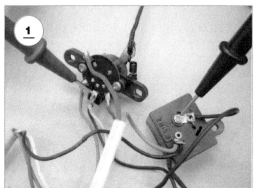

图 19-10　检测摇头电动机

检测后，再旋转摇头电动机的轴承，以检查摇头电动机的轴承是否有磨损或松动等现象，并且如果摇头电动机正常，而仍旧无法工作，需要将摇头电动机拆解，查看摇头电动机内的减速齿轮组是否损坏。

19.3 电风扇常见故障检修

19.3.1 电风扇不工作的故障检修

故障表现：飞鱼 FLYFISH 落地式电风扇通电启动后，电风扇不转，并发出"嗡嗡"的声音。

故障分析：由于能够听到电风扇发出的"嗡嗡"声，表明电风扇的启动电容器没有问题，怀疑电动机出现了故障，此时，需对电动机进行检修。如图 19-11 所示，该电风扇的风扇电动机绕组有 3 个线路输出端，其中一条引线为接地端，另外两条分别为线圈引线端。

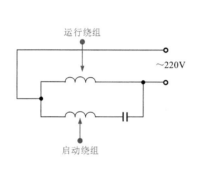
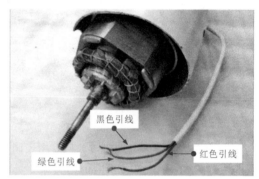

图 19-11　飞鱼 FLYFISH 落地式电风扇电路原理图及实物外形

将万用表的量程调整至 R×100 挡，分别对电动机各绕组之间的阻值进行检测，正常情况下，黑 - 红之间的阻值与黑 - 绿之间的阻值之和应等于红 - 绿之间的阻值。

如图 19-12 所示，经检测黑 - 绿之间的阻值为无穷大，因此，可判断该电动机的绿色导线绕组出现断路故障，更换电动机，故障排除。

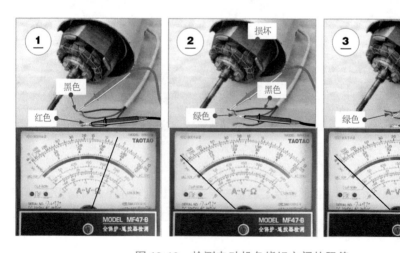

图 19-12　检测电动机各绕组之间的阻值

19.3.2　多挡位电风扇不能设定 3 挡风速的故障检修

故障表现：多挡位电风扇通电启动后，正常工作，但按下 3 挡风速选择按钮时，电风扇停止运转。

故障分析：多挡位电风扇启动正常，可运转，说明基本的供电和电动机部分均正常；只有在 3 挡位置停转，怀疑风速选择按钮的 3 挡风速按钮可能出现故障。

如图 19-13 所示，打开电风扇控制器的后盖后，使用合适的螺丝刀将风速选择按钮组件的两个固定螺栓拧下，拧下固定螺栓后，取出风速选择按钮组件。

拧下
固定螺栓

取出风速选择
按钮组件

图 19-13　取出风速选择按钮组件

观察风速选择按钮组件上的触点，经检查发现 3 挡风速按钮上的触点脱落，无法与触片接触，从而导致无法实现电风扇 3 挡风速运转，如图 19-14 所示。

损坏

触点脱落

图 19-14　观察风速选择按钮组件上的触点

选择合适的触点重新安装上后，启动电风扇，故障排除。

第20章　电吹风机维修

20.1　电吹风机的结构和工作原理

20.1.1　电吹风机的结构特点

　　电吹风机是一种常见的电热产品。图 20-1 为典型电吹风机的外部结构。可以看到，电吹风机的外部是由外壳、出风口、手柄、调节开关和电源线等部分构成的。

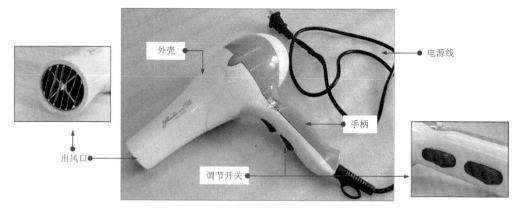

图 20-1　典型电吹风机的外部结构

　　图 20-2 为电吹风机的内部结构。其内部主要由电动机及风扇、调节开关、整流二极管、双金属片温度控制器、加热丝等部件构成。

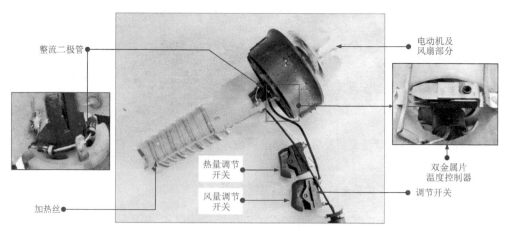

图 20-2　电吹风机的内部结构

（1）电动机及风扇

电动机是电吹风机中的最关键部件。电吹风机多采用小型直流电动机带动风扇工作，如图 20-3 所示。电动机与加热架制成一体，主轴与风扇相连。

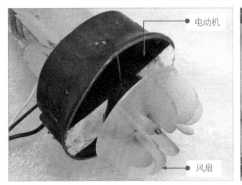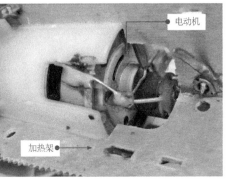

图 20-3　电吹风机中的电动机和风扇

（2）加热丝

如图 20-4 所示，加热丝是电吹风机中的加热元件，工作时相当于一只电阻器，有电流流过时能够产生热量。

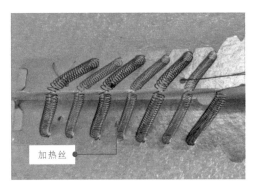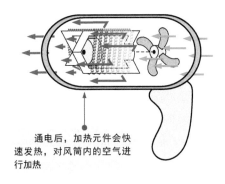

通电后，加热元件会快速发热，对风筒内的空气进行加热

图 20-4　电吹风机中的加热丝

（3）温度控制器

如图 20-5 所示，电吹风机中的温控器多采用双金属片温度控制器。它主要用于对电吹风机内的温度进行实时检测。当电吹风机内的温度过高，温度控制器断开，停止供电，从而对电吹风机内部元件起到保护作用。

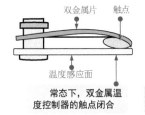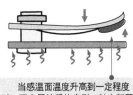

常态下，双金属温度控制器的触点闭合

当感温面温度升高到一定程度时，双金属片受热变形，触点断开

图 20-5　电吹风机中的温度控制器

（4）整流二极管

图 20-6 为电吹风机中的整流二极管。整流二极管是电吹风机中用于将交流电源整流为直流电源的元器件。也有很多电吹风机中采用由四只整流二极管组合成的桥式整流堆，将输入的交流电压整流为直流电压为电动机供电。

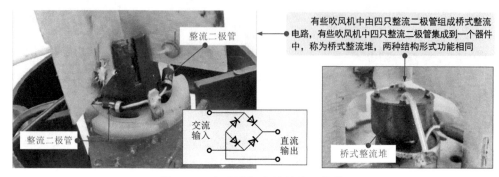

图 20-6　电吹风机中的整流二极管

（5）调节开关

调节开关是电吹风机中的主要控制部件。大多电吹风机中的调节开关为多挡位的船形开关，可通过不同的挡位对热量、风量等进行控制。

图 20-7 为电吹风机中的调节开关。从图中可以看出，典型电吹风机中设有两个调节开关，分别用于控制热量和风量。每个调节开关设三个挡位：0 挡为停机挡；1 挡为低速（低温）挡；2 挡为高速（高温）挡。

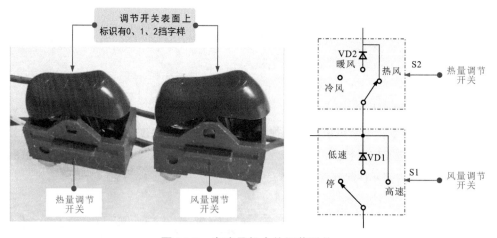

图 20-7　电吹风机中的调节开关

20.1.2　电吹风机的工作原理

图 20-8 为典型具有热量控制功能电吹风机的工作原理。当电吹风机温度达到限制温

度时，双金属片温度控制器的两个触点分离，电路为断路状态，电吹风机停止加热；当温度下降到一定数值后，双金属片温度控制器的金属弹片重新成为导通状态，又可以继续加热。

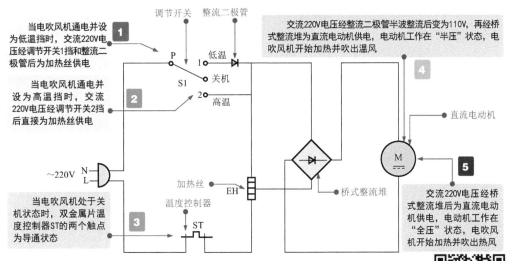

图 20-8　典型具有热量控制功能电吹风机的工作原理

图 20-9 为典型具有热量和风量双控制功能电吹风机的工作原理。可以看到，该电吹风机主要是由风量调节开关 S1、热量调节开关 S2、加热丝 EH1 和 EH2、双金属片温度控制器 ST、桥式整流堆和直流电动机组成的。

典型具有热量和风量双控制功能电吹风机的工作原理

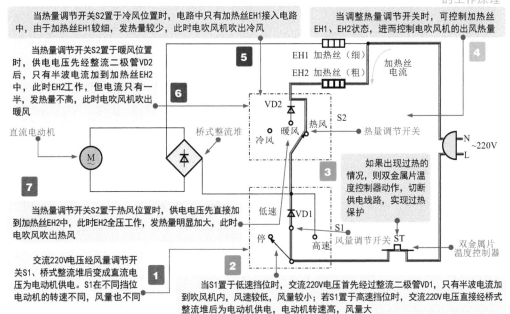

图 20-9　典型具有热量和风量双控制功能电吹风机的工作原理

20.2 电吹风机的检修技能

20.2.1 电吹风机电动机的检修

电动机是电吹风机中的动力部件，若该部件异常，将直接引起电吹风机不启动、不工作的故障。

怀疑电动机异常，一般可借助万用表对电动机绕组的阻值进行检测，通过测量结果判断电动机是否正常，如图 20-10 所示。

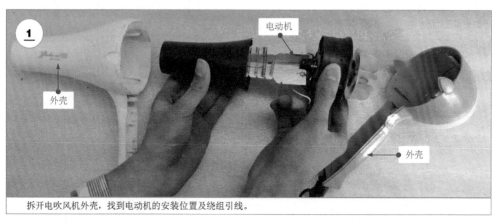

① 拆开电吹风机外壳，找到电动机的安装位置及绕组引线。

② 将万用表的挡位旋钮调至"×1"欧姆挡，红、黑表笔分别搭在电动机两个接线端上。

③ 本例中，实际测得电动机的绕组阻值是一个很小的数值，属于正常状态。

图 20-10　电吹风机电动机的检测方法

在正常情况下，电吹风机电动机绕组有一定的阻值。若测量结果为无穷大，则说明电动机内部绕组断路，应进行更换。

提示说明

电吹风机电动机的绕组两端直接连接桥式整流堆的直流输出端。在使用万用表检测前，应先将电动机与桥式整流堆相连的引脚焊开后再检测，否则，所测结果应为桥式整流堆中输出端引脚与电动机绕组并联后的阻值。

20.2.2 电吹风机调节开关的检修

当电吹风机中的调节开关损坏时，接通电源后，电吹风机可能会出现不能工作或调节挡位失灵、调节控制失常的故障。

怀疑调节开关异常时，一般可借助万用表检测其在不同挡位状态或不同闭合状态下的通、断情况来判断好坏，如图 20-11 所示。

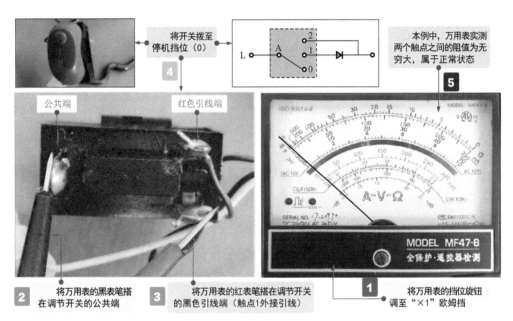

图 20-11 电吹风机调节开关的检测方法

提示说明

在正常情况下，调节开关置于 0 挡位时，公共端与另外两个引线端的阻值应为无穷大；当调节开关置于 1 挡位时，公共端与黑色引线端（A-1 触点）间的阻值应为零；当调节开关置于 2 挡位时，公共端与红色引线端（A-2 触点）间的阻值为零。若测量结果偏差较大，则表明调节开关已损坏，应进行更换。

20.2.3 电吹风机双金属片温度控制器的检修

双金属片温度控制器是用来控制电吹风机内部温度的重要部件，当出现故障时，可能会导致电吹风机的电动机无法运转或电吹风机温度过高时不能进入保护状态。

怀疑双金属片温度控制器异常时，可根据双金属片温度控制器的控制关系，使用万用表检测常温和高温两种状态下双金属片温度控制器触点的通、断状态，如图 20-12 所示。

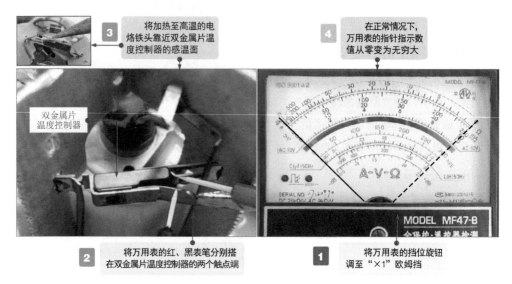

图 20-12　双金属片温度控制器的检测方法

　　常温时，实测的阻值为0Ω，使用电烙铁加温，直至双金属片触电自动断开，实测阻值变为无穷大。

20.2.4　电吹风机整流二极管的检修

　　在电吹风机中，通常由四只整流二极管构成的桥式整流电路将交流电压转换为直流电压后为电动机供电。若整流二极管损坏，则电动机将无法获得电压，导致电吹风机通电不工作的故障。

　　怀疑整流二极管异常，可检测整流二极管正、反向阻值。检测方法如图 20-13 所示。

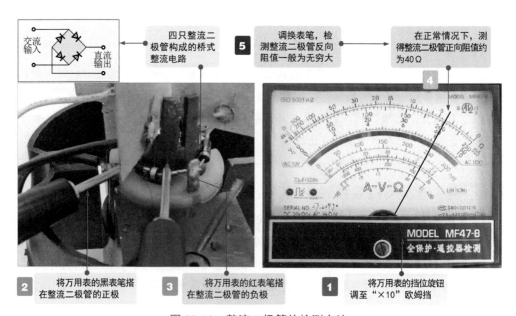

图 20-13　整流二极管的检测方法

若使用指针万用表检测整流二极管时，表针一直不断摆动，不能停止在某一数值上，则多为该整流二极管的热稳定性不好。

提示说明

判断电吹风机中整流二极管的好坏时，还可以使用数字万用表的二极管挡检测整流二极管的导通电压。

具体检测操作时，将数字万用表的红表笔搭在整流二极管的正极，黑表笔搭在整流二极管的负极，测量结果即为整流二极管的正向导通电压，在正常情况下应有一定的数值（0.2～0.7）；调换表笔测量反向导通电压，正常应无导通电压（数字万用表显示"0L"）。

20.3 电吹风机常见故障检修

20.3.1 电吹风机不能加热的故障检修

电吹风机通电后，按动出风温度选择开关无反应，无法加热。如图 20-14 所示为德明 RCM-2 电吹风机电路图。出现不能加热的故障时，根据电路控制关系，应重点对选择开关、桥式整流堆等部分进行检测。

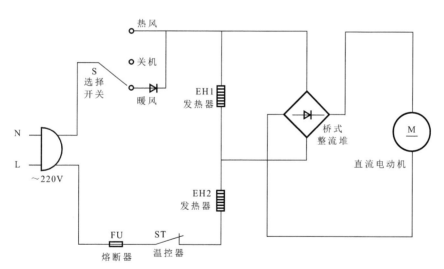

图 20-14　德明 RCM-2 电吹风机电路图

首先使用万用表检测选择开关 S 端处于各个挡位的阻值，如图 20-15 所示。

当选择开关处于关机状态时，检测所有端的阻值应为无穷大；当选择开关位于暖风端时，热风端的阻值为无穷大，而暖风端的阻值为零；当选择开关位于热风端时，其热风端和公共端的阻值均为零。

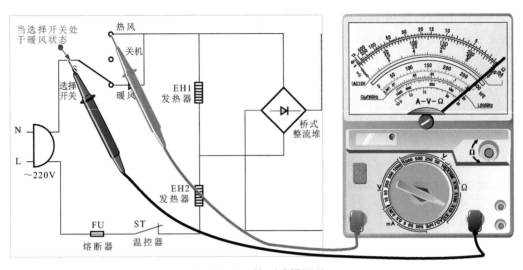

图 20-15 检测选择开关

经检测发现选择开关正常，应当检测电吹风机中最容易损坏的桥式整流堆。将万用表量程调整至 R×1k 挡，红黑表笔分别搭在桥式整流堆的两个直流输出端上，如图 20-16 所示。

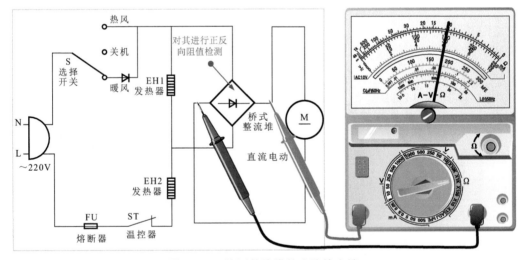

图 20-16 检测整流堆的直流输出端

经检测桥式整流堆直流输出端的正反向阻值均为零，与正常情况下直流输出端的正向阻值为 12kΩ 和反向阻值应当为无穷大的阻值不同，应当继续检测交流输入端的正反向阻值。

将万用表量程调整至 R×1k 挡，红黑表笔分别搭在桥式整流堆的两个交流输入端上，如图 20-17 所示。

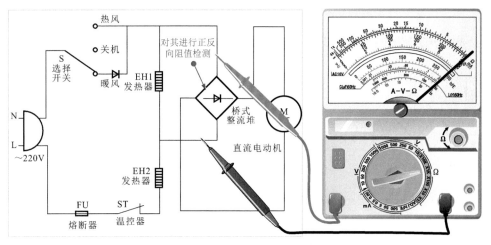

图 20-17　检测整流堆的交流输入端

经检测该交流输入端的正反向阻值均为 10kΩ，与正常情况下其交流输入端的阻值为无穷大不符，可以确定为桥式整流堆出现故障，应选择型号相同的桥式整流堆对其进行更换，开机测试，故障排除。

20.3.2　电吹风机接通电源后不能正常开机的故障检修

电吹风机接通电源后，按下启动开关无反应，无法开机启动。

如图 20-18 所示为东立电吹风机电路。该电路利用一个发热器降压后再由桥式整流电路进行整流，整流后形成低压直流再给吹风电动机供电。发热器 EH2 的供电受双向晶闸管 VS 的控制。双向晶闸管由双向二极管触发，在触发电路中设有功率调整电位器 RT，用以调整 VS 的触发角。

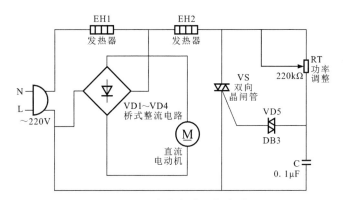

图 20-18　东立电吹风机电路

根据图 20-18 可以看到该电吹风机的发热器是由双向晶闸管来控制。当其不能正常运转时，应重点检测双向晶闸管。

电吹风机电路中双向晶闸管的检测方法如图 20-19 所示。

349

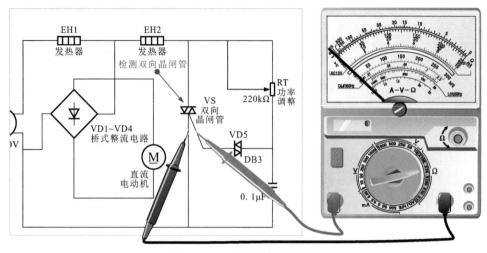

图 20-19　检测双向晶闸管

当双向晶闸管正常的状态下，检测数值如表 20-1 所列。

表 20-1　双向晶闸管的检测数值

方向	黑表笔	红表笔	阻值
正向	G	T1	1kΩ
反向	T1	G	1kΩ
正向	T2	T1	∞
反向	T1	T2	∞
正向	G	T2	∞

经检测发现该晶闸管的所有阻值均为无穷大，可以确定其损坏，应当选择同型号的双向晶闸管进行更换，再进行通电测试，故障排除。

第 **21** 章 抽油烟机维修

21.1 抽油烟机的结构和工作原理

21.1.1 抽油烟机的结构特点

抽油烟机的功能是把做饭炒菜所产生的油烟吸走，将油气分离后，油被存入储油盒中，废气则排出室外。图 21-1 为抽油烟机的基本结构示意图。由图可见，它主要是由电动机、扇叶和风道等部分构成的。电动机是抽油烟机的动力源，可带动叶轮高速旋转，形成风力驱动机构，风道为螺旋形蜗壳结构，有利于烟气的顺畅排出。

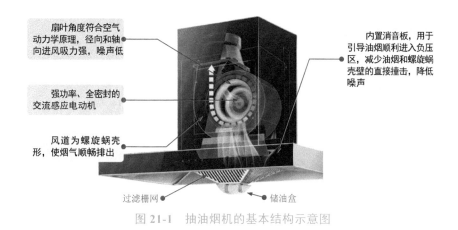

扇叶角度符合空气动力学原理，径向和轴向进风吸力强，噪声低

内置消音板，用于引导油烟顺利进入负压区，减少油烟和螺旋蜗壳壁的直接撞击，降低噪声

强功率、全密封的交流感应电动机

风道为螺旋蜗壳形，使烟气顺畅排出

过滤栅网　　储油盒

图 21-1 抽油烟机的基本结构示意图

图 21-2 为抽风系统的结构。抽风系统主要由抽气叶轮、抽气电动机和抽气风道构成。

抽气风道

抽气叶轮

抽气电动机

双滴油孔
（油污瞬间排出，无滞留）

螺旋蜗壳形风道

强力吸气风轮

电动机

图 21-2 抽风系统的结构

抽油烟机的风机是抽风的动力源，其中的电动机是核心部分，为了供电方便，通常选择交流感应电动机，直接由交流 220V 供电。

图 21-3 为抽油烟机中常用的电动机。它是一种电容启动式双速电动机。电动机的定子线圈是由主绕组（运行绕组）和副绕组（启动绕组）及启动电容等构成的，为了实现变速，在启动绕组中串联一组中间绕组，改变电动机供电电路中的引线接头就可以实现变速。

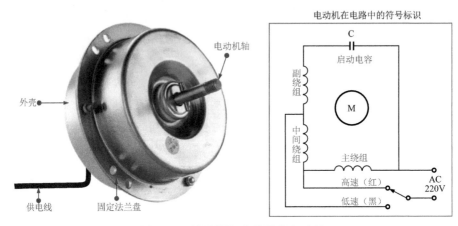

图 21-3 抽油烟机中常用的电动机

电动机的内部构造如图 21-4 所示。整个电动机的定子线圈和转子都封装在密闭的外壳中，转子采用笼式结构，两端由静音滚动轴承支撑，具有可靠性高、噪声低、功率大的特点。

图 21-4 电动机的内部构造

图 21-5 为抽油烟机电动机的接线方式。抽油烟机中的电动机多采用单相交流感应电动机，直接由交流 220V 电源供电，不用转换电路，成本低，可靠性高。抽油烟机有单电动机和双电动机两种方式。每种电动机有单速控制方式、双速控制方式和三速控制方式。变速控制采用在电动机的绕组中设置抽头的方式。

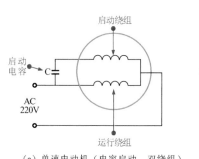

（a）单速电动机（电容启动、双绕组）

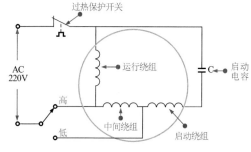

（b）双速电动机（增加了中间绕组）

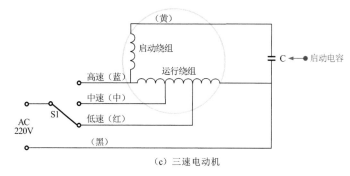

（c）三速电动机

图 21-5　抽油烟机电动机的接线方式

图 21-5（a）是单速电动机，是基本的电容启动式交流感应电动机。交流电源分别加到运行绕组的输入端和两绕组的公共端，同时经启动电容加到启动绕组（副绕组）的一端。由于启动电容的加入，启动时，副绕组的电流超前运行绕组 90°，加在定子线圈的设置上使启动绕组与运行绕组在空间上相差 90°，因而在加电的瞬间电动机便会迅速启动。

图 21-5（b）是双速电动机。在定子绕组中增加了中间绕组，该绕组接在运行绕组和启动绕组之间。高速时，中间绕组与启动绕组串联；低速时，中间绕组与运行绕组串联，电容器的位置不变。

图 21-5（c）是三速电动机。中速和低速从启动绕组的抽头引出，电动机有 5 根引线。

在电动机驱动电路中，启动电容是不可缺少的，接在运行绕组和启动绕组之间。

启动电容的实物外形如图 21-6 所示。该启动容的容量为 5μF，耐压为 450V。

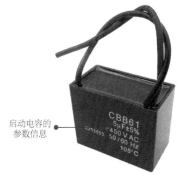

图 21-6　启动电容的实物外形

21.1.2　抽油烟机的工作原理

抽油烟机的整机工作过程是在操作开关或自动检测电路的控制下，实现风机（电动机）的启动、调速和停止等，进而完成抽走油烟及分离气、油的目的。

（1）双电动机单速控制电路

图 21-7 为双电动机单速控制电路，结构比较简单，左、右电动机可独立控制，只有一个照明灯并独立控制。电动机为电容启动式交流感应电动机。

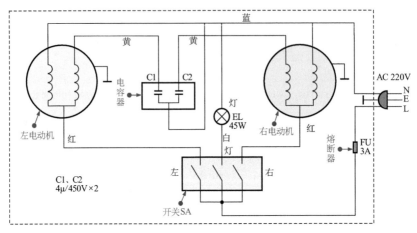

图 21-7　双电动机单速控制电路

（2）单电动机双速控制电路

图 21-8 为单电动机双速控制电路。电动机的定子线圈内带过热保护开关。这种开关具有自恢复功能，当温度上升至 70℃ 后会自动断开；当温度降低后可自动接通，切换电源供电的绕组抽头就可以实现变速。

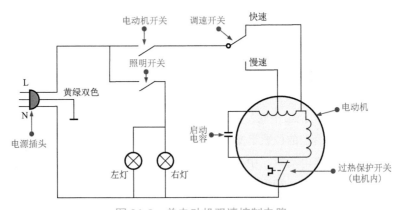

图 21-8　单电动机双速控制电路

（3）抽油烟机照明控制电路

图 21-9 为单电动机（5 线）双速双照明控制电路。该电路中的电动机是由电动机的线圈轴头实现变速的。电动机的黄、白线之间接启动电容，蓝线接零线，红、黑线接相线。蓝、黑之间接电源为高速，蓝、红之间接电源为低速。蓝线直接接到电源零线（N）上，电源相线（L）经电源开关、电动机开关和速度选择开关为电动机供电。

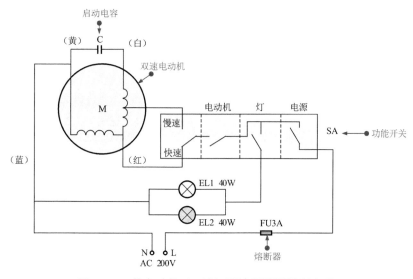

图 21-9　单电动机（5 线）双速双照明控制电路

（4）自动/手动控制抽油烟机电路

图 21-10 为自动 / 手动控制抽油烟机电路。该电路应用在双电动机抽油烟机中，设有油烟检测和控制电路。在自动状态，烟雾检测传感器检测到有油烟存在时会启动继电器 K1，则 K1-1、K1-2 触点闭合，接通两电动机的电源，抽油烟机开始工作。照明灯受人工控制，在两个电动机的供电电路中设有过热保护熔断器 FU2、FU3，当温度超过 85℃时，熔断器熔断保护。SA 琴键开关可以实现手动和自动控制方式及左、右电动机的手动控制方式。

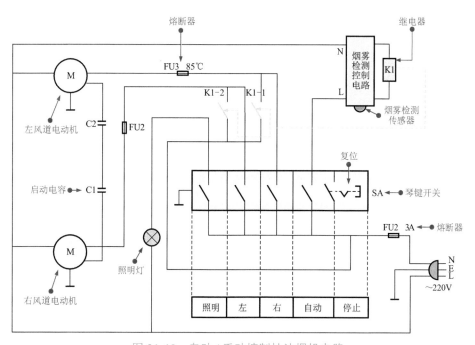

图 21-10　自动 / 手动控制抽油烟机电路

21.2 抽油烟机的检修技能

21.2.1 电动机和启动电容器的检修

电动机大都采用交流感应电动机，采用电容启动的方式，直接由交流 220V 电源供电，如图 21-11 所示。该电动机是一种三端单速电动机，有两个绕组，1-2 端为运行绕组，1-3 端为启动绕组，2-3 端之间接启动电容。

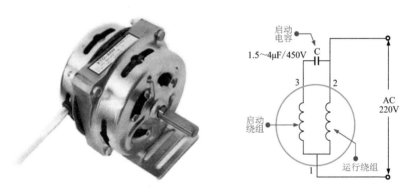

图 21-11　单相电容启动式交流感应电动机

检查电动机是按图 21-11 直接接上交流 220V 电压后观察运转情况和方向。如果运转方向相反，则调换 1-2 端供电即可。如果电动机不转，则应进一步检查电动机定子绕组是否有短路和断路情况，可用万用表的电阻挡检测电动机两绕组的阻值。

在一般情况下，单相电容启动式交流感应电动机绕组的阻值为 70 ～ 100Ω，若偏差过大，则表明线圈不良。

电动机与风道的安装关系如图 21-12 所示。通常，法兰盘与风道固定在一起，拆卸前，应将引线与主机的开关电路板断开，然后做进一步的检查和更换。

图 21-12　电动机与风道的安装关系

21.2.2 操作开关的检修

操作开关是抽油烟机中的重要部件，操作频率较高，出现故障的概率较大。操作开关故障常表现为按动操作开关时抽油烟机不启动、电动机不运转，按动操作开关控制不灵敏、控制失常等。

图 21-13 为按键开关的检测方法。通常，按下按键开关，电源接通（开机），再按一下，电源断开，一般直接用万用表检查按键开关的通、断情况即可判断按键开关的好坏。

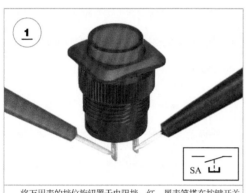

将万用表的挡位旋钮置于电阻挡，红、黑表笔搭在按键开关的两个引脚上。

在正常情况下，开关未按下时，两引脚的阻值为无穷大，按下后为零欧姆。

图 21-13　按键开关的检测方法

还有些抽油烟机中的操作部分采用琴键开关作为操作部件。图 21-14 为琴键开关的检测方法。琴键开关内部设置多个按键，可进行功能选择。判断琴键开关的好坏，一般可借助万用表检测相关联的两个接点之间的通、断关系即可。

在正常情况下，两个接点接通时，检测阻值应为零欧姆；接点断开时，检测阻值应为无穷大。

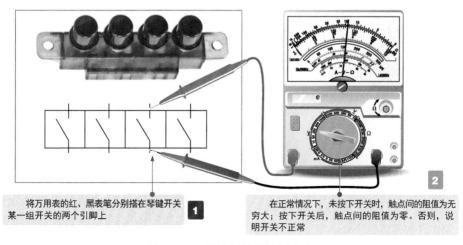

将万用表的红、黑表笔分别搭在琴键开关某一组开关的两个引脚上

在正常情况下，未按下开关时，触点间的阻值为无穷大；按下开关后，触点间的阻值为零。否则，说明开关不正常

图 21-14　琴键开关的检测方法

21.3 抽油烟机常见故障检修

21.3.1 抽油烟机电机不转的故障检修

如图 21-15 所示为华帝抽油烟机电路。华帝抽油烟机通电后，照明按键正常，但无论是操作低速按键还是高速按键，抽油烟机电机都不转，无法进行抽油烟作业。根据电路分析，这种情况重点应检查电动机和启动电容器。

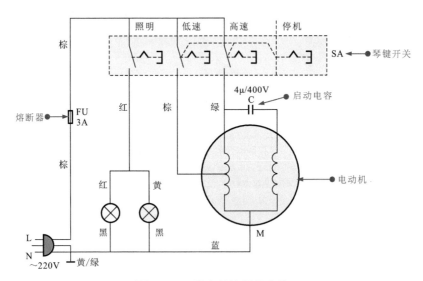

图 21-15　华帝抽油烟机电路

经检测，发现启动电容器损坏，更换后故障排除。

21.3.2 抽油烟机在自动控制状态不工作的故障检修

如图 21-16 所示，这是具有烟雾检测功能的自动抽油烟机控制电路。该抽油烟机照明控制功能正常，且在手动控制模式，操作左、右电动机控制按键，左、右电动机均能正常工作，但切换到自动模式，无法自动检测油烟，电机始终不工作。

根据电路分析，开关 S1 控制照明灯。在手动状态，左、右电动机可独立控制。其中，开关 S2 控制左电动机，开关 S3 控制右电动机，手动模式控制正常，说明电动机及按键等功能部件性能良好。

在自动控制状态，由开关 S4、S5 为油烟检测和控制电路供电。控制电路设有油烟检测传感器。若检测到一定浓度的油烟，则会使继电器 K1 动作，继电器触点 K1-1、K1-2接通，为两个电动机供电。电动机启动，开始进行抽气工作。

自动控制模式，工作失灵，重点应对油烟检测传感器和继电器进行检测。经检测发现继电器内部损坏，更换同型号继电器后，故障排除。

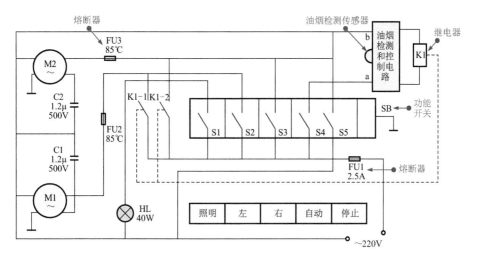

图 21-16　具有烟雾检测功能的自动抽油烟机控制电路

第 22 章 燃气灶维修

22.1 燃气灶的结构和工作原理

22.1.1 燃气灶的结构特点

燃气灶是目前家庭做饭、烧菜的主要厨房设备，其典型结构如图 22-1 所示。煤气管通入灶内，经点火供气开关后为炉灶供气。在供气开关上设置点火开关，开始供气的同时进行点火，方便用户使用。

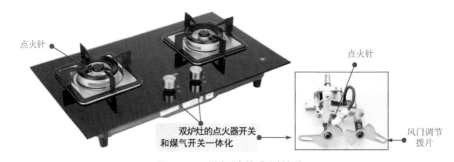

图 22-1 燃气灶的典型结构

图 22-2 为燃气灶的内部结构。

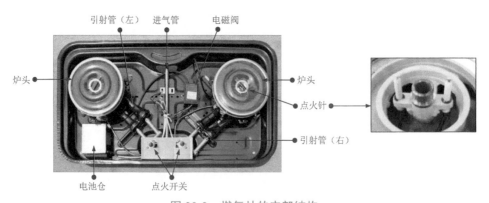

图 22-2 燃气灶的内部结构

点火器的电源通常是 1 节或 2 节电池，多为 1 号电池，通常采用振荡脉冲点火方式，电路结构也比较简单。

燃气灶点火器通常采用升压变压器将振荡脉冲升压到几千伏到十几千伏，将变压器输出绕组的一段接到地端（炉灶的金属结构），另一端接到带绝缘层的探针（点火针）上，探针与地之间的距离为 3 ～ 4mm，两者之间会产生放电火花，从而点燃煤气。

22.1.2　燃气灶的工作原理

（1）由单向晶闸管和升压变压器组成的点火电路

图 22-3 是由单向晶闸管和升压变压器组成的点火电路。该电路采用 1.5V 电池供电，单向晶闸管 VS1、电容器 C1 和升压变压器 B2 的一次侧绕组构成高频脉冲振荡电路。电源开关 K1 接通后，L1、R1 构成启动电路为三极管 V1 的基极提供启动电压使之导通，V1 的输出电压经 L3 和 VD1、VD2 构成的倍压整流电路，分别为单向晶闸管 VS1 和触发电路（VD3、VD2）供电。供电电压经 VD3 为 VS1 的栅极提供触发信号，使之导通，VS1 导通后 C1 上的电压经 VS1 放电，放电结束后 VS1 截止，电源又重新为 C1 充电，于是 VS1、C1、L4 形成脉冲振荡过程，振荡变压器 B2 是一个升压变压器，B2 二次侧的两端之间的升压值可达几千伏至十几千伏，该变压器一次侧绕组的输出一端接到点火针上，另一端接到地上。点火针与变压器绕组另一端形成高压放电，放电产生的火花就可以将燃气灶点燃。

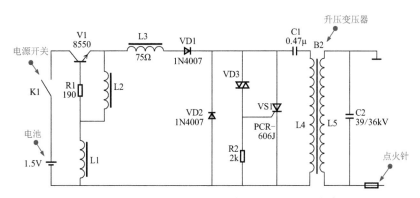

图 22-3　由单向晶闸管和升压变压器组成的点火电路

（2）脉冲点火器电路

图 22-4 也是一种使用 1.5V 电池的脉冲点火器电路。该电路主要是由三极管振荡电路、单向晶闸管触发电路和升压变压器电路组成的。

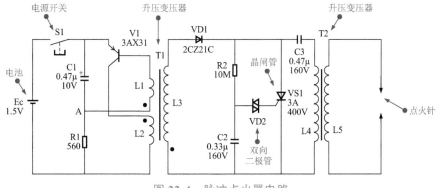

图 22-4　脉冲点火器电路

接通电源开关S1，电池为三极管振荡器供电，启动时C1与R1构成分压电路，使三极管 V1 的基极和发射极成正向偏置，V1 导通。V1 导通时，电流流过 L2，L2 与 L1 互相感应形成正反馈，于是 V1 形成振荡，振荡脉冲经变压器 T1 升压后由 L3 输出。L3 的输出再经 VD1 整流形成约 70V 的直流电压，该电压一路经 R2 为 C2 充电，C2 上的电压经双向触发二极管 VD3 为单向晶闸管 VS1 提供触发电压，使 VS1 导通，VS1 导通后，将 C3 上的电荷放掉，使 C2 上的电压也下降，然后电路又重新充电、放电，形成较强的脉冲振荡，振荡信号经升压变压器 T2 形成高达 10kV 的脉冲电压，该电压由变压器 T2 的二次侧接到点火针与地之间，点火针与地之间形成火花放电，从而点燃煤气。

（3）双孔燃气灶脉冲点火电路

图 22-5 是双孔燃气灶脉冲点火电路。该电路设有两套升压变压器电路，分别为两个燃气灶口提供放电脉冲，通过开关可单独进行控制。

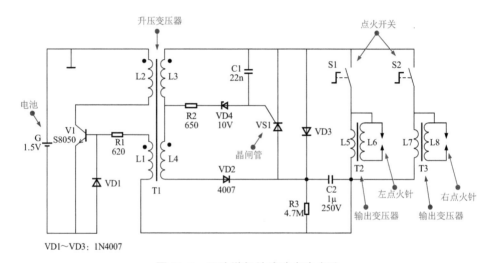

图 22-5　双孔燃气灶脉冲点火电路

电路是由 1.5V 电池供电，V1 和变压器 T1 组成脉冲波振荡电路（振荡频率约为 13.5kHz），脉冲变压器 T1 的次级输出经 VD2 整流后，为单向晶闸管 VS1 供电，同时为 C2 充电，变压器 T1 二次侧的中间轴头经 R2 和 VD4 为单向晶闸管 VS1 提供触发信号，VS1 和 C2 以及输出变压器 T2、T3 的一次侧绕组形成高压振荡。输出变压器 T2、T3 分别为升压变压器可以将振荡脉冲提升到十几千伏。该电压分别加到两个炉灶的点火针上，进行点火。两个点火开关 S1、S2 分别与煤气量调节钮联动，在打开燃气管道的同时进行点火。

22.2　燃气灶常见故障检修

22.2.1　燃气灶点不着火的故障检修

燃气灶点火时需要同时将燃气阀门打开，待燃气放出时进行点火才能点燃。因而点燃时，应注意是否打开燃气阀门。如点火时可听到气体放出的声音，并可嗅到煤气的味道，则表明有燃气放出，此时放电打火可听到脉冲放电的声音，还可以看到放电火花。如两者不能同时进行，则应分别检查。主要通过以下几种方式进行检修。

① 电池电量不足，点火时无电火花产生，应更换电池。

② 高压变压器损坏，应更换或重绕变压器。

③ 晶闸管损坏，更换新管。

22.2.2 燃气灶点火时好时坏的故障检修

一旦燃气灶出现点火时好时坏的故障，主要通过以下几种方式进行检修。

① 电池仓接触不良，重装电池。

② 高压线绝缘层破损，维修或更换

③ 点火电路板有虚焊或脱焊情况，应仔细检查或更换。

22.2.3 燃气灶的其他故障检修

（1）燃气灶打火失常

检查电池及电路板以及相关的部件，发现点火针有污物，清洁后故障排除。

（2）电池损耗太快用不了几天就不打火了

检查电池仓及引线，检查电路板及安装情况，发现有引线绝缘层破损致使有短路情况，更换引线，故障排除。

第23章　消毒柜维修

23.1　消毒柜的结构和工作原理

23.1.1　消毒柜的结构特点

（1）消毒柜的典型结构

家用消毒柜的主要功能是对餐具进行消毒。目前常用的消毒方式有高温、蒸气、负离子、臭氧、紫外光等方式。常用的消毒器件或设备主要有加热丝、光波管、负离子发生器、臭氧管以及紫外灯光等。

由于消毒柜的安装位置、厨房空间所限，消毒柜的大小、形状也有很多中，有箱式、柜式、抽屉式等，其典型结构如图 23-1 所示。

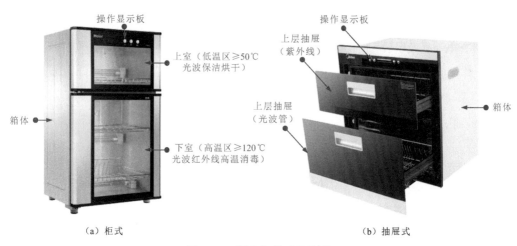

（a）柜式　　　　　　　　　　　　　　　（b）抽屉式

图 23-1　消毒柜的典型结构

（2）消毒柜的主要器件和消毒方式

① 红外线消毒方式　采用红外线加温烘干（中温）使餐具上的水分蒸发是简单有效的消毒方式，因为餐具上的水分和湿气残留时间长，会产生细菌和微生物，利用加热管加热和风扇除去湿气是消毒柜的基本消毒方法。

② 蒸气加热的消毒方式　利用加热法使水变成高温蒸气对餐具进行消毒是传统的消毒方法。

③ 紫外线消毒方式　使用紫外线消毒灯管（低压汞灯）对餐具直接照射，能够有效杀灭细菌和病毒。在目前的消毒柜中常常被使用。采用集中、高强度紫外线照射方式杀毒

时间短，效率高。

此外，紫外线也能使空气中的氧气电离成氧原子，氧原子又会与未被电离的氧气结构产生臭氧或使水氧化成过氧化氢，臭氧和过氧化氢都具有杀菌作用。

④ 光波消毒方式　利用光波管产生的光能量为餐具或食物消毒，即使光波穿透物质并进行加热消毒的方式。光波管是一种由石英玻璃管内设钨丝的灯管。通电时，钨丝会产生很高的光和热，表面温度可达 1200℃，同时还能产生大量的紫外线。高温和紫外线组合具有消毒效果好的特点。

⑤ 臭氧消毒方式　使用臭氧发生器产生的臭氧（O_3），它用氧原子的氧化作用破坏微生物膜的结构，可以起到杀菌的作用。臭氧杀菌具有穿透性强、杀菌速度快、效率高的特点，广泛应用于消毒柜中。

⑥ 负离子发生器　负离子发生器是一种生成空气负离子的装置。它在电子线路的作用下得到直流负高压，将负高压连接到金属或碳元素制作的放电刷上，直流高压会在放电刷的末端产生电晕，高速地释放大量的电子，电子无法长时间存于空气中，立刻会被空气中的氧分子捕捉，从而生成空气负离子，又称为负氧离子。生态级的负离子更易于透过人体血脑的屏障，对人有医疗保健作用。消毒柜和空气净化器中也常设有负离子发生器。

23.1.2　消毒柜的工作原理

（1）双门消毒柜控制电路

图 23-2 是一种双门消毒柜的控制电路。它是由一块主控电路板和很多外围电路器件构成的。由图可见，交流 220V 电源通过插件为控制电路供电。控制基板上设有许多操作按键和状态指示器，操作按键可以为消毒柜输入人工指令，消毒柜工作开始后会有相应的工作状态指示。门控开关设于上下门的侧面，当门打开时，开关断开，切断供电电路，各种相关的器件停止工作以确保安全。在柜内设有湿度探头，用以检测柜内的湿度，如果湿度过大，则要启动烘干和风扇功能进行驱湿；如果湿度不高，则停止加热和通风。上柜、下柜各设有两个电磁铁，分别控制上下柜的光波管、紫外线灯和负离子发生器的电源。接通电源则工作，断开电源则停机，可实现自动控制功能。同时，电路中还设有降压变压器为控制电路提供电源。

（2）消毒柜控制电路实例

① 容声 DX60-A 电子消毒柜的控制电路　图 23-3 是容声 DX60-A 电子消毒柜的控制电路，该消毒柜设有上下两个柜，各有一个加热器可单独控制。由图可见，交流输入 L（相线）端，经熔断器 FU 后分成两路，一路经上启动按钮 SB1，降压元件 R1、C1，倍压整流器 VD1、VD2，滤波电容 C2 为继电器 K1 供电，K1 线圈得电动作，于是触点 K1-1 闭合，实现电源自锁。SB1 断开后，由 K1-1 维持为 K1 线圈供电。与此同时 K1-2 闭合，电源经 K1-2 和过热保护器 ST1 和整流二极管 VD8 半波整流后（约 100V）为上下两个加热器（EH1、EH2）供电，消毒柜处于中温消毒状态。如果操作下启动按钮（SB2），

则电源经过热保护开关 ST2、SB2，降压元件 C3、R4，倍压整流器 VD1、VD2，滤波电容 C4 为继电器 K2 线圈供电，于是 K2 动作，使触点 K2-1 闭合，为 K2 提供电源自锁。同时，K2-2 闭合，电源直接为加热器 EH1、EH2 提供 220V 电压，消毒柜处于高温消毒状态。

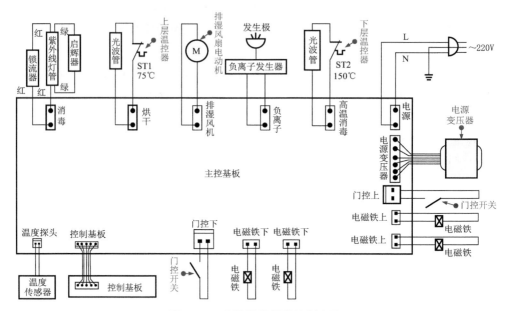

图 23-2　双门消毒柜的控制电路

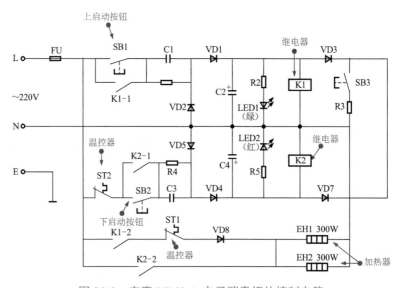

图 23-3　容声 DX60-A 电子消毒柜的控制电路

K1 工作时，绿色指示灯亮，K2 工作时，红色指示灯亮。SB3 为停机按钮，按下按钮 SB3，VD3、VD7 导通，为 K1、K2 供电的直流电压突然下降，使 K1、K2 两个继电器均断电，停止工作。

② 科凌 ZTP-63A 双功能消毒柜控制电路　图 23-4 是科凌 ZTP-63A 双功能消毒柜控制电路。该消毒柜具有双加热器分别对上下柜进行加热消毒和保温，同时还具有臭氧发生器，对消毒柜进行消毒。

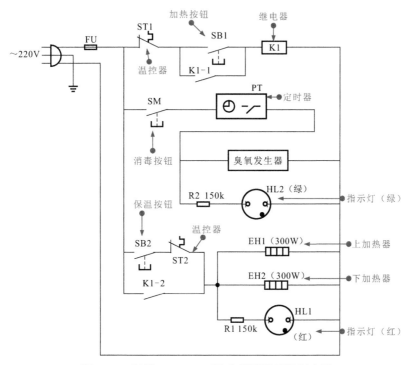

图 23-4　科凌 ZTP-63A 双功能消毒柜控制电路

该消毒柜的电路比较简单，由图 23-4 可见，交流 220V 电源经熔断器为消毒柜供电。第一路将温控器 ST1（温度过高会自动断开，温度下降会自动接通）和加热按钮 SB1 为继电器 K1 供电。按下 SB1，K1 线圈会得电，其触点 K1-1 闭合，为 K1 实现电源自锁。同时，触点 K1-2 也闭合，电源为上下加热器 EH1、EH2 供电，氖灯 HL1 点亮，开始加热。如果柜内温度过高（103℃），温控器 ST1 会断开，K1 断电，K1-1、K1-2 都会短路停止加热。

如果消毒柜需要保温可接通保温开关 SB2（带自锁功能），电源经 ST2（保温器）为加热器供电，如果温度超过 60℃，则 ST2 会断开进行保温控制。

该消毒柜具有臭氧杀菌功能，要启动该功能需操作消毒键 SM（带自锁功能），然后进行定时操作。此时，电源为臭氧发生器供电，放出臭氧进行消毒，同时指示灯 HL2 点亮，指示工作状态。定时器到达设定时间后断开，切断电路电源，自动停止臭氧杀菌功能。

③ 康宝 ZTP-108 食品消毒柜控制电路　图 23-5 是康宝 ZTP-108 食品消毒柜控制电路，该消毒柜内具有两个加热器和一个臭氧发生器，分别由两个继电器 K1、K2 控制。SW1 为

367

电源开关，接通开关后，交流 220V 电源经熔断器 FU1（140℃会熔断），为降压变压器 T1 供电，T1 的次级输出约 11V 的交流低电压，再经桥式整流和 C1 滤波后输出约 12V 的直流电压为继电器电路供电。SB1 为加热器启动开关按钮，操作此开关，则继电器 K1 得电。K1 得电后，其常开触点 K1-1 闭合，为 K1 提供电源自锁，即松开 SB1 开关后，K1 仍能保持供电状态。与此同时，常开触点 K1-2 也闭合，两个加热器 EH1、EH2 同时得电进行加热。在继电器 K1 的供电电路中设有温控开关 ST（103℃），即超过 103℃，开关会断开，K1 断电后，K1-1、K1-2 均会断开进行断电保护，待温度降低后，ST 会自动接通，要重新操作 SB1 才能再次工作。

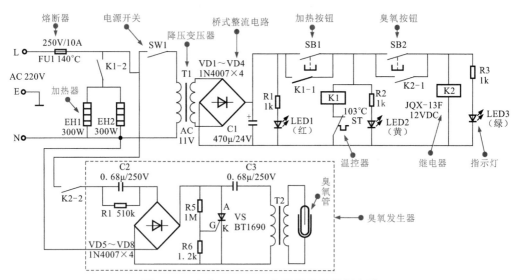

图 23-5　康宝 ZTP-108 食品消毒柜控制电路

在加热器加热状态，操作臭氧消毒按钮 SB2，则继电器 K2 会得电工作，K2 工作后，触点 K2-1、K2-2 会立即闭合，K2-1 为继电器提供电源自锁，维持 K2 的供电。K2-2 闭合后，臭氧发生器得电，开始释放臭氧进行消毒。

臭氧发生器是一个独立的电路单元，它是由电源电路、振荡电路和臭氧管等部分构成的。从图 23-5 可见，交流 220V 电源经 K2-2 触点为之供电。R1、C2 构成降压电路，降压后，再由桥式整流堆进行整流，并输出直流电压。R5、R6 组成分压电路为晶闸管提供触发信号，晶闸管 VS 与 T2 的初级绕组构成振荡器。晶闸管的导通与截止使电容 C3 形成充放电状态，充放电电流流过变压器 T2 的初级绕组，就形成振荡状态，变压器 T2 是一个升压变压器，升压后为臭氧管供电，使臭氧管释放出臭氧进行杀毒。电路中设有三个指示灯（发光二极管），红色发光二极管为电源指示，黄色发光二极管为加热状态指示，绿色发光二极管为臭氧杀毒指示。

④ 康宝 ZTP-70B 消毒柜控制电路　图 23-6 是康宝 ZTP-70B 消毒柜控制电路。该消毒柜的控制电路是由加热器电路和臭氧发生器及相应指示电路构成的。

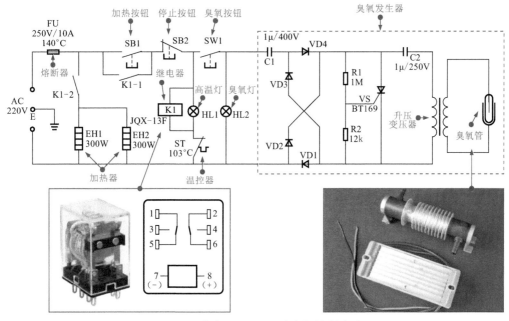

图 23-6　康宝 ZTP-70B 消毒柜控制电路

交流 220V 电压经熔断器 FU 和控制开关为继电器供电，加热器由继电器的触点进行控制。操作加热控制按钮 SB1，则电源经 SB1、SB2 为继电器 K1 供电，K1 得电后，其触点 K1-1 和 K1-2 闭合，K1-1 闭合实现电源自锁，维持给继电器的供电，K1-2 闭合则接通两个加热的 EH1、EH2 的电源，加热器为消毒柜加热进行烘干和杀毒处理。在继电器电路中串接有温控器开关 ST，如加热温度超过 103℃，则开关会自动断开，继电器也断电复位，若还需加热，则需要重新操作启动按钮。与继电器并联的有加热（高温）指示灯。在加热过程中，如操作臭氧杀毒开关 SW1，则交流电源直接为臭氧发生器供电。电源经电容 C1 降压，再经桥式整流堆整流后为振荡电路供电。振荡电路是由晶闸管 VS、电容器 C2 和变压器 T 一次侧绕组构成的。其中，R1、R2 分压电路为晶闸管 VS 提供触发电压，晶闸管与电容器 C2 振荡后，经变压器升压，然后为臭氧管供电，臭氧管释放出臭氧进行消毒工作。

23.2　消毒柜常见故障检修

23.2.1　通电不工作的故障检修

消毒柜插上电源，启动按键，灯不亮，不加热。

出现此类故障时，应先检查消毒柜的电源插座是否无电或接触不良，再检查熔断器是否烧坏，然后打开消毒柜检查变压器是否烧坏、断路或引线焊接松脱。若变压器正常，则检查电路板是否烧坏。若电路板未烧坏，则检查继电器是否失灵或接触不良。若继电器正常，则检查电路板内连线是否锈蚀断裂。

23.2.2 臭氧管和紫外线灯不工作的故障检修

消毒柜臭氧管和紫外线灯不工作，应先检查门开关是否接触不良。若门开关接触不良，则调整门开关的接触状况或更换门开关；若门开关接触良好，则检查振荡驱动电路是否有器件损坏。

23.2.3 高温消毒功能失常的故障检修

消毒柜高温消毒功能失常，应检查石英发热管是否烧坏。检查温控器是否失灵。观察发热管的亮度，正常情况下背部发热管微红，底部发热管明红，如电阻增大，则功率会降低。

23.2.4 消毒柜烘干效果不好的故障检修

消毒柜烘干效果不好时，先检查 PTC 加热元件是否损坏。若 PTC 加热元件正常，则检查温控器限位是否过低，再检查热熔断器是否熔断。若热熔断器良好，则检查风机是否损坏。

第 24 章　洗碗机维修

24.1　洗碗机的结构和工作原理

24.1.1　洗碗机的结构特点

洗碗机是自动清洗餐具的设备。目前，家用洗碗机开始受到用户的普遍欢迎，主要结构形式为柜式、台式及水槽一体式。此外，宾馆、餐厅使用的洗碗机也开始普及。

洗碗机多采用封闭式三维喷淋洗涤方式，采用加热及专门的洗涤剂（消毒剂、洗洁精等）可有效灭菌，然后进行烘干，避免水渍留下斑痕，使餐具更加光洁。有些洗碗机还具有软化水的功能，使用极为方便。典型洗碗机的结构如图 24-1 所示。洗碗机内设置各种不同形状的支架，以便将各种碗、碟安放其中，门的密封性较好，洗碗时不会有洗涤水外溢，待洗完，排水后再打开柜门。

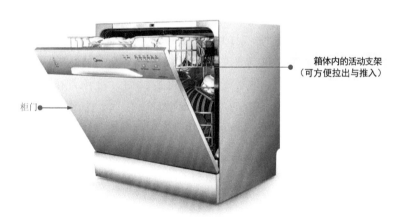

柜门

箱体内的活动支架
（可方便拉出与推入）

图 24-1　典型洗碗机的结构

24.1.2　洗碗机的工作原理

图 24-2 是洗碗机的内部结构示意图。整体构成一个密闭的箱体，其主要部分是进水阀，上、下喷射管（可在水的作用下自转），加热装置以及可移除碗架，过滤器和排水管等。洗涤时，关好门，水在泵的作用下形成一定的压力，并从上、下喷射管中喷出，并不断地旋转，对餐具表面进行冲洗，还可以从洗涤剂添加装置注入洗涤剂，增强对污渍、油渍的洗涤能力。

洗碗机借助于冲力、热和化学洗涤剂的三重作用，可使餐具表面的油污、残渣迅速分解脱落，最后再进行加热烘干完成清洁过程。

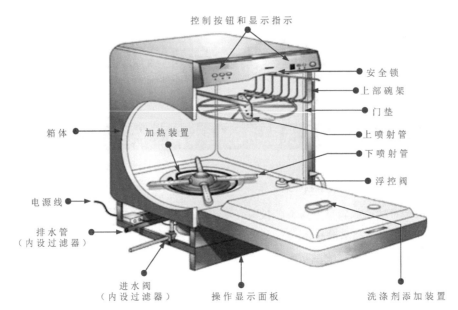

控制按钮和显示指示

安全锁
上部碗架
门垫
上喷射管
下喷射管
浮控阀

箱体
加热装置

电源线

排水管
（内设过滤器）

进水阀
（内设过滤器）

操作显示面板

洗涤剂添加装置

图 24-2　洗碗机的内部结构示意图

　　洗碗机的洗涤过程和排水过程如图 24-3 所示。当接通电源，选择好洗涤程序后，程控器进水电磁阀接通，具有一定压力（0.03 ～ 0.6MPa）的自来水通过管道接头处的滤芯进入储水槽中，当水槽中的水达到一定的量时，压力开关控制电磁阀关闭，停止进水。在进水过程中，程控器又控制洗涤泵电动机动作，将水压入喷管，水从喷管中喷出，有些洗碗机设有上、下两组喷管，由于喷射水流的反作用力，使上、下喷臂在喷水时，不断地绕中心轴旋转，使水对餐具进行全方位的冲刷，有效地对餐具上的污渍进行清洗，洗涤完毕后，排水电磁阀动作，进行排水，排水后利用余热进行烘干。

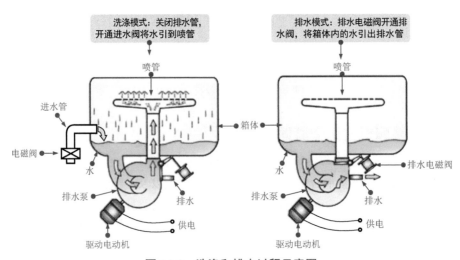

洗涤模式：关闭排水管，开通进水阀将水引到喷管

排水模式：排水电磁阀开通排水阀，将箱体内的水引出排水管

喷管

喷管

进水管

箱体

电磁阀

水

水

排水泵

排水

排水泵

排水电磁阀

排水

供电

供电

驱动电动机

驱动电动机

图 24-3　洗涤和排水过程示意图

　　图 24-4 是万家乐 WQP-900 型洗碗机的控制电路。

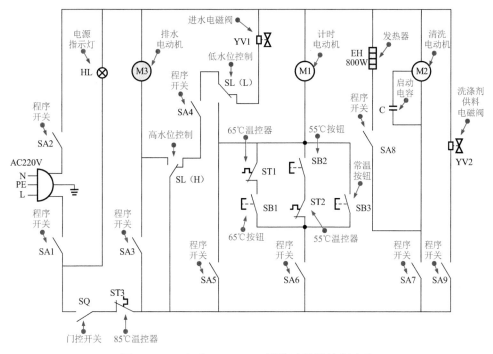

图 24-4　万家乐 WQP-900 型洗碗机的控制电路

该洗碗机主要由外壳、餐具架、电动机程序控制器、喷水装置、进水阀及水循环机构、清洗电动机、排水电动机和加热器等器件构成。

该洗碗机采用电动机程控器，整个洗涤程度自动完成。SQ 为门控开关，关好门，SQ 触点受压闭合，自动接通电源；打开门，自动关断电源。洗涤水温选择开关设有常温、55℃、65℃三挡。常温挡对水不加热；55℃挡为中温洗法，该挡位使用较多；65℃挡为高温强力洗法，用于洗涤数量多而且较为脏污的餐具。

下面简述其工作过程。

① 开机过程　把要洗涤的餐具摆放在餐具架上，接通水源与电源。放入洗涤剂，关好门，选择 55℃挡。按下中温启动按钮 SB2，顺时针转动程控器旋钮至"ON"（开）处，程序开关触点 SA1、SA2 闭合，电源指示灯 HL 亮，表示洗碗机已通电开始工作。M1 计时电动机经程序开关触点 SA5 及超温温控器 ST3（85℃）、门控开关 SQ 接通电源而运转，计时电动机开始旋转，按中温洗涤流程执行洗涤程序。

② 进水程序工作过程　由于凸轮的转动，程序开关触点 SA4 闭合，电磁进水阀 YV1 得电吸合，打开阀门向洗碗机内进水。当注水达到水位时，在水压作用下低水位控制 SL（L）触点断开，停止进水。

③ 清洗、加热程序工作过程　计时电动机驱动凸轮继续转动，程序开关触点 SA7 和 SA8 闭合，清洗电动机 M2、发热器 EH 接通电源，此时程序开关触点 SA5 断开，计时电动机 M1 断电暂停运转。接通开关 SA9，电磁阀 YV2 得电，为洗碗机添加洗涤剂。EH 将

373

洗涤水加热，M2 泵水加压，把热水送到喷水口喷出，喷臂由于受到水的反力矩作用而转动，从各方向射出密集的水花对餐具进行冲洗，使油污脱落。

洗碗机在清洗过程中，在水温升至 55℃ 之前，温控器 ST2 触点闭合，程序开关触点 SA6 接通，计时电动机 M1 恢复转动，由于 M1 转动，洗碗机继续完成洗涤程序。

④ 排水程序工作过程　排水时，程序开关触点 SA3 闭合，接通排水泵电动机 M3，把水排出机外。清洗结束后机器自动关断电源。

24.2　洗碗机常见故障检修

24.2.1　通电不工作的故障检修

洗碗机接通电源，整机不工作。引起洗碗机不工作的原因可能是：

① 电源供电失常，应查插头、插座接触是否不良。

② 机门开关不良。

③ 程控器没打开或接触不良。

④ 85℃ 温控器损坏。

⑤ 程控器损坏。

检修时，检查交流 220V 电压基本正常，电源插头、插座完好，线路连接插件无异常。当检测 ST3 温控器时，发现其触点不通，阻值为无穷大，说明已损坏。更换 ST3 温控器后通电试机，洗碗机工作正常，故障排除。

24.2.2　洗涤效果差的故障检修

洗碗机洗涤效果差，工作时餐具洗涤不干净，故障原因可能是：

① 洗涤剂添加装置不良，应检查是否有堵塞情况。

② 喷臂受阻运转不良或喷水异常。

检修时，应分别检查和清洁洗涤剂添加装置和喷水装置，维修或更换不良或堵塞的器件后故障排除。

24.2.3　加热功能失常的故障检修

洗碗机加热功能失常的原因可能是：

① 温控器损坏。

② 发热器损坏。

检修时，检测发热器发现其阻值为无穷大（正常值约为 60Ω），说明已断路，造成所述故障。更换损坏的发热器（800W）后，洗碗机加热工作恢复正常。

第 25 章　电压力锅维修

25.1　电压力锅的结构和工作原理

25.1.1　电压力锅的结构特点

电压力锅是一种集合了电饭锅和传统压力锅的特点，能够实现对食材高压蒸煮的现代化厨房电器。图 25-1 为典型电压力锅的整机结构。

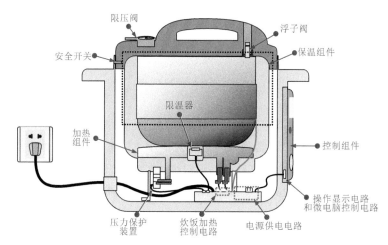

图 25-1　典型电压力锅的整机结构

（1）加热器

图 25-2 为典型电压力锅的加热器。加热器通常铸造在铝盘中，安装在电压力锅的底部，加热器的正面平整，需要加热的锅具底面直接放置其上，通过传导的方式实现加热。加热器的背面主要有供电端、感应端和弹力支架。

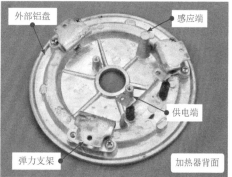

图 25-2　典型电压力锅的加热器

提示说明

如图 25-3 所示，加热器的感应端主要与压力开关连接，通过弹力支架进行操作，感应端与压力开关接触，触动压力开关实现启停操作。

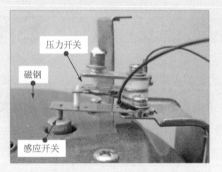

图 25-3　加热器与压力开关的控制关系

（2）电源电路

电压力锅的电源电路通常位于电压力锅的底部，该电路在控制电路的控制下为加热盘供电，同时将交流 220V 电压转换成多路直流电压，为电压力锅其他电路或功能部件供电。如图 25-4 所示，电压力锅加热时，通过继电器内部开关的通断性能，实现对加热器的工作控制。当继电器绕组中有较大电流通过时，继电器内部触点闭合，便可接通加热器供电端。

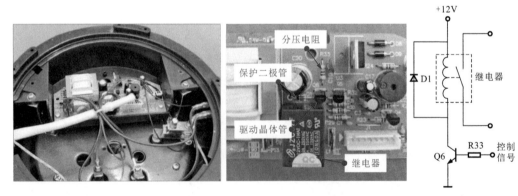

图 25-4　电压力锅的电源电路

（3）限温器

如图 25-5 所示，电压力锅中的限温器多采用热敏电阻式限温器（有些电压力锅也采用磁钢限温器）。它通常安装于电压力锅的底部，加热器的中央位置。当电压力锅的内锅放置好后，限温器直接与锅底接触，便可对内锅的温度进行监测。

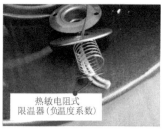

热敏电阻式
限温器（负温度系数）

图 25-5 电压力锅的限温器

相/关/资/料

　　热敏电阻式限温器主要是通过热敏电阻控制电压力锅的温度。热敏电阻式限温器在室温环境中，阻值较大，与其连接的控制电路呈断路状态，在加热蒸煮食材时，热敏电阻式限温器的表面温度随食物煮熟而不断上升，当升至一定温度（例如100～103℃）时，热敏电阻式限温器导通，使其连接的电路呈通路状态，为微处理器提供"蒸煮完成"的信号，电压力锅便会停止加热，并启动保温控制功能。

（4）压力保护装置

　　如图25-6所示，电压力锅的压力保护装置主要包括压力开关、限压阀、浮子阀，以及安全开关。

加热器
感应端

压力开关

限压阀

浮子阀

安全开关

图 25-6 压力保护装置的结构

（5）操作显示及控制电路

　　图25-7为典型电压力锅的操作显示及控制电路。电压力锅的操作显示及控制电路被制成独立的电路单元。电路板上有很多按键开关用以实现人机交互。数码显示管和发光二极管用以显示电压力锅的工作状态。另外，在操作显示及控制电路中设有微处理器控制芯片。它是整个电压力锅的控制核心。工作的时候，微处理器会接手操作按键及各传感器送来的人工指令或检测信号，经内部程序运算处理，输出相应的控制指令控制其他电路及功

能部件工作。

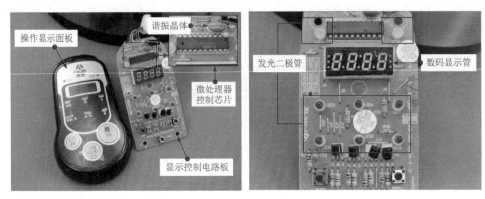

图 25-7 典型电压力锅的操作显示及控制电路

25.1.2 电压力锅的工作原理

图 25-8 为电压力锅的电路控制原理。

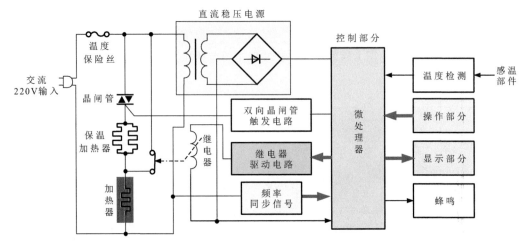

图 25-8 电压力锅的电路控制原理

接通电源后，交流 220V 电压通过直流稳压电源电路，进行降压、整流、滤波和稳压后，为控制电路提供直流电压。当通过操作按键输入人工指令后，由微处理器根据人工指令和内部程序对继电器驱动电路进行控制，使继电器的触点接通，此时，交流 220V 电压经继电器触点加到加热器上，为加热器提供 220V 的交流工作电压，加热器加热工作。

在加热过程中，锅底的温度传感器不断地将温度信息传送给微处理器，当锅内水分大量蒸发，锅底没有水的时候，其温度会超过 100℃，此时微处理器判别蒸煮工作完成（不管有没有熟，只要内锅没水，微处理器都会认为蒸煮工作完成），便会控制继电器释放触点，停止加热。此时，控制电路启动双向晶闸管（可控硅），晶闸管导通，交流220V电压通过晶闸管将电压加到保温加热器和加热器上，两种加热器成串联型。由于保温加热器的功率较小、电阻值较大，加热器上只有较小的电压，发热量很小，从而起到保温的作用。

另外，在整个工作过程中，微处理器都会随时检测各电路及部件的工作状态，并将状态信息送到显示部分，以便实时显示。

图25-9为电压力锅的加热控制电路。电路中的加热器为电磁感应式加热线圈。加热线圈的电感与谐振电容构成高频谐振电路。交流220V电源经桥式整流和平滑滤波变成直流300V电压为感应加热线圈供电。感应加热线圈中的电流受门控管（IGBT）控制，门控管的集电极与发射极之间若导通，则感应加热线圈中有直流流过，如门控管截止，则无电流流过。门控管在驱动电路作用下导通或截止，形成开关工作状态，如果驱动脉冲信号的频率与感应加热线圈和谐振电容的谐振频率相同，感应加热线圈中的电流就形成了谐振状态。于是感应线圈就通过磁力线的感应方式将能量传递给锅底。控制IGBT（门控管）输出脉冲的宽度变化便可以改变输出的功率，从而实现电压力锅火力的调节。

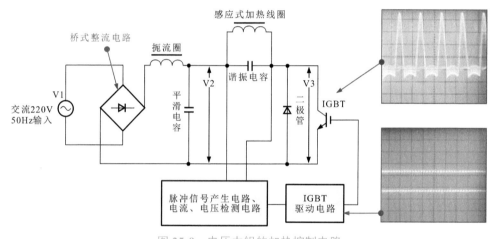

图 25-9 电压力锅的加热控制电路

25.2 电压力锅的检修技能

25.2.1 电压力锅主要部件的检修

（1）加热盘的检测

加热盘是电压力锅重要的加热部件，对加热盘的检测可利用电阻检测法，如图25-10所示。将万用表量程调整至R×10k电阻挡，红、黑表笔分别搭接在电压力锅加热盘两个供电端处。正常情况下，加热盘两供电端之间应能检测到几十欧姆的阻值（当前实测为99.8Ω）。如果所测得的阻值为无穷大或很小，则都表明加热盘故障。需要选用供电电压与功率相同的加热盘代换。

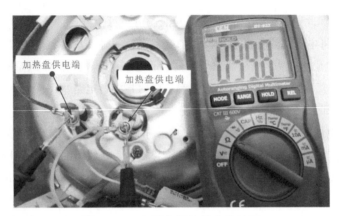

图 25-10　电压力锅加热盘的检测

（2）热敏电阻式限温器的检测

图 25-11 为热敏电阻式限温器的检测。对热敏电阻式限温器的检测可通过改变热敏式限温器周围的环境温度，观察其阻值的变化。常温状态下，热敏电阻式限温器应有一定的阻值，但当周围温度升高时，其阻值会随温度的变化而变化。如果是指针万用表应该能观察到指针的摆动。若温度变化而阻值不变，则说明热敏电阻式限温器损坏，需选择同规格型号的热敏电阻式限温器代换。

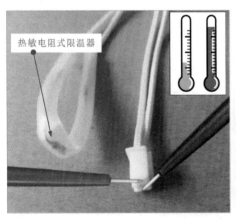

图 25-11　热敏电阻式限温器的检测

25.2.2　电压力锅电源电路的检修

（1）三端稳压器的检测

电压力锅电源电路出现故障时，应重点对三端稳压器和桥式整流电路进行检测。

如图 25-12 所示为三端稳压器的检测。检测三端稳压器时，将万用表的量程调至电压挡。检测三端稳压器输入电压。正常情况下，应该能够检测到约 +12V 的输入电压。然后，保持万用表黑表笔接地，将万用表的红表笔接三端稳压器的输出引脚端。正常时应给能够

检测到约 +5V 的电压。如果输入电压正常，无输出电压，则表明三端稳压器损坏。

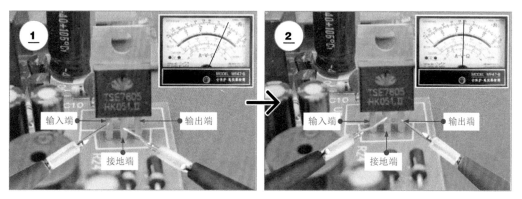

图 25-12　三端稳压器的检测

（2）桥式整流电路的检测

电压力锅电源电路中的桥式整流电路多采用四个整流二极管构成。检测时可使用万用表的电阻挡分别对四个整流二极管进行测量。

如图 25-13 所示，调整万用表的量程至 R×1k 电阻挡，分别对整流二极管的正、反向阻值进行检测。

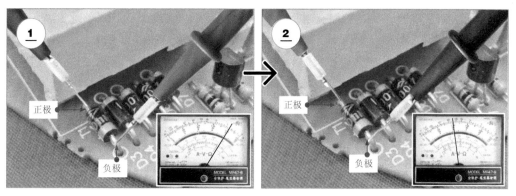

图 25-13　桥式整流电路中整流二极管的检测

正常情况下，如果是开路检测整流二极管，实测结果应满足正向导通、反向截止的特性。即正向阻值为零，反向阻值为无穷大。

但如果是在路检测时，正、反向之间应该阻值相差很大。若测得整流二极管的正、反向阻值均为无穷大，说明二极管内部断路损坏；若测得正、反向阻值均为 0，说明该二极管已被击穿短路；若测得二极管正、反向阻值相差不大，说明二极管性能不良。

25.2.3　操作显示及控制电路的检修

检修操作显示及控制电路，重点要对晶闸管、操作按键、微处理器、加热继电器及蜂鸣器等部件进行检测。

（1）晶闸管的检测

检测晶闸管，可采用开路检测各引脚阻值的方法。如图 25-14 所示，正常情况下，只有黑表笔接晶闸管的控制极，红表笔接阴极时会有固定的阻值（约 30Ω）。其他引脚间的阻值均为无穷大。反之，则说明晶闸管损坏，应选用同型号晶闸管更换。

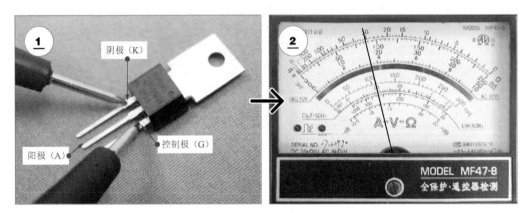

图 25-14　晶闸管的检测

（2）操作按键的检测

图 25-15 为操作按键的检测。调整万用表的量程至欧姆挡。将万用表的红、黑表笔分别搭在操作按键不同焊盘的两个引脚端。在未按下操作按键时阻值为无穷大。当按下按键时，阻值应为零。若阻值没变化，应对操作按键进行更换。

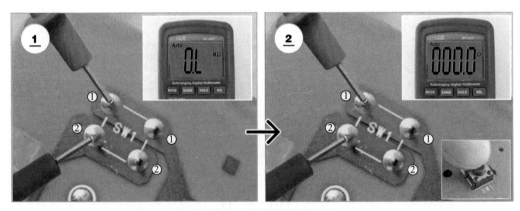

图 25-15　操作按键的检测

（3）微处理器的检测

图 25-16 为微处理器的检测。微处理器是电压力锅控制电路中的核心部件，对微处理器的检测可分别检测微处理器的供电、时钟信号及各引脚的输出波形。

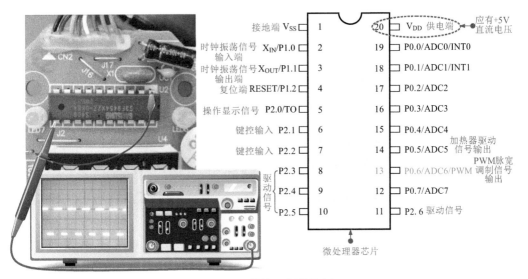

接地端 V$_{SS}$ ☐ 1　　20 ☐ V$_{DD}$ 供电端　应有+5V 直流电压

时钟振荡信号 X$_{IN}$/P1.0 输入端 ☐ 2　　19 ☐ P0.0/ADC0/INT0

时钟振荡信号 X$_{OUT}$/P1.1 输出端 ☐ 3　　18 ☐ P0.1/ADC1/INT1

复位端 RESET/P1.2 ☐ 4　　17 ☐ P0.2/ADC2

操作显示信号 P2.0/TO ☐ 5　　16 ☐ P0.3/ADC3

键控输入 P2.1 ☐ 6　　15 ☐ P0.4/ADC4

键控输入 P2.2 ☐ 7　　14 ☐ P0.5/ADC5　加热器驱动信号输出

P2.3 ☐ 8　　13 ☐ P0.6/ADC6/PWM　PWM脉宽调制信号输出

驱动信号 P2.4 ☐ 9　　12 ☐ P0.7/ADC7

P2.5 ☐ 10　　11 ☐ P2.6 驱动信号

微处理器芯片

图 25-16　微处理器的检测

（4）加热继电器的检测

加热继电器的检测如图 25-17 所示。加热继电器主要用于对加热器的电阻进行控制。检测时，将红、黑两表笔分别搭在继电器两触点处，在未工作时阻值应为无穷大。当通电并启动加热按钮开始工作时，继电器吸合，此时所检测的阻值应为零欧姆。若阻值仍为无穷大，说明继电器损坏，需要更换。

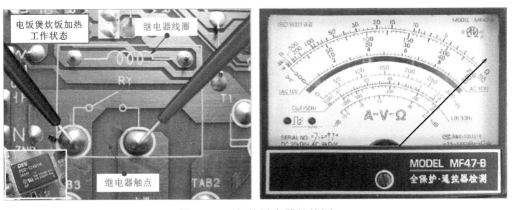

图 25-17　加热继电器的检测

（5）蜂鸣器的检测

蜂鸣器在电压力锅中主要用于发出提示音。检测时，可使用万用表对其阻值进行检测。

图 25-18 为蜂鸣器的检测。将万用表调整至电阻 R×100 挡，用红、黑表笔分别搭在蜂鸣器的正、负电极。正常情况下，蜂鸣器的阻值为 850Ω，并且在红、黑表笔接触电极的一瞬间，蜂鸣器会发出"吱吱"的声响。

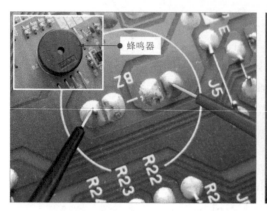

图 25-18　蜂鸣器的检测

25.3　电压力锅常见故障检修

25.3.1　电压力锅不加热的故障检修

图 25-19 为故障电压力锅的电路，该电压力锅通电后，有显示，但不能加热。

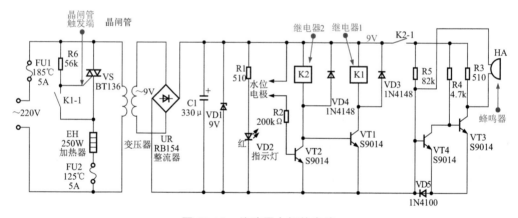

图 25-19　故障压力锅的电路

根据电路分析，该电压力锅采用晶闸管（可控硅）对炊饭加热器进行启 / 停控制。交流 220V 电压经保险丝 FU1（185℃、5A）和晶闸管加到炊饭加热器上。晶闸管的触发端接有一个受继电器控制的开关触点，继电器动作会触发晶闸管，使晶闸管导通，为加热器供电，开始炊饭。由于该电饭煲具有蒸炖功能，因此不能完全靠锅底的温度传感器判别饭是否煮熟来控制是否关机，而是通过水位检测开关，水位下降到一定程度，VT2 导通，继电器 K2 工作，K2-1 接通，报警器动作。同时由于 VT2 导通使 VT1 截止，继电器 K1 断电，晶闸管截止，加热气断电，炊饭停止。

通电能够有显示，说明电源电路正常。执行加热功能后，不加热，应重点对加热盘和继电器进行检查。经检查发现，继电器 K1 损坏。更换同型号继电器后，故障排除。

25.3.2 电压力锅糊锅的故障检修

电压力锅通电后显示正常，执行加热工作也正常，但加热不会停止，出现干烧、糊锅的情况。

根据故障表现，说明电压力锅供电、控制功能均正常，出现糊锅的情况，初步判别是由于温度传感器（热敏电阻式限温器）故障，导致微处理器无法接受到停止加热的控制指令信号。拆卸电压力锅，对温度传感器进行检测。如图 25-20 所示，经检测发现温度传感器（热敏电阻式限温器）损坏。更换同规格温度传感器后故障排除。

安装在锅底的温度传感器

图 25-20　故障电压力锅温度传感器的检测

第 26 章　豆浆机维修

26.1　豆浆机的结构原理

26.1.1　豆浆机的结构特点

豆浆机主要是由罐体、刀头电动机、加热器（管）、温度检测传感器（或温控器）、水位检测（防烧干功能）电极、防溢检测电极、电源供电电路、控制电路及操作显示电路等部分构成的。

豆浆机多采用交流 220V 供电。图 26-1 为豆浆机的基本结构。刀头电动机和控制电路等多安装在豆浆机的上盖部分。

上盖

不锈钢罐体

刀头电动机和控制电路位于上盖部分

图 26-1　豆浆机的基本结构

图 26-2 为典型豆浆机的电路板结构。豆浆机的电路板是由控制电路板和操作显示板构成的，主要包括控制加热器、低压继电器、晶体管、桥式整流电路、蜂鸣器和控制芯片等部件。

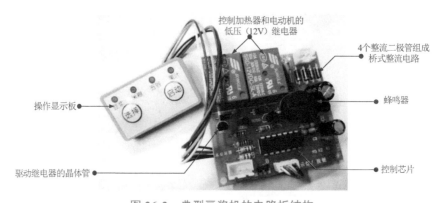

控制加热器和电动机的低压（12V）继电器

4个整流二极管组成桥式整流电路

操作显示板

蜂鸣器

驱动继电器的晶体管

控制芯片

图 26-2　典型豆浆机的电路板结构

26.1.2 豆浆机的工作原理

图 26-3 为豆浆机控制电路框图。这种电路是以微处理器芯片为核心的自动控制电路，温度检测、水位检测（下限检测防干烧、上限检测或称防溢检测）和元器件工作（加热管、刀头电动机）都是由微处理器控制的。

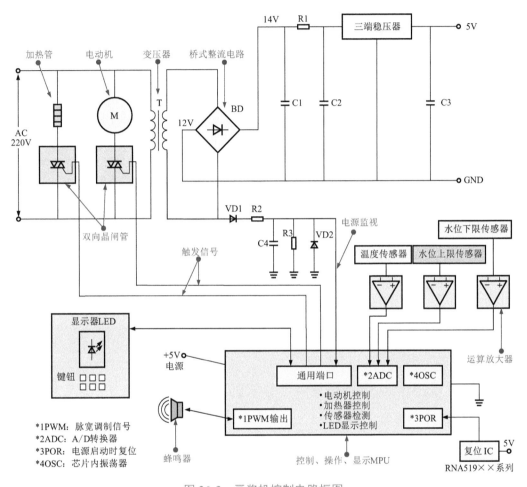

图 26-3　豆浆机控制电路框图

加热管和电动机接在交流 220V 供电电路中与双向晶闸管串联（或与继电器触点串联），双向晶闸管受微处理器的控制，微处理器输出触发脉冲加到双向晶闸管的触发端，控制双向晶闸管的导通状态。双向晶闸管导通，电动机或加热管得电工作。微处理器根据电源的过零脉冲输出触发脉冲。

（1）电源电路

交流 220V 电源经降压变压器 T 变成低压 12V，送至桥式整流堆 BD 交流输入端，经桥式整流后输出 +14V 的直流电压，再经滤波后（RC），由三端稳压器输出稳定的 +5V 电压为微处理器供电。

（2）电源同步脉冲（过零脉冲）产生电路

电源变压器次级输出电压加到桥式整流电路 BD 的同时，经 VD1 整流和 R2 限流形成 100Hz 脉动直流电压作为电源同步脉冲信号（过零脉冲）送到微处理器中，微处理器根据过零脉冲的相位输出双向晶闸管的触发脉冲触发双向晶闸管导通或截止，控制电动机或加热管的工作状态。

（3）微处理器（MPU）及控制电路

微处理器是一种按照程序工作的智能控制集成电路，是由运算器、控制器、存储器和输入/输出接口电路等构成的。安装前，先将工作程序写入芯片中。芯片主要由通用接口输出控制信号完成刀头控制和加热管的控制。

微处理器的 AD 接口电路接收温度传感器、水位上限传感器、水位下限传感器的信号，经过由运算放大器构成的外部接口电路为微处理器提供检测信息。

+5V 为微处理器（MPU）提供电源，同时经复位芯片为 MPU 提供复位信号，使 MPU 清零。

微处理器芯片内设有振荡器，可产生 MPU 所需的时钟信号。

（4）操作显示电路

操作显示电路是由操作按键和显示电路构成的。操作按键为微处理器提供人工指令，用启动、加热、粉碎和停机等指令键输入指令信息。显示电路可采用发光二极管，也可采用液晶显示屏，用来显示豆浆机的工作状态。

26.2　豆浆机的检修技能

26.2.1　豆浆机加热器和打浆电动机的检修

（1）加热器的检修技能

豆浆机中的加热器（加热丝）通常被安装在金属管中，通过引线与供电线相连，也被称为加热管。一般家用豆浆机的加热器由交流 220V 供电，功率通常为 600 ～ 800W。根据公式 $P=U^2/R=220^2/R$，可求得阻值为 60 ～ 80Ω。注意，加热器在高温条件下的阻值与低温时不同。

检测时可使用数字万用表或模拟万用表，通常故障为烧断故障，检测后，再检测一下引线接头，看是否有连接不良的情况。

（2）打浆电动机的检修技能

豆浆机的打浆电动机通常采用单相串激式交流电动机，结构比较简单，如图 26-4 所示。主轴上安装粉碎刀头，在高速转动的情况下，将黄豆粉碎，因而对速度的准确性要求不高。检测时，可直接检测电源供电线之间的电阻看是否有短路或断路情况，此外用交流 220V 电源直接为电动机供电，电动机能正常运转，表明电动机正常。如转动不正常，则可检查连接点是否有污物，引线状态是否良好。

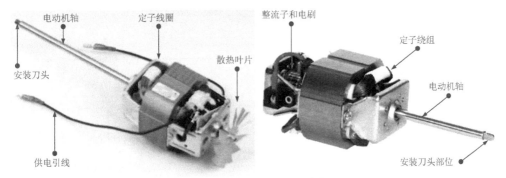

电动机轴 定子线圈 整流子和电刷

定子绕组

安装刀头

散热叶片

电动机轴

供电引线

安装刀头部位

图 26-4　打浆电动机的结构

26.2.2　豆浆机电源变压器的检修

豆浆机中都设有电源电路，以产生稳定的直流电压为控制电路供电。应用比较多的是串联式稳压电源，采用降压方式，将交流 220V 降压为 10V 或 12V 后再经稳压电路输出 +12V 或 +5V。

降压变压器的结构如图 26-5 所示。降压变压器由初级绕组和次级绕组构成。初级绕组接交流 220V 电压，阻值比较高，约为几百欧姆，次级绕组输出交流低压（～ 10V、～ 12V），阻值比较低，为几欧姆至几十欧姆。用万用表检测阻值比较方便。如果出现短路或断路的情况，则表明有故障。

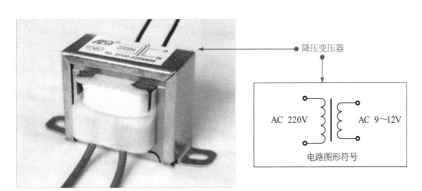

降压变压器

AC 220V　　　AC 9～12V

电路图形符号

图 26-5　降压变压器的结构

电压值检测不用很精确。如有交流低压输出，则表明正常。如无输出或输出偏离正常值太多，则表明不良，应更换新品。

提示说明

有一些豆浆机采用开关电源，变压器为开关变压器，工作频率较高，多采用铁氧体铁芯。这种变压器的绕组比较多，代换时，注意引脚的排列及安装方向，如图 26-6 所示。检测时，通常检测各绕组的阻值，并观察表面状态，看是否有短路或断路状态。

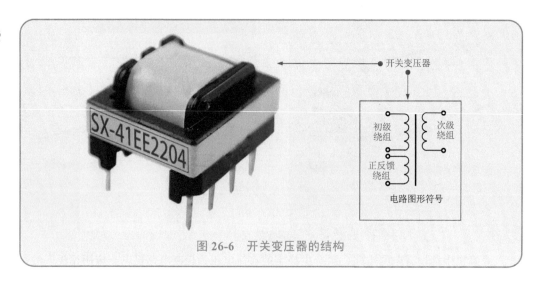

图 26-6　开关变压器的结构

26.2.3　豆浆机继电器的检修

继电器是用于控制打浆电动机和加热器的器件，线圈绕组中有电流流过时，触点就会动作。如图 26-7 所示，有些继电器只有一组常开触点，应用比较多，还有一些继电器有一组常开触点、一组常闭触点。

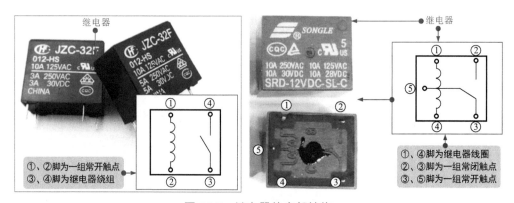

图 26-7　继电器的内部结构

26.3　豆浆机常见故障检修

26.3.1　豆浆机完全不动作的故障检修

故障表现：美的 DJ12-BQ2 型豆浆机开机后完全不动作。

故障分析：美的 DJ12-BQ2 型豆浆机完全不动作的原因可能是电源电路有故障，图 26-8 为美的 DJ12-BQ2 型豆浆机的电路原理图。

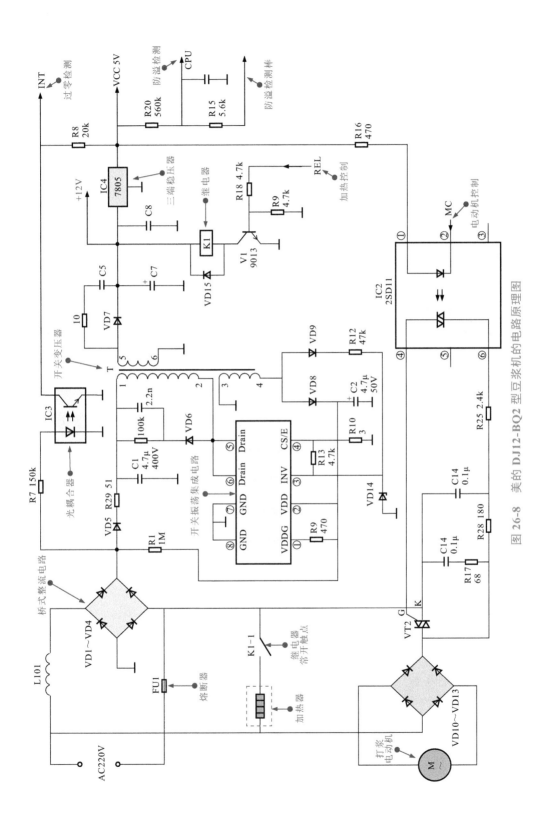

图 26-8 美的 DJ12-BQ2 型豆浆机的电路原理图

豆浆机完全不动作应检查交流 220V 供电电路、开关电源电路和三端稳压器等部分。检查时应注意，该电路的开关振荡部分，包括 C1、C2、R10、VD14 的接地端都是带市电高压的，应区分带电的范围以防触电。

开关电源振荡电路部分的电压检测应以热区（开关变压器初级绕组及前级电路范围内为热地区域）内的地线为基准。开关电源的次级和微处理器控制电路的检测应以冷区（开关变压器次级绕组及后级电路范围为冷地区域）内的地线为基准。冷区内的电路与热区部分隔离，不带高压。

先检查三端稳压器的输入和输出电压，输入为 +12V，输出为 +5V。如果无 +12V 电压或很低，则表明整流管 VD7 或开关电源有故障。如果有 +12V、无 +5V，则表明三端稳压器部分有故障。

提示说明

美的 DJ12-BQ2 型豆浆机不加热故障应检查加热器、控制继电器 K1 及驱动三极管 V1，更换损坏的元器件。

美的 DJ12-BQ2 型豆浆机能加热但不打浆，电动机不转故障应检查电动机及驱动电路。该机的打浆驱动电路由光控集成电路 IC2、双向晶闸管及桥式整流电路控制，应先检查电动机本身，检查转子是否有卡死的情况、定子线圈及供电接头是否良好。如有不良的情况，应更换电动机。最后分别检查桥式整流电路、双向晶闸管及 IC2，更换损坏的元器件。

26.3.2 豆浆机不加热的故障检修

故障分析：图 26-9 为比特豆浆机的电路原理图。该机是由运算放大器 LM324、门电路 CD4025 和计数分频器 CD4060 等电路构成的。

豆浆机不加热。豆浆机不加热的故障原因可能是加热器断路、连接接头接触不良、继电器绕组及触点损坏、驱动晶体管 V2（S9013）损坏等，可分别进行检测。

故障检修：检查加热器及接头，正常，加热器的电阻值约为 60Ω；检查继电器 K1，正常；检查晶体管 V2（S9013），发现晶体管被击穿，同时检查二极管 VD5（反峰脉冲吸收电路），被击穿。更换 V2，同时用 IN4007 更换 VD5 后，故障被排除。

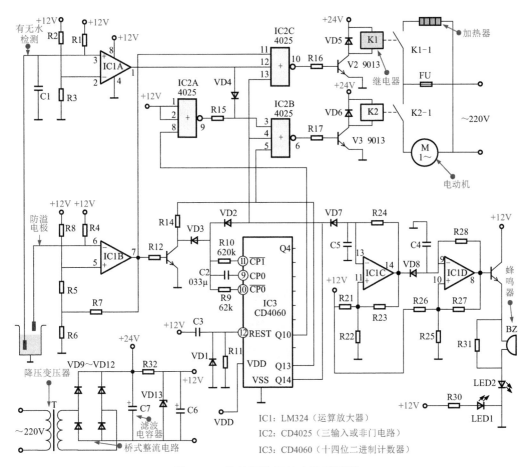

图 26-9　比特豆浆机的电路原理图

第27章 破壁机维修

27.1 破壁机的结构原理

27.1.1 破壁机的结构特点

破壁机是集合榨汁机、豆浆机、研磨机等功能为一体的机器，所采用的电动机转速很高，空载可达30000 ~ 40000r/min，因可强力粉碎食物的细胞壁而被称为破壁机。

破壁机可粉碎果蔬、豆类、五谷甚至坚果等食物。图27-1为破壁机的整体结构，一般分为上、下两部分。上部的杯体可取下，粉碎刀头设在杯体底部。主机部分位于下部，侧面为操作面板，内装高速电动机。

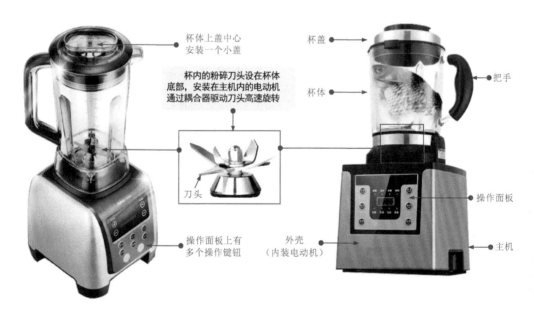

图 27-1　破壁机的整体结构

（1）破壁机电动机

破壁机与榨汁机的主要区别是电动机的转速不同。榨汁机电动机的转速普遍较低，通常为每分钟几百转至上千转，而破壁机电动机的转速非常高，空载可达10000 ~ 45000r/min，利用如此之高的速度才可以击破食物的细胞壁，释放食物的全部营养。

图27-2为破壁机高速电动机的实物外形。

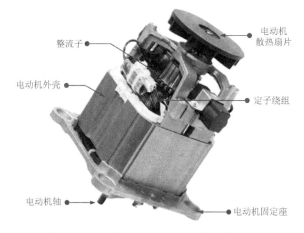

整流子

电动机散热扇片

电动机外壳

定子绕组

电动机轴

电动机固定座

图 27-2　破壁机高速电动机的实物外形

（2）破壁机刀头

刀头是破壁机的重要部件，如图 27-3 所示。它的轴承外套通过防水圈与杯体相连，主机内的电动机通过耦合器驱动刀头高速旋转，刀头在高速旋转的过程中粉碎食物。

固定螺母

轴承外套

驱动耦合器

侧视图

粉碎刀片

固定螺母

斜视图

图 27-3　破壁机刀头的结构

破壁机电动机通过耦合器与杯体内的刀头耦合，带动刀头高速旋转。刀头的耦合器类似于一个齿轮，电动机的耦合器像一个内齿轮，工作时，齿轮插入电动机的齿轮孔中一起旋转，如图 27-4 所示。

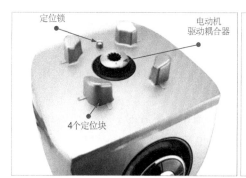
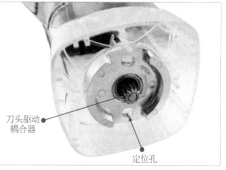

定位锁

电动机驱动耦合器

4个定位块

刀头驱动耦合器

定位孔

图 27-4　破壁机电动机与刀头之间的耦合器

27.1.2 破壁机的工作原理

破壁机能够实现打碎、研磨、加热等多种功能。其电路多采用微处理器控制。

（1）采用AT89C2051集成电路控制的破壁机电路

图 27-5 为采用 AT89C2051 集成电路控制的破壁机电路。

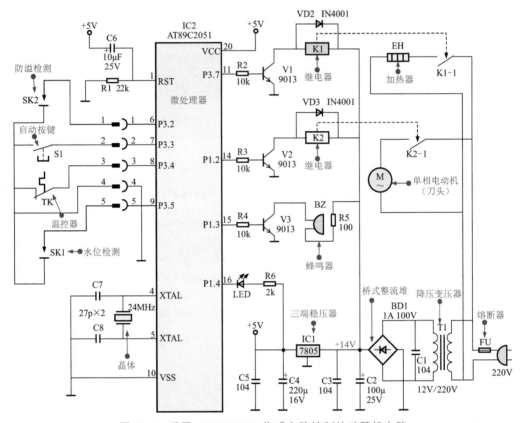

图 27-5　采用 AT89C2051 集成电路控制的破壁机电路

在电路中，交流 220V 电源经继电器的触点（K1-1、K2-1）为刀头电动机（M）和加热器（EH）供电。在待机状态，继电器 K1、K2 均不工作，电动机和加热器也无电，不工作。

直流电源电路是为继电器驱动电路和微处理器供电的电路。交流 220V 电源经熔断器 FU 和降压变压器 T1 变成交流低压 12V，再经桥式整流堆 BD1 变成 +14V 电压，由电容器 C2、C3 滤波后为继电器电路和蜂鸣器电路供电。

直流 +14V 电压再经三端稳压器 IC1（7805）输出稳压后的 +5V 直流电压。C4、C5 为滤波电容。+5V 电压加到微处理器 IC2 的电源供电端 VCC，经 C6 和 R 为微处理器的复位端（RST）提供复位脉冲，使微处理器芯片内的程序复位，然后待机工作。

工作时，在破壁机内放入谷物，加水，通电后，在待机状态下，+5V 为微处理器（CPU）

供电，同时为 CPU 的 ① 脚提供复位信号，使复位端瞬时为高电平，由于 R1 的放电作用，使 ① 脚电位降低，完成复位，CPU 进入初始化。初始化后，CPU 的 ⑯ 脚输出低电平，发光二极管发光，进入工作程序。

当开始工作后，CPU 检测 ⑨ 脚是否为低电平，如为低电平，正常；如为高电平，则表明罐内无水。CPU 的 ⑮ 脚输出指示信号（1000Hz）使蜂鸣器发声，⑯ 脚输出间断高电平，经 V3 放大后驱动发光二极管 VD1 发光闪烁。

当水位符合要求后，CPU 的 ⑪ 脚输出高电平，使 V1 导通，K1 动作，K1-1 接通，加热器得电开始工作，此过程为预加热过程。当温度上升到 80℃ 时，停止加热，以防止产生大量的泡沫。温度检测由 ⑧ 脚外接温控器（TK）完成。TK 内的接点闭合，⑧ 脚为低电平，作为控制信号使 ⑪ 脚输出低电平，V1 截止，K1 线圈失电，K1-1 复位断开，停止加热。

当水温达到 80℃ 时，加热器停止加热，CPU 进入粉碎程序，CPU 的 ⑭ 脚输出高电平，V2 导通，K2 线圈得电，K2-1 接通，电动机旋转。为了减少电动机在发热同时产生的泡沫，电动机每粉碎工作 15s，停 5s。若在此过程中出现溢出情况，即 CPU 的 ⑥ 脚出现低电平时，电动机也停止粉碎。待溢出现象消失，粉碎工作再次进行，转动 15s、停 5s，此过程共循环 5 次后，结束粉碎程序。

（2）采用逻辑门芯片和运算放大器的破壁机电路

图 27-6 为采用逻辑门芯片和运算放大器的破壁机电路。该电路的控制部分主要是由 LM324、4025、4001、CD4060 等芯片构成的。LM324 是四运放集于一体的集成电路；4001 是或非门集于一体的集成电路；CD4060 是计数分频集成电路。

① 电源电路　交流 220V 经熔断器 FU 为刀头电动机和加热器供电，电动机和加热器分别经继电器的触点 K1-1、K2-1 与电源相通，相应的继电器得电动作，触点接通。

交流 220V 同时加到桥式整流器（VD8 ～ VD11）上，桥式整流器的输出经稳压电路（V3）输出 +12V 电压为控制电路供电。其中，R29 与稳压二极管 VS（+12V）构成串联分压电路，分压点的电压被稳压管 VS 稳定在 12V，经滤波电容 C8 后加到射极跟随器 V3 的基极，V3 输出 12V 电压。

② 控制电路　给破壁机加水和谷类（按一定的配比），接通电源，电路复位清零，开始进入工作状态。IC1A 的 ⑨ 脚接防溢电极，开始工作时处于悬空状态，因而为高电平，⑨ 脚为运放的反相输入端，因而 ⑧ 脚为低电平，刚开机 IC4 的 ② 脚输出为低电平，IC2A 的 ⑬ 脚为低电平，经 IC2A 或非门后输出高电平，V1 导通，K2 得电，K2-1 触点接通，加热器得电工作。与此同时，由 IC2B、IC3A 和 R14、C2 构成的脉冲信号振荡电路产生脉冲信号（周期为 0.21s）加到 IC4（CD4060）的 ⑪ 脚，由 CD4060 分频，其内设有 14 级分频电路，② 脚输出 13 分频的脉冲信号。该信号为先低后高的脉冲，周期为 29min，14.5min 为该脉冲的上升沿，此时 ② 脚为高电平，IC2A 的 ⑬ 脚变为高电平，⑩ 脚输出低电平，V1 截止，停止加热。

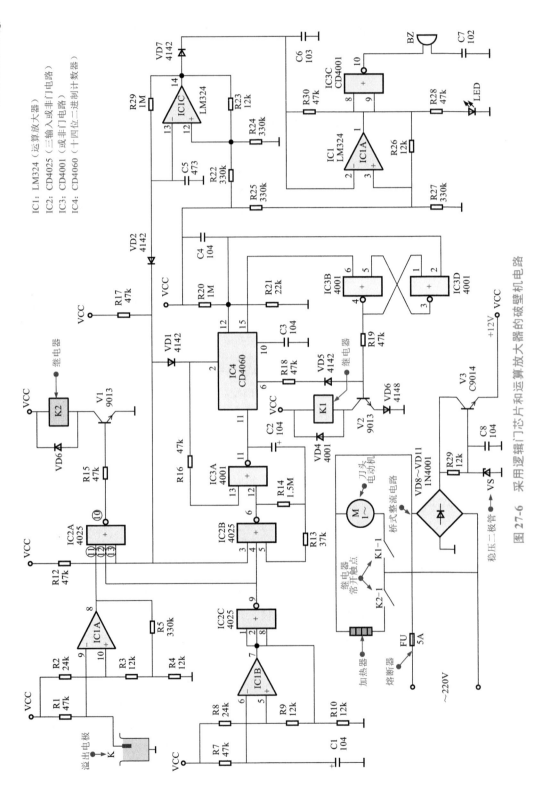

图 27-6 采用逻辑门芯片和运算放大器的破壁机电路

IC1: LM324（运算放大器）
IC2: CD4025（三输入或非门电路）
IC3: CD4001（或非门电路）
IC4: CD4060（十四位二进制计数器）

IC4 的 ⑥ 脚输出 7 分频的脉冲信号（周期为 27s），⑮ 脚输出 10 分频（周期为 3.6min）的脉冲信号，前半周为低电平。⑥ 脚和 ⑮ 脚的输出经 IC3B 触发器的输出都加到 V2 的基极，V2 导通，继电器 K1 得电，K1-1 接通，电动机旋转，⑮ 脚输出的脉冲后半周为高电平，IC3B 的 ④ 脚被锁定在低电平，电动机停转，结束粉碎后继续加热。当机内液体沸腾时，防溢接点 K 通过液体接地，IC1B 的 ⑨ 脚接地，电路翻转，V1 截止，K2 断电，停止加热。

27.2　破壁机的检修技能

破壁机的故障主要表现为不加热、不通电、破碎研磨不良等。对于破壁机常见故障的检修方法可参见表 27-1 所列。

表 27-1　破壁机常见故障检修方法

故障表现	故障说明	故障原因	检修方法
不加热	破壁机可以破碎研磨，但不能执行加热功能	发热管自身损坏	更换发热管
		发热管内接线脱落	更换内接线，或重新插接内接线
		继电器不工作	检测继电器好坏，更换或更换电路板
		控制发热管的三极管未工作	用万用表检测三极管，若损坏，用同型号三极管替换
不通电	整机接通 220V 电源，指示灯不亮、蜂鸣器不响、破壁机无任何反应	熔断器烧断	换电动机（或更换熔断器后，查明导致熔断器烧坏的原因，更换损坏元器件）
		微动开关通电不良	用万用表检测微动开关本身及接线是否有损坏或接触不良，调整或更换微动开关
		变压器损坏	更换变压器
破碎研磨不良	破壁机不能搅打食材	电动机损坏	更换电动机
		电动机内接线松脱	重新插接内接线
		可控硅不工作	检查可控硅状态，若引脚虚焊，重新焊接；检测可控硅好坏，若损坏，更换
	破壁机搅打不烂谷物	破碎刀口卷边变形	更换破碎刀片
		电动机局部短路，转速不够	更换电动机
		电动机内接线不良，引起电动机通断时间不正常	更换电动机
	破壁机搅打时会喷出	破碎刀片变形	更换破碎刀片
		电动机轴承磨损或松动指导摇晃	更换电动机

在破壁机故障维修时，破壁机电动机、加热管、继电器和温度传感器都是故障率较高

的部件。

（1）破壁机电动机的检修

破壁机电动机是破壁机中的主要功能部件，研磨刀头安装在破壁机电动机转轴上。电动机转动，带动刀头旋转，从而完成破壁粉碎的工作。若负载过大极易造成电动机烧损。因此，电动机是破壁机中故障率较高的部件。一旦破壁机电动机故障，将直接导致破壁机无法进行破壁粉碎工作。

如图 27-7 所示，对破壁机电动机的检测可以将电动机拆卸下来，然后使用万用表对电动机绕组阻值进行测量。一般情况下，万用表两表笔搭接在电动机交流输入端的引线上，应该能够检测到 40 ~ 100Ω 的阻值，当前实测为 50Ω（若换向器与碳刷接触不良，所测得的实际阻值可能会略大）。若实测的阻值过大，说明电动机绕组故障，需要使用同型号的电动机更换。

图 27-7　破壁机电动机的检测方法

（2）加热管的检修

加热管是破壁机中用于加热的关键部件，加热管损坏会导致无法加热的故障。如图 27-8 所示，对加热管的检测可使用万用表检测加热管的阻值。正常情况下，将万用表两表笔搭接在加热管两端，应该能够检测到几十欧姆的阻值，若所测的阻值为无穷大，则说明加热管内部的加热丝断路。需要更换同型号加热管。

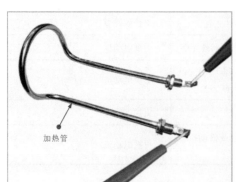

图 27-8　加热管的检测方法

（3）继电器的检修

破壁机中的继电器主要完成对破壁、加热等功能的切换控制。一旦继电器故障，则相应控制功能会失常。对继电器的检测可使用万用表检测常开触点之间的阻值。如图27-9所示，在控制端未加12V直流电压前，常开触点断开，阻值为无穷大；当控制端有12V直流电压后，常开触点闭合，阻值应为0。

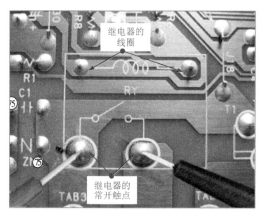

图 27-9　继电器的检测方法

（4）温度传感器的检修

温度传感器是破壁机中的温度检测部件，温度传感器的感温头时刻感应破壁机内的温度，并将温度信号转换成电信号送到控制电路中，以便控制电路中的微处理器发送正确的控制指令。如图27-10所示，对温度传感器的检测可使用万用表检测两引线之间的阻值。正常时实测的阻值约为100kΩ。此时若改变感温头的环境温度，所测得阻值会随温度的变化而变化。

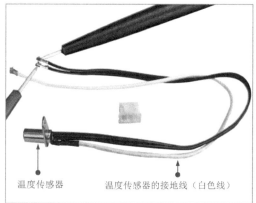

图 27-10　温度传感器的检测方法

27.3 破壁机常见故障检修

27.3.1 破壁机不通电的故障检修

如图 27-11 所示,破壁机出现不通电的故障时,应根据信号流程,对破壁机主要电路和关键元件进行检测。

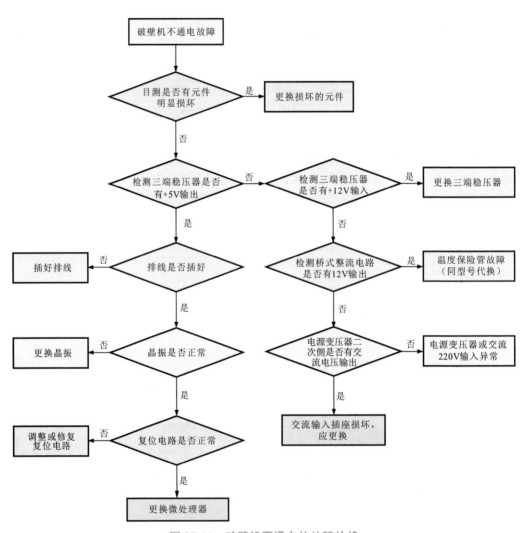

图 27-11 破壁机不通电的故障检修

27.3.2 破壁机不破碎研磨的故障检修

如图 27-12 所示,造成破壁机不破碎研磨的故障原因很多,如电动机、继电器、晶闸管、光耦等出现故障。检修时应根据信号流程,对破壁机主要电路和关键元件进行检测。

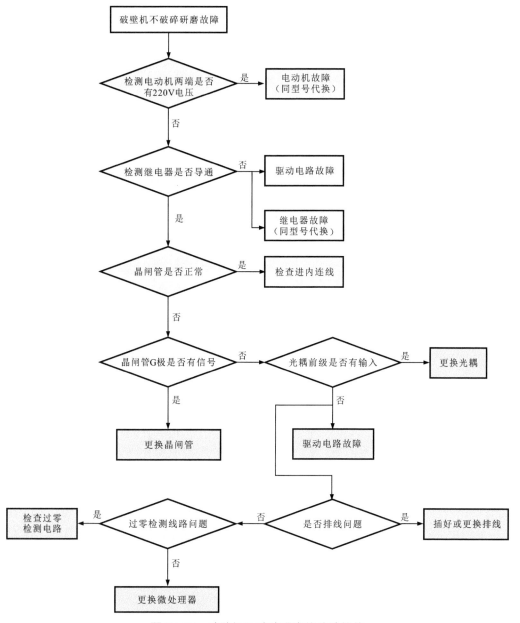

图 27-12　破壁机不破碎研磨的故障检修

破壁机不加热的故障检修

　　如图 27-13 所示，当破壁机出现不加热的故障时，应重点对加热管（器）及相关控制电路进行检测。

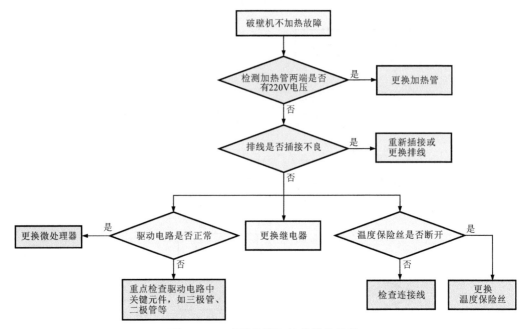

图 27-13　破壁机不加热的故障检修

第28章 厨宝维修

28.1 厨宝的结构和工作原理

28.1.1 厨宝的结构特点

厨宝应用于厨房水龙头的供水部分，它可以将冷水进行加热，并使热水和冷水都加到水龙头中为洗手和洗碗提供温水。为方便用户，厨宝对水的加热温度是可调整的。通过调整温控器可调整水的温度。由于用在厨房，因而用水量相对较小。厨宝的体积较小，也可以说厨宝是小型化的热水器。

典型的厨宝如图28-1和图28-2所示，它可以安装在水盆的下方，也可以安装在水盆的上方。冷水经角阀和三通分别送到厨宝中加热，同时也送到出水龙头。冷水灌入厨宝的水箱中，经加热后的热水从水箱中流出也送到出水龙头中，使用时，通过调整水龙头冷水和热水合成的比例得到所需要的温度的水。厨宝的温控器调整钮安装在面板上，可以调整水的温度，通过设定在中等温度即可，冬天适当调高点，夏天适当调低些。

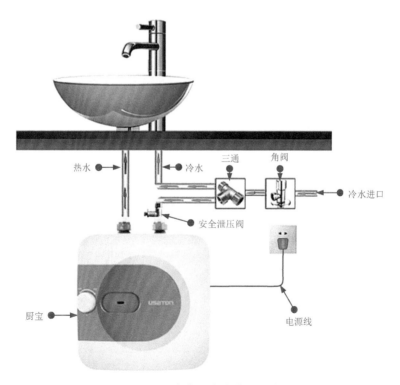

图28-1 厨宝安装在水盆的下方

405

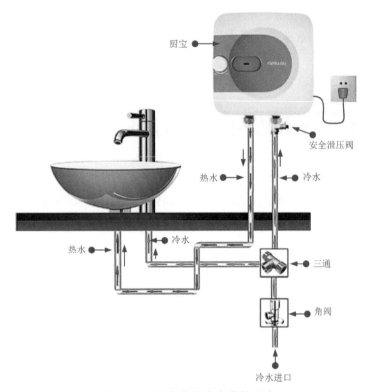

热水

冷水

热水

冷水

厨宝

安全泄压阀

三通

角阀

冷水进口

图 28-2　厨宝安装在水盆的上方

28.1.2　厨宝的工作原理

　　厨宝的电路通常比较简单，其结构如图 28-3 所示。它的接线图如图 28-4 所示。从图 28-3 可见，交流 220V 电源先经漏电保护器和限温器为厨宝供电，漏电保护器的功能是厨宝电路中如有漏电发生会自动断开电源进行保护。限位器的功能是当加热的水箱温度超过极限温度时，断开电源，进行保护，它也具有防干烧的功能，防止在无水状态

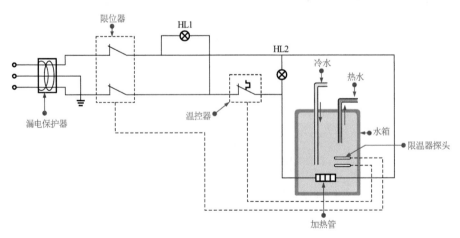

限位器

HL1

HL2

冷水

热水

漏电保护器

温控器

水箱

限温器探头

加热管

图 28-3　厨宝的电路结构

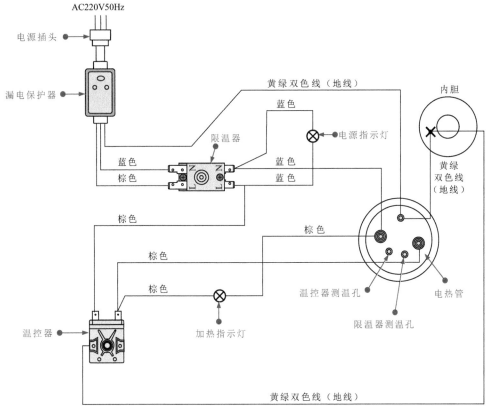

图 28-4　厨宝的接线图

下继续加热损坏器件。指示灯 HL1 接在限温器的输出端，指示电源的状态。电源在为加热管的供电电路中设有温控器，温控器的测温探头伸入到水箱中，水温如超过设定值则会断开电源，水温低于设定值则会接通加热器电源，温控器的可调温度范围通常在 25 ~ 85℃之间，在温控器的输出端设有指示灯 HL2，以指示加热状态，加热时则亮，保温时则灭。

28.2　厨宝常见故障检修

28.2.1　厨宝加热异常的故障检修

厨宝常年不断地工作，加热器会产生水垢，影响工作效率，时间长了还会损坏加热器。水垢过多的情况如图 28-5 所示。如果出现不加热或温度上不去的情况，有可能是加热器（管）损坏，测量加热管两端之间的电阻值往往会出现无穷大的情况，更换时应注意其安装位置和尺寸。典型新的加热器如图 28-6 所示。更换时应注意连同镁棒一起更换，镁棒的特点是易于吸附水垢及污物，从而可保护加热管和水箱的内胆不被腐蚀和氧化。

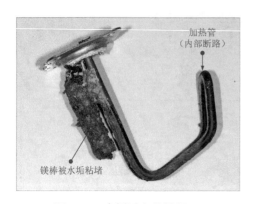

图 28-5　水垢过多的情况

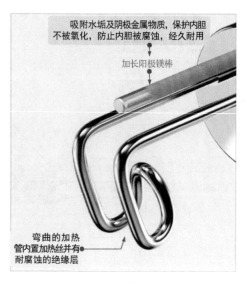

吸附水垢及阴极金属物质，保护内胆
不被氧化，防止内胆被腐蚀，经久耐用

加长阳极镁棒

弯曲的加热
管内置加热丝并有
耐腐蚀的绝缘层

图 28-6　典型新的加热器

28.2.2　厨宝温度调节失常的故障检修

　　厨宝出现温度调节失常，加热功能不能正常执行时，应重点对厨宝中的温控器进行检查。如果出现温控器不能调整，或是不加热等情况应检查或更换温控器。温控器与温度检测探头的连接关系是否正常也是需要注意的。温控器的典型结构如图 28-7 所示。工作时将温度检测探头插入水箱，如插入不到位也不能起到良好的控制作用。在常温下检查温控器两焊片之间的阻值应为 0Ω，如果不为 0Ω，则表明已损坏应进行更换。

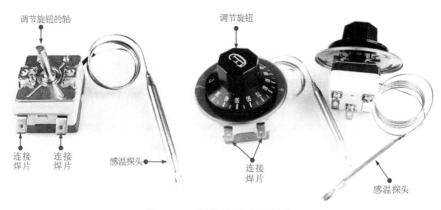

图 28-7　温控器的典型结构

第 29 章 电烤箱维修

29.1 电烤箱的结构和工作原理

29.1.1 电烤箱的结构特点

图 29-1 是典型电烤箱的外形。

门柄设在上部可方便地打开前门放入和取出食物。右侧分别设有上管温度调节钮、功能调节钮、下管温度调节钮和定时调节钮。定时后开始工作，到达预定时间，烤箱自动停机，并发出提示信号。

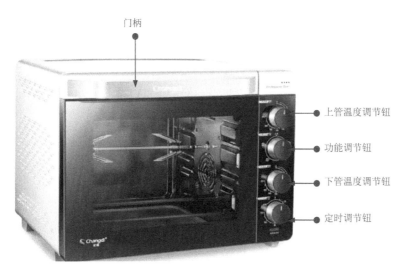

门柄

上管温度调节钮

功能调节钮

下管温度调节钮

定时调节钮

图 29-1 典型电烤箱的外形

图 29-2 是普通电烤箱的整体结构，该烤箱的结构比较简单，上下各设有一个加热管，只有一个温度调节钮和定时调节钮，没有功能选择钮，在箱体内中间设有一个托架，方便支撑食物，底部设有一个托盘，用以收集烤制过程中产生的油渣，便于烤后清洗。

（1）加热管

电烤箱中多使用石英加热管对食物进行烘烤。电热丝设置在石英管内，通电后会发热，而且发热的速度比较快。典型的石英加热管如图 29-3 所示。它的两端设有接头和引线，注意接头和引线都必须使用耐高温且绝缘性能良好的材料，以保证长期使用的可能性。

409

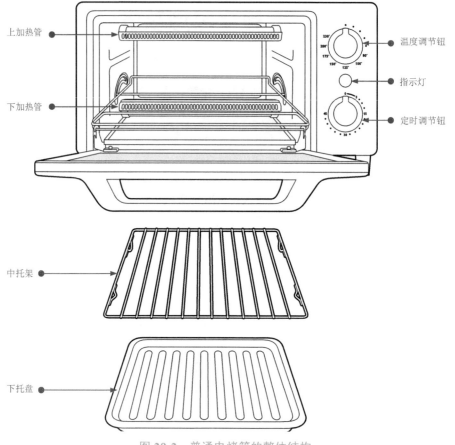

上加热管

温度调节钮

指示灯

定时调节钮

下加热管

中托架

下托盘

图 29-2　普通电烤箱的整体结构

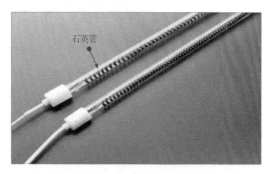

石英管

图 29-3　典型的石英加热管

（2）温控器

电烤箱烧烤不同的食物需要不同的温度，这是用户在烤制前需要调节的。电烤箱的温控器所调节的温度范围通常是在 250℃以下。温度设定后，如果箱内的温度超过设定值，温控器会自动切断加热管的供电电源。温控器的温度检测探头放置于箱体之内，整体安装在调节面上，然后将旋钮套在调节轴上，以方便用户使用。典型温控器的结构如图 29-4 所示。

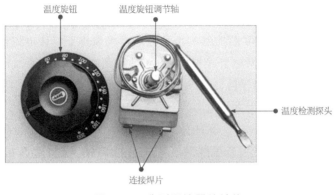

图 29-4　典型温控器的结构

（3）定时器

电烤箱的定时器通常采用倒计时的方式，设定时间后就开始倒计时计数。当倒计时为 0 时，立即切断加热器的供电电源。典型定时器结构如图 29-5 所示。它前面的螺孔是固定在支架上的，定时调节轴伸出面板，旋钮套在轴上。它的上面有两个焊片，在定时状态两焊片之间是接通的，当定时时间到时，两个焊片之间成断开状态。

图 29-5　典型定时器的结构

（4）风扇电动机

图 29-6 是风扇电动机的结构。它属于罩极式交流电动机。该电动机没有外壳，成本较低，输出转矩比较大。这种电动机在其他家电设备中也比较常用。

图 29-6　风扇电动机的结构

29.1.2 电烤箱的工作原理

图 29-7 是一种采用 67F80 温控器的小型电烤箱控制电路。该电烤箱的加热器是由继电器 K1 控制的。交流 220V 电源经继电器 K1 的两组触点（K1-1、K1-2）为加热器供电。继电器的电源由变压器降压后，经桥式整流器和稳压二极管 VD1（12V）稳压后变成 +12V 直流，再经温控器 KT 为之供电。继电器 K1 得电后，K1-1、K1-2 触点闭合，加热器 EH 得电发热。当箱体内温度超过设定值时，温控器断开，K1 失电，K1-1、K1-2 也断开，加热器失电进行保温。在加热过程中继电器电源经 R1 降压、VD2 稳压后得到 3V 电压为音乐芯片 IC（VT66A）供电，IC1 得电后由②脚输出信号驱动蜂鸣器发出提示音，伴随加热器同时工作。

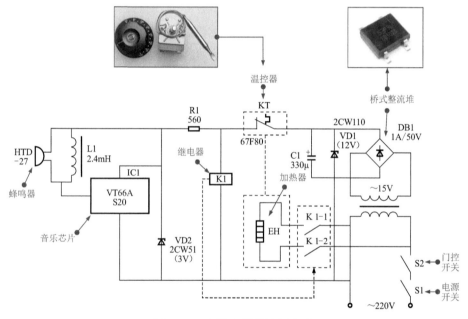

图 29-7　小型电烤箱控制电路

29.2　电烤箱的检修技能

电烤箱的故障主要表现为整机不工作、不能定时、不能加热、调温失常或局部功能失常（如指示灯不良、烤肉叉不转等）等。

一旦出现故障，应根据电烤箱电路，沿信号流程对故障进行分析，从而做出正确的维修方案。如图 29-8 所示，以立邦 TAN-102 多功能电烤箱为例进行分析。

在该电烤箱电路中，PT 是定时器，ST 是调温器，SA 是功能选择开关，EH1、EH2 是加热器，M 是同步电动机，HL 是电源指示灯。将定时器顺时针方向旋转至所需要的时间（1～30min），PT 闭合接通电源并开始倒计时，HE 灯亮（红），指示电烤箱已接通电源。根据烘烤食物的性质和重量将 ST 调至合适的温度（140～240℃）后。将 SA 调至"解

冻"挡，SA-1 接通，EH1 以 580W 的功率加热解冻实物；将 SA 调至"烘烤"挡，SA-2
接通，EH1、EH2 以 1000W 的功率加热烘烤实物；将 SA 调至"旋转烤"挡，SA-3 接通，
EH1 以 580W 功率加热食物，同时电动机 M 旋转使食物烘烤均匀。当定时器倒计时回到"0"
位时发出"叮"铃声，PT 断开，HL 熄灭，实现自动关机。

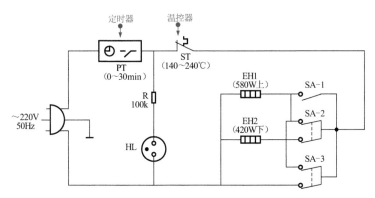

图 29-8　立邦 TAN-102 多功能电烤箱的电气原理图

常见故障及处理方法如下。

① 不能定时　定时器损坏、定时器发条松脱、开关触点接触不良等情况出现时都应
当更换器件。

② 调温失控　调温器触点接触不良，调温器温度不准，这种情况应更换调温器。

③ 不加热　不加热的情况可查定时器、调温器、功能开关 SA 以及加热器，根据检查
结果更换不良器件。

④ 加热温度偏低　查加热器接头是否有松脱情况，再查是否有某一加热器损坏，需
要更换。

⑤ 烤肉叉不旋转　查烤肉叉驱动电动机是否损坏，修理或更换同步电动机。

⑥ 指示灯不亮　查指示灯接线，查限流电阻是否断路，氖灯是否损坏，如损坏应更换。

29.3　电烤箱常见故障检修

29.3.1　电烤箱加热温度偏低的故障检修

电烤箱的加热温度是受温度检测和控制电路控制的。如果电烤箱出现加热温度偏低的
情况，主要原因为温度检测和控制电路部分存在故障或加热管存在部分损坏或性能不良的
情况。

出现加热温度偏低的原因主要有：

① 温度传感器（热敏电阻器）RT 性能变差或与温度传感器 RT 分压的电位器 RP 失调，
使得 RT 阻值变小，过早切断了加热器电源。

② 上或下加热器中有一只或两只加热管烧坏或接头氧化，使得其接头处阻值增大。

413

如为无穷大，说明已烧断开路；如阻值大于正常值，说明接触不良，应对连接处进行除污、去锈处理。

29.3.2 电烤箱整机不工作的故障检修

电烤箱整机不动作、无反应，应查电源插头座和供电线路是否有不良的情况并修复。如果供电正常，再查温度保护器。

以海尔 OBT600-10SDA 型电烤箱为例。如图 29-9 所示，根据电路可知，在常温下，温度保护器是保持在接通状态。供电正常，整机不工作应对温度保护器进行开路检测。如果发现温度保护器性能不良，应及时更换。

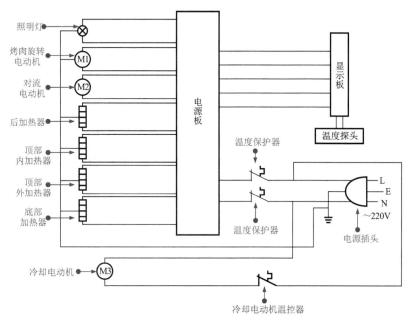

图 29-9 海尔 OBT600-10SDA 型电烤箱的整机电路

提示说明

通过电路可知，电烤箱的照明灯、烤肉旋转电动机、对流电动机以及各个加热器都是由电源板通过插件供电的。任何一个部分功能失常，都应检查供电电压是否正常。如供电电压失常，则电源板有故障；如供电电压正常，则应更换相对应的器件。该电路设有四个加热器和三个电动机，在断电状态分别检测加热器和电动机的电阻值，如出现短路或断路情况都表明该器件已损坏，需要更换。

第30章 电炖锅维修

30.1 电炖锅的结构和工作原理

30.1.1 电炖锅的结构特点

如图 30-1 所示,电炖锅是一种采用独特加热方式,精准控温的新型健康型炊具。

锅盖

环形立体加热

煲体

双层裹温设计

操作面板智能控制

图 30-1 电炖锅的结构特点

图 30-2 为典型电炖锅的整机结构。从外部结构上看,电炖锅主要是由锅盖、内胆、外锅、煲体、操作面板构成。

锅盖

内胆

外锅

操作面板

煲体

图 30-2 典型电炖锅的整机结构

图 30-3 为典型电炖锅的电路结构。电炖锅中的主要电路元件包括操作显示电路板、加热元件(发热圈)、热敏电阻器、温控器和温度熔断器等。

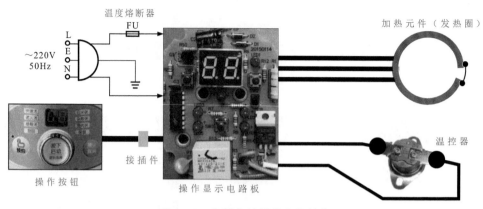

图 30-3　典型电炖锅的电路结构

（1）操作显示电路板

如图 30-4 所示，操作显示电路板主要用于对电炖锅工作状态的控制。可以看到操作显示电路板上的数码液晶屏用以显示功能代码，发光二极管作为指示灯用以提示工作状态，集成电路用以完成对整机功能的控制，操作按钮对应人工操作按键用以完成人工操作指令。

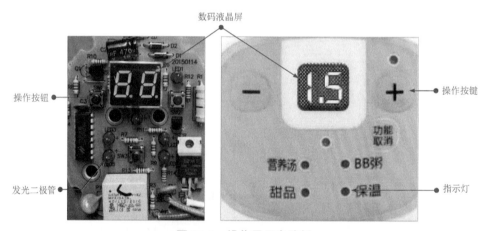

图 30-4　操作显示电路板

（2）加热元件（发热圈）

加热元件是电炖锅的重要加热器件。如图 30-5 所示，为了得到良好的加热效果，电炖锅的加热元件常被制作成发热圈。这种元件通常是将电热丝绕制在板状的绝缘材料上，然后外部用绝缘材料保护，工作时通过加热丝发热，将热量传导给铝板，进而达到良好的加热效果。

（3）热敏电阻器

热敏电阻器的实物外形如图 30-6 所示。热敏电阻器通常安装于电炖锅的外锅处，主要用于感应电炖锅外锅的温度。然后将感应的温度信号转换成阻值的变化，进而将变化的信号传输到控制电路，为控制电路提供控制条件。

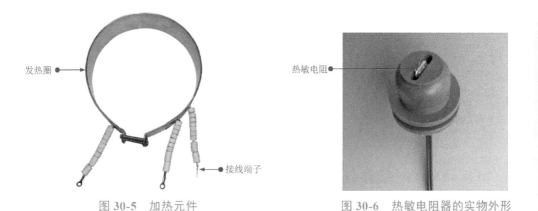

图 30-5　加热元件　　　　　图 30-6　热敏电阻器的实物外形

（4）温控器

图 30-7 为温控器的实物外形，电炖锅的温控器主要用于加热温度的监控。相当于温度控制开关，控制电炖锅在一定温度范围内工作，一旦超出温度范围，温控器断开，停止加热功能。

（5）温度熔断器

图 30-8 为温度熔断器的实物外形。温度熔断器主要用于对电路的保护，当电炖锅工作过程中因非正常情况导致温度过高，温度熔断器会自动熔断，从而对电炖锅电路进行保护。

图 30-7　温控器的实物外形

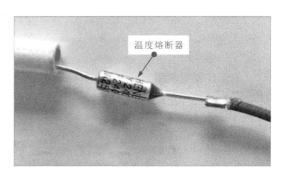

图 30-8　温度熔断器的实物外形

30.1.2　电炖锅的工作原理

如图 30-9 所示为电炖锅的加热原理。电炖锅通常采取内外锅（胆）双裹温设计，蒸煮加热水位于内外锅体（胆）之间，加热时，通过加热锅体之间的水使其蒸汽化产生高温，进而对内胆中的食材进行蒸煮加热。这样不易破坏食材的营养元素。

图 30-9　电炖锅的加热原理

图 30-10 为典型（美的 BZS22A 型）电炖锅的控制电路。可以看到，该电炖锅的电路比较简单，它主要是由定时器和温控器进行控制的。

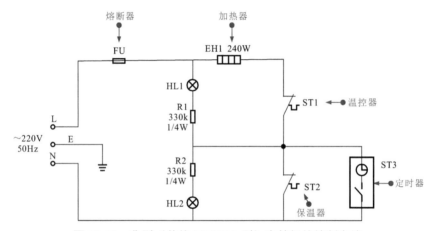

图 30-10　典型（美的 BZS22A 型）电炖锅的控制电路

工作前先调整定时器 ST3，调整后定时开关接通，并进行倒计时。此时，电源线（L）经熔断器 FU、加热器 EH1 和温控器 ST1，最后经定时器 ST3 与电源线（N）相连，加热器 EH1 开始加热。同时指示灯 HL1 点亮，指示加热状态。如果定时器时间到，ST3 断开，此时，电源经保温器 ST2 和温控器 ST1 为加热器供电。如果锅内温度高于 60℃，则 ST2 自动断开进行保温。如果在加热过程中出现干烧，温度会超过 103℃，此时温控器 ST1 会自动断开，进行保护。如果锅内温度过高，ST1 失灵，或电流过大，熔断器 FU 会熔断进行断路保护。断路保护后需更换熔断器后才能正常工作。

图 30-11 为采用微处理器控制的电炖锅电路。该电路采用单片微处理器 HT46R064 对电炖锅进行控制，它具有食材的炖煮功能，并设置防干烧保护、超温自动断电等安全保护电路。

可以看到，该电路主要由防干烧/超温安全保护电路、电源电路、温度检测电路、加热器控制电路、工作模式指示电路、定时显示电路和按键输入电路等构成。

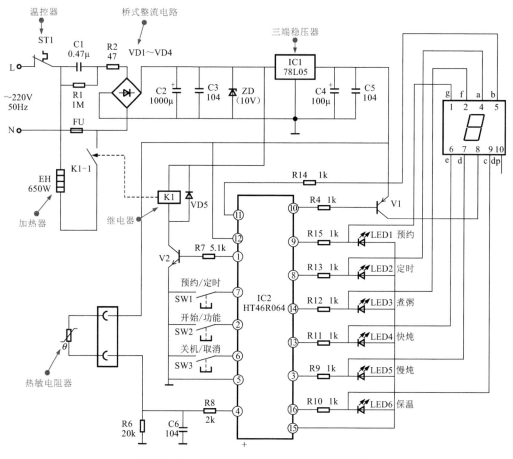

图 30-11 采用微处理器控制的电炖锅电路

（1）防干烧/超温安全保护电路

防干烧/超温安全保护电路主要由温控器 ST1、熔断器 FU 构成。ST1 串联在市电输入线中，紧贴在内锅底部的敏感位置上。在正常加热状况下，ST1 呈短路状态，当内锅无水引起干烧时，ST1 马上断开，切断整机电源，起到防干烧安全保护。待冷却至常温，重新加水，ST1 复位闭合，电炖锅又可投入正常使用。

熔断器也串联在市电输入线中，安装在加热器外壁上，当电路出现短路故障或工作温度异常，超过加热的极限温度时，熔断器就会自动熔断，进行断电保护。需要注意的是，当熔断器熔断后，需要查明原因和排除故障，然后才可换上新熔断器。

（2）电源电路

交流 220V 市电输入后分成两路：一路经继电器的常开触点 K1-1 为加热器 EH 供电；另一路将电容器 C1、电阻器 R1 降压、电阻器 R2 限流后加到桥式整流电路 VD1 ~ VD4 中进行整流，整流输出的直流电压将电容器 C2、C3 高低频滤波、二极管 ZD 稳压后输出

10V 直流电压为继电器 K1 线圈供电。该 10V 直流电压再经三端稳压器 IC1（78L05）稳压、电容器 C4、C5 滤波后，从 IC1 的 ① 脚输出 5V 直流电压，作为微处理器 IC2 的 ⑫ 脚工作电源，并对其他控制电路供电。

（3）温度检测电路

温度检测电路由微处理器 IC2 的 ④ 脚与其外接电阻 R8、R6，电容器 C6，温度传感器 RT 等构成。RT 是负温度系统热敏电阻器，安装在加热器中央的孔中，并与内锅底部接触，用来检测锅底的加热温度。5V 直流电压经 RT 与 R6 分压后向 C6 充电，当锅底温度发生变化时，RT 的阻值随之改变，从而改变 RT 与 R6 的分压比，将温度变化转换为电压变化送入 IC2 的 ④ 脚，经微处理器内部识别处理（多通道模数转换器 A/D 和多个脉冲宽度调制输出 PWM 电路进行数据处理），输出相应的加热指令。

（4）加热器控制电路

加热器控制电路由微处理器 IC2 的 ① 脚与其外接电阻器 R7、三极管 V2、二极管 VD5、继电器 K1 等构成。初始加热时，温度较低，RT 的阻值较大，IC2 的 ① 脚输出高电平，加热器控制信号经 R7 使 V2 导通，继电器 K1 吸合，其常开触点 K1-1 闭合，接通 220V 市电，加热器 EH 发热加热食物。当加热温度达到设定温度时，因 RT 的阻值减小，IC2 的 ① 脚输出低电平，V2 截止，继电器 K1 复位，其常开触点 K1-1 断开，加热器 EH 停止加热。如此重复上述工作过程，直至到达设定的时间。

电路中，二极管 VD5 并联在继电器 K1 线圈的两端，为继电器电磁线圈反峰电压提供释放通道，防止反峰电压损坏三极管 V2，起到保护作用。

（5）工作模式指示电路

微处理器 IC2 的 ③、⑧、⑨、⑬、⑭、⑮、⑯ 脚与其外接工作模式指示灯（LED）相连，其 ⑮ 脚为指示灯公共正极连接端。

选中模式时，相应指示灯闪亮，约几秒后，指示灯由闪亮变为长亮。

（6）定时显示电路

定时显示电路由微处理器 IC2 的 ⑩ 脚与其外接电阻 R4、三极管 V1 和数码管等构成。该电路中采用 1 位共阳极七段（小数点未用）发光数码管显示时间。当 IC2 的 ⑩ 脚输出低电平时，经 R4 缓冲后使 V1 导通，其集电极向数码管的 ⑧ 脚提供工作电压，数码管显示"0"表示电炖锅处于待机状态。设定时间和工作模式后，数码管显示设定的时间（最长为 9h）。运行时，数码管则以 1h 为单位显示当前剩余时间，待炖煮全过程结束，数码管显示"—"。当保温全过程结束，数码管显示"0"。

（7）按键输入电路

微处理器 IC2 的 ⑦、②、⑥ 脚与其外机按键 SW1（预约 / 定时）、SW2（开始 / 功能）、SW3（关机 / 取消）等构成按键输入电路。按不同的键时，该按键对地接通，向 IC2 对应脚输入低电平，经微处理器内部识别电路处理后，输出相应控制指令，执行相应的功能。

30.2 电炖锅的检修技能

电炖锅通常是利用相对较小的功率加热器对食物进行较长时间的慢炖，从而达到炖煮食材的目的。

为了达到良好的加热效果，电炖锅通常设置有 2～3 个加热器，分别用于主加热器、副加热器和保温加热器。主、副加热器的功率多在 200～300W 范围内，保温加热器在 50～100W 范围内。

在电路中，对加热功能进行控制的主要部件是温控器，又称限温器。当锅内出现无水干烧情况时，温度会超过 100℃，此时限温器会断开进行保护，此功能又称之为"防干烧"，从而起保护作用。

实际使用中，电炖锅常出现的故障是整机不工作、加热异常或局部功能失常等。对于电炖锅的故障检修应结合电路图进行故障分析，进而找到故障部位，进行检修代换。

如图 30-12 所示，这是美的 GH401 型电炖锅的控制电路。

该电路中设有三个加热器，分别为主加热器 EH2、副加热器 EH1 和保温加热器 EH3。功能开关控制电炖锅的加热状态。

当功能开关 SA1 动作时，电源直接为主加热器 EH2 供电，同时经温控器 ST1 为副加热器 EH1 供电，两加热器同时工作，如果到达预定温度，ST1 断开，只有主加热器工作。

当 SA2 动作时，电源同时为主、副加热器（EH2、EH1）供电，此时温控器不起作用，为强加热状态。

当 SA3 动作时，电源直接为副加热器 EH1 供电，经 ST1 为主加热器 EH2 供电。当温度到达预定温度 ST1 断开，只有副加热器 EH1 动作。

当 SA4 动作时，只有保温加热器 EH3 工作进行保温。指示灯 HL1 为保温指示灯，HL2 为加热指示灯。

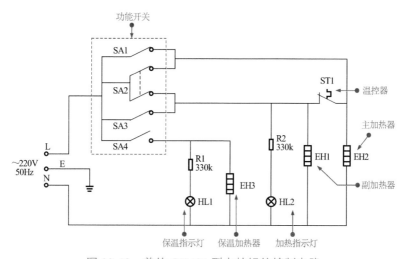

图 30-12 美的 GH401 型电炖锅的控制电路

如果电炖锅出现整机不工作，应重点检查供电电压和温控器。如果电炖锅有些功能正常，有些功能不正常，则通常应查功能选择开关或相连的加热器。

加热器的检查通常可在断电的情况下，检查其电阻值，如果有短路或断路故障，则表明应损坏，应进行更换。

值得注意的是，温控器是电炖锅相对故障率较高的器件。温控器（或称限温器）在常温情况下成短路状态。在超过100℃的情况下变成断路状态，如果常温条件下断路，或是在高温条件下仍短接，都是故障表现，应更换新件。

30.3 电炖锅常见故障检修

30.3.1 电炖锅不工作的故障检修

电炖锅不工作的故障主要检查三个方面：一是检查加热器本身以及接线；二是检查继电器驱动三极管 V2；三是检查电源供电。

以天际牌 ZZG-50T 型电炖锅为例，检修时先检查加热器：断开电源，检查加热器的阻值及接线，在正常情况下，加热器的阻值约为 70 ～ 80Ω，如果有断路情况则属损坏，应进行更换。

再检查继电器绕组是否有断路情况，以及继电器驱动三极管 V2 是否损坏。

最后，检查电源供电电路。检查电源电路在接通的状态下，检测桥式整流电路 VD1 ～ VD4 的输出电压应为 10V，经三端稳压器稳压后 IC1 的 ① 脚应为 +5V。如 +10V 正常，+5V 不正常，应检查三端稳压器。如交流 220V 输入电压正常，而 +10V 输出不正常，应检查降压电路 R1、C1、R2 以及桥式整流电路 VD1 ～ VD4。注意该电炖锅的电路与交流输入端无隔离措施，电路中地线也有带交流高压的可能，带电检测时需要注意安全。

30.3.2 电炖锅操作按键无反应的故障检修

电炖锅加电后没有任何显示，操作任何按键都不动作，除了排查供电电压、继电器和继电器外，还应重点对微处理器及相关电路元件进行检查。

以天际牌 ZZG-50T 型电炖锅为例。检测时，先查微处理器的电源端 ㉓ 脚与接地端 ⑤ 脚之间的电压，正常时应为 +5V，实测几乎为 0V。分别再查 +5V 的滤波电容 C4（100μF）和三端稳压器 78L05。检查后发现 C4 漏电严重，三端稳压器无输出，分别更换三端稳压器和滤波电容后故障排除。

30.3.3 电炖锅不加热的故障检修

如果电炖锅供电正常，只是不加热，则应重点检查主加热器。以美的 BGH303B 型电炖锅为例。

图 30-13 是美的 BGH303B 型电炖锅的控制电路，该电炖锅设有两个加热器，EH1

（240W）是主加热器，EH2（50W）是保温加热器，或称副加热器。加热控制是由功能选择开关 SA 进行控制。功能开关 SA 在 0 位置时为关断挡，SA 在 1 位置时为保温挡，指示灯 HL2 点亮，此时只有 EH2（50W）有电，功率较小进行保温。SA 处于 2 位置为自动加热挡，电源经温控器 ST1 为主加热器 EH1 供电，温度到达加热温度时，ST1 会自动断开，然后电源经整流二极管 VD1 进行半波整流，加在 EH1 上的电压变成半压进行低温加热。当 SA 开关置于 3 位置时，电压直接加到主加热器 EH1 上，进行全功率加热。

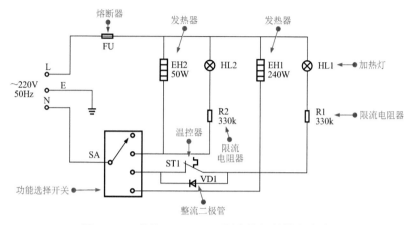

图 30-13   美的 BGH303B 型电炖锅的控制电路

该电炖锅主加热器的功率为 240W，直流电阻约为 200Ω，打开电路板连接处，查主加热器两端的阻值，实测为无穷大，应更换同规格的加热器，更换后故障排除。

第 31 章　咖啡机维修

31.1　咖啡机的结构和工作原理

31.1.1　咖啡机的结构特点

咖啡机是一种将研磨、压粉、冲泡煮制及过滤等工序合为一体的全自动家用咖啡冲泡的电子产品。图 31-1 为典型咖啡机的实物外形。

在咖啡机的底座上设有电源开关和发热盘，左上部是水箱，水箱上设有透明窗口，可看到水位，即水量。右上部的圆锥体是装咖啡粉、滴水和过滤的装置。咖啡篮的下部设有止漏阀，用于将水溶的咖啡饮品流入咖啡壶中（玻璃壶或金属不锈钢壶）。壶的底部设有加热盘对壶中的咖啡饮品进行加热和保温，加热后，随时拉出咖啡壶即可饮用。

图 31-1　典型咖啡机的实物外形

图 31-2 为典型咖啡机的结构组成。可以看到，咖啡机的底座和支架的是一体的，电源开关设在底座上，支架上部是水箱，中间伸出一个 U 形支架，咖啡的喷水和过滤装置是其关键部件，内置漏斗过滤器，它通过导轨镶入 U 形导向槽中，靠磁铁吸合定位。清洁时，用力拉出即可。咖啡杯（壶）放到底座上，咖啡经过滤后滴入咖啡杯中进行加热和保温。这种咖啡机可以制成多种多样的外形。

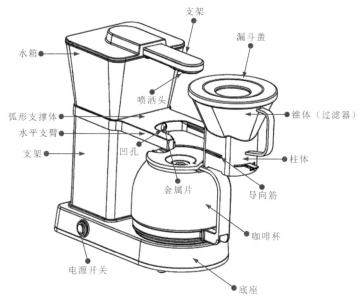

支架

漏斗盖

水箱

喷洒头

锥体（过滤器）

弧形支撑体

水平支臂

柱体

支架

凹孔

金属片

导向筋

咖啡杯

电源开关

底座

图 31-2 典型咖啡机的结构组成

提示说明

咖啡机直接使用咖啡粉作原料，如果采用咖啡豆作原料需要对咖啡豆进行烘焙和研磨，这就需要在咖啡机中设置烘焙和研磨装置。咖啡机的研磨机构如图 31-3 所示，研磨是由电动机驱动磨头对咖啡豆进行研磨，再进行滴水和过滤等处理。这在购买时需要注意。

咖啡豆

研磨头

咖啡粉

图 31-3 咖啡机的研磨机构

31.1.2 咖啡机的工作原理

（1）具有定时器和热保护开关的咖啡机电路

图 31-4 是一种具有定时器和热保护开关的咖啡机电路，该咖啡机中只有一个加热器，

交流 220V 电压经电源开关、定时器和热保护开关为加热器供电。定时器在设定的时间内保持供电，到达预定时间会自动切断电源。热保护开关在一定的温度下保持接通状态，超过一定的温度值便会自动断开，待温度降低后又会自动接通，起保护作用。指示灯（氖管）与加热器并联，加热时点亮，指示加热器的工作状态。

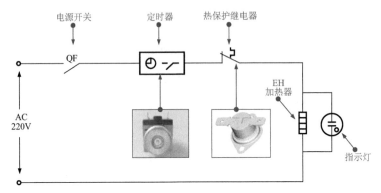

图 31-4　具有定时器和热保护开关的咖啡机电路

（2）具有电子定时器的咖啡机电路

图 31-5 是采用 XM109 芯片进行定时设置的咖啡机电路。由图可见，交流 220V 电压经电源开关 QF1 和热保护开关 SK1，再经继电器触点 K1-1 为加热器 EH1 供电。只要继电器 K1 动作，则加热器得电发热。

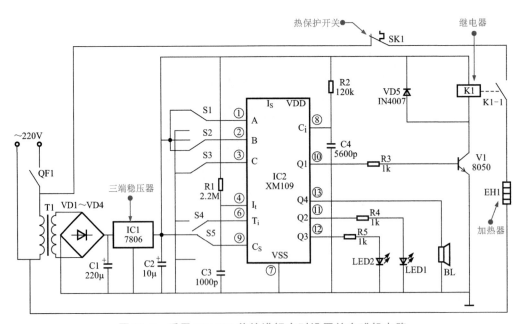

图 31-5　采用 XM109 芯片进行定时设置的咖啡机电路

定时电路控制继电器 K1 的动作，电路中采用 XM109，交流电压经降压变压器 T1

降压，再经桥式整流电路（VD1 ~ VD4）变成 12V 的直流电压，再经三端稳压器 IC1（7806）稳压，形成 +6V 电压为芯片和继电器驱动电路供电。IC2（XM109）的 ⑭ 脚为电源供电端，⑦ 脚为接地端。IC2 的 ①、②、③ 脚即 A、B、C 端，为定时编码设置端，三个引脚外设三个开关 S1、S2、S3，可设置从 0 ~ 700min 的定时时间，其编码表见表 31-1 所列。

表 31-1　定时器编码表

A 端电平	B 端电平	C 端电平	定时时间
0	0	0	0
1	0	0	100s
1	1	1	5min
0	1	0	30min
1	1	1	45min
0	0	1	60min
0	1	1	120min
1	0	1	700min

此外，IC2 的 ⑥、⑨ 脚外设有触发开关 S4，工作模式选择开关 S5。

电路通电后，如工作模式开关 S5 接高电平，S1 ~ S3 选择了定时时间，电路工作在定时状态，⑩ 脚输出高电平，⑪、⑫、⑬ 脚则输出低电平。⑩ 脚的输出经 R3 去驱动三极管 V1，使之导通，继电器 K1 得电，K1-1 触点接通，电源为加热器供电，咖啡机处于加热状态。到定时时间后 ⑩ 脚输出低电平，使继电器 K1 断电，K1-1 触点也断开，停止加热。与此同时，IC2 的 ⑪ 脚输出高电平，使 LED1 发光，⑫ 脚输出 1kHz 脉冲驱动 LED2 闪烁发光，⑬ 脚输出蜂鸣器驱动信号使之发声提示用户，发声报警后变成低电平。在此状态下，触发开关 S4 动作一次，则电路重新定时开始工作。

当工作模式开关 S5 接低电平，S1 ~ S3 状态不变，电源通电后，IC2 的 ⑩、⑪、⑫ 脚输出低电平，⑫ 脚输出 1kHz 脉冲，LED2 闪烁发光。此时，只要 S4 动作一次（输入一负脉冲）则 IC2 的 ⑩ 脚输出高电平，加热器工作，直到定时时间到达。在这种状态下，操作一次 S4 开关，定时器工作一个周期。

IC2（XM109）的内部功能框图如图 31-6 所示，它是由 50/60 分频器、16 位减计数器、输出控制电路、时间设定、控制网络、采样电路和上电清零电路等部分组成的。从图 31-6 可见，IC2 的 ④ 脚为时基信号输入端，⑧ 脚外接 RC 时间常数电路与内部电路配合产生 4kHz 振荡信号。

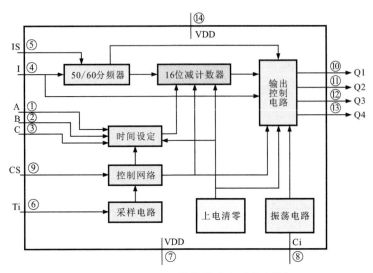

图 31-6 XM109 芯片的内部功能框图

31.2 咖啡机的检修技能

31.2.1 咖啡机的故障特点

家用电咖啡机的结构和功能差别比较多，有的家用电咖啡机可以使用咖啡豆，具有研磨、过滤、加热等功能；有的咖啡机可以在咖啡液体中加入牛奶；有的咖啡机则只能使用咖啡粉。因而咖啡机的功能不同，结构和体积也有很大的不同，但加热和过滤是它的基本功能。

家用电咖啡机的加热器是工作环境比较恶劣的，潮湿、高热会引起加热管锈蚀、短路等情况。使用不当、出现无水干烧的情况也会引起故障。加热器是故障率较高的部分。其次是过热保护器件，经过长期使用后，也会引起变质损坏。这些元器件的安装位置各有不同，往往需要使用规格、外形都相同的器件替换，这是检修中要注意的问题。

31.2.2 咖啡机的检修方法

咖啡机是一种比较精密的机械和电气设备，机械部件功能失效或电气部件损坏，都会使咖啡机工作失常，当咖啡机出现故障时，应根据它的工作流程对各相关部分进行检查。图 31-7 是一种家用电咖啡机的功能框图和检修流程图。

如果该咖啡机出现故障可按如下顺序进行检查：

① 首先检查水箱，看水位是否正常。如果无水，咖啡机就不能正常工作，还可能引发电气部件的故障。

② 查水泵组件运转是否正常，泵电动机供电线路是否正常，启动电容器是否正常，引线接头有无脱落情况。对失效的电容器进行更换，并更换老化的导线，更换同型号电动机。

③ 查加热锅炉的加热器，通常加热器的电阻值在 $100 \sim 200\Omega$，如果偏离正常值太多或是无穷大，表明加热器损坏，需更换同样型号的加热器。

④ 查蒸气锅炉的加热器是否损坏。有些咖啡机加热锅炉和蒸气加热使用同一加热管。

⑤ 查咖啡酿造漏斗，看是否有无误堵塞的情况，应及时更换过滤纸或清理漏斗。

⑥ 对于具有加奶功能的咖啡机，应查奶箱是否有奶，牛奶的乳化系统运转是否正常，奶是否能正常的加入杯中。如果多日不用应进行彻底清洁。

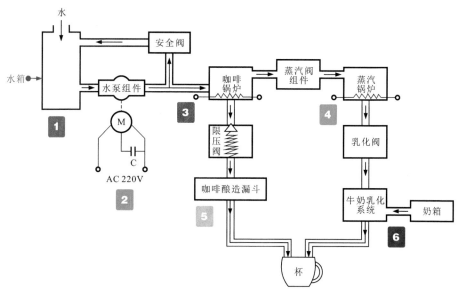

图 31-7 一种家用电咖啡机的功能框图和检修流程图

第 32 章　电饼铛维修

32.1　电饼铛的结构和工作原理

32.1.1　电饼铛的结构特点

电饼铛，又称烤饼机，是一种烹饪食物的工具，它是由底铛和上盖组成，上下铛均有电热器，可单面也可上下两面同时加热使中间的食物受热，达到烹饪食物的目的。可制作烤饼、馅饼、肉食等，功能多使用方便。电饼铛外形多种多样，品种很多但都具有过热保护功能。其典型结构如图 32-1 所示。

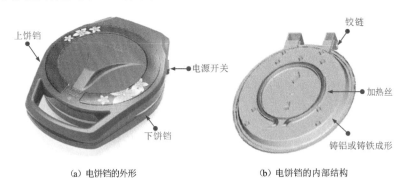

（a）电饼铛的外形　　　　　　　　（b）电饼铛的内部结构

图 32-1　电饼铛的典型结构

图 32-2 为典型电饼铛的电路结构。电饼铛中的主要电气部件有电源开关、温控器、上下加热器、状态指示灯和加热开关等。

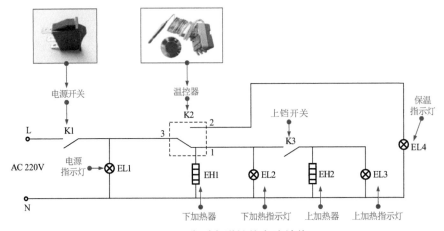

图 32-2　典型电饼铛的电路结构

当在设定温度以下时，温控器触点 3 与 1 接通；当超过设定温度时，温控器触点 3 与 2 接通。温控器的温度有可调节的，有不可调节的。

接通电源开关 K1，电源为电饼铛供电，指示灯 EL1 点亮，电源经温控器为下加热器 EH1 供电，同时指示灯 EL2 点亮，如接通上铛开关 K3 则上加热器 EH2 通电发热，同时上铛加热指示灯 EL3 点亮。此时，上下加热器都为食物加热。如电饼铛温度超过设定值（180 ~ 240℃），则温控器的触点 3 和 1 断开，触点 3 和 2 接通，则 EH1、EH2 停止加热，EL2、EL3 指示灯也熄灭，保温指示灯 EL4 点亮。这种电饼铛只有在下饼铛加热的情况下，才能接通上加热器。因而下加热器为主加热器，上加热器为辅助加热器。

32.1.2 电饼铛的工作原理

（1）具有定时器功能的电饼铛电路

图 32-3 是一种具有定时器功能的电饼铛电路，只在所设定的时间范围内电源为电饼铛供电，到达所设定的时间，定时器自动断电，防止发生过热故障。该电饼铛采用上下饼铛的加热器独立的控制方式，K1、K2 分别为上下饼铛的加热器供电的电源开关，上下饼铛分别设有温控器，该开关采用单触点开关，当低于 180℃ 时，开关为接通状态；当高于 180℃ 时，开关则断开，温度降低后会自动接通。

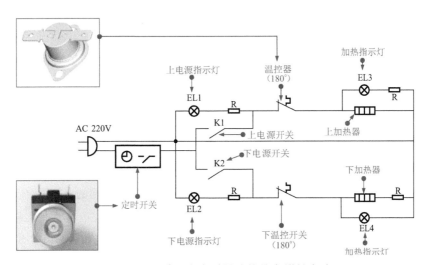

图 32-3　一种具有定时器功能的电饼铛电路

电饼铛工作时，先操作定时器，例如选 10min，电源经定时器为之供电，然后同时接通上下饼铛开关 K1、K2，电源开始经 K1、K2 分别为上下加热器供电，在加热过程中，如果温度超过 180℃，则温控器断开进行保温；如果温度低下来，再重新接通，上下铛加热时都有指示灯点亮。

（2）可设定温度的电饼铛电路

图 32-4 是一种可设定温度的电饼铛电路。

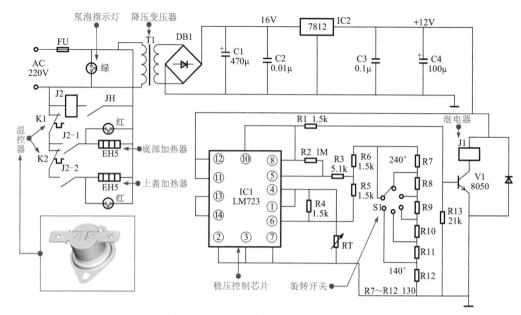

图 32-4　一种可设定温度的电饼铛电路

交流 220V 电源经熔断器 FU 和降压变压器 T1 变成交流低电压，再经桥式整流堆 DB1 变成 16V 直流电压，再经电容滤波和三端稳压器 IC2（7812）输出 +12V 电压为芯片 IC1（LM723）和继电器（J1）驱动电路供电。

IC1（LM723）是一种稳压控制器芯片，在这里被用于控制继电器动作的电路。电源加到 ⑪ 和 ⑫ 脚，热敏电阻接到 ④ 脚为内部电压比较器的反相输入端，⑤ 脚为同相输入端，并经 R3、R6 接到旋转开关 S1 的动片上，该开关有 5 个挡位，分别对应 5 个设定的温度，即 180℃、200℃、210℃、220℃、240℃。当电饼铛开始工作时，IC1 的 ④ 脚电压低于 ⑤ 脚，则 ⑩ 脚输出高电平，经 R1、VD1 去驱动晶体管 V1，使 V1 导通，小功率继电器 J1 得电动作，其触点 J1-1 闭合，使继电器 J2 得电（AC 220V），J2-1、J2-2 触点分别接通，于是电源 220V 经过热保护开关 K1、K2 分别为上下饼铛的加热器供电，开始对铛内的食物供电。于是饼铛的温度开始上升，IC 的 ④ 脚外接热敏电阻的阻值随温度上升而变大，④ 脚外的电阻值变大，电压值则上升，该电阻值如果高过 ⑤ 脚外的电阻值，则 IC1 的 ⑩ 脚和 ⑧ 脚输出电压由高变低，这使 V1 截止，继电器 J1 断电，使 J1-1 断开，使 J2 断电，处于保温状态。加热器与红色指示灯并联，加热器工作则点亮，停止加热则红色指示灯熄灭，从而可实现自动温控。

32.2　电饼铛的检修技能

32.2.1　电饼铛的故障特点

电饼铛通常使用在高温的环境下，电饼铛的内工作面通常都在 180℃ 左右，内部导线如果受到烘烤会引起绝缘层老化，且易造成击穿短路情况。特别是长期工作后会引起开关损坏、热保护器工作失常、加热管损坏或连接导线损坏，这种情况出现往往需要更换元器件。电饼铛的电路结构比较简单，观测也比较容易。

32.2.2 电饼铛的检修方法

（1）打开电源开关，电饼铛不加热

遇到这种故障，应先查供电电源。电源插头与插座接触不良，会引起不加热的故障。如果电源供电正常，打开电饼铛，检查电源开关。电饼铛通常有两个开关分别控制上加热器和下加热器，分别检查开关的通断情况。如果开关按键引脚之间无接通情况，阻抗为无穷大，则表明开关损坏，应更换同型号（同规格）的开关。

其次是检查电加热管，加热管从两接头测量其电阻约为80Ω，如果偏离较大，特别是电阻为无穷大，则表明已经烧断，应更换新的加热器，更换新加热器应注意其阻值和外形尺寸要与原加热器相同，否则不能正常工作。

（2）温控器的检查和更换

电饼铛的加热器电路中都设有温控器（过热保护开关），如图32-5所示，电源经温控器后为加热器供电，通常温控器的保护温度为180～185℃，即当电饼铛表面的温度超过此温度，温控器会自动断开进行保护。当温度降低后又会自动接通电源继续加热。温控器紧贴在电饼铛的内侧。取下温控器的状态如图32-6所示，在常温下测量两焊片之间的电阻通常为0，更换此温控器后应将它安装牢靠，两个焊片一端接输入电源，另一端接加热管。

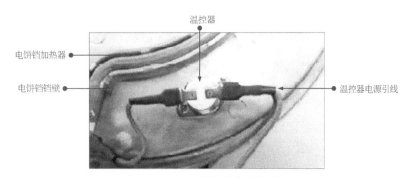

图 32-5　温控器的安装位置

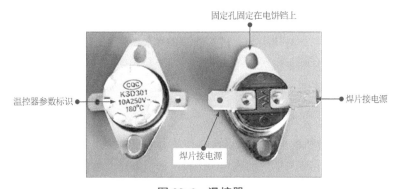

图 32-6　温控器

第33章 榨汁机维修

33.1 榨汁机的结构原理

33.1.1 榨汁机的结构特点

如图 33-1 所示为榨汁机的整机结构。榨汁机可以借助电动机的动力带动粉碎刀头的旋转，将水果或蔬菜粉碎、压榨成新鲜可口的果汁或蔬菜汁，有的榨汁机还可以制作豆浆或粥类。

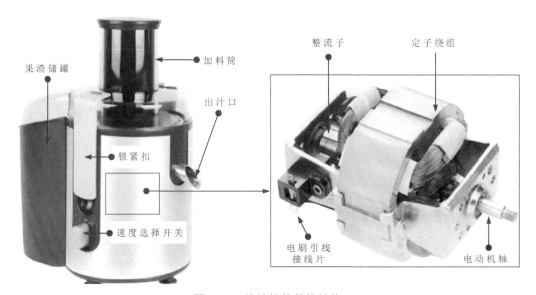

图 33-1 榨汁机的整机结构

图 33-2 为榨汁机的结构分解图。榨汁机是由压棒、加料筒、上盖、过滤网（带刀具）、汁液收集器、果汁喷嘴、果渣储罐和主机等部分构成的。主机上设有两个锁紧扣，上盖、过滤网和汁液收集器安装到主机后，用于将它们与主机锁定为一体，防止松脱。主机上还设有操作开关，可选择速度、定时等功能。

33.1.2 榨汁机的工作原理

图 33-3 是典型榨汁机的电路结构。该电路是由单相串激式交流电动机和调速开关等部分构成的。此外，在杯体与主机的连接部分设有压力安全开关（杯盖压力开关）SP，若杯盖没盖好，则 SP 开关不能接通，实现安全保护。

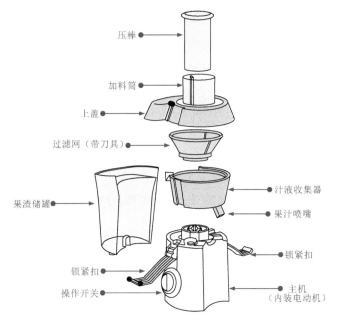

压棒

加料筒

上盖

过滤网（带刀具）

果渣储罐

汁液收集器

果汁喷嘴

锁紧扣

锁紧扣

操作开关

主机
（内装电动机）

图 33-2　榨汁机的结构分解图

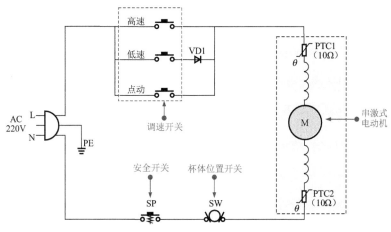

图 33-3　典型榨汁机的电路结构

　　该电路设有三个调速开关控制电动机的转速。若接通高速开关，则交流 220V 电源接通后全压为电动机供电。若接通低速开关，则电源经整流二极管 VD1 半波整流后为电动机供电，电源只有一半的能量加给电动机，因而电动机的转速也降低大约 1/2。若接通点动开关，则按下开关，电动机高速旋转，松开开关，电动机停转。

　　该电路采用的电动机为单相串激式交流电动机，两个定子绕组通过电刷和整流子为转子绕组供电形成串联式结构。在定子绕组中还串接两只正温度系统（PTC）的热敏电阻器。在工作过程中，若绕组温度上升，则会使热敏电阻器的阻值变大，使流过电动机绕组的电流减小，速度降低，实现自我保护，待冷却后，仍能正常工作，可有效防止电动机损坏。

有些榨汁机还设有杯体位置开关，若杯体放置不到位，如杯体倾斜等，则开关也不能接通，电动机不转，实现安全保护。杯盖压力开关和杯体位置开关是实现榨汁机安全保护的开关装置。

33.2 榨汁机的检修技能

33.2.1 榨汁机限温器的检修

图 33-4 为限温器的结构。限温器又称热保护开关，常用于电动机的过热保护。当电动机的温度过高时，限温器会将电路断开，停止工作，以免过热烧坏电动机；当温度降至正常范围时，电路又恢复接通，进入正常的工作状态。

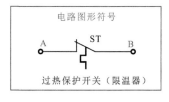

图 33-4 限温器的结构

图 33-5 为限温器的检测方法。可使用万用表检测限温器两个引脚端的阻值，正常情况下，阻值应为零。若无限大，说明限温器故障，需要更换。

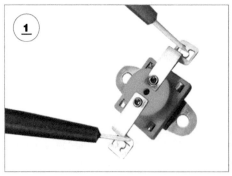

图 33-5 限温器的检测方法

提示说明

限温器（热保护开关）有两种：一种是可自动恢复功能的器件，当温度降低后，自动恢复接通状态，设备能自动恢复功能；另一种是不能自动恢复功能的器件，需要靠人工复位。榨汁机多采用具有自动恢复功能的限温器。

33.2.2 榨汁机定时器开关的检修

定时器有两根引线，定时操作后，两根引线之间短路，可为设备供电，定时器到预定时间后，两根引线之间断路，停止为设备供电。判别定时器是否正常工作，可使用万用表检测两根引线之间的电阻。如图 33-6 所示，操作定时器时，两根引线之间短路（阻值为 0Ω），定时器复位后，两根引线之间的阻值为无穷大。

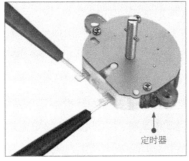

操作定时器时，所测阻值为0Ω　　　　　　　　定时器　　　　　定时器复位后，所测阻值为无穷大

图 33-6　定时器开关的维修方法

33.2.3 榨汁机电动机的检修

当榨汁机中的电动机内部出现断路、短路的情况时，会造成榨汁机不工作的故障，一般可通过检测电动机电刷之间的阻值判断性能的好坏。

图 33-7 为用万用表检测电动机的方法。检测时，拨动电动机的转子，在正常情况下，万用表的指针会有相应的摆动。如万用表指针无反应，则说明电动机已经损坏。

图 33-7　用万用表检测电动机的方法

> **提示说明**
>
> 　　由于电动机的绕组连接电源供电端，因此还可以通过检测电路中两根供电引线之间的阻值（绕组之间的阻值）判断电动机绕组是否正常。一般榨汁机中电动机绕组的阻值约有几十至几百欧姆。

33.3　榨汁机常见故障检修

33.3.1　榨汁机榨汁晃动严重的故障检修

故障表现：榨汁机通电后，工作不正常，时而出现晃动的情况。

故障分析：根据故障现象分析，可知榨汁机的电动机可以运转。因此，可以排除电动机损坏的可能。榨汁机在搅拌的过程中出现晃动的情况，一般是由于搅拌杯与机座连接不良、或电动机的底部固定不良所造成的。

通过分析可知，该榨汁机存在安装的问题，因此，需将该榨汁机的外壳进行拆卸。

拆开榨汁机后，对榨汁机重新通电检查后，发现榨汁机依旧出现晃动的情况。此时，则需检查榨汁机的电动机的固定是否良好。

拧下榨汁机的底盖固定螺丝后，即可将榨汁机的底盖取下，进而检查电动机。

检查榨汁机的电动机时，晃动电动机，发现电动机的安装并不稳固。将电动机的固定螺钉拧下后，发现其中有两个固定点断裂，如图33-8所示。使用强力的胶水将固定点粘牢，故障排除。

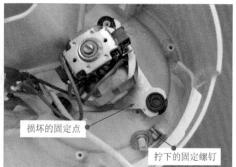

图 33-8　电动机固定点断裂

33.3.2　榨汁机不启动的故障检修

故障表现：榨汁机通电后，转动榨汁机的启动开关至1挡，榨汁机无反应。

故障分析：榨汁机启动后不工作可能是由开关组件或电动机损坏所引起的。打开榨汁机的底盖后，检查电动机的两个电刷是否有磨损的情况，电刷的连接是否良好，如图33-9所示。电动机的外观正常，应重点检查榨汁机的开关组件。

图 33-9　检查电动机

　　检修开关组件时，主要通过检测开关组件的电源开关和启动开关，由开关组件的不同工作状态，检测其内部的连接情况。

　　如图 33-10 所示，旋转启动开关至 1 挡，检测此时启动开关的阻值。

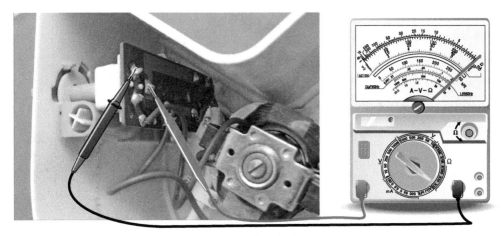

图 33-10　检测启动开关

　　经检测发现，启动开关处于 1 挡时，开关焊点之间的阻值为 0Ω，说明启动开关正常。此时，需检测电源开关，如图 33-11 所示。

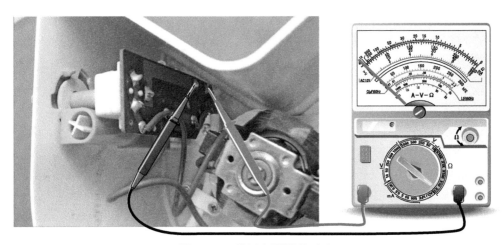

图 33-11　检测电源开关（1）

　　启动开关处于 1 挡时，电源开关的阻值应为 0Ω。电源开关测得阻值为无穷大，该结果说明，电源开关内部的触片并没有接通。将电源开关取下后，按下电源开关的按钮，检测此时电源开关的阻值，如图 33-12 所示。

　　经检测，电源开关的触片接触正常，可以判断为按压装置与电源开关的接触不良。将开关组件拆下后，重新安装开关组件，如图 33-13 所示。

　　安装固定后，重新旋转启动开关至 1 挡，检测电源开关的阻值。经检测电源开关的阻值为 0Ω，故障排除。

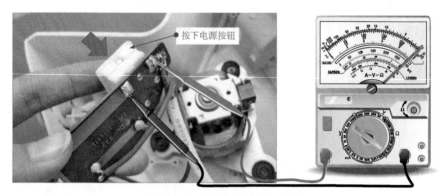

图 33-12　检测电源开关（2）

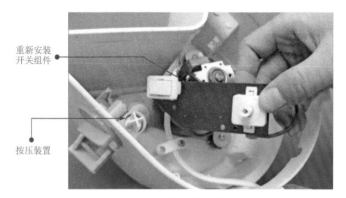

图 33-13　重新安装开关组件

第 34 章 电热水壶维修

34.1 电热水壶的结构原理

34.1.1 电热水壶的结构特点

图 34-1 为典型电热水壶的结构组成。电热水壶主要是由电源底座、壶身底座、蒸汽式自动断电开关等构成的。

图 34-1 典型电热水壶的结构组成

在电热水壶中，电源底座是用于对电热水壶进行供电的主要部件，它主要是由一个圆形的底座、一个可以和水壶底座相吻合的底座插座以及电源线构成的，如图 34-2 所示。

图 34-2 电源底座

电热水壶的底部即为壶身底座，将电热水壶的壶体与壶身底座分离后，即可看到电热水壶壶身底座的内部结构，如图 34-3 所示。

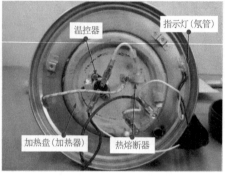

图 34-3　电热水壶中壶身底座的外形

由图 34-3 可知，电热水壶中的加热盘、温控器、蒸汽式自动断电开关以及热熔断器等部件均安装在壶身底座中。

加热盘是为电热水壶中重要的加热部件，主要是用于对电热水壶内的水进行加热。

温控器是电热水壶中关键的一种保护器件，用于防止蒸汽式自动断电开关损坏后，电热水壶内的水被烧干。

蒸汽式自动断电开关是控制电热水壶中自动断电的装置，当电热水壶内的水沸腾后，水蒸气通过导管使蒸汽式自动断电开关断开电源，停止电热水壶的加热。

34.1.2　电热水壶的工作原理

图 34-4 为具有保温功能电热水壶的整机电路图。它主要是由加热及控制电路、电磁泵驱动电路等部分构成的。

具有保温功能电热水壶的整机电路

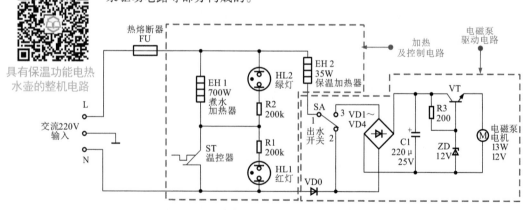

图 34-4　具有保温功能电热水壶的整机电路图

（1）加热电路的工作原理

交流 200V 电源为电热水壶供电，交流电源的 L（火线）端经热熔断器 FU 加到煮水加热器 EH1 和保温加热器 EH2 的一端，交流电源的 N（零线）端经温控器 ST 加到煮水加热器的另一端，同时交流电源的 N（零线）端经二极管 VD0 和选择开关 SA 加到保温加热器 EH2 的另一端。使煮水加热器和保温加热器两端都有交流电压，而开始加热，如图 34-5 所示。在煮水加热器两端加有 200V 电压电压，交流 200V 电压经 VD0 半波整流后变成 100 V 的脉动直流电压加到保护加热器上，保温加热器只有 35 W。

电热水壶刚开始煮水时，温控器 ST 处于低温状态。此时，温控器 ST 两引线端之间是导通的，为电源供电提供通路，此时，绿指示灯亮，红指示灯两端无电压，不亮。

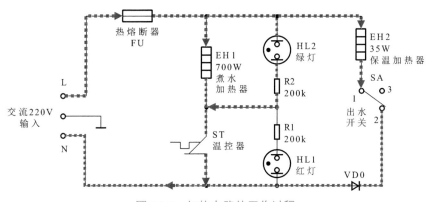

图 34-5　加热电路的工作过程

（2）加热控制电路的工作原理

当水壶中的温度超过 96℃时（水开了），温度控制器 ST 自动断开，停止为煮水加热器供电。此时，保温加热器两端仍有直流 100 V 电压，但由于保温加热器电阻值较大，所产生的能量只有煮水加热器的 1/20，因此只起到保温的作用。此时，交流 200V 电压经 EH1 为红指示灯供电，红指示灯亮，此时，由于 EH1 两端压降很小，因而绿灯不亮，如图 34-6 所示。

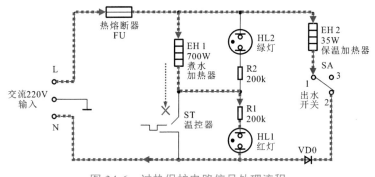

图 34-6　过热保护电路信号处理流程

如果电热水壶中水的温度降低了，温度控制器 ST 又会自动接通，煮水加热器继续加热，始终使水壶中的开水保持在 90℃以上。

（3）电磁泵驱动电路的工作原理

电磁泵驱动电路也称为出水控制电路，饮水时，操作出水选择开关 SA，使交流电源经过保温加热器和整流二极管 VD0，给桥式整流电路 VD1～VD4 供电，经整流后变成直流电压，并由电容器 C1 平滑滤波。滤波后的直流电压，经稳压电路变成 12V 的稳定电压，加到电磁泵电动机上，电动机启动，驱动水泵工作，热水自动流出，如图 34-7 所示。

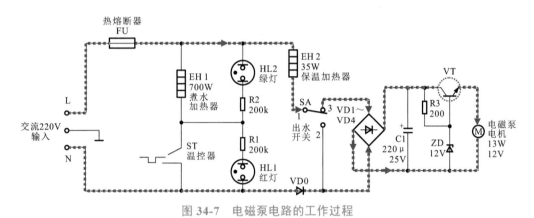

图 34-7　电磁泵电路的工作过程

34.2　电热水壶的检修技能

34.2.1　电热水壶加热盘的检修

电热水壶加热盘的检测

加热盘是为电热水壶中的水进行加热的重要器件，该元器件不轻易损坏。若电热水壶出现无法正常加热的故障时，在排除各机械部件的故障后，则需要对加热盘进行检修。

对加热盘进行检修时，可以使用万用表检测加热盘阻值的方法判断其好坏。

加热盘的检修方法如图 34-8 所示。将万用表红、黑表笔分别接加热盘两连接端。正常情况下应能检测到一定的阻值。

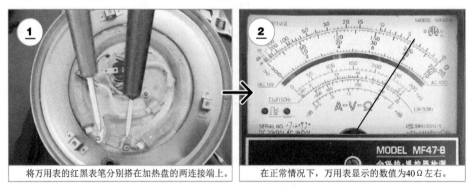

| 将万用表的红黑表笔分别搭在加热盘的两连接端上。 | 在正常情况下，万用表显示的数值为40Ω左右。 |

图 34-8　加热盘的检修方法

34.2.2 电热水壶温控器的检修

温控器是电热水壶中关键的保护器件，若电热水壶出现加热完成后不能自动跳闸以及无法加热的故障时，若机械部件均正常，则需要对温控器进行检修。

检修温控器时可使用万用表电阻挡检测其在不同温度条件下两引脚间的通断情况来判断好坏。温控器的检修方法如图34-9所示。

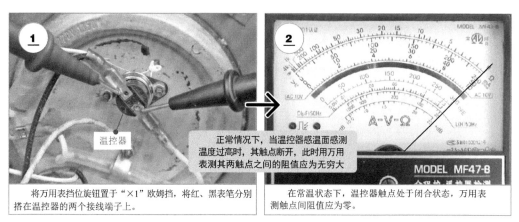

图 34-9　温控器的检修方法

如果使用电烙铁接触温控器感温面，至温控器内部触片断开，则通常会听到"嗒"的声响，所测的阻值也会变为无穷大。

34.2.3 电热水壶热熔断器的检修

热熔断器是整机的过热保护器件，判断热熔断器的好坏可使用指针万用表电阻挡检测其阻值。正常情况下，热熔断器的阻值为零，若实测阻值为无穷大说明热熔断器损坏。

热熔断器的检修方法如图34-10所示。

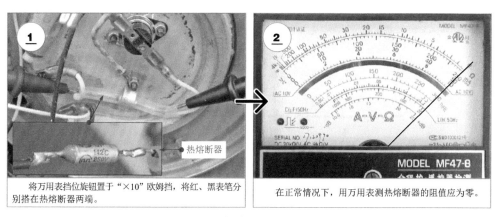

图 34-10　热熔断器的检修方法

34.3 电热水壶常见故障检修

34.3.1 电热水壶不加热故障的故障检修

故障表现：按下开关按键后，电热水壶不加热，加热指示灯亮。

故障分析：根据故障现象可知电热水壶的保险管正常，应主要检查电热水壶的加热器件。

如图34-11所示，取下电热水壶的底座后，将电热水壶的壶身和底座分离，检查电热水壶的内部加热组件。

分离电热水壶壶身

检查加热器的导线

图34-11 检查电热水壶内部加热组件

经检查加热器的导线连接良好。将万用表调整至R×1Ω挡，分别检测温控器和加热器的阻值，如图34-12所示。加热器正常情况下，应可以测得26Ω左右的阻值。温控器常温下应为0Ω。

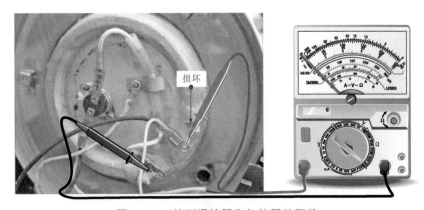

损坏

图34-12 检测温控器和加热器的阻值

经检测，加热器的阻值正常，温控器的阻值为无穷大，此时表明加热器已经损坏。

在检修的过程中，加热器阻值出现无穷大，还有可能是由于加热器的连接端断裂导致加热器阻值不正常，需检查后对加热器的连接端进行检修。再次检测加热器的阻值，从而排除加热器所引起的故障。

34.3.2 电热水壶出水功能失常的故障检修

故障表现：电热水壶通电后，热水壶工作正常，但按下出水开关后，出水口没有水流出。

故障分析：图34-13为电热水壶的整机电路图。通过查看电热水壶的电路图，可知该电热水壶的出水控制组件出现故障。

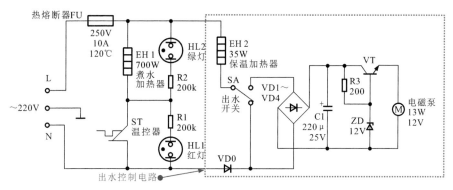

图34-13 电热水壶的整机电路图

检修电热水壶的出水组件，主要通过检查电热水壶的电磁泵、电磁泵控制电路，以及出水开关是否正常。如图34-14所示，拆卸电热水壶底部护盖，检查电磁泵控制电路板中的元器件是否有烧坏的迹象。

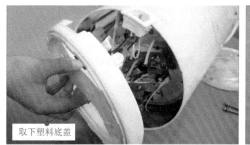

图34-14 检查电磁泵控制电路板中的元器件

确认电磁泵进/出水管处的密封均良好，继续检查电磁泵是否损坏，如图34-15所示。

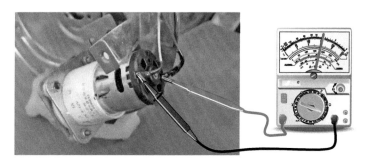

图34-15 检测电磁泵

对电磁泵驱动电机进行检测，发现绕组有短路情况，更换新的电磁泵，故障排除。

第34章 电热水壶维修

447

第35章　面包机维修

35.1　面包机的结构和工作原理

35.1.1　面包机的结构特点

　　面包机是一种家用厨房电器设备，它是由操作显示电路、和面电动机驱动结构、加热器面包桶和外壳等部分构成的。其主要器件是围绕在桶周围的电加热器和在桶底部的和面搅拌器及驱动电动机，还有位于上面的操作按键和定时显示器。在桶内放置材料后，完成定时操作，面包机便进入程序控制状态，自动完成制作面包的全部过程。

　　图35-1是典型面包机的外形。为了美观，各厂商生产的面包机外形都千姿百态，但从控制电路的结构上来说有很多相同之处。和面搅拌电动机和减速驱动机构是面包机的升级关键，如图35-2所示是新推出的电动机、减速器和搅拌器一体化结构，使揉面的力度大大增加，使做好的面包更加劲道。驱动电动机大都采用单相电容启动电动机（交流感应电动机），体积小、转矩大是它的主要特点，典型的结构如图35-3所示。

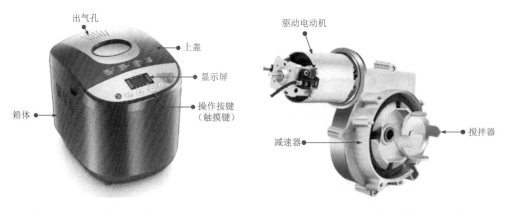

图35-1　典型面包机的外形　　　　图35-2　电动机、减速器和搅拌器一体化结构

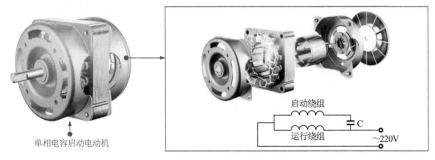

图35-3　单相电容启动电动机

448

35.1.2 面包机的工作原理

图 35-4 为美的 EHS15AP 型面包机的控制电路。可以看到，该面包机的电路板分为两块，一块是主电路板，另一块是操作显示电路板。交流 220V 电源经插件送到主电路板上。交流相线 L 进入主电路板，并经过温度熔断器 FU1 为搅拌电动机和加热器 EH 供电。在为加热器供电的电路中设有继电器触点，当需要加热时，控制电路为继电器线圈供电，使继电器触点吸合，则金属发热管得电发热。交流电源的 N 端进入主电路板后，再经过温度熔断器 FU2，为交流电动机的另一端供电。在电动机的供电电路中，设有双向晶闸管控制电路，当面包机开机后，控制电路输出触发信号使双向晶闸管 VS1 导通，L 端和 N 端分别接通搅拌电动机的电源，L 端还通过启动电容器 C 为启动绕组供电，电动机旋转进行揉面。揉面完成后，触发信号消失，双向晶闸管短路，电动机停机，加热器开始加热。温度传感器 Rt 检测面包机的加热温度，并将温度信息传给主电路板上的控制核心（CPU），控制电路使面包机内保持恒定的温度，直到烤熟面包，并达到一定的颜色，最后自动断电。

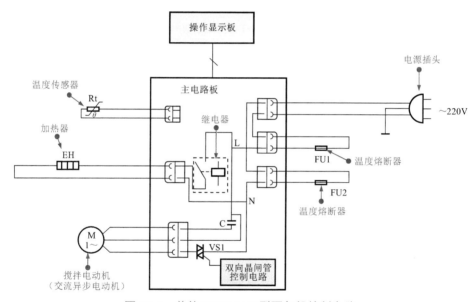

图 35-4 美的 EHS15AP 型面包机控制电路

35.2 面包机的检修技能

面包机的故障主要表现为整机不工作、部分功能失常或电动机不转等。图 35-5 为九阳 MB-100Y/10 型面包机的电路框图。通常，面包机电路是由两块电路板和相关器件组成。操作显示电路板安装在前面板下面。主电路板（含电源电路）安装在面包机的内部，主电路板上有很多接口，分别与相关的器件相连。例如，热熔断器（两个）、搅拌电动机、电动机启动电容器、发热管和温度传感器都通过接口插到主电路板上。操作电路板通过软排线与主电路板相连，用以传输人工指令信号、显示驱动信号和报警提示信号。

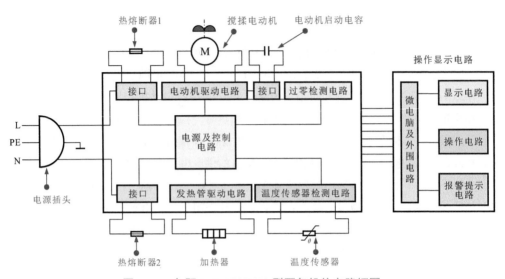

图 35-5　九阳 MB-100Y/10 型面包机的电路框图

在对面包机进行故障检修时，首先要根据电路图划分故障原因，然后再沿信号流程查找故障线索。

（1）面包机某些操作功能失常或某些显示功能失常

应查操作显示电路板与主控电路板之间的连接线，看是否有短路的情况，如有断线的情况应补焊。此外还应查不良的操作按钮是否有异常。

（2）如果面包机接通电源完全不动作无显示

应查电源供电是否正常，再查熔断器是否短路，以及整流二极管和滤波电容器等是否损坏，并更换损坏的器件。

（3）电动机不旋转，发热管不加热

应分别检查电动机的引线、电动机绕组、电动机启动电容器等是否损坏，引线是否有脱落的情况。

对发热管的检查主要是查发热管是否有断路的情况，引线是否有脱落的情况，对损坏的部分要进行更换，重新安装要可靠。

35.3　面包机常见故障检修

35.3.1　面包机不加热的故障检修

面包机开机正常，但不能加热，通常出现这种情况证明电路供电良好，重点应对加热管进行检查。

断开电源，对加热管进行开路检测。拔下发热管引线插头，用万用表查发热管电阻为无穷大，表明发热管内部断路或引线不良，进一步查引线接头断路，更换引线后故障排除。

35.3.2　面包机搅拌电动机不转的故障检修

面包机搅拌电动机不转，应重点检查搅拌电动机和启动电容器。首先，从主电路板上拔下电动机的三根引线，分别用万用表检测三线之间的绕组，均无断路情况。再拔下启动电容器插头，查电容器是否正常，发现其电容量很小，用新的电容器代替后故障排除。

35.3.3　面包机开机无反应的故障检修

面包机开机后，没有反应，操作各种按键均失常。出现这种情况，重点怀疑电源供电电路部分存在故障。根据电路信号流程，对面包机电源电路进行检测，找到故障元器件，代换后故障排阻。

提示说明

在对面包机电源电路进行检测时，要特别注意，很多面包机电路中的元器件与电源相线没有隔离措施，因此电路板上的地线也有可能带电。因此，不可在通电状态下触摸电路板，以免造成触电事故。

第 36 章 饮水机维修

36.1 饮水机的结构和工作原理

36.1.1 饮水机的结构特点

饮水机是将桶装饮用水（纯净水或矿泉水）进行升温加热或降温制冷，以便于人们饮用的小家电产品。图 36-1 为饮水机的外部结构。从外观上看，饮水机的外部是由注水座、指示灯、水龙头、接水盒、保鲜柜、电源开关、定时器旋钮、排水口和电源线等构成的。

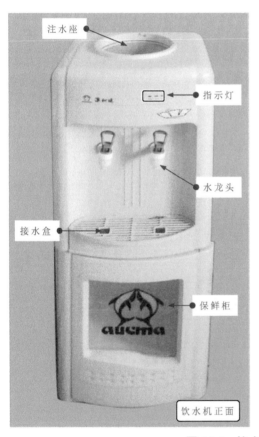
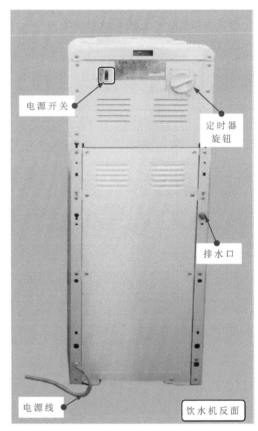

图 36-1 饮水机的外部结构

图 36-2 为饮水机的内部结构。可以看到，饮水机的内部是由接水桶、加热罐、臭氧发生器、电源开关连接线、定时器和接线盒等构成的。

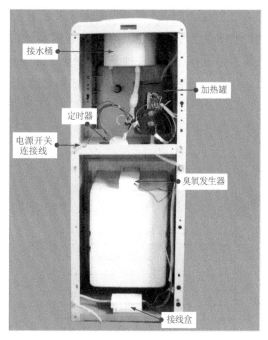

图 36-2　饮水机的内部结构

提示说明

　　图 36-3 为具有制冷功能的饮水机内部结构。可以看到,这种饮水机不但有加热罐,还有制冷胆以及散热风扇和相关控制电路板。

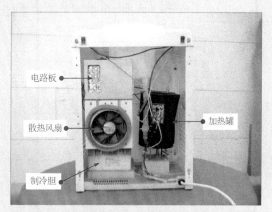

图 36-3　具有制冷功能的饮水机内部结构

36.1.2　饮水机的工作原理

（1）饮水机的整机工作原理

图 36-4 为饮水机工作原理。将水桶倒置安装在饮水机上,桶内的水经注水座引入接

水桶中。在接水桶底部有 2 个输水管，分别将水送入冷水水龙头和加热罐中。冷水通过水管可以将水直接送到冷水水龙头中，当按动冷水水龙头时冷水流出。而另一输水管将水送入加热罐中，加热罐对水进行加热，在加热过程中红色指示灯亮，加热后黄色显示灯进行亮，说明热水可以饮用，加热罐与热水水龙头之间是通过水管进行连接的，当指示灯提示水已经加热后，可以按下热水水龙头，有热水流出。在水加热过程中会产生蒸汽，水蒸气通过换气管送到接水桶内的换气口，将蒸汽排出，防止蒸汽阻塞热水管。

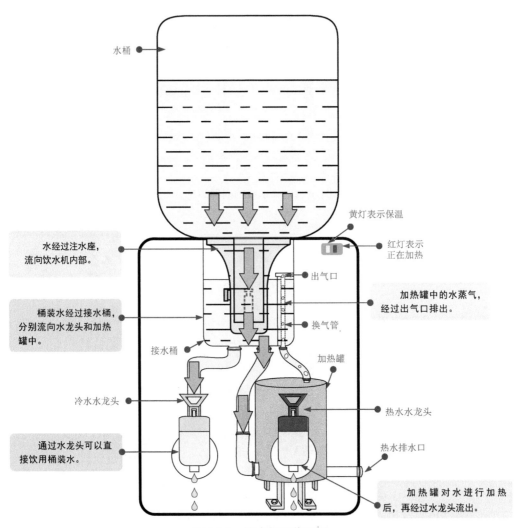

图 36-4　饮水机工作原理

　　带有制冷功能的饮水机，在其内部含有制冷胆和散热风扇，通过制冷胆对水源进行制冷，如图 36-5 所示。

（2）饮水机的电路工作原理

　　图 36-6 为冷热饮水机（安吉尔）电路原理图。从图中可以看出，电路主要分为两部分，

一部分是加热控制电路，专门给饮水机加热罐提供电源；另一部分为制冷控制电路，专门控制饮水机制冷胆进行制冷工作。

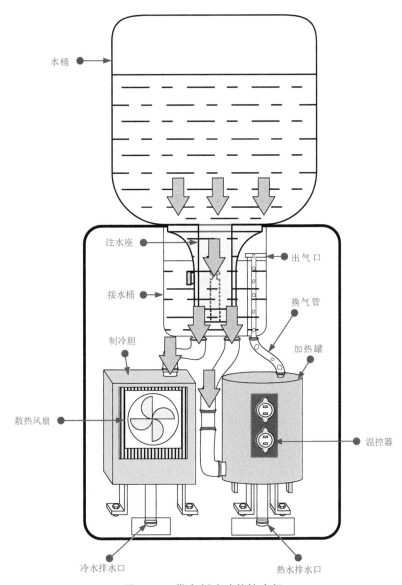

图 36-5　带有制冷功能饮水机

在图 36-6 中的加热控制电路是由交流 200V 电源的 L（火线）端经熔断器 FU1、加热开关 S2、温控器（加热）ST1 加到加热器 EH 的一端，另一端连接温控器（保护）ST2，与交流电源的 N（零线）端形成回路，使加热器两端加有交流电流，开始加热。当饮用水加热到设定温度以后，温控器 ST1 的触点断开，而当水温下降到设定温度（85℃）时，温控器 ST1 的触点会接通电源回路，使加热器 EH 重新工作，如此周而复始地使水温保持在 85 ～ 95℃之间。

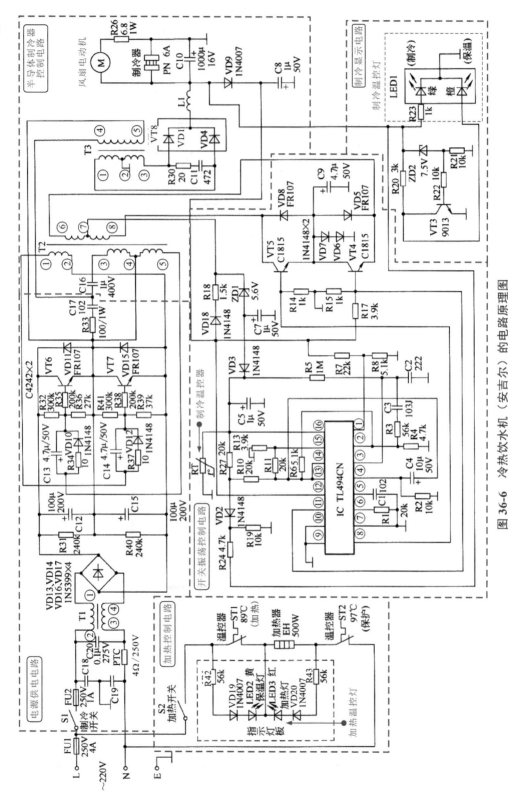

图 36-6 冷热饮水机（安吉尔）的电路原理图

如果当饮用水加热好以后，温控器（加热）ST1的触点没能断开，水温到达97℃时，温控器（保护）ST2的触点就会断开，起到保护作用。

图36-7为安吉尔饮水机加热罐上的温控器（加热）ST1和温控器（保护）ST2。其中温控器（保护）ST2属于复位型温控器，这种温控器触点断开以后不能自动复位，需要按动复位按钮才能再次接通，是非常安全的一种热保护装置。当前面的温控器都失去作用的时候，随着温度的升高（139℃左右），熔断器FU1会被熔断，使饮水机断电。由此可见，饮水机加热电路有双重保护功能，有着足够的安全措施。

加热温控灯是用来显示加热罐工作状态的，当交流电通过加热开关S2以后，温控器（加热）ST1处于接通状态时，加热罐开始加热，电流经过LED3、VD20、R43，点亮加热灯；当加热到一定温度以后，温控器（加热）ST1处于断开状态，加热罐停止加热，处于保温状态，电流经过R42、VD19、LED2，点亮保温灯，加热灯熄灭。

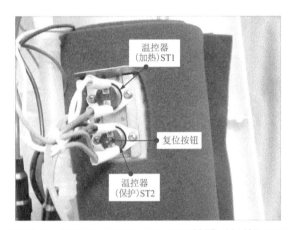

图36-7　温控器（加热）ST1和温控器（保护）ST2

饮水机的制冷控制电路是由电源供电电路、开关振荡控制电路、半导体制冷器控制电路和制冷显示电路组成的。

① 电源供电电路　电源供电电路是由交流200V电源经滤波和整流后形成+300V直流电压，为振荡电路供电，振荡电路在控制电路的作用下所形成的振荡信号经变压器和整流电路再变成直流电压为半导体制冷器供电。半导体制冷器在直流电压的作用下进行制冷工作。

从图36-6中可以看到，交流200V电源经熔断器FU1送入制冷开关S1，然后再经过熔断器FU2为制冷电源电路供电。交流200V经电容C18、C19、C20滤波后，再经互感滤波器T1后加到桥式整流器上，整流输出+300V直流电压，为开关振荡晶体管VT6和VT7供电。晶体管VT6和VT7与变压器T2构成振荡电路，变压器T2的①脚和⑤脚的正反馈信号分别加到VT6和VT7的基极输入电路，从而维持电路的振荡状态，振荡电路的输出加到输出变压器T3的④脚和⑤脚，经变压器耦合后由T3的①、③脚输出接全波整流电路，将交流振荡信号变成直流电压，并加到半导体制冷器PN（6A）上。

振荡电路的输出受振荡变压器 T2 的 ⑥ ～ ⑧ 绕组控制。

② 开关振荡控制电路　开关振荡控制电路中的振荡和控制电路都是集成在 IC TL494CN 之中，TL494CN 是一个脉宽调制控制电路，其内部功能方框图如图 36-8 所示。

集成电路 IC 中设有振荡电路，① 脚外接制冷电路供电取样电压，② 脚外接基准电压，这两个信号经误差放大器放大后形成控制信号，⑯ 脚外接制冷温度传感器，用于检测制冷器的温度，⑮ 脚外接基准电压（由电阻分压电路提供），如果制冷器的温度变化会引起制冷温度传感器电阻值的变化，制冷温度传感器接在电路中会使 ⑯ 脚电压变化、温度变化，也会使 IC 内振荡信号的周期发生变化，从而引起 IC⑧ 脚和 ⑪ 脚输出脉宽信号的变化（脉冲宽度），经 VT5、VT4 去控制振荡变压器 ⑥ ～ ⑧ 脚，从而使振荡电路输出脉宽变化，经 T3 输出后使供给半导体制冷器的直流电压变化。以此进行制冷控制。使制冷胆中的水保持设定的温度。

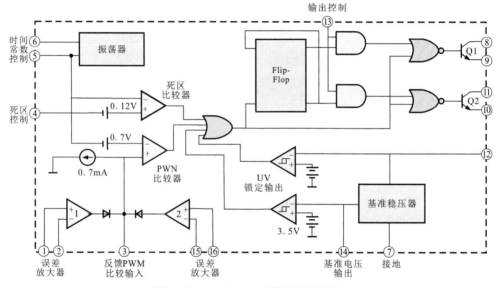

图 36-8　TL494CN 内部功能方框图

③ 半导体制冷器控制电路　从图 36-6 中看到的半导体制冷器控制电路是由输出变压器 T2、全波整流滤波电路 VD1、VD4 和 L1、C10 等部分构成的。输出变压器 ④、⑤ 脚所加的交流驱动信号是由控制电路送来的，变压器 T3 次级 ② 脚接地，①、③ 脚分别接一只整流二极管 VD1 和 VD4（双二极管组件），全波整流后经 L1、C10 滤波形成直流电压加到半导体制冷器 PN（6A）的两端。半导体制冷器 PN 进行吸热和放热的能量转换，需要直流偏压，而且偏压越高，制冷效率越高。

与此同时直流电压经限流电阻 R26 为风扇电动机供电，对半导体制冷器的散热片进行吹风散热。

④ 制冷显示电路　制冷显示电路是显示制冷过程和保温过程的电路，如图 36-6 所示。

当制冷供电电路为半导体制冷器 PN 供电并进行制冷时，半导体制冷器 PN 上的电压较高，该电压经 R23 为制冷指示发光二极管（绿色）供电，使其发光。同时，经稳压二极管 ZD2 和电阻 R22 为晶体管 VT3 基极供电，使 VT3 导通，使保温指示二极管（橙色）的电压很低，不发光。当制冷到达制定温度后，停止制冷，半导体制冷器 PN 上的电压降低，使加到 VT3 基极的电压降低，于是 VT3 截止，这样使保温指示二极管（橙色）的供电电压升高而发光，指示保温状态。

（3）饮水机保鲜柜的工作原理

图 36-9 为保鲜柜中的臭氧发生器内部结构图。从图中可以找到电路中的相应元器件，如桥式整流电路 VD4 ～ VD7、晶闸管 VT、变压器 T、臭氧管 O₃ 等。

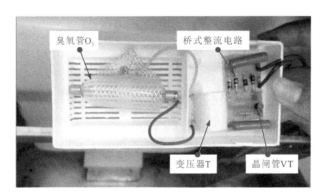

图 36-9　保鲜柜中的臭氧发生器内部结构图

臭氧发生器的主要元器件是臭氧管 O₃，它需要几十千伏的高压脉冲（约 20 kHz），为此需要使用高压变压器 T1，其供电电路如图 36-10 所示。

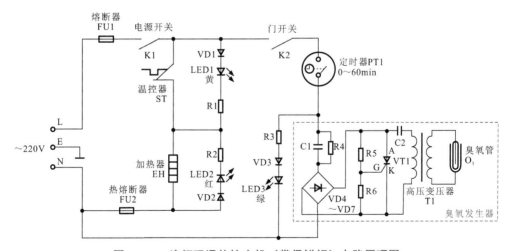

图 36-10　澳柯玛温热饮水机（带保鲜柜）电路原理图

该电路图为澳柯玛温热饮水机（带保鲜柜）的电路原理图，该饮水机也是由两部分组成，一部分是加热控制电路，与安吉尔冷热饮水机的基本相似；另一部分为保鲜柜控制电路，是给臭氧发生器提供工作电源，对保鲜柜内部的食物进行除臭，起到保鲜的作用。

交流 200V 电压由电源的 L（火线）端经熔断器 FU1、电源开关 K1、门开关 K2、定时器 PT1 为臭氧发生器电路供电。交流 200V 电压经 R4、C1 防冲击和分压电路后由 VD4 ～ VD7 二极管组成的桥式整流电路进行桥式整流，整流后形成的直流电压为振荡电路供电。振荡电路是由晶闸管 VT1、电容器 C2 和振荡用高压变压器 T1 等部分构成的。开机时，桥式整流电路输出直流电压开始给电容 C2 充电，使 C2 上的电压升高，与此同时 R5 和 R6 分压点（晶闸管 VT1 的触发端 G）的电压也随之上升，当上升电压到达触发电压时，晶闸管 VT1 导通，电容器 C2 上的电荷被放掉，晶闸管 VT1 的 A-K 间的电压也突然降低而截止。接着桥式整流电路又重新给 C2 充电，晶闸管 TV1 的 G 端电压再次升高，使晶闸管 VT1 再次导通放电。不断地重复这个充放电的过程，电路便振荡起来，于是高压变压器 T1 的次级得到振荡高压为臭氧管 O₃ 供电，臭氧管 O₃ 工作产生臭氧为保鲜柜中的食物消毒。

保鲜指示灯是用来显示保鲜柜工作状态的，当电源开关 K1、门开关 K2 都处于闭合状态时，打开定时器 PT1，设定保鲜时间，臭氧发生器开始工作的时候，保鲜指示灯 LED3 被点亮；当定时器 PT1 的时间到零的时候，或是在保鲜过程中门开关被打开，保鲜电路就会被断开，臭氧发生器停止工作，保鲜灯也被熄灭。

36.2　饮水机的检修技能

对饮水机的检修，应根据饮水机的组成和工作原理，顺信号流程，对各主要功能部件或电子元器件进行检测。

目前，市场上流行的饮水机都带有加热、制冷和保鲜的功能。这些实用功能都需要饮水机中各主要部件及电路来实现。因此，对饮水机的检修重点就是对其中的主要部件和电路进行检测。

36.2.1　饮水机加热罐的检修

加热罐是饮水机中最重要的部件之一，如果加热罐损坏，将直接导致饮水机无法进行加热水操作，水加热后不保温，或者出现将水烧干的故障现象。

（1）温控器的检测

温控器主要用来对加热罐中的温度进行控制，如果温控器损坏容易引起饮水机加热水后无法进行保温，及易出现加热罐将水烧干的故障。

检测温控器时，主要使用万用表对其进行检测，如图 36-11 所示，将万用表旋转至欧姆挡，用万用表的两支表笔分别检测温控器的两端。

如果检测时，万用表指针指向无穷大或有阻值，均表明温控器损坏，需要将其更换为同一规格的温控器即可。

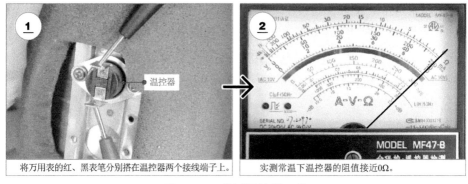

将万用表的红、黑表笔分别搭在温控器两个接线端子上。

实测常温下温控器的阻值接近0Ω。

图 36-11　检测温控器阻值

如果检测时，万用表指针指向零，表明温控器内部为通路，但是还不能完全判断温控器正常，需要将温控器进行拆卸后，再使用电烙铁加热到一定温度后与温控器的温度感应面相接触，如图 36-12 所示。如果在加热时 30s 内，听到温控器传出"嗒"的一声，表明温控器内部的双金属片与温控器的接头分离，此时的温控器应为断路状态，再使用万用表检测温控器，万用表指针应指向无穷大；当温控器表面的高温消失后，同样可以听到温控器有"嗒"的一声，此时温控器的双金属片与温控器的接头相接触，再次使用万用表检测温控器，万用表指针应指向零，这时便可以断定温控器没有损坏，并且双金属片的状态良好。

如果使用电烙铁加热后与温控器表面相接触30s后，没有听到温控器传出"嗒"的声音，表明温控器内部的双金属片的弹力已经失效，需要直接将温控器进行更换。

在对温控器进行检测时，可以注意到温控器的表面涂有导热硅脂，导热硅脂主要是用来使温控器与加热器表面连接更加紧密，以防止温控器无法较好地控制加热器的温度。

（2）热熔断器的检测

热熔断器如果损坏，将导致饮水机无法进行加热操作，且饮水机的指示灯不亮等故障。

图 36-13 为热熔断器及导线连接端。由于热熔断器的两端的密封良好，因此在检测热熔断器时，主要检测热熔断器的导线连接端。

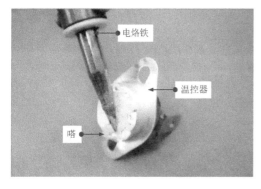

图 36-12　检测温控器性能

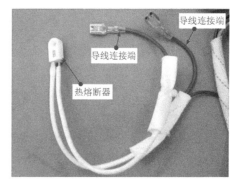

图 36-13　热熔断器及导线连接端

将万用表调整至 R×1Ω 挡，如图 36-14 所示，用万用表的两支表笔分别检测热熔断器的两导线连接端。如果热熔断器正常，则检测时万用表指针应指向零；如果检测时万用表指针指向无穷大或可以检测出阻值，均表明该热熔断器已经损坏，将其更换为同一规格的热熔断器即可。

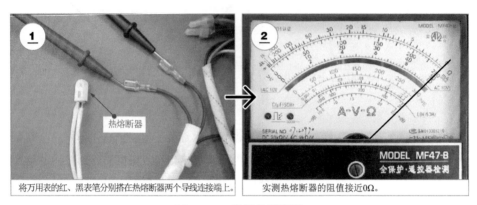

① 将万用表的红、黑表笔分别搭在热熔断器两个导线连接端上。

② 实测热熔断器的阻值接近0Ω。

图 36-14　检测热熔断器

（3）加热器的检测

饮水机加热器的检测

饮水机的加热器如果损坏，主要导致饮水机无法进行加热水操作故障。

检测饮水机的加热器主要使用万用表检测加热器的阻值。将万用表调整至 R×10Ω 挡，如图 36-15 所示，用万用表的两支表笔分别检测加热器的两连接端。如果加热器正常，则检测时，所测得的阻值应为 80Ω 左右；如果检测时，万用表的指针指向零或无穷大，或检测出很大的阻值，均表示所检测的加热器已经损坏，只需将其更换为同一规格的加热器即可。

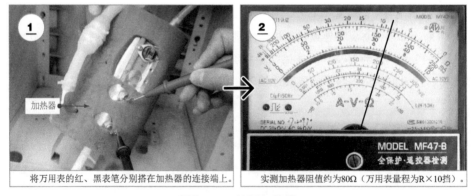

① 将万用表的红、黑表笔分别搭在加热器的连接端上。

② 实测加热器阻值约为80Ω（万用表量程为R×10挡）。

图 36-15　检测加热器

36.2.2　制冷胆的检修

饮水机的制冷胆如果损坏，主要导致饮水机无法进行制冷操作，而检修时主要对制冷胆的电路板、风扇电动机、制冷温度传感器和 PN 制冷器等进行检修，并且在检测制冷胆是否损坏时，要确保制冷胆各连接导线正常，没有断路情况。

（1）风扇电动机的故障检修

风扇电动机如果损坏，将导致按压冷水水龙头时，出现热水的故障现象。检修风扇电动机主要使用万用表检测风扇电动机是否损坏，如图36-16所示，为风扇电动机及风扇电动机的接线端示意图。

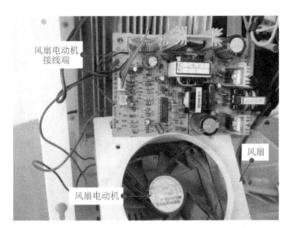

图36-16　风扇电动机和风扇电动机的接线端示意图

检测时，将万用表调整至R×1挡，用万用表的两支表笔分别检测风扇电动机的两接线端，如图36-17所示。如果风扇电动机正常，则检测时所测得的阻值应在2.5Ω左右；如果检测时，测得的阻值很大，或万用表的指针指向零或无穷大，均表示风扇电动机已经损坏，此时只需将风扇电动机直接更换即可。

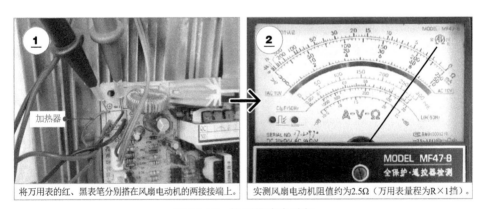

将万用表的红、黑表笔分别搭在风扇电动机的两接端上。　实测风扇电动机阻值约为2.5Ω（万用表量程为R×1挡）。

图36-17　检测风扇电动机

（2）PN制冷器的故障检修

PN制冷器如果损坏主要导致饮水机无法进行制冷操作，并且如果PN制冷器正、负极接反将导致PN制冷器出现制热现象。图36-18为PN制冷器与电路板的连接示意图。

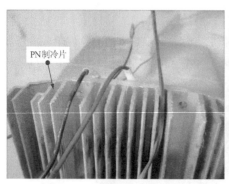

图 36-18   PN 制冷器与电路板的连接示意图

由于 PN 制冷器连接在电路中检测时会有其他器件的干扰，因此，为了确保检测的准确性，需要使用电烙铁将 PN 制冷器其中一端的导线焊下，如图 36-19 所示。

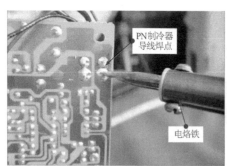
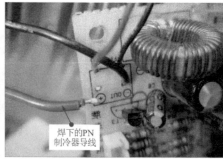

图 36-19   焊下 PN 制冷器导线端

将 PN 制冷器导线焊下后，再将万用表调整至 R×1 挡，然后用万用表的两支表笔分别检测 PN 制冷器的两端导线，并记录此时所测得的阻值，再调换表笔进行检测，同样记录下所测得的阻值，如图 36-20 所示。如果 PN 制冷器正常，则检测时两次检测所测得的阻值都应在 2 ～ 3Ω；如果检测时，万用表指针指向零或指向无穷大均表示 PN 制冷器已经损坏；如果检测时，所测得的阻值很大应检查 PN 制冷器两端的导线连接是否有问题。

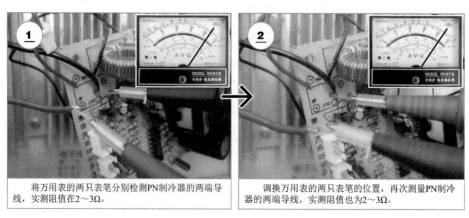

图 36-20   检测 PN 制冷器

（3）制冷温度传感器的检测

饮水机的制冷温度传感器主要用来对PN制冷器的温度进行控制，如果制冷温度传感器损坏将导致PN制冷器始终处于制冷操作状态，或者无法进行制冷操作。图36-21为制冷温度传感器的导线连接图。

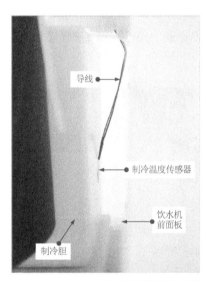

图36-21　制冷温度传感器的导线连接图

检测制冷温度传感器时，为了确保检测的准确性，需要将制冷温度传感器的导线接头拔下，再将万用表调整至R×1k挡，然后用万用表的两支表笔分别检测制冷温度传感器的导线两端，如图36-22所示。如果制冷温度传感器正常，则检测时所测得的阻值应在12kΩ左右；如果检测时万用表指针指向零或指向无穷大均表示该制冷温度传感器已经损坏，只需将其更换为同一规格的即可。

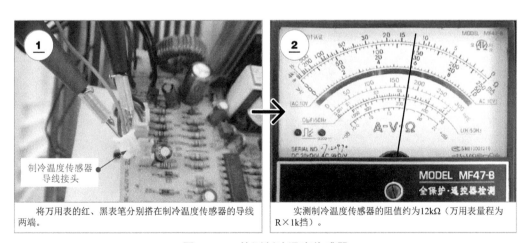

将万用表的红、黑表笔分别搭在制冷温度传感器的导线两端。

实测制冷温度传感器的阻值约为12kΩ（万用表量程为R×1k挡）。

图36-22　检测制冷温度传感器

36.3 饮水机常见故障检修

36.3.1 饮水机臭氧消毒功能失灵的故障检修

饮水机开机工作，加热功能正常，臭氧消毒功能失灵。重点怀疑臭氧发生器故障。对臭氧发生器进行检测。如图 36-23 所示，臭氧发生器电路板主要是由晶闸管、变压器和二极管等元器件构成，分别对晶闸管、变压器和二极管进行检测。发现变压器损坏，更换后故障排除。

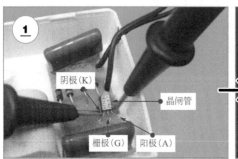

使用万用表的红、黑表笔分别检测晶闸管两两引脚之间的正、反向阻值。

实测A-K之间的正反向阻抗均很大，说明正/反向阻断特性正常；G-A之间正反向阻抗也很大，正常；K-G之间反向阻抗远大于正向阻抗，正常。

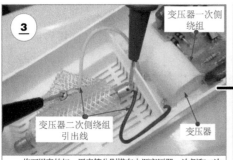

将万用表的红、黑表笔分别搭在电源变压器一次侧和二次侧绕组引出线上，检测绕组阻值。

实测变压器一次侧绕组阻值接近0Ω，异常；二次侧绕组阻值约为300Ω。

借助万用表检测整流二极管的正、反向阻值。

实测整流二极管正向阻抗（黑表笔搭正极、红表笔搭负极）有一定数值；反向阻抗（调换表笔后）为无穷大，正常。

图 36-23 臭氧发生器电路板的检测

36.3.2 饮水机指示灯不亮的故障检修

饮水机加电后工作正常，但指示灯不亮。需要对指示灯电路进行检查。如图36-24所示，分别对指示灯电路的电阻、二极管和发光二极管进行检测。

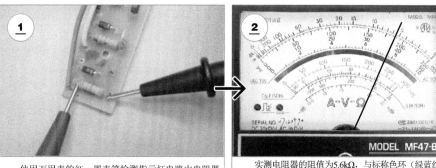

使用万用表的红、黑表笔检测指示灯电路中电阻器的阻值。

实测电阻器的阻值为5.6kΩ，与标称色环（绿蓝红金，标称值为$56×10^2±5\%=5600Ω$）进行对比可知，该电阻器阻值正常。

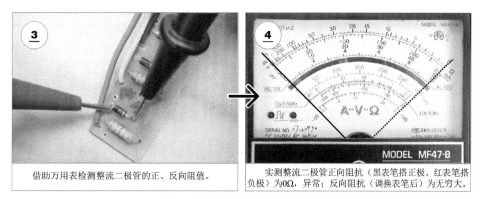

借助万用表检测整流二极管的正、反向阻值。

实测整流二极管正向阻抗（黑表笔搭正极、红表笔搭负极）为0Ω，异常；反向阻抗（调换表笔后）为无穷大。

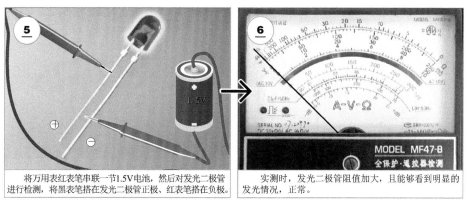

将万用表红表笔串联一节1.5V电池，然后对发光二极管进行检测，将黑表笔搭在发光二极管正极、红表笔搭在负极。

实测时，发光二极管阻值加大，且能够看到明显的发光情况，正常。

图36-24 指示灯电路的检测

检测发现，整流二极管损坏。更换后故障排除。

36.3.3 饮水机不制冷的故障检修

饮水机通电工作正常，指示灯能够正常显示，加热功能也正常，但制冷箱不能制冷。

怀疑制冷器及制冷电路部分故障。

以安吉尔 YLR0.7-5-X 饮水机为例。该饮水机制冷器电路主要是由变压器 T3、整流二极管 VD1、VD4、PN 制冷器和风扇电动机构成。

如图 36-25 所示，首先使用万用表电压测量挡对制冷电路中制冷器两端的工作电压进行检测。正常情况下应该能够检测到约 12V 直流电压。若直流电压正常，则重点怀疑 PN 制冷器故障。

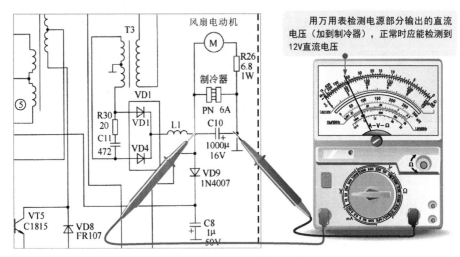

图 36-25　检测制冷器电路的直流输出电压

当前实测的电压正常，继续向前级电路检测。如图 36-26 所示，检测变压器输出端的交流电压。

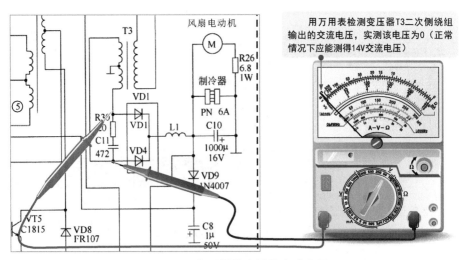

图 36-26　变压器输出端的交流电压

正常时应有约 14V 的交流输出。当前实测无交流电压，继续对变压器 T3 的输入电压进行检测。实测 T3 的输入电压正常（约 220V），说明变压器 T3 损坏，更换后故障排除。

第37章 电取暖器维修

37.1 电取暖器的结构和工作原理

37.1.1 电取暖器的结构特点

电暖气具有轻巧、灵活和节能的特点，它可以制成多种形式和结构，应用于人们的生活之中，为人们提供了极大的方便。

市场上的电取暖器品种比较多，从基本发热原理上可以分为六类，即电热丝发热体、石英管发热体、陶瓷发热体、卤素管发热体、导热油发热体和碳素纤维发热体。但仅从外观上还是很难分辨出取暖器的类别。

（1）电热丝发热体

以电热丝发热体为发热材料的取暖器例如传统的暖风机。它的发热体为电热丝，利用风扇将电热丝产生的热量吹出去。还有将电热丝缠绕在陶瓷绝缘座上发热，利用反射面将热能扩散到房间。这种取暖器同电扇一样，可以自动旋转角度，向整个房间供暖。一般消耗功率为 800 ～ 1000W。图 37-1 是采用电热丝的电取暖器。

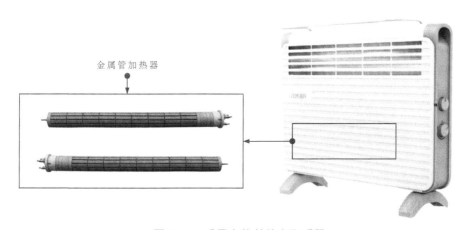

金属管加热器

图 37-1 采用电热丝的电取暖器

（2）石英管发热体

石英管发热体是由石英辐射管为电热元件，利用远红外线加热节能技术，使远红外辐射元件发出的远红外线被物体吸收，直接变为热能而达到取暖目的，同时远红外线又可对人体产生理疗作用。石英管由电热丝及石英玻璃管组成。图 37-2 是采用石英管的电取暖器。

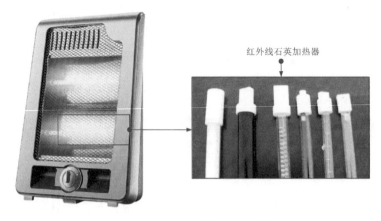

图 37-2 采用石英管的电取暖器

（3）卤素管发热体

卤素管是一种密封式的发光发热管，内充卤族元素惰性气体，中间有钨丝。卤素管具有热效率高、加热不氧化、使用寿命长等优点，功率为 900 ～ 1200W。图 37-3 是一种采用卤素管的电取暖器。

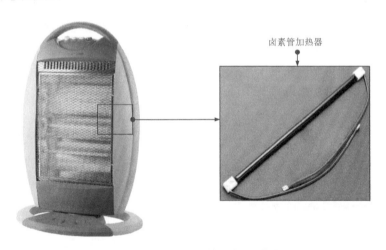

图 37-3 采用卤素管的电取暖器

（4）金属管发热体

采用金属管发热，利用发射面将热能扩散到房间。具有防跌倒开关、自动摇头、手动调节俯仰角度、取暖范围大等特点，而且表面防护罩对人体不会造成烫伤。典型结构如图 37-4 所示。

（5）碳素纤维发热体

采用碳素纤维发热体的电取暖器利用反射面散热。整体成立式直桶形或长方形落地式：机身可自动旋转，为整个房间供暖。功率在 600 ～ 1200W 范围内可调节。当发热体加热时能够产生红外线辐射，相当于一部频谱理疗仪。其典型结构如图 37-5 所示。

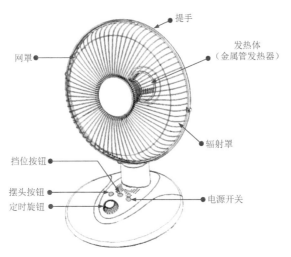

图 37-4 采用金属管的电取暖器

提手

发热体
（金属管发热器）

网罩

辐射罩

挡位按钮

摆头按钮

定时旋钮

电源开关

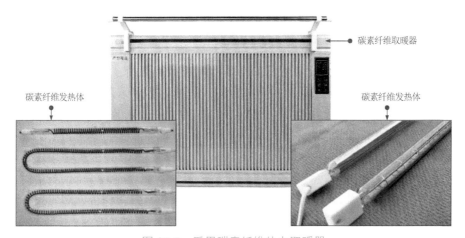

碳素纤维取暖器

碳素纤维发热体

碳素纤维发热体

图 37-5 采用碳素纤维的电取暖器

（6）PTC陶瓷发热体

PTC 陶瓷发热体具有节能、安全、寿命长等特点。这种取暖器在工作时不发光、无明火、无氧耗、送风柔和，具有自动恒温功能。PTC 陶瓷取暖器输出功率为 800 ～ 1250W，可以随意调节温度。图 37-6 是一种采用 PTC 陶瓷的电取暖器。

（7）导热油发热体（电热油汀取暖器）

采用导热油发热体的取暖器又称为电热油汀取暖器，也叫充油取暖器，是一种安全可靠的加热器。它主要由密封式电热元件、金属散热管或散热片、控温元件、指示灯等组成。这种取暖器的腔体内充有 YD 型系列新型导热油。它的结构是将电热管安装在带有许多散热片的腔体下面，在腔体内电热管周围注有导热油。当接通电源后，电热管周围的导热油被加热，升到腔体上部，沿散热管或散热片对流循环，通过腔体壁表面将热量辐射出去，从而加热空间环境，达到取暖的目的。电热油汀取暖器的表面温度较低，一般不超过

85℃，即使触及人体也不会造成灼伤。使用功率为 1200 ～ 2000W。图 37-7 是一种电热油汀取暖器。

采用PTC陶瓷的取暖器

图 37-6　采用 PTC 陶瓷的电取暖器

电热油汀取暖器

图 37-7　电热油汀取暖器

37.1.2　电取暖器的工作原理

（1）采用电热丝加热的暖风机电路

图 37-8 是一种采用电热丝加热的电取暖器控制电路。该电取暖器采用了两个电热丝进行加热，其控制电路比较简单，交流电源经热熔断器 FU 和电源开关 SA1 为加热器供电，SA2、SA3 分别为电热丝 EH1、EH2 的控制开关，接通 SA2 则接通加热丝 EH1 的电源，EH1 发热，接通 SA3 则接通加热丝 EH2 的电源，EH2 发热。如果 S2、S3 都接通则两加热丝都发热。在供电电路中，还设有倾倒保护开关，如电取暖器倾倒则 SW 开关会断开，进行断电保护。同时在电路中还设有温控器 ST，当取暖器温度超过 85℃，则 ST 会自动断开，停止加热进行保温。电源开关 SA1 接通后，指示灯 HL 会发光指示电源，同时风扇电动机会转动，将热量吹到机外。

采用电热丝加热的电取暖器电路

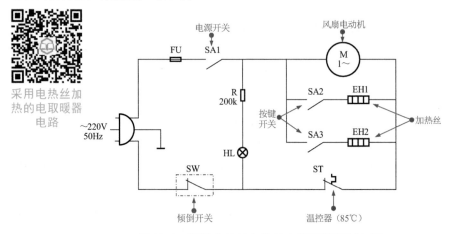

图 37-8　采用电热丝加热的电取暖器控制电路

（2）采用石英管的电取暖器控制电路

图 37-9 是采用石英管的电取暖器控制电路。该电取暖器采用两个石英管，每个石英管发热率为 450W，每个发热管的工作由开关 S1、S2 控制，指示灯与发热管并联，温控器 ST1 进行限温控制，温度超过限温值则自动断开，进行断电保护和保温控制。

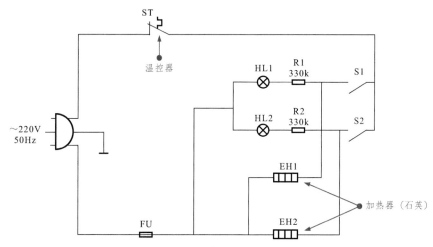

图 37-9　采用石英管的电取暖器控制电路

（3）采用红外线石英管的电取暖器控制电路

图 37-10 是采用红外线石英管的电取暖器控制电路，它设有两个加热器 EH1、EH2，功能选择开关 SA 是控制加热管的主要器件，它共有四挡。

① OFF 挡：整机断电。

② Ⅰ挡：单加热 EH2 工作，功率 450 W。

③ Ⅱ挡：双管同时工作功率 450 W×2。

④ Ⅲ挡：双管工作的同时，旋转电动机工作电取暖器左右来回摆动。

在供电电路中，定时器用来设定工作时间，倾倒开关作为倾倒时的断电保护开关。

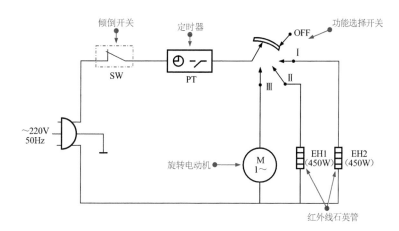

图 37-10　采用红外线石英管的电取暖器控制电路

（4）采用卤素石英发热管的电取暖器控制电路

图 37-11 是采用卤素石英发热管的电取暖器控制电路，该电取暖器采用两个卤素石英发热管和两个电动机，M1 为旋转驱动电动机，M2 为风扇电动机进行散热循环电动机。S1 和 S2 分别为双联开关，进行加热器的供电控制。

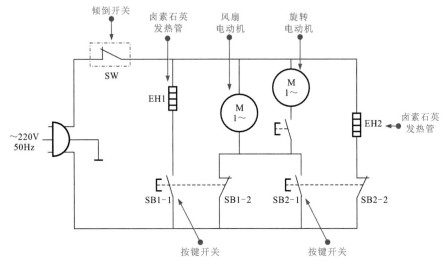

图 37-11　采用卤素石英发热管的电取暖器控制电路

（5）油汀式电取暖器控制电路

图 37-12 是一种油汀式电取暖器控制电路，它是一种由温控器 ST 和功能选择开关 SA 控制的电取暖器。

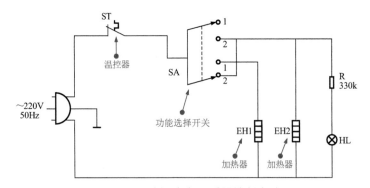

图 37-12　油汀式电取暖器控制电路

（6）智能温控电取暖器控制电路

图 37-13 是一种采用 TC620 进行温度控制的智能温控电取暖器控制电路，TC620 是温度控制专用系列集成电路，具有芯片，内含 PTC 热敏电阻温度传感器，上、下限温度可设置，超温时可输出报警信号，控制温度精度可达 ±3℃。其芯片内部的功能柜图如图 37-14 所示。

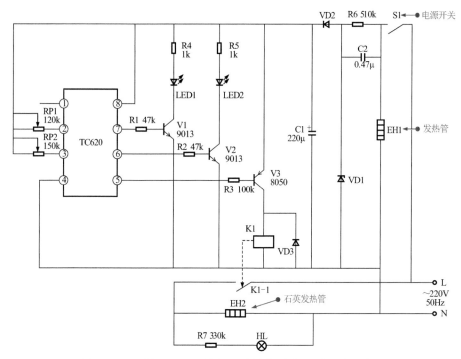

图 37-13　采用 TC620 进行温度控制的电取暖器控制电路

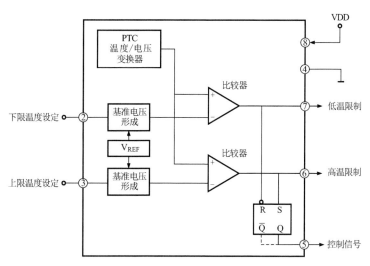

图 37-14　TC620 芯片内部功能框图

接通电取暖器电源开关 S，EH1 石英管便通电发热。此时，TC620 芯片内部的 PTC 温度传感器探测环境温度，当 PTC 探测到环境温度低于设定的下限温度时，TC620 的 ⑤ ～ ⑦ 脚输出低电平，V1、V2 均处于截止状态，LED1、LED2 均不亮；V3 导通状态，继电器 K1 得电吸合，其常开触点 K1-1 闭合使取暖器中的另一只石英管 EH2 通电发热工作，故而使环境温度逐渐升高。

当探测到的环境温度高于下限温度但低于上限温度时，TC620 的 ⑦ 脚输出高电平，V1 导通，驱动 LED1 发绿色光指示。但 TC620 ⑤ 脚仍输出低电平，V3 仍保持导通状态，使 EH2 石英管继续发热；当探测到的环境温度高于设定的上限温度时，TC620 ⑦ 脚输出低电平，⑥ 脚输出高电平，所以 LED1 熄灭，LED2 发红色光指示，同时 TC620 的 ⑤ 脚输出高电平，使 V3 处于截止状态，继电器 K1 失电释放，其常开触点 K1-1 跳开，石英管 EH2 失电停止发热。

随之温度开始下降，低于上限温度而高于下限温度时，LED2 熄灭，LED1 发光。一直下降到设定的下限温度时，TC620 的 ⑤ 脚才跳变为低电平，V3 导通，继电器 K1 吸合，取暖器里石英管 EH2 又开始通电发热。如此重复控制，使温度一直保持在设定的 20 ～ 25℃。

另外，调节贴片电位器 RP1、RP2 阻值可以调节控制器上、下限温度，即控制器温控范围。

37.2　电取暖器的检修技能

电取暖器的种类多样，但电路结构相对简单，都是通过发热器实现加热功能，为了达到安全控制，在电路中会设置温控器控制设定温度，同时会连接定时器实现定时控制。此外，为确保电气使用安全，采用熔断器对电路实施保护。因此，一旦电取暖器出现故障，重点应从这些主要元器件入手，进行检查。

① 熔断器　这种元器件通常是电路中出现过载元器件时，电流过大，熔断器断路进行保护。再则就是电路中的限温器失灵，温度过高致使熔断器熔断，因而在更换熔断器时，应进一步查明其他电路元器件的损坏情况。

② 限温器（或称温控器）　该元器件通常串联在电源电路中，通常使用的是 85℃ 限温器。当电取暖器温升超过 85℃ 时，进行断路保护，待温度降低后又会接通继续加热。如果温度过高而不能断开则属损坏，需更换新件。

③ 定时器　定时器用于设定工作时间，则达预定时间会自动断开电源，停止工作。在预定时间内应接通电源。如果在预定时间内两个接点间断路，或到达预定时间后仍不断路，均属不良器件，应更换新件。

④ 发热器　发热器有很多种，不论是哪一种，都是在接通电源的情况下发热，是电取暖器中的发热源，正常情况下发热器两端之间都有一定的电阻值，功率越大电阻值越小，如果电阻出现无穷大则属损坏，应进行更换。更换电加热器还应注意，其接头或连接插件必须可靠，更换新件时，应清洁干净，防止有残留污物和碎片。

37.3　电取暖器常见故障检修

37.3.1　电热丝式暖风机不加热的故障检修

电热丝式暖风机接通电源后，指示灯点亮，但不能加热。遇到这种情况应先查温控器

ST，再查加热丝。检测温控器两引脚之间的电阻，正常情况为 0，再查电热丝的阻抗，正常时阻抗约为 120Ω，实测发现温控器两脚之间的阻抗为无穷大，更换同型号的温控器，故障排除。

37.3.2 石英电取暖器发热量不足的故障检修

石英电取暖器主要是通过石英加热管实现加热。通常，石英电取暖器中会安装有两条石英加热管，如果是发热量不足，应重点对石英加热管进行检测。断开电路，分别检测两只石英加热管，发现有一只石英加热管有断裂的情况，更换新管后故障排除。

37.3.3 智能温控电取暖器加热温度不足的故障检修

智能温控电取暖器工作正常，但发热温度不足，说明电路供电正常，重点应对控制电路和发热元件进行检测。以采用 TC620 芯片的智能温控电取暖器为例（参见图 37-13），检测发现，开机后只有 EH1 发热管工作，EH2 发热管不工作。短路对 EH2 发热管进行检测，发现 EH2 加热管正常，继续对控制电路进行检测。根据电路，EH2 发热管是受继电器 K1 的控制，而继电器则受 TC620 芯片和三极管 V3（8050）的控制。分别检查三极管（8050）、继电器都没问题，怀疑芯片 TC620 不良，更换 TC620 后故障排除。

第 38 章 挂烫机维修

38.1 挂烫机的结构和工作原理

38.1.1 挂烫机的结构特点

挂烫机是一种新型的小家电产品,它可以能够将水加热至沸腾后产生高压蒸汽,然后再将蒸汽从喷嘴中喷出,从而熨烫衣物。使用时只需将喷嘴对准衣物的褶皱处,高温灼热的蒸汽便会将褶皱熨烫平整,不仅使用简单方便,而且高温的蒸汽还可以起到清洁和杀菌的作用。因此,熨烫机近些年受到用户的广泛欢迎,成为家庭生活中一件非常重要的家电产品。

如图 38-1 所示,挂烫机的核心部分是将水变成高压蒸汽的器件,是由电热器对水进行加热完成气化的部分,实际上这个部分被称之为小型热锅,热锅安装在主机内,通过内部的加热器对热锅中的水进行加热。挂烫机上的水箱用于储水,为热锅提供水源。水被加热器加热成蒸汽后,经蒸汽导管送到烫刷的喷嘴口。由于挂烫机使用时间短,蒸汽产生快,因而所采用的加热器功率较大(通常为 1000 ～ 18000W)。另外,为适应不同材质衣物的熨烫需要,在挂烫机上还设有控制开关和功能旋钮,以方便用户选择合适的加热功率。控制开关和功能旋钮旁的指示灯则用以显示挂烫机的工作状态。

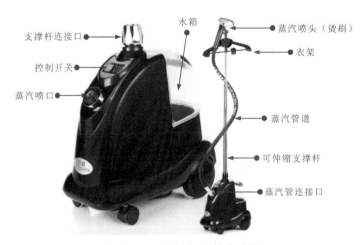

图 38-1 挂烫机的基本结构

加热锅是挂烫机的核心部件,安装在主机的内部。工作时水箱中的冷水不断地加入热锅中,水被加热变成蒸汽从蒸汽出口经管道送入烫刷。其安装部位如图 38-2 所示。

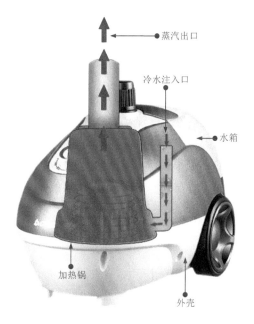

蒸汽出口

冷水注入口

水箱

加热锅

外壳

图 38-2　挂烫机加热锅的安装部位

　　图 38-3 是加热锅的结构示意图，它是美的 YGJ15B3 立式挂烫机所采用的加热锅，整体呈密闭式结构，强功率加热器位于加热锅的底部，电极设在底部并伸出体外，与电源供电线连接，水在热锅内经加热变成蒸汽后从上端的蒸汽出口排出，该口与管道相连，用于为烫刷提供蒸汽。

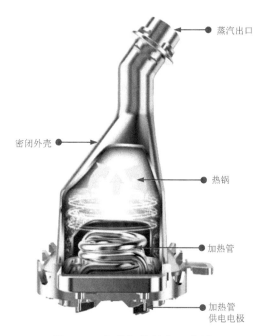

蒸汽出口

密闭外壳

热锅

加热管

加热管
供电电极

图 38-3　加热锅的结构示意图

38.1.2 挂烫机的工作原理

图 38-4 是典型挂烫机的控制电路。海尔和美的有许多机型都采用这种电路，它的电路结构比较简单，EH1 是加热器，图中 SA 是电源开关，R1（150k）是限流电阻，S1 是功率选择开关。当 S1 接通后，交流 220V 电源的电压经熔断器为加热器 EH1 供电，功率约为 1500W。断开 S1，电源经整流二极管 VD1 为加热器供电，电源成半波状态，因而加热器的功率约为 375W。在电源供电电路中设有温控器 ST1（180℃），即当加热锅温度超过 180℃时，ST1 断路，进行断电保护。如果温控器 ST1 工作失常，温度会继续升高，当温度达 240℃时，熔断器断路进行保护。工作时指示灯 HL 会点亮。

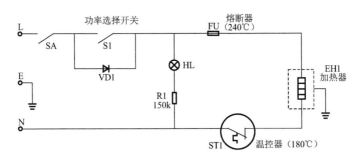

图 38-4　典型挂烫机的控制电路

图 38-5 是功率可控挂烫机的控制电路（华光 TY1800-D 型）。该机是通过控制双向晶闸管 VS1 的导通角，从而实现对加热器 EH1 的功率控制。交流 220V 电源经熔断器和电容 C1 及电阻 R1、R2…串联形成分压电路，分压值经双向触发二极管 DB3 为双向晶闸管 VS1 提供触发电压，双向晶闸管的导通角与 C1 与 R1、R2…的串联电路有关。当 SA 挡位开关置于 0 位时，串联电路断路无信号触发晶闸管断路。当 SA 开关置于 1 位时，4 个电阻串接在触发器中，VS1 导通角最小，发热器的功率也最小，为 1100W；当 SA 开关置于 2 挡时，R1、R2、R2 串接在触发电路中，VS1 的导通角变大，加热器的功率为 1250W，SA 的挡位为 3，功率为 1400W，SA 的挡位为 4，则功率最大为1580W。

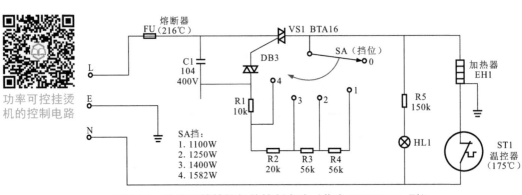

功率可控挂烫机的控制电路

图 38-5　功率可控挂烫机的控制电路（华光 TY1800-D 型）

38.2 挂烫机的检修技能

挂烫机常出现的故障主要表现为熨烫功能失常和电路不工作或工作异常。

（1）熨烫功能失常

熨烫功能失常主要表现为挂烫机无蒸汽、蒸汽量少或蒸汽头滴水。

① 挂烫机无蒸汽

a.电源控制开关不良。检查挂烫机的电源线和开关。

b.水箱水量过少。关掉挂烫机再加水。

c.蒸汽管堵塞。确保挂烫机的蒸汽管是否畅通，查管道接口是否正常。

d.蒸汽指示灯未亮。待灯亮后，打开水泵控制按钮，水泵工作灯亮后可以使用。

② 蒸汽量少

a.水箱里过滤棉有堵塞情况，应更换或清洗。至少每年或累计使用100个小时要进行除垢。

b.水量过少。关掉挂烫机电源，向水箱加水。

③ 蒸汽头滴水

水管中存在液化水。不要水平方向使用，应垂直高度方向拿住蒸汽管使水回到挂烫机中。

（2）电路不工作或工作异常

挂烫机电路方面的故障要根据电路，沿信号流程分析故障原因，查找故障线索。如图38-6所示。

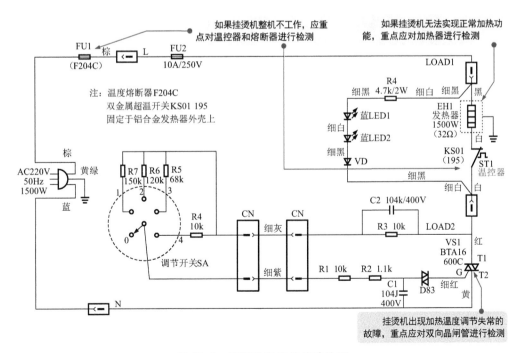

图38-6 挂烫机电路的故障检测

目前，多数挂烫机都是采用双向晶闸管控制加热器的供电，进而实现对加热器供电功率的调节。如果挂烫机出现加热温度调节失常的故障，重点应对双向晶闸管进行检测。

电路中的温控器用以对设定温度进行控制，熔断器用以对电路实施保护控制。如果挂烫机整机不工作，应重点对温控器和熔断器进行检测。

如果挂烫机无法实现正常加热功能，重点应对加热器进行检测。

38.3　挂烫机常见故障检修

38.3.1　挂烫机不加热的故障检修

挂烫机不加热，首先对挂烫机的电源线和电源插头等供电条件进行检查，检查没有问题，再进一步对加热锅的加热器进行检查。如图 38-7 所示，使用万用表短路检测，将万用表表笔分别接加热器两端的供电端引脚，正常情况下，两个电源线接线端之间的阻值约为 40Ω。实际测得两个供电端引脚之间的阻值为无穷大，表明加热器已烧坏，应换新件。如图 38-8 所示，照原样把线接好，注意接地线也要接好，接电源的两端分别是相线和零线。导线接头应清理干净。更换后故障排除。

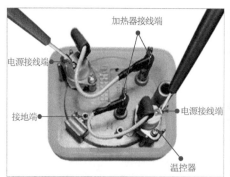
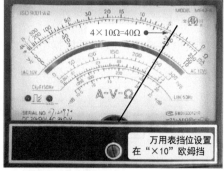

图 38-7　电热锅加热器的检测方法

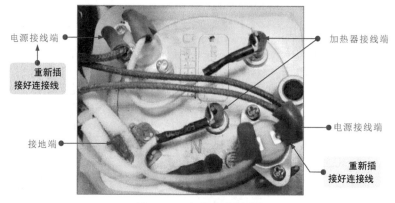

图 38-8　电热锅的接线

38.3.2　挂烫机开机不动作的故障检修

　　挂烫机开机不动作，排除电源供电因素，重点对电热锅及其温控器进行检查。如图 38-9 所示，将温控器拆卸进行检测。正常时，温控器应处于导通状态，此时检测阻值为无穷大，说明温控器损坏。更换后故障排除。

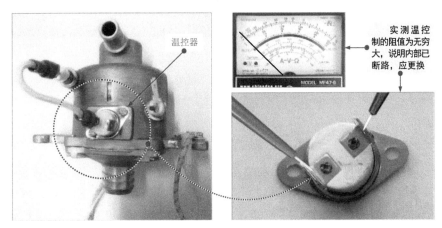

图 38-9　挂烫机温控器检测

第**39**章　加湿器维修

39.1　加湿器的结构原理

39.1.1　加湿器的结构特点

加湿器是一种用于增加环境湿度的电器产品。目前，市场流行家用加湿器的品种和型号非常多。

常见的加湿器主要可分为超声波型加湿器、直接蒸发型加湿器和热蒸发型加湿器。

（1）超声波型加湿器

超声波型加湿器采用超声波技术进行雾化的装置，利用超声波换能器件，将水雾化为 $1 \sim 10\mu m$ 的超微粒子，通过风扇将水雾扩散到空气中，使空气湿度增加并伴有丰富的负离子。

超声波型加湿器大都由两个大件构成，即上部的储水罐和底部的超声波产生电路及雾化器，整机结构如图 39-1 所示。电路板、超声雾化器都安装在下部底座内，同时在两体的衔接处设有水罐检测开关，如水罐没装好，则电路不会工作，在水罐内还设有水位检测开关，如果无水或水位很低，则电路也不能工作。水位检测多采用永磁体和干簧管（开关）组合来完成。永磁体浮在水中，随着水的减少，永磁体会随水向下移动，水快干时，由于

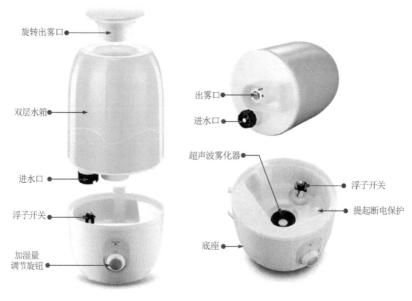

旋转出雾口

双层水箱

出雾口

进水口

进水口

超声波雾化器

浮子开关

浮子开关

提起断电保护

加湿量
调节旋钮

底座

图 39-1　超声波型加湿器的整机结构

永磁体的移动使干簧管开关断开，使振荡电路停振进行保护，待重新加水后，振荡电路又恢复正常工作。

① 超声波雾化器　超声波型加湿器采用超声波雾化器作为加湿器的主要器件。图39-2是超声波雾化片。它是一个压电陶瓷片，固有振荡频率约为1.7MHz，当振荡电路产生的振荡信号加到雾化片的两极时，会激励陶瓷片产生强烈的机械振荡，将水击打成雾，水雾被风扇吹出到室内空气中，使空气中的湿度增加。

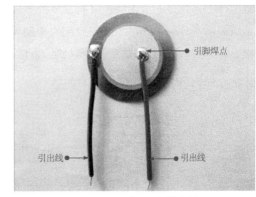

图39-2　超声波雾化片

② 振荡电路　为超声雾化片提供振荡信号的电路通常是一个振荡电路单元，是由直流电源供电的晶体管振荡器，可以产生几十伏至两百伏的振荡电压。振荡晶体管和雾化片都需要散热，因而都应安装到散热片上，以保证能长期正常地工作。为振荡电路提供电源（直流电压）的电路是一个开关电源，被制作在一个独立的电路板上。其结构如图39-3所示。

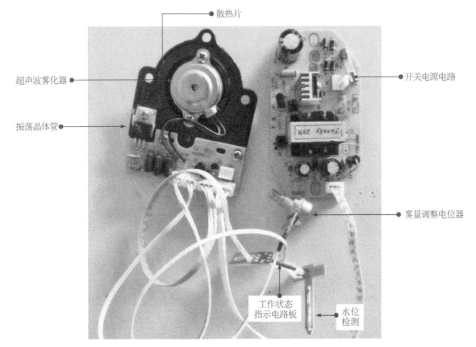

图39-3　超声波型加湿器的开关电源电路板

（2）直接蒸发型加湿器

直接蒸发型加湿器是通过分子筛蒸发技术，除去水中的钙、镁离子，再通过水幕洗涤空气，在将空气加湿的同时还对空气进行净化，借助风扇使水雾扩散到空气中，增加空气的湿度。

图 39-4 是直接蒸发型加湿器（净化膜加湿器）的结构。由图可见，直接蒸发型加湿器的核心部件是一个由湿膜材料制成的蒸发膜，通过循环水泵，将水送到直接蒸发型加湿器顶部的水分配器，将水均匀分配到蒸发膜上，水从蒸发膜上向下渗透，被蒸发膜吸收成均匀的水膜，当干燥的空气被风机吸入直接蒸发型加湿器时，一部分水与空气接触吸热，并发生汽化，使空气的湿度增加。

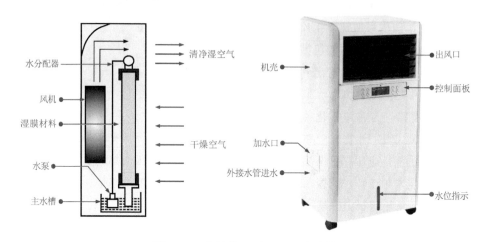

图 39-4　直接蒸发型加湿器的结构

（3）热蒸发型加湿器

热蒸发型加湿器是采用电热的方式将水加热到 100℃使水汽化，再利用风扇将蒸汽扩散到空气中去，从而增加空气的湿度。热蒸发型加湿器耗能较大，加热后容易产生结垢。

图 39-5 是热蒸发型加湿器的基本结构。

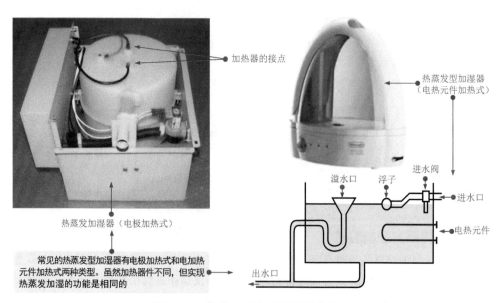

常见的热蒸发型加湿器有电极加热式和电加热元件加热式两种类型。虽然加热器件不同，但实现热蒸发加湿的功能是相同的

图 39-5　热蒸发型加湿器的基本结构

由图可见，加热元件安装在热蒸发型加湿器的主机中。上部水罐内的水通过进水阀流入，热蒸发型加热器所产生的水蒸气通过喷雾口喷出。

热蒸发型加湿器（也可称为电热式加湿器）是采用电能对水加热而成为雾的加湿器。电流具有热效应，当电流流过电阻（加热元件）时，由于电阻消耗电能而生热，电能被转换成热能，将加热元件浸入水中，加热元件所产生的热量会对水加热，使水沸腾变成蒸汽，蒸汽被吹入空气中会使空气的湿度增加。这就是热蒸发型加湿器的基本原理。

此外，为了适应不同的环境要求，厂商开发了很多各具特色的加湿器，以满足人们的需要。

39.1.2 加湿器的工作原理

加湿器的整机工作过程即在控制部件或电路的作用下，利用特定的功能部件（如超声波雾化器、分子筛蒸、加热元件等）将水雾化后喷出。

图 39-6 是典型超声波型加湿器的电路原理图。该电路主要由电源供电电路、水位检测和控制电路及振荡电路和超声波雾化器 B 等部分构成。

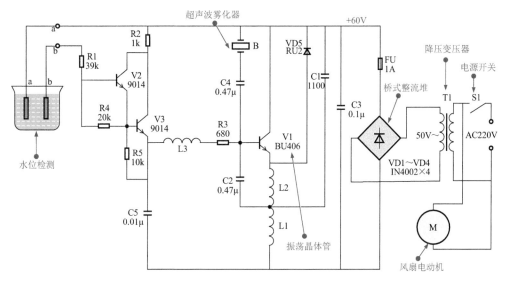

图 39-6　典型超声波型加湿器的电路原理图

① 电源供电电路　交流 220V 电源经电源开关 S1 后为降压变压器 T1 和风扇电动机 M 供电。降压变压器的次级绕组输出约 50V 的交流电压，经桥式整流电路 VD1 ～ VD4 形成约 60V 的脉动直流电压。该电压经熔断器 FU（1A）、C3 滤波后为振荡控制电路供电。

② 水位检测和控制电路　水位检测采用探针式，a、b 两探针位于水罐中。若水罐中有水，则 a、b 两探针之间导通，三极管 V2 和 V3 由于基极电流的作用而导通，电源正极经 V3、L3、R3 为振荡三极管 V1 基极提供偏压。

若水罐中无水，则 a、b 两探针之间绝缘，V2 无基极电流而截止，V3 也截止，振荡

487

三极管 V1 的基极无偏压而停止工作。

③ 振荡电路　振荡电路是由三极管 V1 及外围元器件构成的电容式三点振荡器。当三极管 V2、V3 导通时，电源经 R2 和三极管 V3 为振荡三极管 V1 的基极提供基极偏压，使振荡电路开始振荡。

该振荡电路是一种自激式振荡电路，振荡频率通常为 1.7MHz。振荡信号由 V1 基极输出经 C4 加到超声波雾化器 B 上，雾化器将水雾化，使水变成水雾扩散到空气中。加湿器中的电动机带动扇叶旋转，将水雾从加湿器中吹出。

ZS2-45 型加湿器的电路结构如图 39-7 所示。由图可见，它也是由电源供电电路、振荡电路和超声波雾化器、水位检测和雾量控制电路等部分构成的。

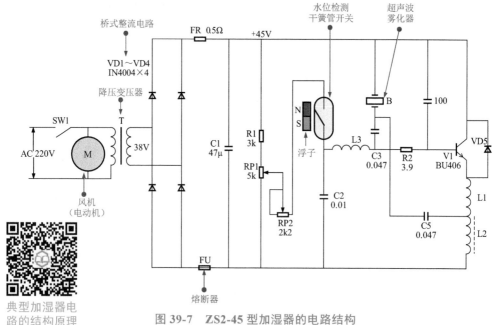

图 39-7　ZS2-45 型加湿器的电路结构

典型加湿器电路的结构原理

① 电源供电电路　交流 220V 电压经过电源开关 SW1 为风扇电动机和降压变压器 T 供电，经降压变压器降压后，由次级绕组输出 38V 的交流低压，再经桥式整流电路（VD1 ～ VD4）变成直流低压。该电压经保险电阻 FR（0.5Ω）和 C1（0.47μF）滤波后为振荡电路供电。

② 振荡电路　振荡电路的核心是以三极管 V1（BU406）为核心的超声波振荡电路。振荡电路的输出加到超声波雾化器 B 的两端上。

③ 水位检测和雾量控制电路　电源电路中整流和滤波后的直流电压（约为 +45V）经 R1 和 RP1 分压后，再经过可变电阻 RP2 得到一个直流电压。该电压经水位检测开关（干簧管）为振荡电路（V1）供电。

有水时，干簧管内的开关接通，有偏压加到振荡三极管 V1；若无水，则干簧管内的开关断开，无偏压加给振荡三极管 V1，V1 不工作。

图 39-7 中，RP1 是振荡偏压调整电位器。若 RP1 上调，偏压升高，则振荡幅度增强；反之，振荡幅度减弱，可根据用户的需要对雾量进行微调。VD5 跨接在振荡三极管 V1 的集电极和发射极之间，可吸收振荡时发射极产生的正向脉冲，起保护作用。

39.2　加湿器的检修技能

39.2.1　加湿器电源电路的检修

加湿器的电源电路多采用变压器降压、桥式整流电路（4 个整流二极管）整流、电容器滤波的方式输出直流电压，为振荡电路供电。若开机全无动作，指示灯不亮，则应检测电源电路中的各主要部件。

（1）降压变压器的检修方法

降压变压器正常工作时，输入端电压一般为交流 220V 电压，输出电压为交流低压，有的为 38V，有的为 50V，有的为 90V。

降压变压器一般可采用在路检测电压或开路检测绕组阻值的方法判断好坏。

在路检测时，可检测输入交流电压是否为 220V，输出电压是否为交流 38V、50V 或 90V。若输入正常，无输出或输出不正常，则变压器损坏。

开路检测时，即用万用表的电阻挡检测变压器初级绕组和次级绕组的阻值，如图 39-8 所示。

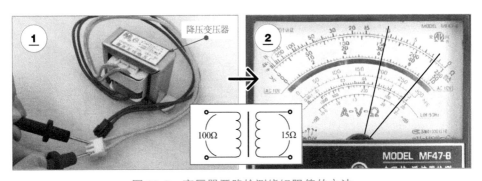

图 39-8　变压器开路检测绕组阻值的方法

将万用表的量程调至 R×10 欧姆挡，红、黑表笔分别搭在初级绕组、次级绕组引出线的两个触点上。

本例中，实际测得初级绕组的阻值为 100Ω，次级绕组的阻值为 15Ω，正常。

提示说明

在一般情况下，初级绕组的阻值为 100Ω 左右，次级绕组的阻值为几欧姆至十几欧姆。如果出现断路或短路情况，则属不正常。

（2）整流二极管的检修方法

整流二极管的故障判别方法可以在加电的条件下检测整流电路的输出。一般可在滤波电容器的两端检测桥式整流电路的输出电压。有交流输入，则有直流电压输出（若整流电路输入为交流38V，则输出约为直流40V）。若无输出，则整流电路有故障。

判断整流二极管的好坏还可以将整流二极管从电路板上取下来，用万用表的电阻挡（R×1k挡）检测正、反向阻值，通常正向阻值为3～10kΩ，反向阻值为无穷大。如果检测不符合此值，则表明整流二极管有故障，应更换同型号的二极管。

（3）滤波电容器（电解电容器）的检修方法

滤波电容器的好坏可以通过检测其充放电的特性进行判断。借助指针万用表（R×1k挡）检测电容器的两引脚时，指针会向右偏摆，然后又向左偏摆到一定的位置。

如果检测时偏摆角度很小，并停留在电阻值较小的位置上，则表明该滤波电容器漏电严重。如果停留在电阻值很大的位置上，则表明该滤波电容器内的电解液已干枯或断路。这两种情况都应更换电容器。

39.2.2　加湿器超声波雾化器的检修

超声波雾化器是超声波型加湿器的核心部件。若供电正常、显示正常，而无水雾喷出，则往往是由于雾化器有故障，可用万用表检测阻值的方法判断好坏，如图39-9所示。

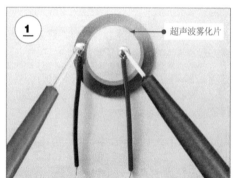
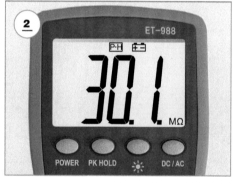

图39-9　超声波雾化器的检测方法

调整万用表量程，将红、黑表笔分别搭在超声波雾化器的两个焊点或引出线上。

本例中，实际测得超声波雾化器的阻值为30MΩ，正常。若测得阻值过小，则可能是超声波雾化器内部损坏，应更换。

提示说明

雾化器是由外壳固定架和压电陶瓷片等部分构成的。通常，陶瓷片碎裂、损坏、脱胶、焊点脱落、引线断路等都需要更换新品。

39.2.3 加湿器振荡三极管的检测

在加湿器电路中，振荡三极管多采用 NPN 型三极管 BU406，它是一种大功率三极管，集电极与发射极间的耐压不低于 200V，有些电路对耐压要求会更高。

判别加湿器电路中振荡三极管的好坏时，可用万用表的电阻挡（R×1k挡）测量基极与集电极和发射极之间阻值，如图 39-10 所示。

加湿器振荡晶体管的检测

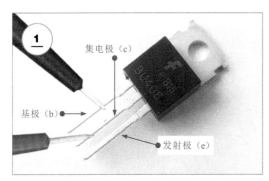

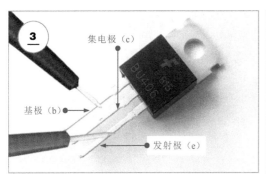

图 39-10　振荡三极管 BU406 的检测方法

将黑表笔搭在振荡三极管的基极（b），红表笔搭在集电极（c）上，检测 b-c 极之间的正向阻值。

实测 b-c 极之间的正向阻值为 4.5kΩ，属于正常范围。调换表笔位置，检测 b-c 极之间的反向阻值为无穷大。

将黑表笔搭在 NPN 型三极管的基极（b），红表笔搭在发射极（e）上，检测 b-e 极之间的正向阻值。

实测 NPN 型三极管 b-e 极之间的正向阻值为 8kΩ，正常。调换表笔测其反向阻值为无穷大，正常。

通常，BU406 三极管的基极与集电极之间有一定的正向阻值（3 ～ 10kΩ），反向阻值为无穷大；基极与发射极之间有一定的正向阻值（3 ～ 10kΩ），反向阻值为无穷大；集电极与发射极之间的正、反向阻值均为无穷大。

39.3　加湿器常见故障检修

39.3.1　加湿器雾化失常的故障检修

故障表现：加湿器开机供电正常，显示正常，但无水雾喷出。

故障分析：根据故障表现，怀疑超声波雾化器故障，对超声波雾化器进行检测，发现性能良好。继续对相关的振荡电路部分进行检测，图 39-11 为加湿器的超声波雾化器和振荡电路板。

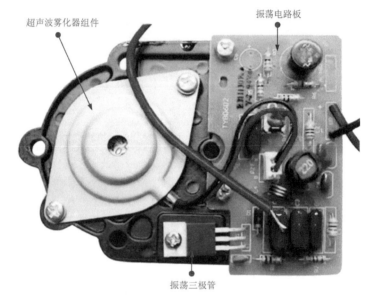

图 39-11　超声波雾化器和振荡电路板

区分雾化器有问题还是振荡电路有故障最直接的方式是检查振荡电路输出的信号波形，正常的信号波形幅度可达 100 ～ 200V。

若无信号波形，再进一步检查振荡三极管和为振荡电路供电的电源，特别是为振荡三极管提供基极偏压的电路。雾化量调整电位器损坏也会引起电路不振荡的故障，若不良，则应当更换。

39.3.2　加湿器不工作的故障检修

故障表现：加湿器开机，无反应，不能正常工作。

故障分析：加湿器开机无反应，怀疑开关电源电路故障。

对开关电源电路板进行检测。先断开输出引线插头，接通交流 220V 电源，检查直流输出。该电源有两组直流输出：一组输出 +12V，为风扇电动机供电；另一组输出 +38V 或 +45V，为振荡电路供电。

若只有一路输出正常，则为另一组次级输出部分的整流二极管或滤波电容器不良，应进一步检查相关的整流二极管和滤波电容器。

若两路直流输出均为 0V，则表明开关振荡电路或 +300V 整流滤波电路有故障。这种情况可先检查 +300V 滤波电容器两端是否有 +300V 直流电压，若无电压，则检查交流 220V 输入线或桥式整流电路（整流二极管）。

如果桥式整流输出电压 +300V 正常而无直流输出，则应重点检查开关晶体管。

经查，开关晶体管损坏，可用同型号或性能更好的场效应晶体管代换，故障排除。